Erwin Böhmer

Elemente der Elektronik – Repetitorium und Prüfungstrainer

Erwin Böhmer

Elemente der Elektronik – Repetitorium und Prüfungstrainer

Ein Arbeitsbuch mit Schaltungs- und Berechungsbeispielen

7., durchgesehene und korrigierte Auflage

STUDIUM

VIEWEG+
TEUBNER

Bibliografische Information der Deutschen Nationalbibliothek
Die Deutsche Nationalbibliothek verzeichnet diese Publikation in der Deutschen Nationalbibliografie; detaillierte bibliografische Daten sind im Internet über <http://dnb.d-nb.de> abrufbar.

Das Buch erschien in fünf Auflagen unter dem Titel *Rechenübungen zur angewandten Elektronik* im selben Verlag.
1. Auflage 1981
   1 Nachdruck
2., überarbeitete Auflage 1984
   1 Nachdruck
3., überarbeitete und erweiterte Auflage 1987
   2 Nachdrucke
4., durchgesehene Auflage 1993
5., neu bearbeitete Auflage 1997
6., völlig neu bearbeitete und erweitere Auflage 2005
7., durchgesehene und korrigierte Auflage 2009

Lektorat: Reinhard Dapper | Andrea Broßler

Vieweg+Teubner ist Teil der Fachverlagsgruppe Springer Science+Business Media.
www.viewegteubner.de

Umschlaggestaltung: KünkelLopka Medienentwicklung, Heidelberg

Gedruckt auf säurefreiem und chlorfrei gebleichtem Papier.

ISBN 978-3-8348-0495-2

Vorwort

Das vorliegende Übungsbuch ist hervorgegangen aus dem früheren Band **Rechenübungen zur angewandten Elektronik.** Mit der Aufnahme typischer Prüfungsaufgaben verfolgt es das Ziel, Studenten Hilfestellung zu geben bei der Vorbereitung der Prüfung im Studienfach Elektronik. In seinen zahlreichen Beispielen enthält es umfangreiches Basiswissen in "begreifbarer Form", mit dem es auch die Vorlesung sinnvoll ergänzen und als Repetitorium dienen kann.

Im **Teil A** werden grundlegende Aufgaben mit einer Darstellung des Lösungsweges behandelt. Studierende üben damit Schaltungsberechnungen und vertiefen ihre Kenntnisse im Bereich der Bauelemente und Grundschaltungen.

Im **Teil B** werden einfache Testaufgaben zur Verfügung gestellt, mit denen Studierende ihren Wissensstand und ihr Verständnis für Schaltungsprobleme selbst überprüfen können.

Im **Teil C** werden erprobte Klausuraufgaben von unterschiedlichem Umfang angeboten, mit denen man das vor jeder Klausur nötige Training durchführen kann.

Dieses Buch verwendet noch die "alten" Schaltsymbole für Spannungs - und Stromquellen, die den didaktischen Vorteil haben, dass sich bestimmte Quelleneigenschaften in einfacher Weise kennzeichnen lassen:

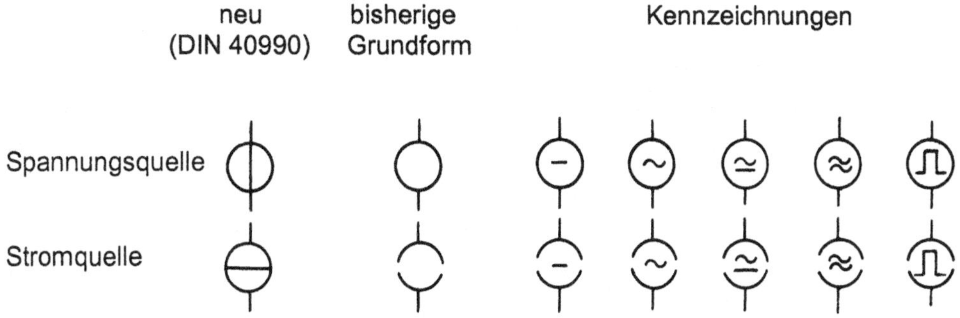

Siegen, im Oktober 2008

Erwin Böhmer

Inhaltsverzeichnis

Teil A Aufgaben mit Anleitung zur Lösung

Die Abschnitte **A1** bis **A7** behandeln typische Schaltungsprobleme im Zusammenhang mit den benannten Bauelementen. Ein Übersichtsblatt am jeweiligen Anfang dient der Wissensauffrischung und stellt die Berechnungsgrundlagen zusammenfassend dar.

Anhang A verweist auf den richtigen Umgang mit Zählpfeilen, der wichtig ist für eine sichere Schaltungsberechnung.

A1 Widerstände

linear

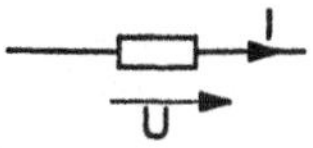

U Spannung
I Strom
R Widerstand

nichtlinear

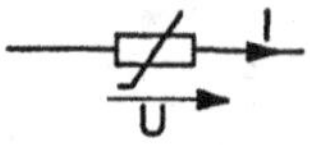

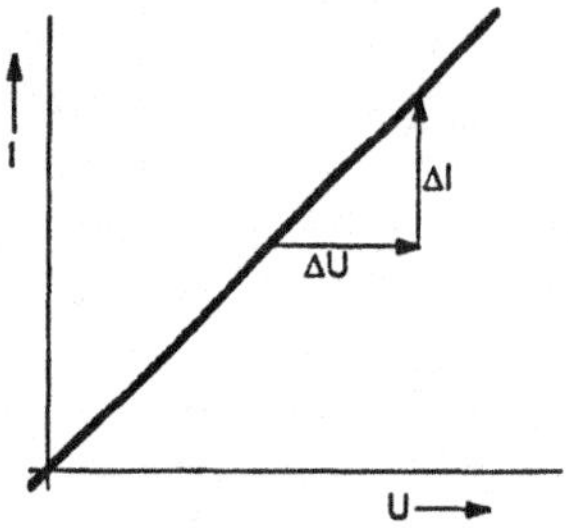

$$R = \frac{U}{I} = \text{const.}$$

$$r = \frac{\Delta U}{\Delta I} = R$$

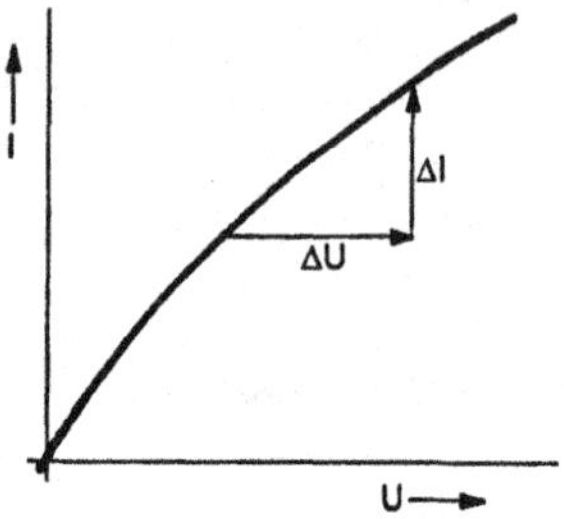

$$R = \frac{U}{I} \neq \text{const.}$$

$$r = \frac{\Delta U}{\Delta I} \neq R$$

Leistung $P = U \cdot I = \frac{U^2}{R} = I^2 \cdot R$

Temperaturabhängigkeit

$$R(T) = R_{20} \cdot \left[1 + \alpha_{20} \cdot (T - 20°C) + \beta_{20} \cdot (T - 20°C)^2\right]$$

T = Temperatur in °C

R_{20} = Widerstand bei 20°C

α_{20} = linearer Temperaturbeiwert bei 20°C
(oft als Temperaturkoeffizient TK_{20} bezeichnet)

β_{20} = quadratischer Temperaturbeiwert
(meistens vernachlässigbar)

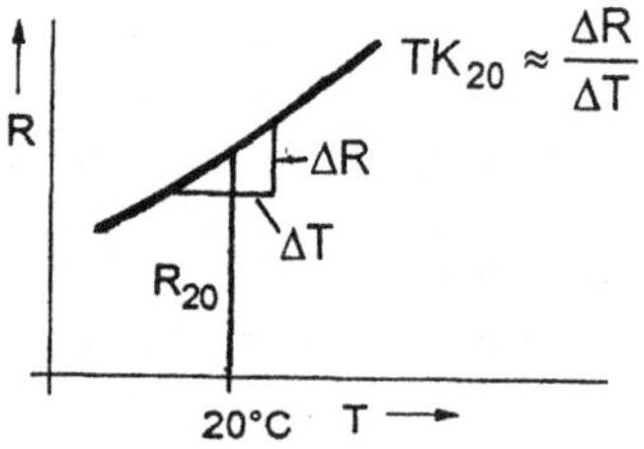

$$TK_{20} \approx \frac{\Delta R}{\Delta T} \cdot \frac{1}{R_{20}}$$

Thermisches Ersatzbild

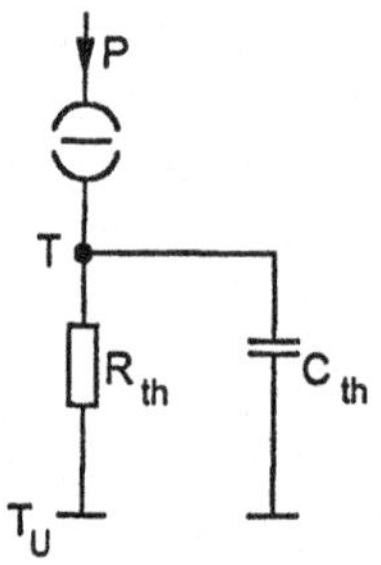

Erwärmung durch Leistung P

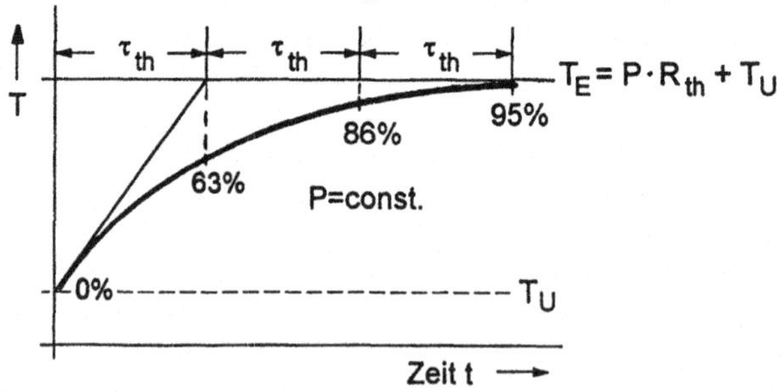

R_{th} = Wärmewiderstand, $[R_{th}] = 1 K/W$, $G_{th} = \frac{1}{R_{th}}$ = Wärmeleitwert

C_{th} = Wärmekapazität, $[C_{th}] = 1 Ws/K$

$\tau_{th} = R_{th} \cdot C_{th}$ = Wärmezeitkonstante

T_E = Endtemperatur
T_U = Umgebungstemperatur

$T_E - T_U = \Delta T = T_Ü = P \cdot R_{th}$
Übertemperatur

Veränderliche (steuerbare) Widerstände

Heißleiter
(NTC-Widerstand)

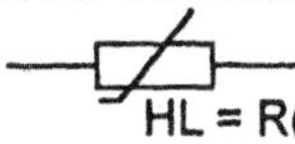

HL = R(T)

T = Temperatur

$R = A \cdot \exp\left(\dfrac{B}{T}\right)$

A; B Konstanten

T in Kelvin

$T(°C, K) \longrightarrow$

fast linear

$U \longrightarrow$ U_{max}

*)

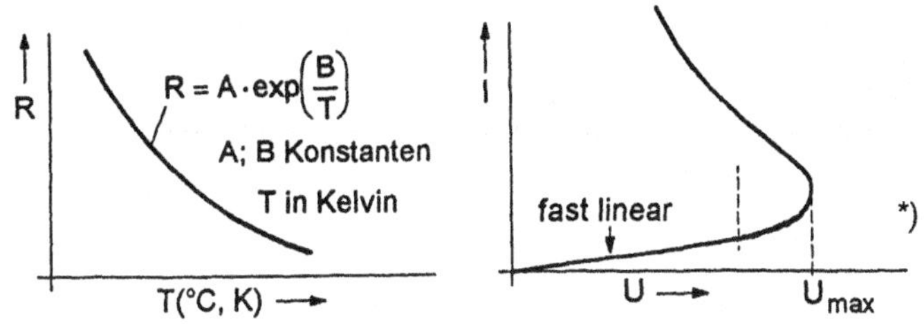

Kaltleiter
(PTC-Widerstand)

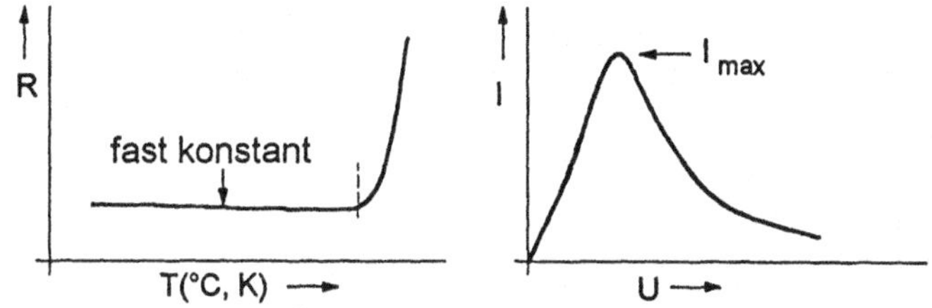

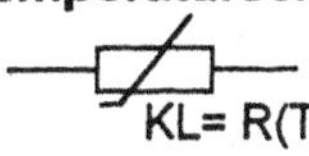

KL = R(T)

T = Temperatur

fast konstant

$T(°C, K) \longrightarrow$

I_{max}

$U \longrightarrow$

Si-
Temperatursensor

KL = R(T)

T = Temperatur

$T(°C, K) \longrightarrow$

T

$U \longrightarrow$

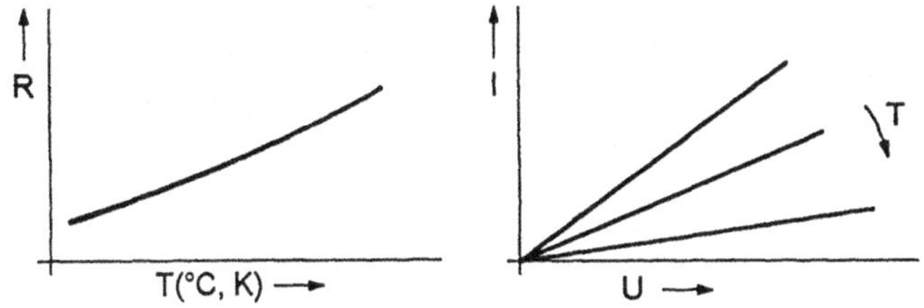

Fotowiderstand

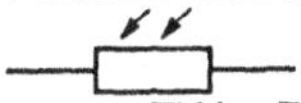

FW = R(E)

E = Beleuchtungsstärke

R_0

$R = R_o \cdot \left(\dfrac{E_o}{E}\right)^n$

E_o $E(lx) \longrightarrow$

E

$U \longrightarrow$

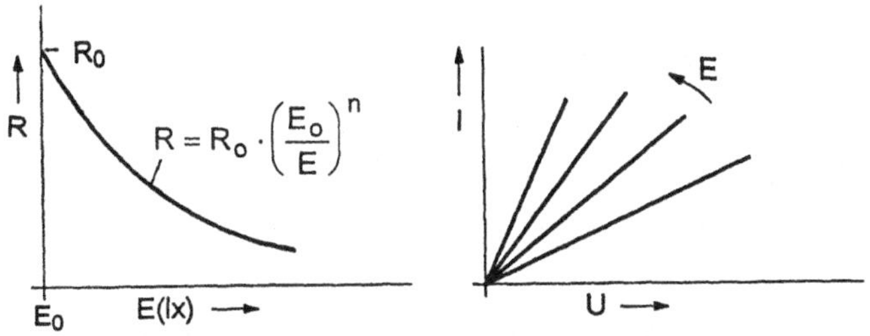

Varistor

VDR = R(U)

U = Spannung

$U(V) \longrightarrow$

$\dfrac{I}{A} = \left(\dfrac{U}{B}\right)^n$

B Konstante

A Ampere

$U \longrightarrow$

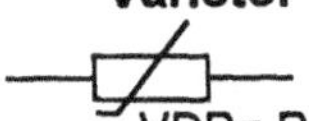

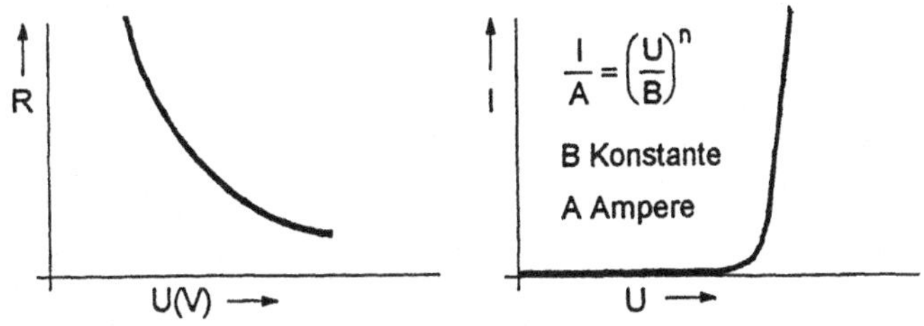

*) Für Messzwecke ist nur der (fast) lineare Teil der Kennlinie nutzbar.

A1.1	Spannungsteiler mit Widerstandsbelastung

Gegeben sei ein Spannungsteiler mit den linearen Widerständen R_1 und R_2 an der Spannung U_1. Der Ausgang des Spannungsteilers wird mit einem variablen Widerstand R_L belastet.

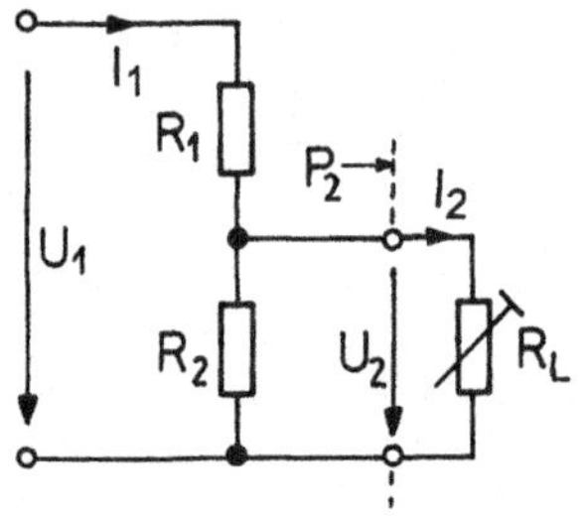

$U_1 = 10\ \text{V}$
$R_1 = 400\ \Omega$
$R_2 = 600\ \Omega$

a) Man berechne allgemein die Spannung U_2, den Strom I_2 sowie die vom Lastwiderstand aufgenommene Leistung P_2.

b) In welcher Beziehung stehen die Ströme I_2 und I_1 zueinander?

c) Man stelle die drei Größen nach a) in einem Diagramm mit logarithmischer Teilung der Achsen in Abhängigkeit von dem Lastwiderstand R_L dar.

d) Durch eine Leerlauf- und Kurzschlussbetrachtung ermittle man das Spannungsquellen- und Stromquellenersatzbild für die Spannungsteilerschaltung.

e) Man stelle die Ausgangsspannung U_2 in Abhängigkeit vom Ausgangsstrom I_2 dar.

f) Bei welchem Lastwiderstand R_L ist die Ausgangsspannung gerade halb so groß wie die Leerlaufspannung?

g) Welche Leistung P_2 ergibt sich zu f)?

Lösungen

a) $$U_2 = U_1 \cdot \frac{\dfrac{R_2 \cdot R_L}{R_2 + R_L}}{R_1 + \dfrac{R_2 \cdot R_L}{R_2 + R_L}} = U_1 \cdot \frac{R_2 R_L}{R_1 R_2 + R_1 R_L + R_2 R_L},$$

$$I_2 = \frac{U_2}{R_L} = U_1 \cdot \frac{R_2}{R_1 R_2 + R_1 R_L + R_2 R_L}, \quad P_2 = U_2 \cdot I_2 = U_1^2 \cdot \frac{R_2^2 \cdot R_L}{(R_1 R_2 + R_1 R_L + R_2 R_L)^2}.$$

b) $$I_2 = I_1 \cdot \frac{R_2}{R_2 + R_L}, \quad \frac{I_2}{I_1} = \frac{R_2}{R_2 + R_L}.$$

Man prüfe an diesem Beispiel die Gültigkeit der folgenden sehr nützlichen Stromteilerregel.

Bei einer einfachen Stromverzweigung mit zwei parallelen Widerständen ergeben sich die Teilströme aus dem Gesamtstrom, indem man diesen durch die Summe der Widerstände teilt und jeweils mit dem gegenüberliegenden Widerstand multipliziert.

c)

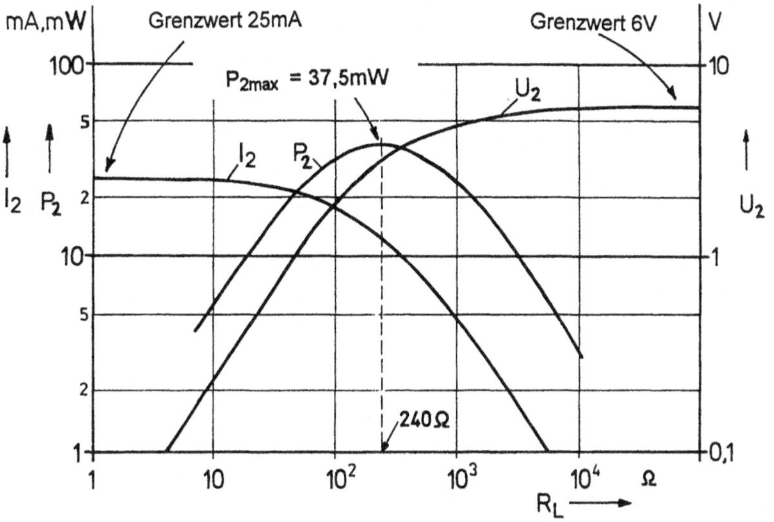

d) Leerlaufspannung $U_{20} = U_1 \cdot \frac{R_2}{R_1 + R_2} = \underline{6\ V}$ = Quellenspannung .

Kurzschlussstrom $I_{2k} = \frac{U_1}{R_1} = \underline{25\ mA}$ = Quellenstrom .

Innenwiderstand $R_i = \frac{U_{20}}{I_{2k}} = \frac{R_1 \cdot R_2}{R_1 + R_2} = \underline{240\ \Omega}$ *).

Spannungsersatzbild:

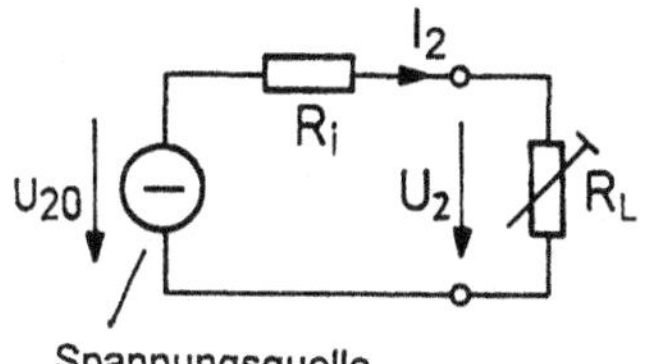

Stromersatzbild:

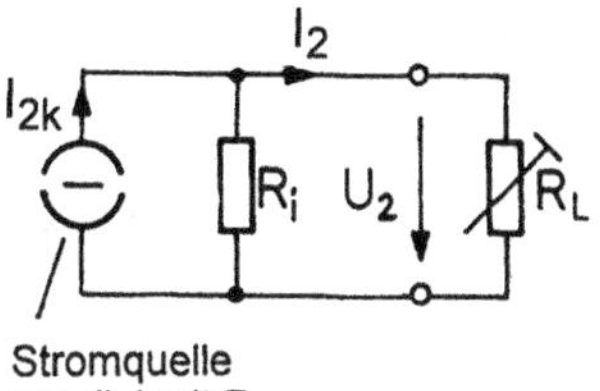

e)

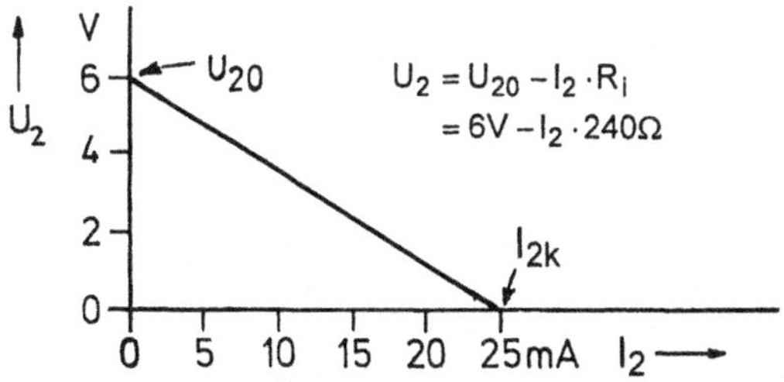

f) $R_L = R_i = \underline{240\ \Omega}$.

g) $P_2 = 3V \cdot 12{,}5\ mA$
$= \underline{37{,}5\ mW}$.
(Leistungsanpassung)

Bei linearen Widerständen R_1 und R_2 ist der Innenwiderstand des Teilers konstant. Die Ausgangsspannung U_2 nimmt dann linear über dem Ausgangsstrom ab.

*) Den Innenwiderstand R_i findet man auch, indem man die Eingangsspannung U_1 zu Null setzt (Kurzschluss der Eingangsklemmen) und dann den Widerstand an den Ausgangsklemmen misst.

A1.2	Spannungsteiler als Generator und Verbraucher

Ein Spannungsteiler mit den linearen Widerständen R_1 und R_2 werde ausgangsseitig mit einer variablen Spannungsquelle als "Last" beschaltet.

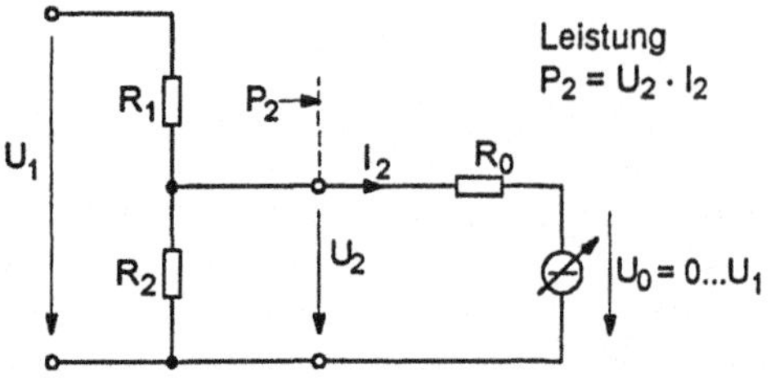

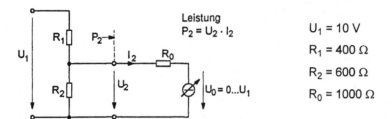

$U_1 = 10\ V$

$R_1 = 400\ \Omega$

$R_2 = 600\ \Omega$

$R_0 = 1000\ \Omega$

a) Man gebe für den Spannungsteiler eine Ersatzspannungsquelle an mit Quellenspannung U_q und Innenwiderstand R_i.

b) Man bestimme allgemein die Spannung U_2, den Strom I_2 und die Leistung P_2.

c) Man stelle die Größen U_2, I_2 und P_2 in Abhängigkeit von der Gegenspannung U_0 graphisch dar.

Lösungen

a)

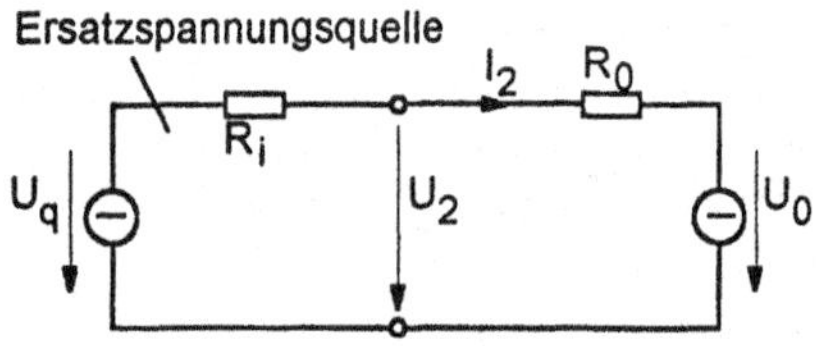

$$U_q = U_{20} = U_1 \cdot \frac{R_2}{R_1 + R_2} = \underline{6\ V}.$$

$$R_i = \frac{R_1 \cdot R_2}{R_1 + R_2} = \underline{240\ \Omega}\ .$$

b) $$I_2 = \frac{U_q - U_0}{R_i + R_0},\quad U_2 = U_0 + I_2 \cdot R_0 = \frac{U_0 R_i + U_q \cdot R_0}{R_i + R_0},\quad P_2 = \frac{(U_q - U_0)\cdot(U_0 \cdot R_i + U_q \cdot R_0)}{(R_i + R_0)^2}$$

c)

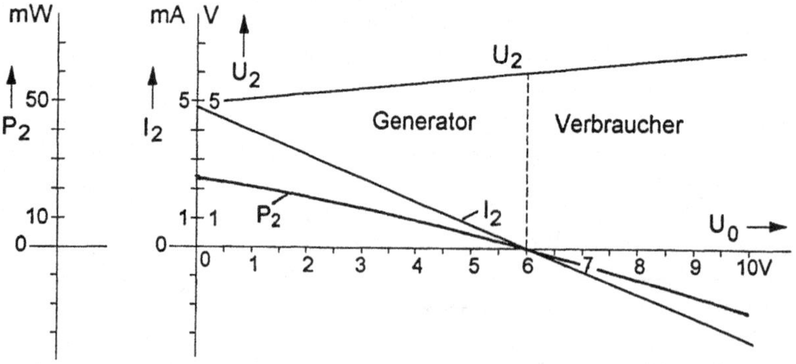

Anmerkung: Die Pfeile U_2 und I_2 bilden in Bezug auf den Spannungsteiler ein Erzeuger-Zählpfeilsystem, in Bezug auf die Spannungsquelle mit U_0 und R_0 dagegen ein Verbraucher-Zählpfeilsystem (siehe Anhang A, Seite 98).
Der Teiler wirkt im Bereich $U_0 < 6\ V$ als Generator, im Bereich $U_0 > 6\ V$ als Verbraucher. In Bezug auf die Spannungsquelle mit U_0 und R_0 ist diese Funktion umgekehrt.

A1.3	Schichtwiderstände - Kenn- und Grenzwerte

Gegeben seien Schichtwiderstände der Baugröße DIN 0718 (7 ∅, 18 lang) mit dem Widerstandsnennwert $R = R_{20} = 1\text{M}\Omega$ für eine Temperatur T = 20°C. Die maximal zulässige Spannung sei $U_{max} = 250\text{V}$.

a) Bei einer Leistungsaufnahme von 1W steigt die Temperatur T der Widerstandsschicht auf 90°C, wenn die Umgebungstemperatur T_U = 20°C beträgt. Man gebe den thermischen Widerstand an.

b) Man ermittle die zugehörige Lastminderungskurve (Derating-Kurve), wenn die Temperatur der Widerstandsschicht maximal 110°C betragen darf und der zulässige Höchstwert für T_U = 20°C als absoluter Grenzwert gilt.

c) Welche Nennbelastbarkeit kann man der gegebenen Baugröße zuordnen, wenn dazu die zulässige Verlustleistung bei T_U = 40°C zugrundegelegt wird?

d) In welchem Widerstandsbereich ist die Nennleistung aufgrund der angegebenen Grenzspannung nicht zulässig?

e) Wie groß ist der lineare Temperaturkoeffizient TK_{20} (α_{20}), wenn die Widerstände in der Umgebung von T = 20°C bei einer Temperaturerhöhung um ΔT = 10K ihren Widerstandswert um 1% verringern?

Lösungen

a) $R_{th} = \frac{T - T_U}{P} = \frac{90°C - 20°C}{1\,W} = 70°C/W = \underline{70\,K/W}$.

b) $P_{max} = \frac{T_{max} - T_U}{R_{th}} = \frac{110°C - 20°C}{70\,K/W} = \underline{1{,}3\,W}$ für $T_U = 20°C$.

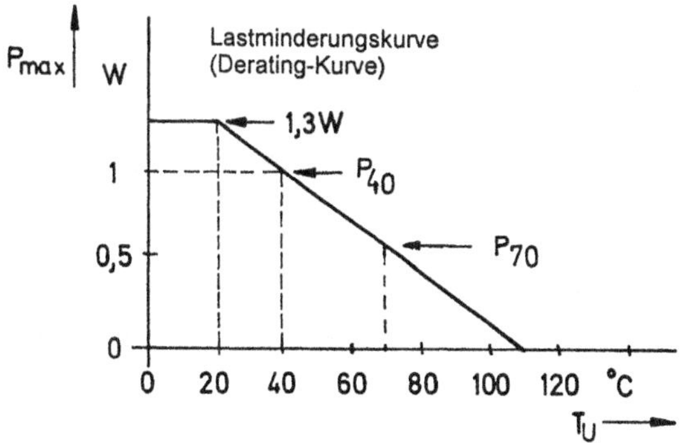

c) $P_N = P_{40} = \underline{1\,W}$ gemäß Derating-Kurve.

d) $R > \frac{U_{max}^2}{P_N} = \underline{62{,}5\,k\Omega}$.

e) $TK = \frac{dR}{dT} \cdot \frac{1}{R} \approx \frac{\Delta R}{\Delta T} \cdot \frac{1}{R} = \frac{\Delta R}{R} \cdot \frac{1}{\Delta T} \rightarrow TK_{20} = \alpha_{20} = -10^{-2} \cdot \frac{1}{10\,K} = \underline{-10^{-3}\frac{1}{K}}$.

A1.4	Schichtwiderstand - Frequenzgang

Gegeben sei ein Schichtwiderstand mit Nennwiderstand R = 1MΩ.

a) Welchen Wert hat die parallel zum Widerstand wirksame Eigenkapazität C, wenn bei der Frequenz f = 500kHz der Scheinwiderstand nur noch den $1/\sqrt{2}$-fachen Nennwert hat?

b) Man zeichne mit logarithmischer Teilung der Widerstands- und Frequenzachse den Frequenzgang des Scheinwiderstandes.

c) Man trage die Asymptoten Z_R = R und Z_C = 1/ωC in das Diagramm ein und bestimme die "Eckfrequenz" bzw. "Grenzfrequenz" des Scheinwiderstandes im Schnittpunkt der Asymptoten.

d) Welche Grenzfrequenz $f_g = f_E$ hat ein Widerstand gleicher Bauart mit dem Nennwiderstand 100kΩ?

Lösungen

a)

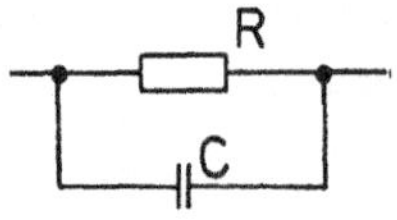

Ersatzbild *)

$$\underline{Z} = \frac{R}{1 + j\omega CR}$$

$$Z = \frac{R}{\sqrt{1+(\omega CR)^2}} = \frac{R}{\sqrt{2}} \quad \text{für } f = 500 \text{ kHz}$$

$$\omega CR = 1 \rightarrow C = \frac{1}{\omega R} = \frac{1}{2\pi \cdot 500 \cdot 10^3 \frac{1}{s} \cdot 10^6 \Omega} = \underline{0{,}32 \text{ pF}}.$$

b) und c)

f/MHz	0,1	0,3	0,5	1	2	5	10	100
Z/MΩ	0,98	0,86	0,71	0,45	0,27	0,099	0,05	0,005

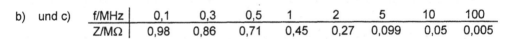

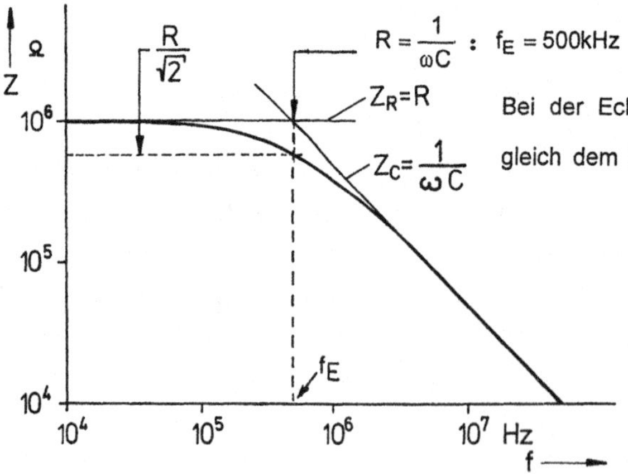

$R = \frac{1}{\omega C}$: f_E = 500kHz

Bei der Eckfrequenz f_E ist der Wirkwiderstand gleich dem Blindwiderstand, und es ist $Z = \frac{R}{\sqrt{2}}$.

d) $$f_g = \frac{1}{2\pi CR} = \frac{1}{2\pi \cdot 0{,}32 \text{ pF} \cdot 10^5 \Omega} = \underline{5 \text{ MHz}}.$$

Die Eigenkapazität ist für Widerstände derselben Typenreihe (Baugröße) gleich.

*) Die Eigeninduktivität ist bei hochohmigen Schichtwiderständen bedeutungslos.

A1.5	Drahtwiderstand

Gegeben sei ein Drahtwiderstand aus Chromnickeldraht auf einem Keramikrohr.

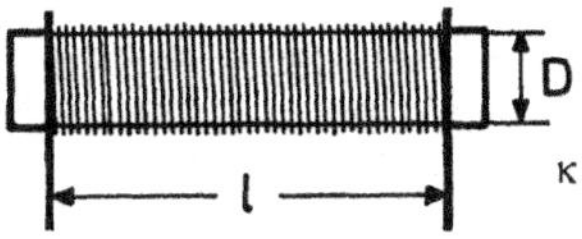

$\kappa = 0{,}89\,\frac{\text{Sm}}{\text{mm}^2}$

Drahtdurchmesser $d = 0{,}4\text{mm}$
Rohrdurchmesser $D = 10\text{mm}$
Widerstandslänge $l = 40\text{mm}$
Windungszahl $N = 78$

a) Man bestimme den Widerstand R und die Induktivität L.

b) Man ermittle die Grenzfrequenz des Widerstandes aus den Elementen R und L.

c) Welche Resonanzfrequenz ergibt sich, wenn man eine Eigenkapazität von 2pF annimmt?

d) Man bestimme den Wärmewiderstand und die Wärmekapazität aus folgenden Meßdaten: An einer Spannung U = 10V erreicht der Widerstand nach 5 min die Endtemperatur T_E = 180°C bei einer Umgebungstemperatur T_U = 20°C (s. Übersichtsblatt).

Lösungen

a)
$$R = \frac{1}{\kappa}\cdot\frac{l}{q} = \frac{1}{\kappa}\cdot\frac{\pi\cdot D\cdot N}{\frac{\pi}{4}\cdot d^2} = \frac{1\,\text{mm}^2}{0{,}89\,\text{Sm}}\cdot\frac{\pi\cdot 0{,}01\,\text{m}\cdot 78}{0{,}785\cdot 0{,}16\,\text{mm}^2} \approx \underline{22\,\Omega}.$$

Die Wicklung bildet eine Zylinderspule [3]:

$$\frac{l}{D} = 4 \rightarrow \frac{A_L}{D} \approx 2{,}3\frac{\text{nH}}{\text{cm}} \rightarrow L = \frac{A_L}{D}\cdot D\cdot N^2 \approx 2{,}3\frac{\text{nH}}{\text{cm}}\cdot 1\,\text{cm}\cdot 78^2 \approx \underline{14\,\mu\text{H}}.$$

b) 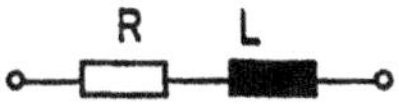

Ersatzbild für höhere Frequenzen $\quad Z = \sqrt{R^2 + (\omega L)^2}$

Grenzfrequenz

$$\omega L = R \quad \rightarrow \quad \omega_g = \frac{R}{L} = \frac{22\,\Omega}{14\cdot 10^{-6}\,\Omega\text{s}} \approx 1{,}6\cdot 10^6\,\frac{1}{\text{s}} \rightarrow f_g = \frac{\omega_g}{2\pi} \approx \underline{250\,\text{kHz}}.$$

c) 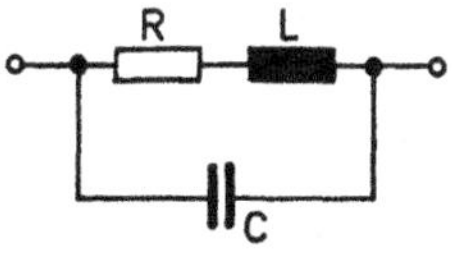

$$\underline{Y} = \frac{1}{R + j\omega L} + j\omega C = \frac{R - j\omega L}{R^2 + (\omega L)^2} + j\omega C.$$

Imaginärteil Null: $f_r = \frac{1}{2\pi\sqrt{LC}}\cdot\sqrt{1 - \frac{R^2 C}{L}} \approx \underline{30\,\text{MHz}}.$

praktisch unbedeutend

d) thermisches Ersatzbild

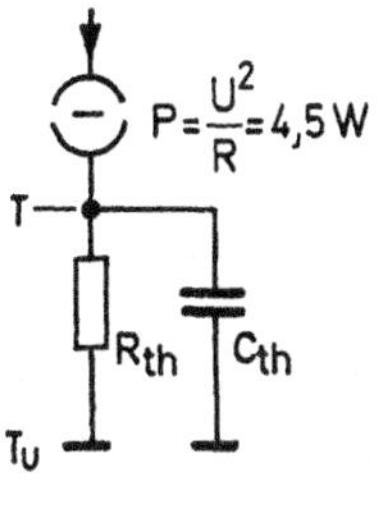

thermischer Widerstand:

$$R_{th} = \frac{T_E - T_U}{P} = \frac{(180-20)^\circ\text{C}}{4{,}5\,\text{W}} \approx \underline{35\,\text{K/W}}.$$

thermische Zeitkonstante:

$$\tau_{th} = R_{th}\cdot C_{th} \approx \frac{1}{3}\cdot 5\,\text{min} = 100\,\text{s},$$

$$C_{th} = \frac{\tau_{th}}{R_{th}} \approx 3\,\underline{\frac{\text{Ws}}{\text{K}}} \text{ als Wärmekapazität.}$$

A1.6	Kaltleiter - PTC-Widerstand

Ein keramischer Kaltleiter habe nebenstehende Widerstands-Temperaturkennlinie und einen thermischen Leitwert G_{th} = 2,5mW/K gegenüber ruhender Luft.

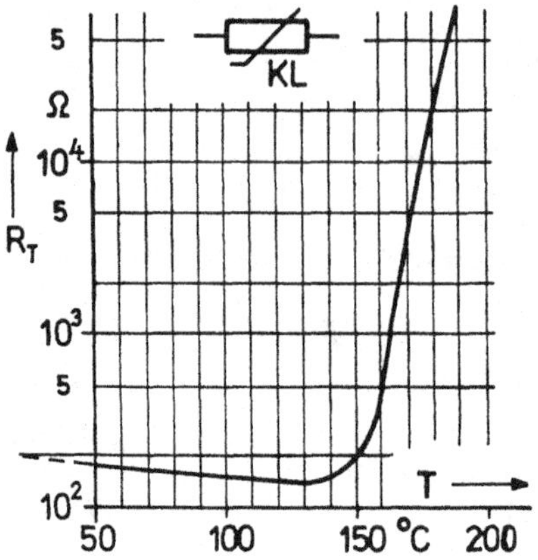

a) Man ermittle tabellarisch die stationäre I-U-Kennlinie für eine Umgebungstemperatur T_U = 20°C.

b) Wie hoch sind der Einschaltstrom und der stationäre Strom, wenn man den Kaltleiter über einen Vorwiderstand R_V = 100Ω an eine Spannung U_B = 20V schaltet?

c) Auf welchen Endwert stellt sich der Strom ein, wenn der Kaltleiter ohne Vorwiderstand an 20V betrieben wird?

d) Welche Temperatur erreicht der KL im Fall c)?

e) Welche Zeit t_{ab} benötigt der Kaltleiter zum Abkühlen nach dem Abschalten bei einer thermischen Zeitkonstante τ_{th} = 3 s?

Lösungen

a) ↓ b) und c) graphische Lösung →

I-U-Kennlinie

$\frac{T}{°C}$	$\frac{R_T}{k\Omega}$	$\frac{\Delta T}{K}$	$\frac{P}{mW}$	$\frac{U}{V}$	$\frac{I}{mA}$
20	0,2	0	0	0	0
50	0,18	30	75	3,7	20,4
100	0,15	80	200	5,5	36,5
130	0,14	110	275	6,2	44,3
150	0,2	130	325	8,1	40,3
160	0,45	140	350	12,5	27,9
165	1,5	145	363	23,3	15,5
170	4	150	375	38,7	9,7
Kennlinie R - T		$T - T_U$	$\Delta T \cdot G_{th}$	$\sqrt{P \cdot R_T}$	$\frac{U}{R_T}$

Man gibt eine bestimmte Temperatur T vor und ermittelt dazu die erforderliche Leistung P bzw. U und I.

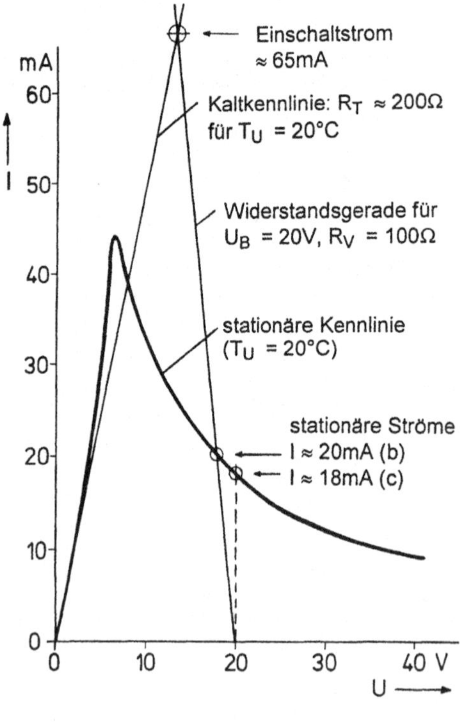

d) $\Delta T = \frac{P}{G_{th}} = \frac{18\ \text{mA} \cdot 20\ \text{V}}{2{,}5\ \text{mW/K}} = 144\ \text{K}, \quad T = \Delta T + T_U = \underline{164°C}$.

e) $t_{ab} \approx 3 \cdot \tau_{th} = \underline{9\ \text{s}}$ (vgl. Übersichtsblatt).

A1.7	Heißleiter - I-U-Kennlinien

Gegeben sei ein Heißleiter HL mit den Werten R_{20} = 2,5kΩ und B = 3420K, G_{th} = 0,8mW/K.

a) Man ermittle die Widerstands-Temperatur-Kennlinie sowie die stationäre I-U-Kennlinie zur Umgebungstemperatur T_U = 20°C in tabellarischer Form, wenn der Heißleiter der Beziehung $R_T = A \cdot e^{B/T}$ folgt.

b) Man ermittle die resultierende I-U-Kennlinie für den Fall, dass der Heißleiter mit einem linearen Widerstand R = 75Ω in Reihe geschaltet wird (T_U = 20°C).

c) Welcher Strom I_{max} darf stationär nicht überschritten werden, wenn die Grenztemperatur T_{max} für den Heißleiter 160°C beträgt?

Lösungen

a) $R_T = A \cdot e^{\frac{B}{T}}$ mit T in Kelvin (K)

$T \text{ in K} = T \text{ in } °C + 273 \text{ K}.$

$2{,}5\ \text{k}\Omega = A \cdot e^{\frac{3420\text{K}}{293\text{K}}}$ bei T = 20°C,

$\rightarrow A = 2{,}13 \cdot 10^{-5}\text{k}\Omega.$

$\frac{T}{°C}$	$\frac{R_T}{k\Omega}$	$\frac{\Delta T}{K}$	$\frac{P}{mW}$	$\frac{U}{V}$	$\frac{I}{mA}$
20	2,5	0	0	0	0
30	1,7	10	8	3,7	2,2
50	0,84	30	24	4,5	5,4
70	0,46	50	40	4,3	9,3
80	0,34	60	48	4,1	11,8
100	0,20	80	64	3,6	17,9
110	0,16	90	72	3,4	21,2
150	0,07	130	104	2,7	38,6
$R_T = A \cdot e^{\frac{B}{T}}$		$T - T_U$	$\Delta T \cdot G_{th}$	$\sqrt{P \cdot R_T}$	$\frac{U}{R_T}$

b) I-U-Kennlinien

Bei der Reihenschaltung addieren sich die Spannungen.

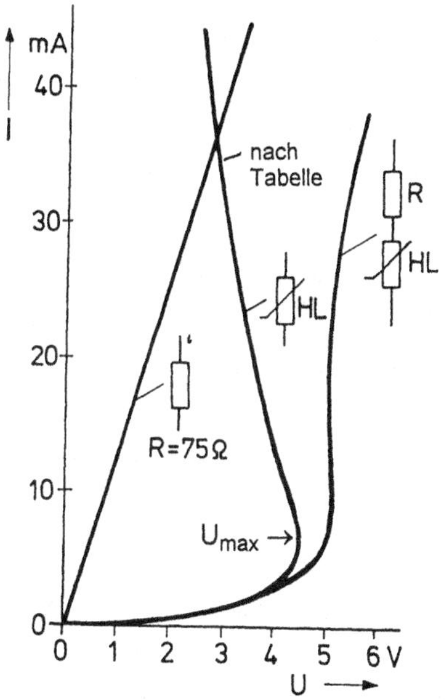

Alle drei Kennlinien nach b) gelten für Gleich- und für Wechselstrom. Das letztere gilt für den Heißleiter jedoch nur bei ausreichender Frequenz, wobei sich eine praktisch konstante Temperatur entsprechend der mittleren Verlustleistung einstellt.

c) $T_{max} = 160°C$: $R_{160} = 57{,}3\Omega$, $P_{max} = (T_{max} - T_U) \cdot G_{th} = 112\ \text{mW}$,

$$I_{max} = \sqrt{\frac{P_{max}}{R_{160}}} \approx \underline{44{,}2\ \text{mA}}.$$

A1.8	Kompensationsheißleiter

Es wird ein Widerstand mit fallender Widerstands-Temperatur-Kennlinie gesucht, bei dem der Widerstandswert R_K im Bereich von 20°C bis 80°C von 5kΩ auf 4kΩ etwa linear abnehmen soll.

a) Man entwerfe mit dem Heißleiter des vorigen Beispiels (R_{20} = 2,5kΩ, B = 3420K) eine geeignete Widerstandskombination.

b) Man stelle die R-T-Kennlinie der Kombination dar.

c) Welche Linearitätsabweichung F tritt in der Bereichsmitte auf und welcher Temperaturbeiwert ergibt sich näherungsweise?

d) Welcher Strom I darf bei 50°C über die Kombination fließen, wenn der Heißleiter dadurch nur eine Temperaturerhöhung von 1K erfährt?

Lösungen

a)

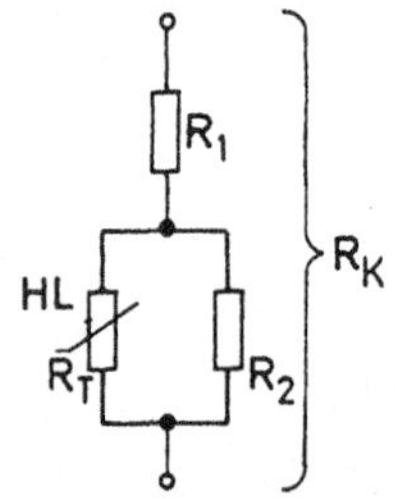

$$20°\text{C}: \; R_1 + \frac{R_{20} \cdot R_2}{R_{20} + R_2} = 5\text{ k}\Omega \text{ mit } R_{20} = 2{,}5\text{ k}\Omega,$$

$$80°\text{C}: \; R_1 + \frac{R_{80} \cdot R_2}{R_{80} + R_2} = 4\text{ k}\Omega \text{ mit } R_{80} = 0{,}34\text{ k}\Omega,$$

$$\rightarrow \underline{R_1 = 3{,}7\text{ k}\Omega}, \; \underline{R_2 = 2{,}7\text{ k}\Omega}.$$

b)

$\frac{T}{°C}$	$\frac{R_T}{k\Omega}$	$\frac{R_K}{k\Omega}$
20	2,5	5
30	1,7	4,7
50	0,84	4,3
70	0,46	4,1
80	0,34	4

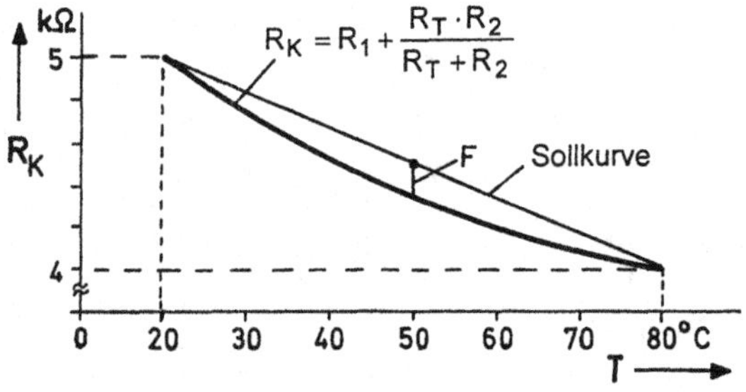

c) $F \approx 0{,}2\text{ k}\Omega, \; F_{rel} = \frac{F}{R_{Ksoll}} \cdot 100\% = \frac{0{,}2\text{ k}\Omega}{4{,}5\text{ k}\Omega} \cdot 100\% \approx \underline{4{,}5\%}.$

$$TK_{50} \approx \frac{\Delta R}{\Delta T} \cdot \frac{1}{R_K(50)} = \frac{R_K(70) - R_K(30)}{40\text{ K}} \cdot \frac{1}{R_K(50)} = \frac{4{,}1\text{ k}\Omega - 4{,}7\text{ k}\Omega}{40\text{ K}} \cdot \frac{1}{4{,}3\text{ k}\Omega} \approx -0{,}0035\frac{1}{\text{K}}$$

$$\approx \underline{-0{,}35\,\%/\text{K}}.$$

d) $\Delta T = I_{HL}^2 \cdot R_T \cdot \frac{1}{G_{th}} \rightarrow I_{HL} = \sqrt{\frac{\Delta T \cdot G_{th}}{R_T}} = \sqrt{\frac{1\text{ K} \cdot 0{,}8\text{ mW/K}}{0{,}84\text{ k}\Omega}} \approx 1\text{ mA},$

$\rightarrow U_{HL} \approx 1\text{ mA} \cdot 0{,}84\text{ k}\Omega = 0{,}84\text{ V}, \; I_{R2} = \frac{U_{HL}}{R_2} = \frac{0{,}84\text{ V}}{2{,}7\text{ k}\Omega} \approx 0{,}31\text{ mA},$

$\rightarrow I = I_{HL} + I_{R2} \approx \underline{1{,}3\text{ mA}}.$

A1.9	Heißleiter - Meßbrücke

Gegeben sei eine Brückenschaltung mit 2 Festwiderständen R und 2 gleichen Heißleitern HL, zwischen denen ein Temperaturgleichlauf bestehen soll. Die Heißleiter haben die Daten: R_{20} = 2,5kΩ, B = 3420K, G_{th} = 0,8mW/K wie in Aufg. **A1.7.**

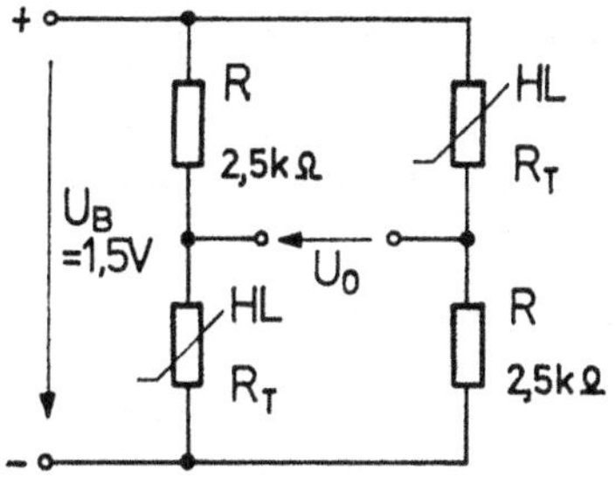

a) Man bestimme die Diagonalspannung $U_o = f(U_B, R, R_T)$ und den Brückeninnenwiderstand $R_i = f(R, R_T)$.

b) Welche Spannung U_o tritt auf, wenn infolge einer Temperaturerhöhung um ΔT = 2K die bei 20°C abgeglichene Brücke verstimmt wird?

c) Man ermittle den Verlauf der Spannung U_o und des Innenwiderstandes über der Temperatur für das Intervall 0°C < T < 100°C.

d) Welche Übertemperatur können die Heißleiter in der unbelasteten Brückenschaltung infolge der elektrischen Verlustleistung annehmen?

Lösungen

a) $U_o = U_B \dfrac{R - R_T}{R + R_T}, \quad R_i = \dfrac{R \cdot R_T}{R + R_T} \cdot 2$ (linearer Bereich) mit $R_T = A \cdot \exp\left(\dfrac{B}{T}\right)$ nach **A1.7.**

b) $$U_o = U_B \frac{R - (R_{20} + \Delta R_T)}{R + (R_{20} + \Delta R_T)}, \quad TK_T = \frac{dR_T}{dT} \cdot \frac{1}{R_T} = -\frac{B}{T^2} \rightarrow TK_{20} = -\frac{3420\ \text{K}}{(293\ \text{K})^2} = -0{,}04\frac{1}{\text{K}}.$$

Damit folgt: $\Delta R_T = R_{20} \cdot TK_{20} \cdot \Delta T = 2{,}5\ \text{k}\Omega \cdot \left(-0{,}04\frac{1}{\text{K}}\right) \cdot 2\ \text{K} = -200\ \Omega$,

$$\rightarrow U_o = U_B \cdot \frac{2{,}5\ \text{k}\Omega - (2{,}5\ \text{k}\Omega - 0{,}2\ \text{k}\Omega)}{2{,}5\ \text{k}\Omega + 2{,}5\ \text{k}\Omega - 0{,}2\ \text{k}\Omega} \approx \underline{60\ \text{mV}}.$$

c) $R_T = A \cdot \exp\frac{B}{T}$ mit $A = 2{,}13 \cdot 10^{-5}$kΩ

T/°C	R_T/kΩ	U_o/V	R_i/kΩ
0	5,9	-0,6	3,5
20	2,5	0	2,5
50	0,84	0,75	1,26
80	0,34	1,14	0,6
100	0,2	1,28	0,37

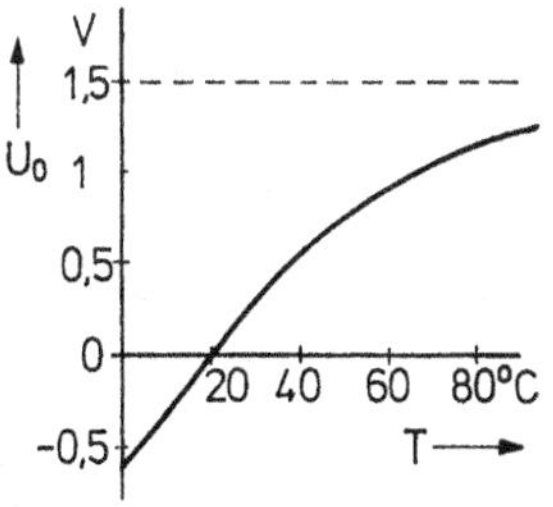

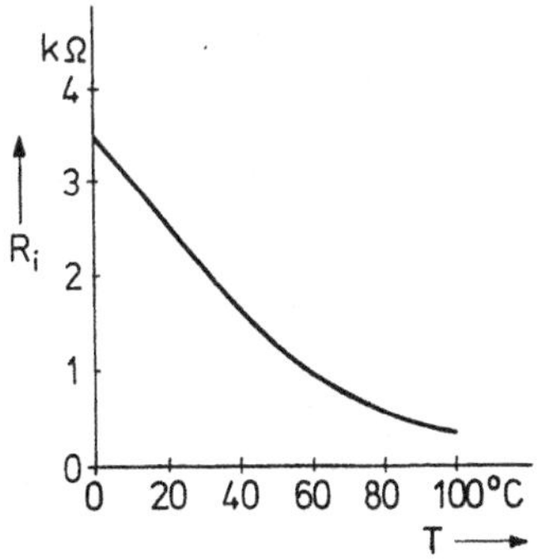

d) $$P_{max} = \left(\frac{U_B}{2}\right)^2 \cdot \frac{1}{R} = \frac{(0{,}75\ \text{V})^2}{2{,}5\ \text{k}\Omega} = 0{,}225\ \text{mW}\ \text{(Leistungsanpassung)},$$

$$\Delta T_{max} = \frac{P_{max}}{G_{th}} = \frac{0{,}225\ \text{mW}}{0{,}8\ \text{mW/K}} = \underline{0{,}28\ \text{K}}.$$

Bei $R_T = R = 2{,}5$ kΩ nehmen sie die größtmögliche Leistung auf.

A1.10	Silizium-Kaltleiter (Temperaturfühler)

Ein Silizium-Kaltleiter vom Typ KTY hat einen Nennwiderstand $R_{25} = 1000\Omega$. Die Widerstands-Temperatur-Kennlinie $R_T = f(T)$ wird bestimmt durch die Widerstandsverhältnisse $R_{125}/R_{25} = 1{,}99$ und $R_{-55}/R_{25} = 0{,}489$.

a) Man formuliere die Funktion $R_T = f(T)$ mit den Temperaturkoeffizienten α und β, die zu bestimmen sind.

b) Man zeichne qualitativ die Kennlinie $R_T(T)$ und berechne einige Werte im Bereich $-20°C \leq T \leq 100°C$.

c) Welchen Widerstand R_P schaltet man zweckmäßig zur Linearisierung parallel für einen Nutzbereich von -20°C bis +100°C?

Lösungen

a) $$R_T = R_{25} \cdot \left[1 + \alpha_{25}(T - T_U) + \beta_{25} \cdot (T - T_U)^2\right]$$ (Vgl. Übersichtsblatt)

$$\left.\begin{aligned} \frac{R_{125}}{R_{25}} &= 1{,}99 = 1 + \alpha_{25} \cdot 100K + \beta_{25} \cdot (100K)^2 \\ \frac{R_{-55}}{R_{25}} &= 0{,}489 = 1 - \alpha_{25} \cdot 80K + \beta_{25} \cdot (80K)^2 \end{aligned}\right\rangle \quad \begin{aligned} \alpha_{25} &= 0{,}795 \cdot 10^{-2} \frac{1}{K}, \\ \beta_{25} &= 1{,}95 \cdot 10^{-5} \frac{1}{K^2}. \end{aligned}$$

b) Qualitativ:

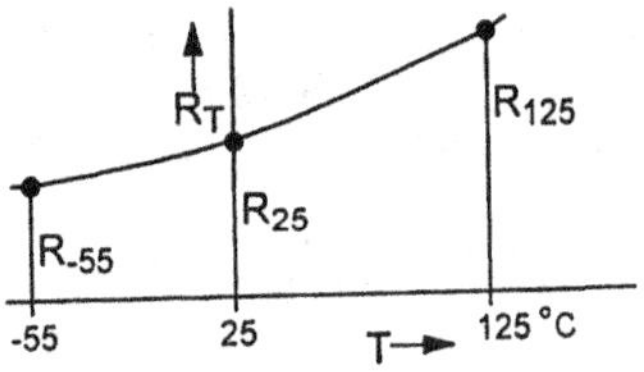

Berechnet:

T °C	R_T Ω
-20	681,74
0	813,44
20	960,74
40	1123,64
60	1302,14
80	1496,24
100	1705,94

$$R_T = 1000\Omega \cdot \left[1 + 0{,}795 \cdot 10^{-2} \frac{1}{K} \cdot (T - 25°C) + 1{,}95 \cdot 10^{-5} \frac{1}{K^2} \cdot (T - 25°C)^2\right]$$

T und T_U müssen einheitlich in °C oder in K (absolute Temperatur) gesetzt werden.

c) $$R_{ges}(T) = \frac{R_T \cdot R_P}{R_T + R_P}$$

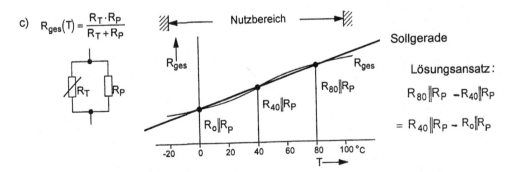

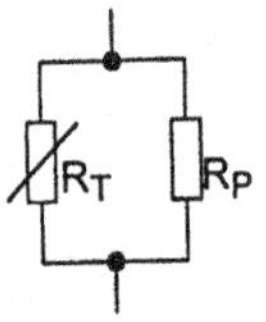

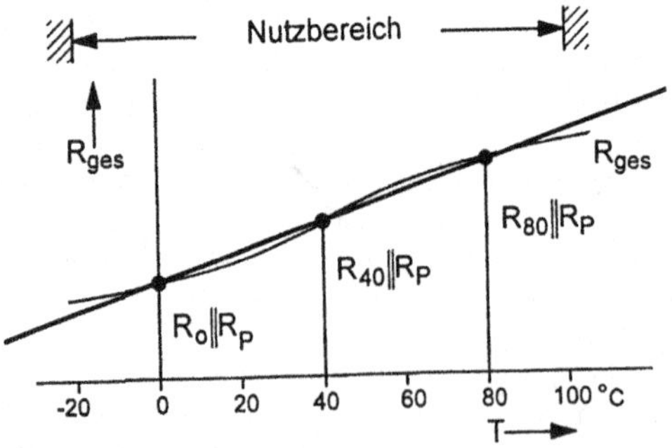

Sollgerade

Lösungsansatz:

$$R_{80} \| R_P - R_{40} \| R_P = R_{40} \| R_P - R_0 \| R_P$$

Nach Durchrechnung folgt:

$$R_P = \frac{R_{40} \cdot (R_0 + R_{80}) - 2 \cdot R_0 \cdot R_{80}}{R_0 + R_{80} - 2 \cdot R_{40}} \approx \underline{2580\ \Omega}$$

Damit wird:

$$R_0 \| R_P = 618\ \Omega$$
$$R_{40} \| R_P = 783\ \Omega$$
$$R_{80} \| R_P = 947\ \Omega$$

A1.11	Fotowiderstand

Über einen Fotowiderstand soll ein Relais geschaltet werden. Die I-U-Kennlinien des Fotowiderstandes sind gegeben.

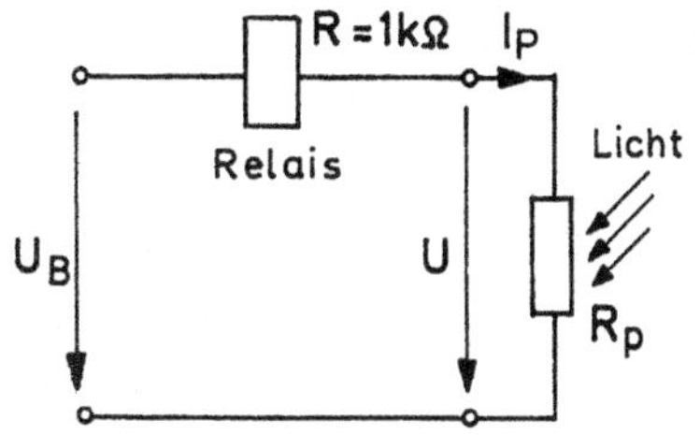

Relais:

Anzugstrom I_{AN} = 4mA

Abfallstrom I_{AB} = 2mA

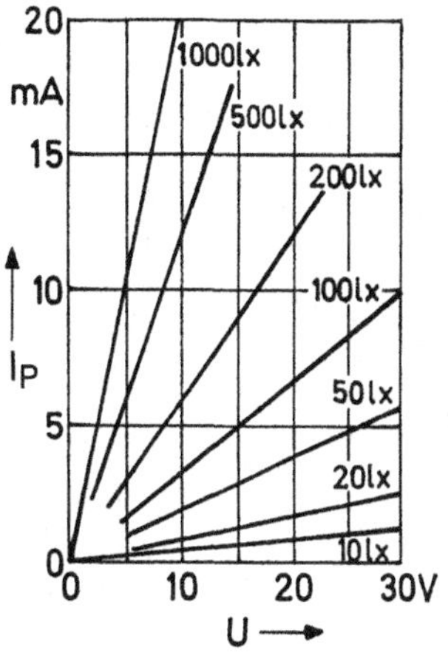

a) Man trage die Verlustleistungshyperbel für P_{max} = 100mW in das Kennlinienfeld ein.

b) Welchen Wert darf die Betriebsspannung U_B höchstens haben, wenn die angegebene maximal zulässige Verlustleistung von 100mW nicht überschritten werden darf?

c) Man zeichne die Widerstandsgerade zu b) in das Kennlinienfeld.

d) Wo berührt die Widerstandsgerade die Verlusthyperbel?

e) Bei welcher Beleuchtungsstärke zieht das Relais an bzw. fällt ab?

f) Welche Verlustleistung kann das Relais höchstens aufnehmen?

Lösungen

a) und c)

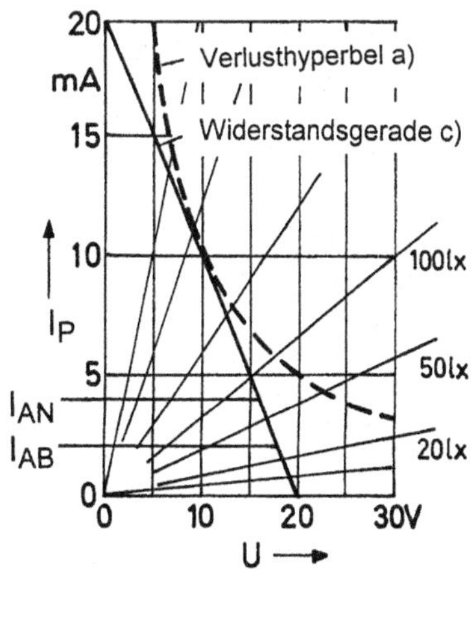

b) $P_{max} = \left(\frac{U_B}{2}\right)^2 \cdot \frac{1}{R}$ (Leistungsanpassung)

$U_B = \sqrt{4\,P_{max} \cdot R} = \underline{20\text{ V}}$.

d) Bei $U = \frac{U_B}{2} \rightarrow P_{max}$

e) Relais zieht an bei ca. 75 lx,
Relais fällt ab bei ca. 30 lx
(Ablesung aus Kennlinienfeld).

f) $I_{p\,max} = \frac{U_B}{R} = \frac{20\text{ V}}{1\text{ k}\Omega} = 20\text{ mA}$ für $R_p \rightarrow 0$,

$P_{Rel\,max} = (20\text{ mA})^2 \cdot 1\text{ k}\Omega = \underline{0{,}4\text{ W}}$.

A2 Dioden

Kennliniendarstellungen

reale Si-Diode

Idealisierungen
mit Schleusenspannung U_S und Widerstand r_F

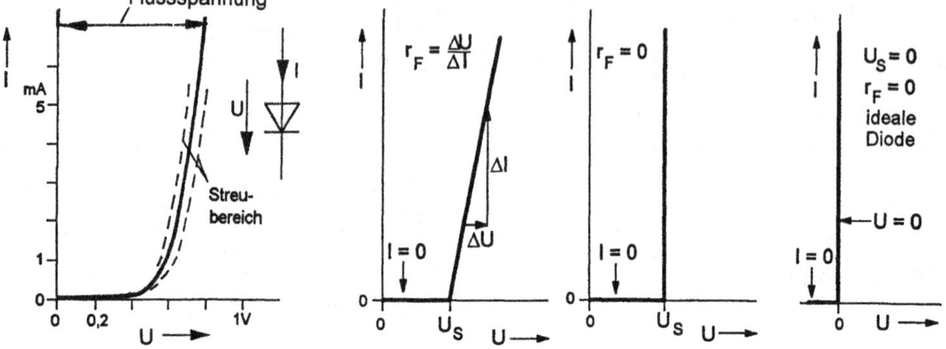

Ersatzbilder
(i.D. = ideale Diode)

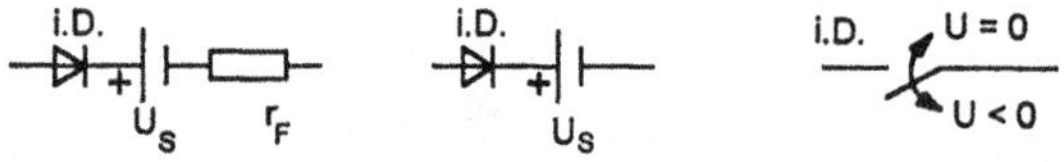

Richtwerte: $U_s \approx 0{,}6V$, $r_F \approx 1...10\Omega$

analytisch:

Nullpunktbereich

$$U = m \cdot U_T \cdot \ln\left(\frac{I}{I_{RO}} + 1\right) \text{ bzw. } I = I_{RO} \cdot \left(\exp\frac{U}{mU_T} - 1\right)$$

Durchlaßbereich (U>0,1V)

$$U \approx m \cdot U_T \cdot \ln\left(\frac{I}{I_{RO}}\right) + I \cdot R_B$$

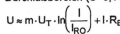

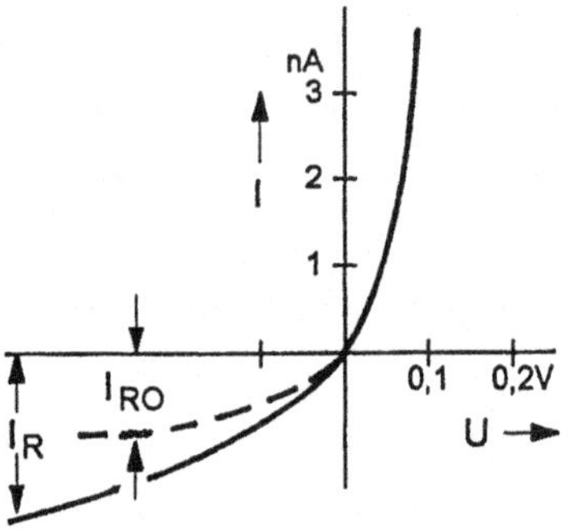

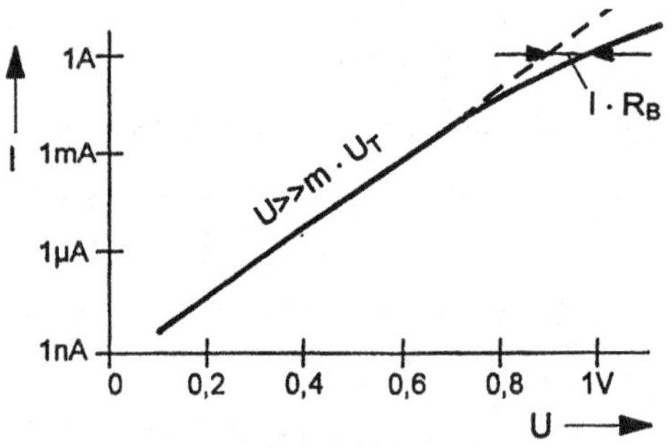

R_B = Bahnwiderstand

I_{RO} = theoretischer "Sperrsättigungsstrom", stark temperaturabhängig

I_R = tatsächlicher Sperrstrom
($I_R > I_{RO}$ aufgrund von Oberflächeneffekten - nicht berechenbar)

U_T = $86 \frac{\mu V}{K} \cdot T$ = "Temperaturspannung" $\approx$ 26mV bei Raumtemperatur

T = absolute Temperatur in Kelvin (K), 273K ≙ 0°C

m = Korrekturfaktor , Wert 1... 2) .

Z-Diode

reale ZD

$r_z = \dfrac{\Delta U_z}{\Delta I_z}$

ideale ZD

$r_z = 0$

Ersatzbild

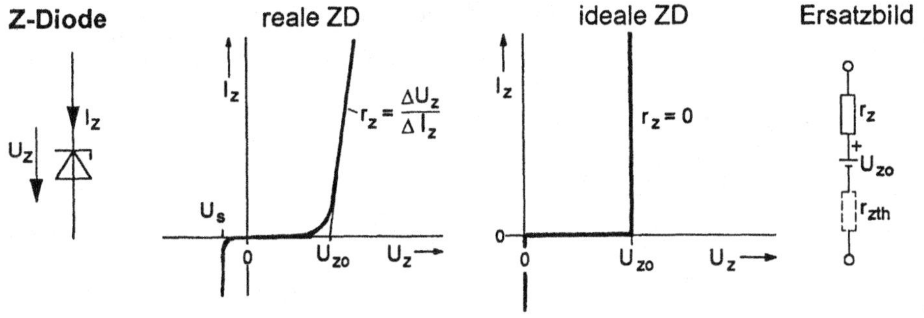

Thermische Kenngrößen:

$TK_U = \dfrac{dU_{zo}}{dT} \cdot \dfrac{1}{U_{zo}} =$ Temperaturbeiwert der Spannung U_{zo}

$R_{th} = \dfrac{\Delta T}{P} =$ thermischer Widerstand (P = Verlustleistung)

$r_{zth} = TK_U \cdot U_{zo}^2 \cdot R_{th} =$ temperaturbedingter Zusatzwiderstand [3]

Fotodiode

$E = 0: \quad I = I_{RO} \cdot \left[\exp\left(\dfrac{U}{mU_T}\right) - 1 \right] = I_d$

$E > 0: \quad I = I_d - S \cdot E$

$-S \cdot E$

I_d = Dunkelstrom

E = Beleuchtungsstärke

S = Fotoempfindlichkeit

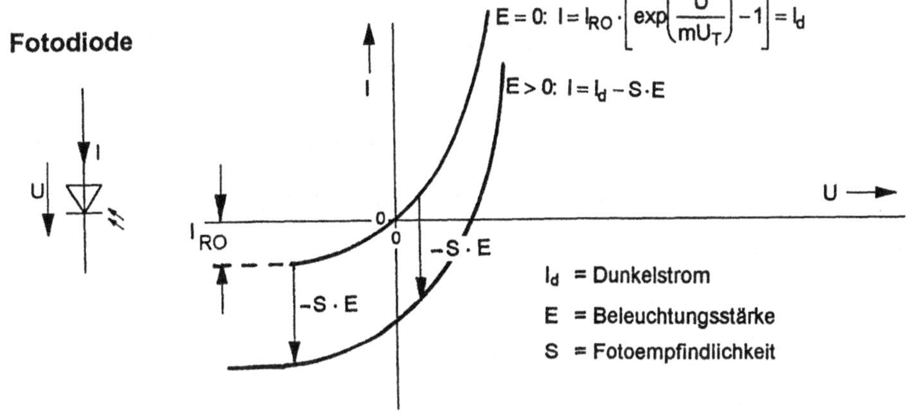

Leuchtdiode

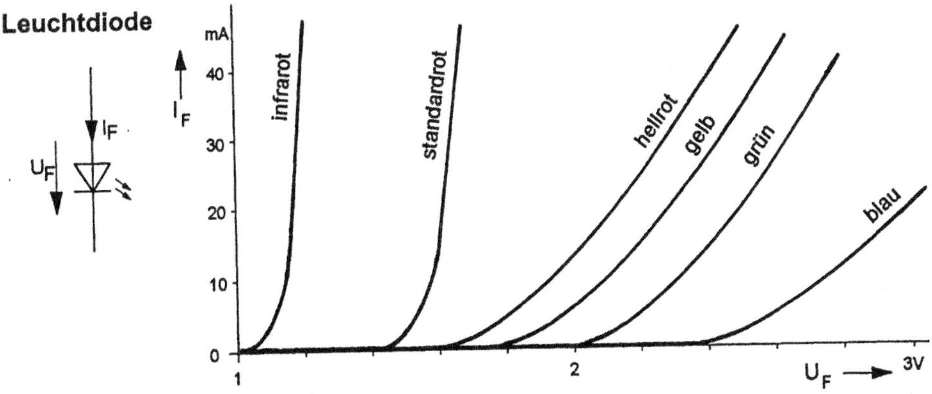

A2.1	Siliziumdiode-Kennlinien

Gegeben seien die nebenstehenden Kennlinien $I_F = f(U_F)$ der Siliziumdiode BAV 20 für den Durchlassbereich. Für den Sperrbereich gilt laut Datenblatt:

25°C: $I_R < 100$ nA bei $U_R = 150$ V
100°C: $I_R < 15$ µA bei $U_R = 150$ V

Index R: Revers (rückwärts)
Index F: Forward (vorwärts)

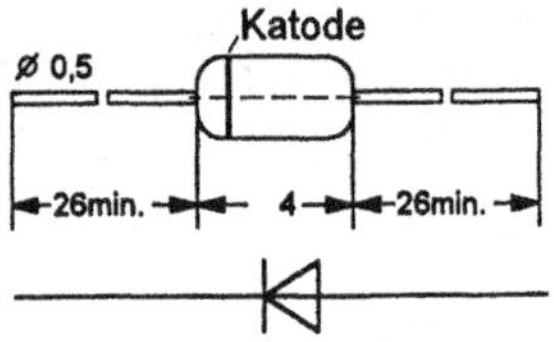

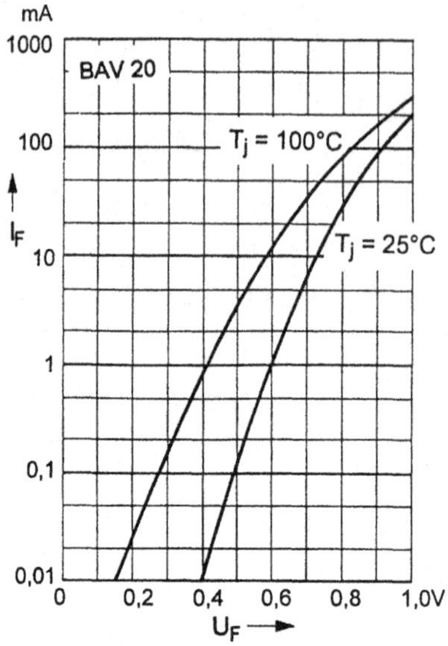

a) Man bestimme aus zwei Punkten der Durchlasskennlinien für eine Sperrschichttemperatur Tj = 25°C und Tj = 100°C die Parameter I_{RO} und m.

b) Man bestimme den Bahnwiderstand R_B zu beiden Sperrschichttemperaturen.

c) Welchen Zuwachs erfährt die Spannung $U = U_F$ an der Diode, wenn sich der Strom $I = I_F$ verzehnfacht?

d) Man bestimme den Verlauf des differentiellen Widerstandes r_F für den Bereich 1mA < I < 100mA.

e) Man trage die Durchlasskennlinien im linearen Maßstab auf und bestimme entsprechende Ersatzkennlinien als lineare Näherung mit den Parametern U_S und r_F für den Bereich bis 100mA.

Lösungen

a) 25°C: $U_T = 25{,}6$ mV

$$1\,\text{mA} \approx I_{RO} \cdot \exp\left(\frac{600\,\text{mV}}{m \cdot 25{,}6\,\text{mV}}\right), \quad 0{,}01\,\text{mA} \approx I_{RO} \cdot \exp\left(\frac{400\,\text{mV}}{m \cdot 25{,}6\,\text{mV}}\right)$$

$\rightarrow$ $\underline{m \approx 1{,}7}$, $\underline{I_{RO} \approx 1\,\text{nA}}$.

100°C: $U_T = 32{,}1$ mV

$$1\,\text{mA} \approx I_{RO} \cdot \exp\left(\frac{410\,\text{mV}}{m \cdot 32{,}1\,\text{mV}}\right), \quad 0{,}01\,\text{mA} \approx I_{RO} \cdot \exp\left(\frac{160\,\text{mV}}{m \cdot 32{,}1\,\text{mV}}\right)$$

$\rightarrow$ $\underline{m \approx 1{,}7}$, $\underline{I_{RO} \approx 550\,\text{nA}}$.

b) 25°C: $200\ \text{mA} \cdot R_B \approx 200\ \text{mV} \rightarrow R_B \approx 1\ \Omega$ \ siehe Übersichtsblatt

100°C: $300\ \text{mA} \cdot R_B \approx 300\ \text{mV} \rightarrow R_B \approx 1\ \Omega$ / $I \cdot R_B$ aus Kennlinie .

c) Für $U >> mU_T$ gilt: $U \approx mU_T \cdot \ln\left(\frac{I}{I_{RO}}\right) + I \cdot R_B$

$$U_1 = mU_T \cdot \ln\left(\frac{I_1}{I_{RO}}\right) + I_1 \cdot R_B, \quad U_2 = mU_T \cdot \ln\left(\frac{I_2}{I_{RO}}\right) + I_2 \cdot R_B$$

$$\Delta U = U_2 - U_1 = mU_T \cdot \ln\left(\frac{I_2}{I_1}\right) + (I_2 - I_1) \cdot R_B .$$

Bei einer Verzehnfachung des Stromes wird:

$I_2 = 10 \cdot I_1$ und $\Delta U = mU_T \cdot \ln 10 + 9 \cdot I_1 \cdot R_B \approx mU_T \cdot \ln 10$ für $I_1 < 1\ \text{mA}$.

25°C: $\Delta U \approx 1{,}7 \cdot 25{,}6\ \text{mV} \cdot 2{,}3 \approx \underline{100\ \text{mV}}$

100°C: $\Delta U \approx 1{,}7 \cdot 32{,}1\ \text{mV} \cdot 2{,}3 \approx \underline{125\ \text{mV}}$ } R_B vernachlässigt .

d) Für $U >> mU_T$ wird:

$$r_F = \frac{dU}{dI} = m \cdot \frac{U_T}{I} + R_B$$

$$25°C: \ r_F = \frac{dU}{dI} = 1{,}7 \cdot \frac{25{,}6\ \text{mV}}{I} + 1\ \Omega$$

$$100°C: \ r_F = \frac{dU}{dI} = 1{,}7 \cdot \frac{32{,}1\ \text{mV}}{I} + 1\ \Omega \ .$$

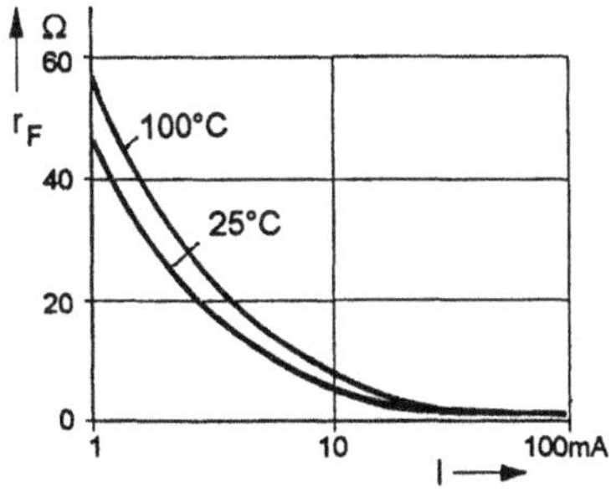

e)

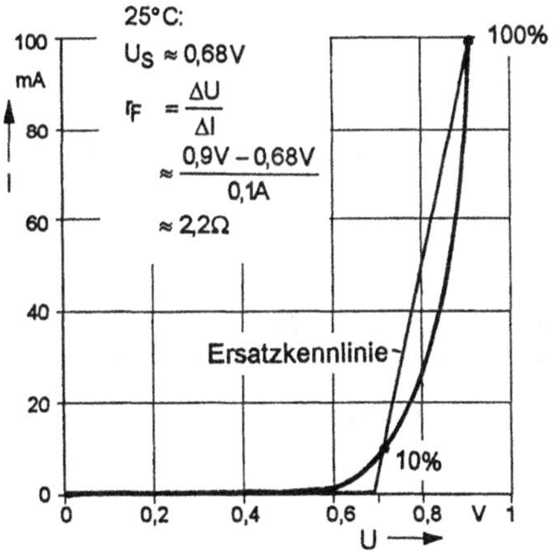

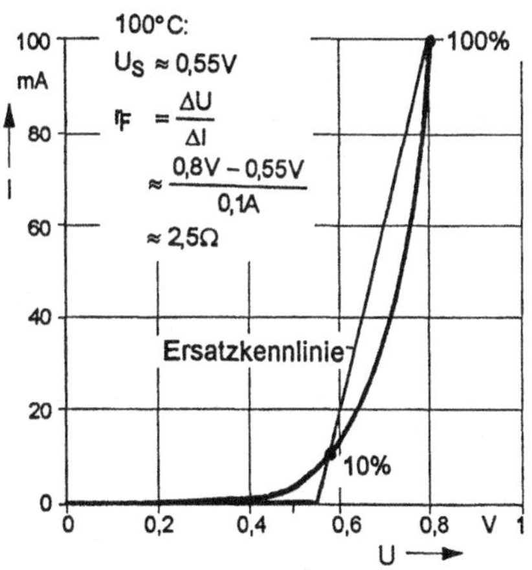

Die Werte U_S und r_F sind nicht nur abhängig von der Temperatur, sondern auch von der Aussteuerung der Kennlinie. Zweckmäßig markiert man die Ersatzkennlinie durch einen 10%-Punkt und einen 100%-Punkt wie in den Beispielen.

A2.2	Diode als Gleichrichter

Ein Sägezahngenerator arbeitet auf die Reihenschaltung einer Si-Diode mit einem Widerstand $R_L = 500\Omega$. Die Sperrschichttemperatur T_j sei gleich der Umgebungstemperatur $T_U = 25°C$. Die Diodenkennlinie werde angenähert durch eine Ersatzkennlinie mit $U_S = 0{,}6V$ und $r_F = 10\Omega$.

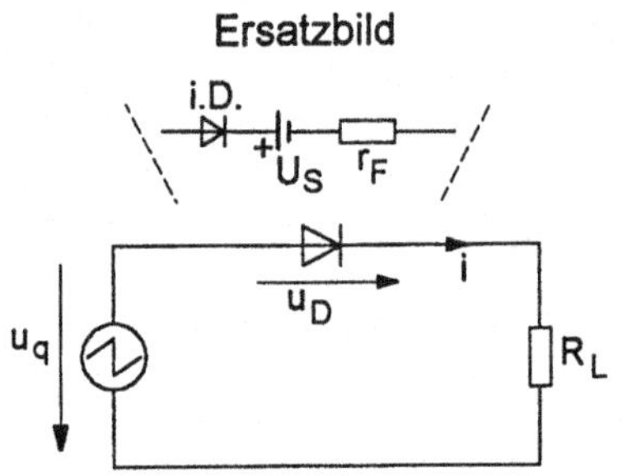

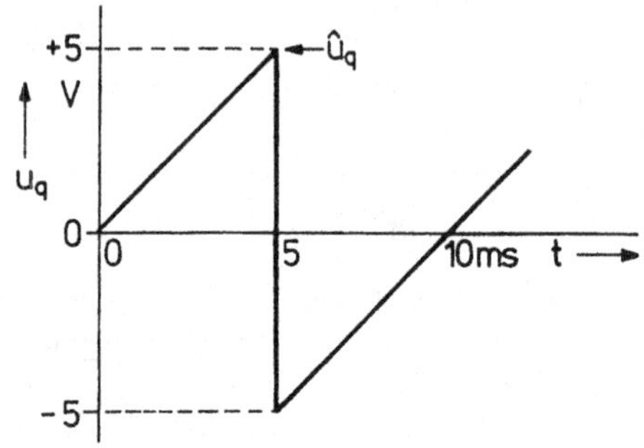

a) Man ermittle den Maximalwert $\hat{i}$ des Stromes i und seinen Zeitverlauf.

b) Man berechne den arithmetischen Mittelwert $\bar{i}$ (Richtstrom) des Stromes i sowie den Effektivwert I.

c) Welche (mittlere) Verlustleistung nimmt die Diode auf?

d) Welche Übertemperatur stellt sich tatsächlich ein bei einem Wärmewiderstand R_{thJU} (R_{thU}) = 0,3K/mW?

Lösungen

a) $$\hat{i} = \frac{\hat{u}_q - U_S}{R_L + r_F} = \frac{5\ \text{V} - 0{,}6\ \text{V}}{500\ \Omega + 10\ \Omega} \approx \underline{8{,}6\ \text{mA}}\,.$$

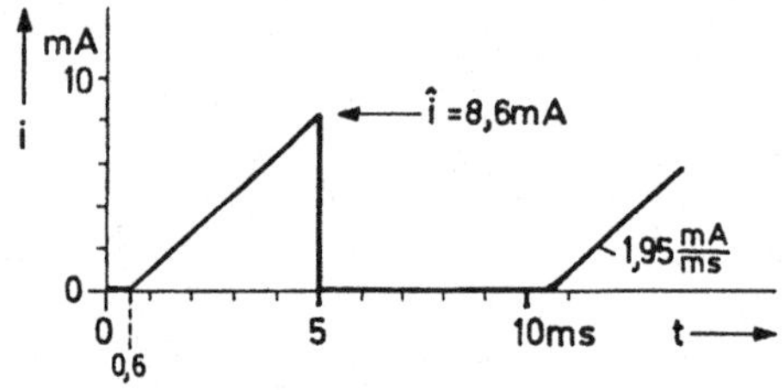

b) $$\bar{i} = \frac{1}{T}\cdot\int_0^T i\,dt = \frac{8{,}6\ \text{mA}\cdot 4{,}4\ \text{ms}}{2}\cdot\frac{1}{10\ \text{ms}} \approx \underline{1{,}9\ \text{mA}}\ \text{(Flächenbetrachtung)}\,.$$

$$I = \sqrt{\frac{1}{T}\int_0^T i^2 dt} = \sqrt{\frac{1}{10\ \text{ms}}\cdot\int_0^{4{,}4\text{ms}}\left(1{,}95\frac{\text{mA}}{\text{ms}}\cdot t\right)^2\cdot dt} \approx \underline{3{,}3\ \text{mA}}\,.$$

└ versetzter Nullpunkt

c) $$\overline{P} = U_s\cdot\bar{i} + r_F\cdot I^2 = 0{,}6\ \text{V}\cdot 1{,}9\ \text{mA} + 10\ \Omega\cdot(3{,}3\ \text{mA})^2 \approx \underline{1{,}25\ \text{mW}}\ ^{*)}\,.$$

d) $\Delta T = P\cdot R_{thU} = 1{,}25\ \text{mW}\cdot 0{,}3\ \text{K/mW} = \underline{0{,}38\ \text{K}}$. Es ist tatsächlich $Tj \approx T_U$.

*) In der Regel wird der Mittelwert $\overline{P}$ einfach mit P bezeichnet, zur Berechnung siehe [3].

A2.3	Diode als Begrenzer

Gegeben sei folgende Schaltung. Über den Widerstand R wird die Spannung u_1 vollständig an die offenen Ausgangsklemmen übertragen, solange die Diode D gesperrt ist. Wenn die Diode leitet, wird die Ausgangsspannung u_2 begrenzt. Die Diodenkennlinie werde idealisiert: $U_S = 0{,}6\text{V}$, $r_F = 0$.

a) In welchem Bereich der Spannung u_1 ist D gesperrt bzw. leitend?

b) Man bestimme den Strom i in Abhängigkeit von der Spannung u_1.

c) Man bestimme die Spannungs-Übertragungskennlinie $u_2 = f(u_1)$.

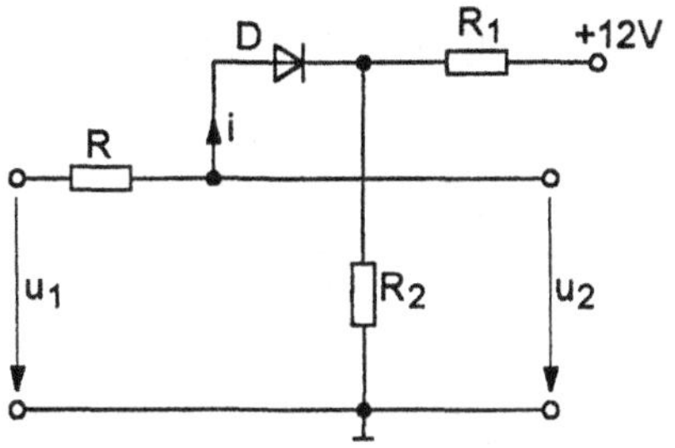

$R = 1\ \text{k}\Omega$
$R_1 = 200\ \Omega$
$R_2 = 1\ \text{k}\Omega$

Lösungen

a) D ist gesperrt für $u_1 < 12\ \text{V} \cdot \dfrac{R_2}{R_1 + R_2} + U_S = 10\ \text{V} + 0{,}6\ \text{V} = 10{,}6\ \text{V}$ (i = 0).

D ist leitend für $u_1 > 10{,}6$ V (i > 0).

b) $u_1 > 10{,}6$ V:

$$i = \frac{u_1 - U_S - 10\ \text{V}}{R + (R_1 \| R_2)} = \frac{u_1 - 10{,}6\ \text{V}}{1166{,}66\ \Omega} \approx \frac{u_1}{1{,}17\ \text{k}\Omega} - 9{,}05\ \text{mA}\ .$$

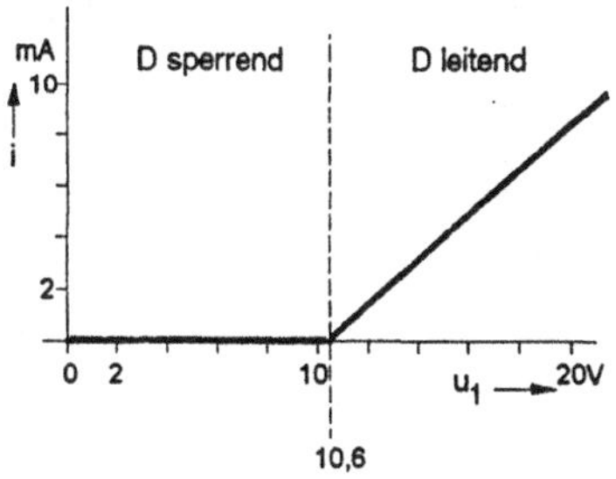

Der Spannungsteiler R_1 - R_2 wirkt als Quelle mit $U_q = 10$ V und $R_i = R_1 \| R_2 = 166{,}66\ \Omega$ (vgl. Aufg. **A1.2**).

c) $u_1 < 10{,}6$ V:

$$u_2 = u_1$$

$$\frac{du_2}{du_1} = 1 = \frac{5\ \text{V}}{5\ \text{V}}\ .$$

$u_1 > 10{,}6$ V:

$$u_2 = u_1 - i \cdot 1000\ \Omega \approx 0{,}14 u_1 + 9\ \text{V}$$

$$\frac{du_2}{du_1} = 0{,}14 \approx \frac{0{,}7\ \text{V}}{5\ \text{V}}\ .$$

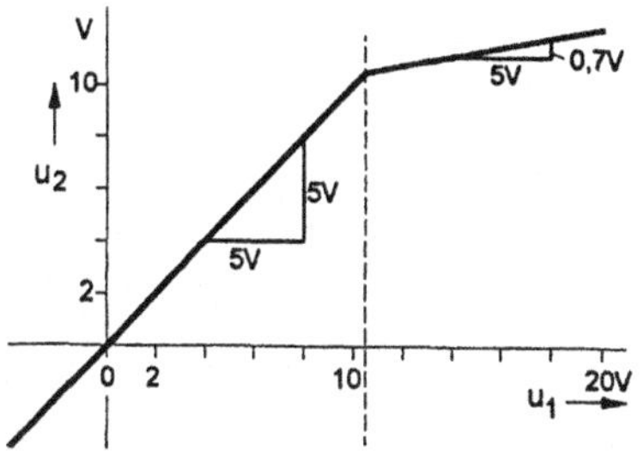

A2.4	Z-Diode mit Reihen- und Parallelwiderstand

Gegeben sei eine ideale 6V-Z-Diode mit Vorwiderstand R_V an einer Gleichspannung U_B = 12V. Parallel zur Z-Diode ist ein variabler Lastwiderstand R_L geschaltet.

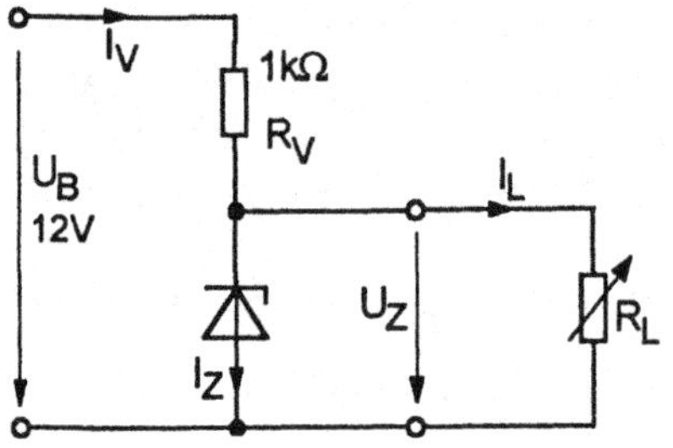

a) Welche Spannung U_Z und welcher Strom I_Z ergeben sich bei abgetrennter Last ($R_L \to \infty$)?

b) Man ermittle $U_Z = f(R_L)$, wenn sich R_L zwischen 0 und 2kΩ ändert.

c) Man ermittle die Ströme I_L, I_V und I_Z für den Bereich $0 \le R_L \le 2k\Omega$.

d) Welche Verlustleistung P_Z ergibt sich bei R_L = 2kΩ?

e) Man berechne zu d) die Übertemperatur der Z-Diode zu einem Wärmewiderstand R_{thU} = 300K/W gegenüber der Umgebung.

f) Wie groß sind die Verlustleistung und die Übertemperatur bei abgetrennter Last?

Lösungen

a) $U_Z = \underline{6\ V}$, $I_Z = I_V = \frac{U_B - U_Z}{1\ k\Omega} = \underline{6\ mA}$

b)

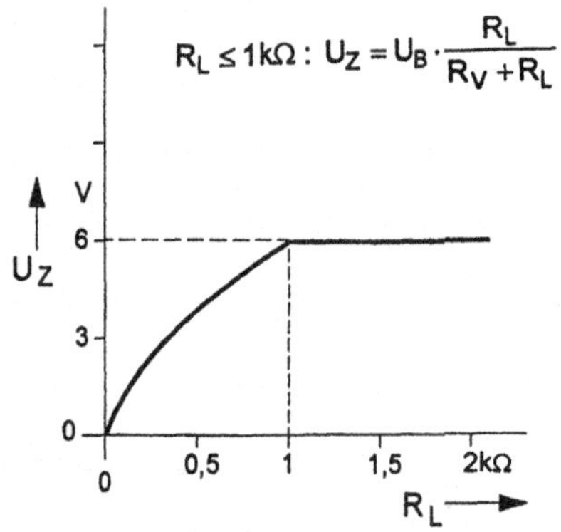

c)

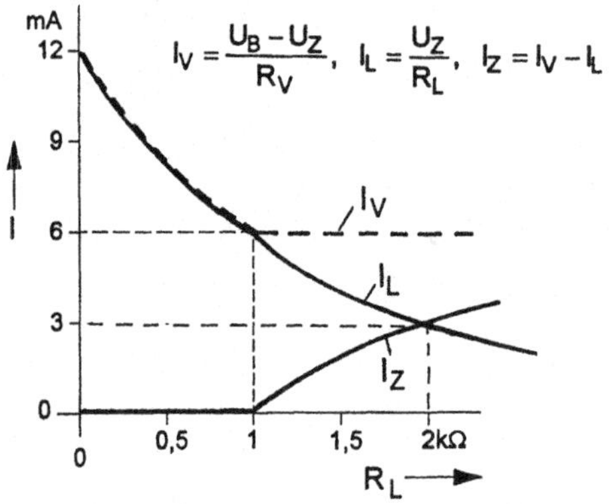

d) $P_Z = U_Z \cdot I_Z = 6\ V \cdot 3\ mA = \underline{18\ mW}$. e) $\Delta T = P_Z \cdot R_{thU} = 18\ mW \cdot 0{,}3\ K/mW = \underline{5{,}4\ K}$.

f) $P_Z = U_Z \cdot I_Z = 6\ V \cdot 6\ mA = \underline{36\ mW} \to \Delta T = P_Z \cdot R_{thU} = 36\ mW \cdot 0{,}3\ K/mW = \underline{10{,}8\ K}$.

Die Z-Diode wird bei abgetrennter Last am stärksten erwärmt.

A2.5	Z-Diode als nichtlinearer Vorwiderstand

Gegeben sei die folgende Schaltung, bestehend aus einer 10V-Z-Diode und einem linearen Widerstand R. Die Eingangsspannung u_1 habe einen dreieckförmigen Verlauf gemäß Skizze. Die Z-Diode sei ideal.

a) Man zeichne maßstäblich den Zeitverlauf des Stromes i sowie der Spannungen u_2 und u_z.

b) Man zeichne maßstäblich den Zeitverlauf der Verlustleistung in der Z-Diode und in dem Widerstand R.

c) Welche mittlere Verlustleistung ergibt sich für beide Elemente?

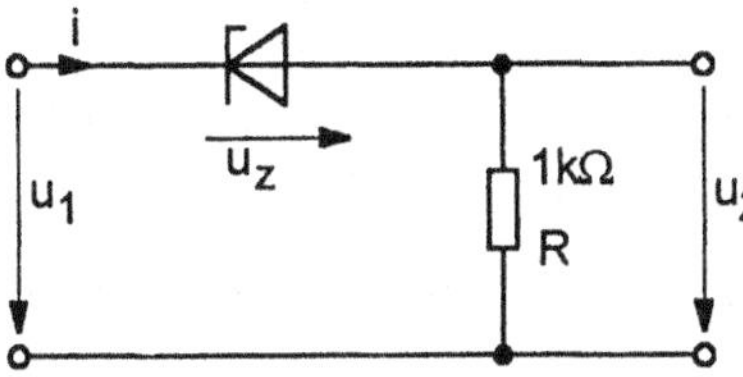

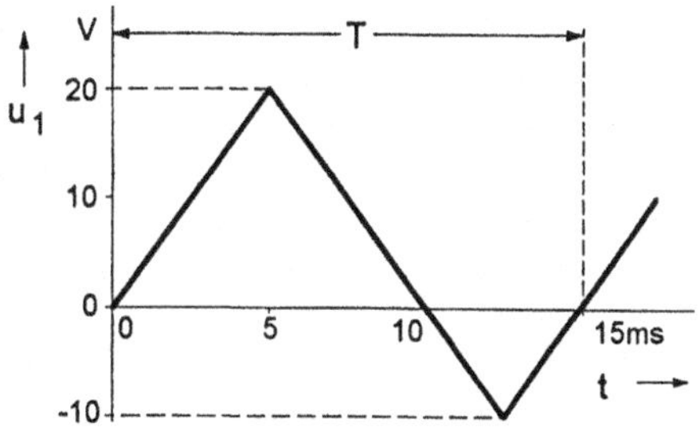

Lösungen

a)

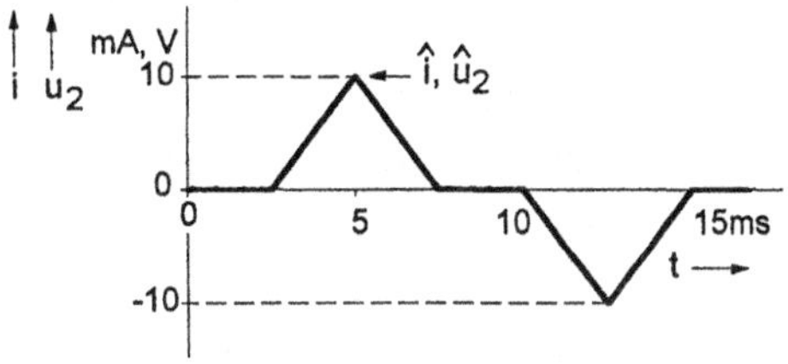

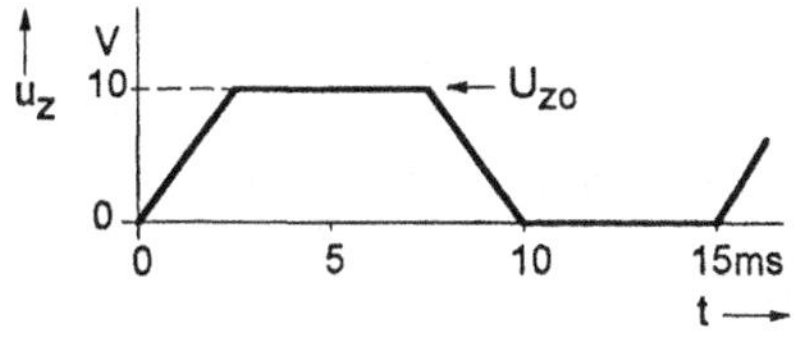

b)

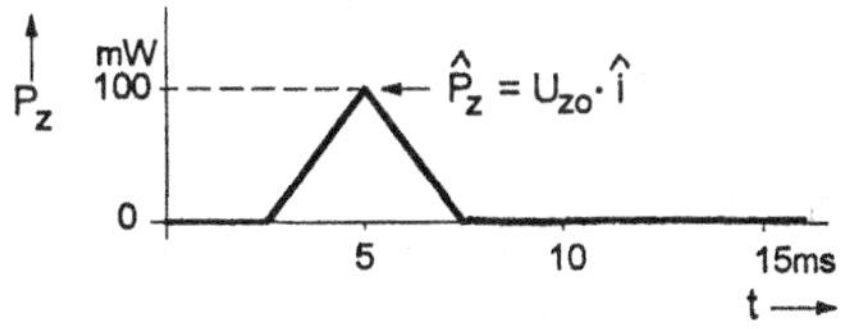

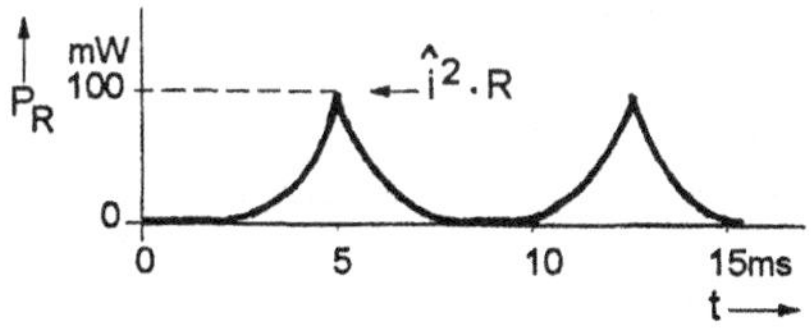

c) $\overline{P_z} = \frac{1}{T}\int_0^T P_z(t)dt$

$= \frac{100\text{ mW} \cdot 5\text{ ms}}{2 \cdot 15\text{ ms}}$ Flächen-betrachtung

$= \underline{16{,}66\text{ mW}}$.

$\overline{P_R} = \frac{1}{T}\int_0^T R \cdot i^2 dt$

$= \frac{1000\ \Omega}{15\text{ ms}} \cdot 4 \cdot \int_0^{2{,}5\text{ms}} \left(4\frac{\text{mA}}{\text{ms}} \cdot t\right)^2 dt$

$= \underline{22{,}22\text{ mW}}$.

A2.6	Spannungsstabilisierung mit Z-Diode

Gegeben sei die folgende Schaltung zur Stabilisierung der Spannung über dem Lastwiderstand R_L.

Schaltung

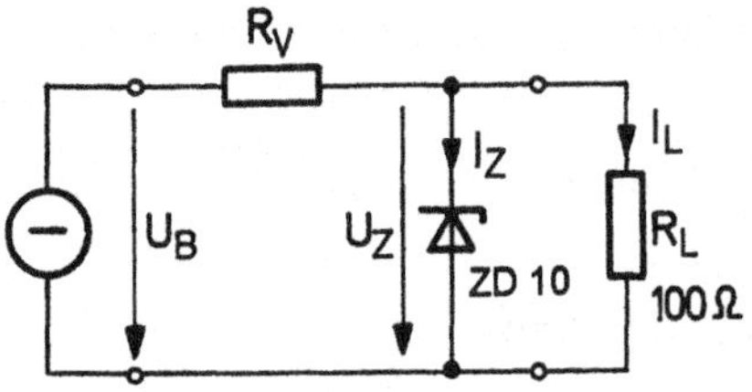

Kennlinie und Ersatzbild der Z-Diode
(gültig im Durchbruchgebiet)

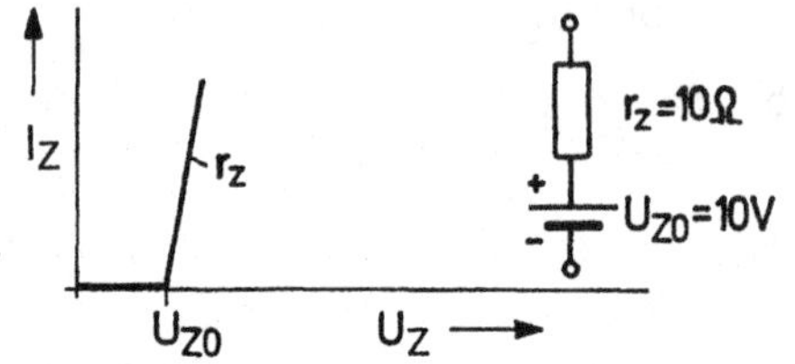

a) Welchen Widerstandswert muss der Vorwiderstand R_V haben, wenn sich bei einer Spannung $U_B = 15V$ ein Strom $I_Z = 10mA$ einstellen soll?

b) Welche Werte erreichen die Spannung U_Z und der Strom I_Z, wenn die Spannung U_B auf 20V ansteigt?

c) Wie groß ist der sog. Stabilisierungsfaktor $S = \Delta U_B/\Delta U_Z$?

d) Man berechne allgemein die Spannung U_Z und daraus den Faktor S.

e) Welchen Einfluss hat eine (kleine) Änderung $\Delta R_L = 1\Omega$ des Lastwiderstandes auf die Spannung U_Z?

f) Bei welchem Wert R_L setzt bei $U_B = 15V$ die Stabilisierung aus?

g) Welche Werte für U_Z und I_Z ergeben sich unter Berücksichtigung der Stromwärme in der Z-Diode zu $TK_U = 5 \cdot 10^{-4} \frac{1}{K}$ und $R_{th} = 100K/W$?

h) Wie wirken sich Toleranzschwankungen der Durchbruchspannung U_{Z0} von ±5% auf die Spannung U_Z aus?

Lösungen

a) $U_Z = U_{Z0} + I_Z \cdot r_z = 10\text{ V} + 10\text{ mA} \cdot 10\ \Omega = 10{,}1\text{ V}$.

$$I_L = \frac{U_Z}{R_L} = 101\text{ mA},\quad R_V = \frac{U_B - U_Z}{I_Z + I_L} = \frac{4{,}9\text{ V}}{111\text{ mA}} = \underline{44{,}14\ \Omega}.$$

b) Nach der Überlagerungsmethode wird:

$$\Delta U_B = 5\text{ V} \rightarrow \Delta U_Z = \Delta U_B \cdot \frac{r_z \| R_L}{\left(r_z \| R_L\right) + R_V} = 5\text{ V} \cdot \frac{9{,}1\ \Omega}{53{,}24\ \Omega} \approx 0{,}85\text{ V},$$

$$U_Z \approx 10{,}1\text{ V} + 0{,}85\text{ V} = \underline{10{,}95\text{ V}},\quad I_Z = \frac{U_Z - U_{Z0}}{r_z} \approx \frac{0{,}95\text{ V}}{10\ \Omega} = \underline{95\text{ mA}}.$$

Die Spannung U_Z steigt relativ wenig, der Strom I_Z dagegen stark.

c) Nach b) wird: $S = \frac{\Delta U_B}{\Delta U_Z} = 1 + \frac{R_V}{r_z} + \frac{R_V}{R_L} \approx \underline{5{,}85}$.

d) $$U_Z = U_B \cdot \underbrace{\frac{r_z \| R_L}{(r_z \| R_L) + R_V} + U_{Z0} \cdot \frac{R_V \| R_L}{(R_V \| R_L) + r_z}}_{\text{Überlagerungsgesetz}} = \frac{(U_B \cdot r_z + U_{Z0} \cdot R_V) \cdot R_L}{r_z R_V + (r_z + R_V) \cdot R_L}.$$

$$\frac{1}{S} = \frac{dU_Z}{dU_B} = \frac{r_z \cdot R_L}{r_z R_V + r_z R_L + R_V R_L} \to S = 1 + \frac{R_V}{r_z} + \frac{R_V}{R_L}.$$

e) $$\frac{dU_Z}{dR_L} = \frac{U_B r_z^2 \cdot R_V + U_{Z0} R_V^2 \cdot r_z}{[r_z R_V + (r_z + R_V) \cdot R_L]^2}.$$ Bei $U_B = 15$ V wird:

$$\frac{dU_Z}{dR_L} = \frac{15\ \text{V} \cdot (10\ \Omega)^2 \cdot 44{,}1\ \Omega + 10\ \text{V} \cdot (44{,}1\ \Omega)^2 \cdot 10\ \Omega}{[10\ \Omega \cdot 44{,}1\ \Omega + 54{,}1\ \Omega \cdot 100\ \Omega]^2} = \underline{7{,}6\ \frac{\text{mV}}{\Omega}}.$$

$$\Delta U_Z \approx \frac{dU_Z}{dR_L} \cdot \Delta R_L = \underline{7{,}6\ \text{mV}}.$$

Bei einer Erhöhung des Lastwiderstandes um 1Ω erhöht sich die Spannung U_Z um 7,6 mV.

f) $$I_Z = 0: U_Z = U_B \frac{R_L}{R_V + R_L} = U_{Z0} \to R_L = \frac{U_{Z0} \cdot R_V}{U_B - U_{Z0}} = \frac{10\ \text{V} \cdot 44{,}1\ \Omega}{15\ \text{V} - 10\ \text{V}} = \underline{88{,}2\ \Omega}.$$

g) Für den stationären Zustand ist der Widerstand r_z zu ersetzen durch $r_z + r_{zth}$ [3]:

$$r_{zth} = TK_U \cdot U_{Z0}^2 \cdot R_{th} = 5 \cdot 10^{-4} \frac{1}{K} \cdot 100\ V^2 \cdot 100 \frac{K}{W} = 5\ \Omega \ \text{(siehe Übersichtsblatt)}.$$

Damit wird nach d): $$U_Z = \frac{U_B \cdot (r_z + r_{zth}) \cdot R_L + U_{Z0} \cdot R_V \cdot R_L}{(r_z + r_{zth}) \cdot (R_V + R_L) + R_V \cdot R_L}$$ und $$I_Z = \frac{U_Z - U_{Z0}}{r_z + r_{zth}}.$$

Für $U_B = 15$ V wird: $$U_Z = \frac{15\ \text{V} \cdot 15\ \Omega \cdot 100\ \Omega + 10\ \text{V} \cdot 4414\ \Omega^2}{15\ \Omega \cdot 144{,}14\ \Omega + 4414\ \Omega^2} = \underline{10{,}13\ \text{V}},$$

$$I_Z = \frac{10{,}13\ \text{V} - 10\ \text{V}}{15\ \Omega} = \underline{8{,}66\ \text{mA}}.$$

Als Folge der Erwärmung steigt die Spannung U_Z an, der Strom I_Z sinkt.

h) Wenn man alle anderen Parameter als konstant betrachtet, gilt:

$$\Delta U_Z \approx \frac{dU_Z}{dU_{Z0}} \cdot \Delta U_{Z0} = \frac{R_V R_L \cdot U_{Z0}}{(r_z + r_{zth}) \cdot (R_V + R_L) + R_V R_L} \cdot \frac{\Delta U_{Z0}}{U_{Z0}}$$
$$= \frac{44140\ \text{V}\Omega^2}{6576\ \Omega^2} \cdot (\pm 0{,}05) = \underline{\pm 0{,}33\ \text{V}}.$$

Streng genommen ändert sich auch r_{zth} mit U_{Z0}. Dieser Einfluss wurde jedoch hier vernachlässigt.

A2.7	Fotodiode - Fotoelement

Gegeben sei eine Fotodiode/Fotoelement auf Siliziumbasis mit folgenden Daten:

$I_{RO} = 10\text{nA},\ S = 50\,\frac{\text{nA}}{\text{lx}}$, m = 2 gemäß Übersichtsblatt.

a) Man gebe die Stromgleichung I = f(U,E) entsprechend dem Erzeuger-Zählpfeilsystem an für eine Temperatur von 20°C (293K).

b) Man ermittle die Leerlaufkennlinie $U = U_L = f(E)$.

c) Man ermittle die Kurzschlusskennlinie $I = I_K = f(E)$.

d) Man stelle die Strom-Spannungs-Kennlinien für E = 0 lx, 500 lx und 1000 lx graphisch dar.

e) Man ermittle zu d) die zugehörigen Leistungskennlinien.

f) Gegeben seien die folgenden Schaltungen. Wie stellen sich Strom und Spannung an der Fotodiode in Abhängigkeit von der Beleuchtungsstärke jeweils ein?

A)

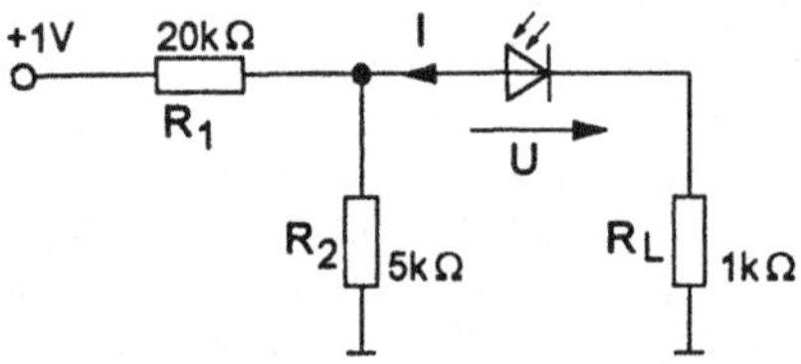

B)

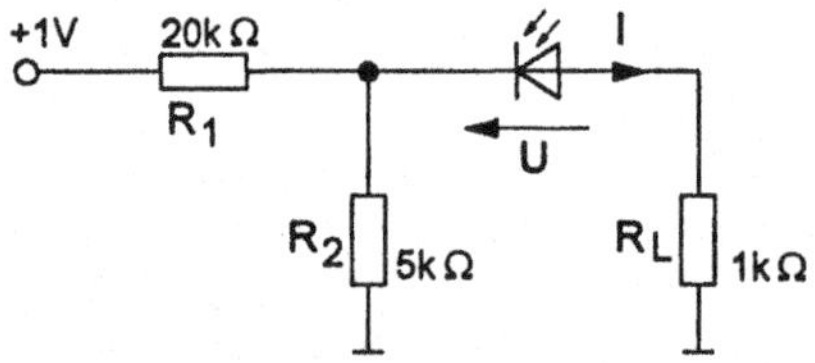

g) Bei welcher Beleuchtungsstärke E wird die Spannung an der Fotodiode zu Null und wie groß ist dann der Strom I?

Lösungen

a)

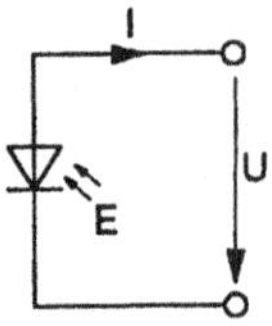

$$I = S \cdot E - I_{RO} \cdot \left[\exp\left(\frac{U}{mU_T}\right) - 1\right]$$

Zum Erzeuger-Zählpfeilsystem siehe **Anhang A**

Mit $mU_T = 2 \cdot 86 \frac{\mu V}{K} \cdot 293\ K \approx 50\ mV$ folgt:

$$I = 50 \frac{nA}{lx} \cdot E - 10\ nA \cdot \left[\exp\left(\frac{U}{50mV}\right) - 1\right] = f(U,\ E)$$

b) Mit I = f(U, E) folgt für I = 0 (Leerlauf):

$$U = U_L = m \cdot U_T \cdot \ln\left(\frac{S \cdot E}{I_{RO}} + 1\right)$$

$$\approx 50\ mV \cdot \ln\left(5 \cdot \frac{E}{lx} + 1\right)$$

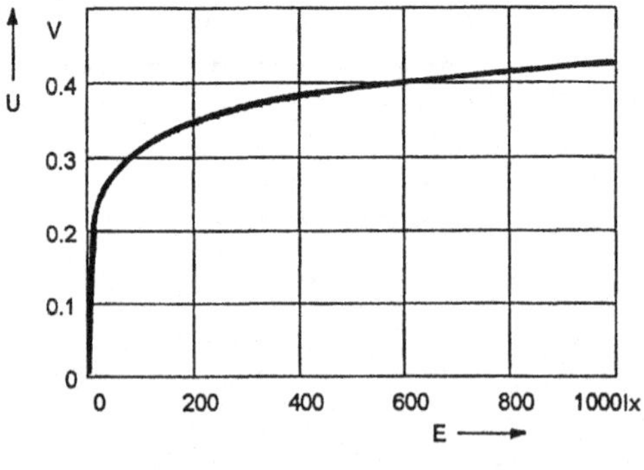

c) Mit $I = f(U,\ E)$ folgt für

$U = 0$ (Kurzschluss):

$$I = I_K = S \cdot E = 50 \frac{nA}{lx} \cdot E$$

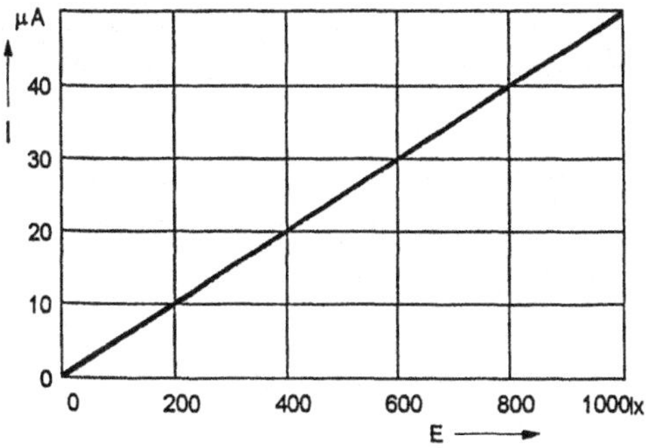

d)

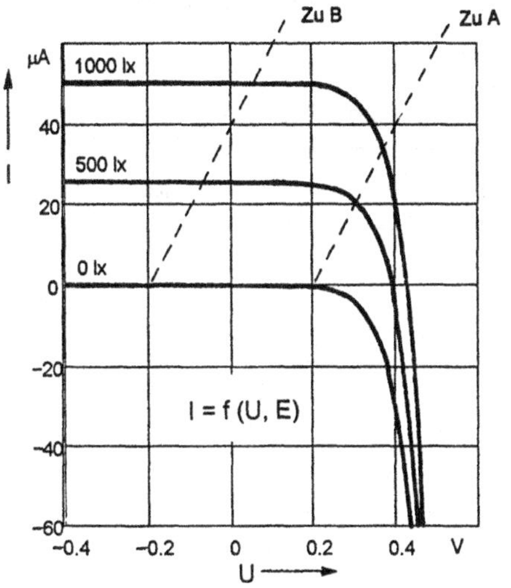

e)

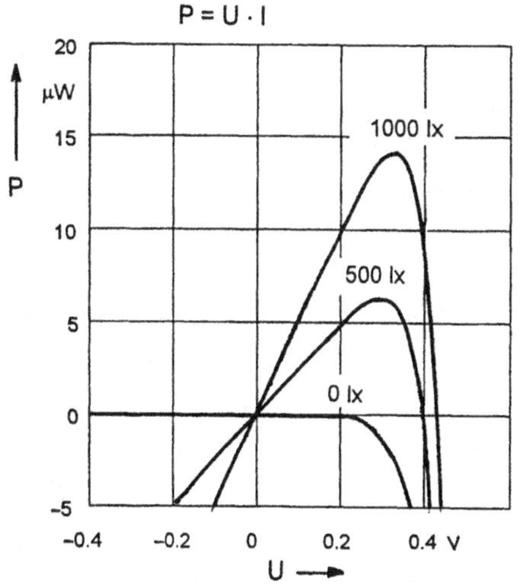

f) **Ersatzbild**

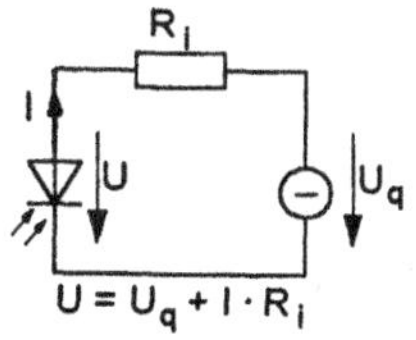

Die äußere Beschaltung läßt sich mit nebenstehender Ersatzquelle darstellen.

Zu A:

$$U_q = 1\,V \cdot \frac{5}{25} = 0{,}2\,V$$

$$R_i = (5\,k\Omega \| 20\,k\Omega) + 1\,k\Omega = 5\,k\Omega$$

Zu B:

$$U_q = -1\,V \cdot \frac{5}{25} = -0{,}2\,V$$

$$R_i = (5\,k\Omega \| 20\,k\Omega) + 1\,k\Omega = 5\,k\Omega$$

Damit ergeben sich die Arbeitsgeraden - - - unter d).

g) U = 0 nur im Fall B möglich (siehe Bild):

$$\left.\begin{aligned} I \cdot R_i + U_q &= 0 \\ I &= S \cdot E \end{aligned}\right\rangle \; E = -\frac{U_q}{S \cdot R_i} = \frac{0{,}2\,V}{50 \frac{nA}{lx} \cdot 5\,k\Omega} = \underline{800\,lx}, \quad I = 50 \frac{nA}{lx} \cdot 800\,lx = \underline{40\,\mu A}.$$

A3 Kondensatoren

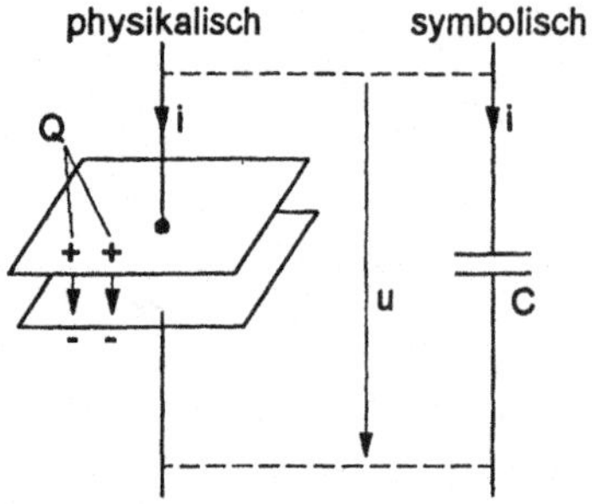

$$Q = C \cdot u \rightarrow dQ = C \cdot du$$

- u – Spannung
- C – Kapazität
- Q – Ladung

$$[C] = \frac{[Q]}{[u]} = \frac{1\,\text{As}}{1\,\text{V}} = 1\,\frac{\text{As}}{\text{V}} = 1\,\text{F (Farad)}$$

Energie

$$W = \frac{1}{2} C \cdot u^2$$

Strom / Spannung

$$i = \frac{dQ}{dt} = C \cdot \frac{du}{dt} \Big/ u = \frac{1}{C} \int i\,dt$$

Sonderfall:

$$u = \hat{u} \cdot \sin \omega t$$

$$i = C \cdot \frac{du}{dt}$$

$$= C \cdot \omega \cdot \hat{u} \cdot \cos \omega t$$

$$\hat{i} = \hat{u} \cdot \omega C$$

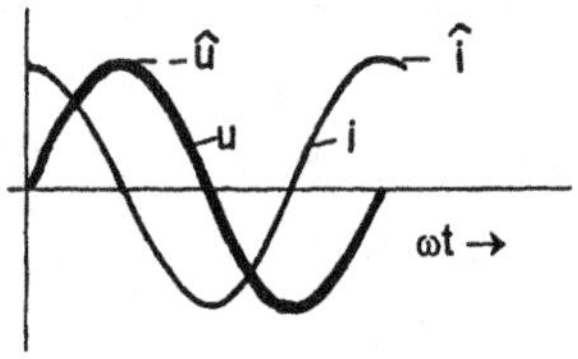

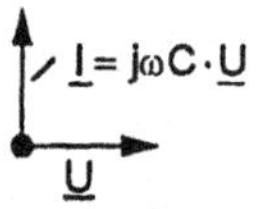

Zeigerbild

Ausgleichsvorgänge
im linearen Gleichstromnetz

Die energiebestimmende und daher träge Spannung u strebt nach jeder Schalthandlung

mit der Zeitkonstante τ
von einem Ausgangswert A
zu einem Endwert E,

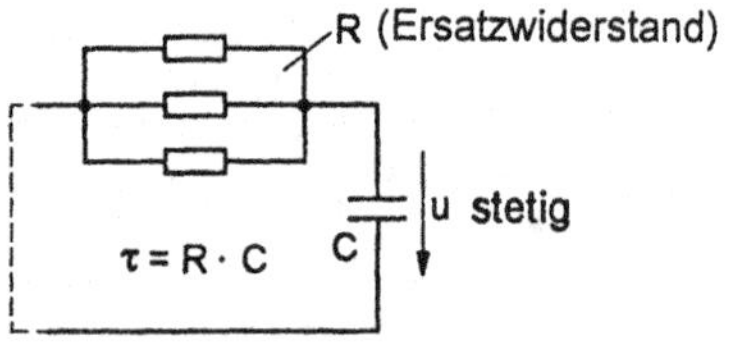

positiv steigend oder negativ steigend .

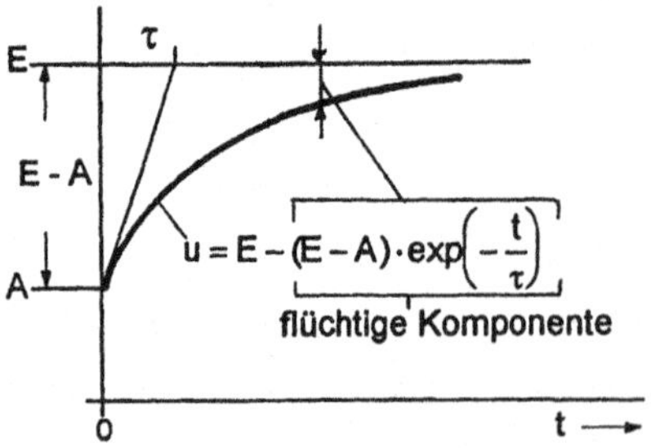

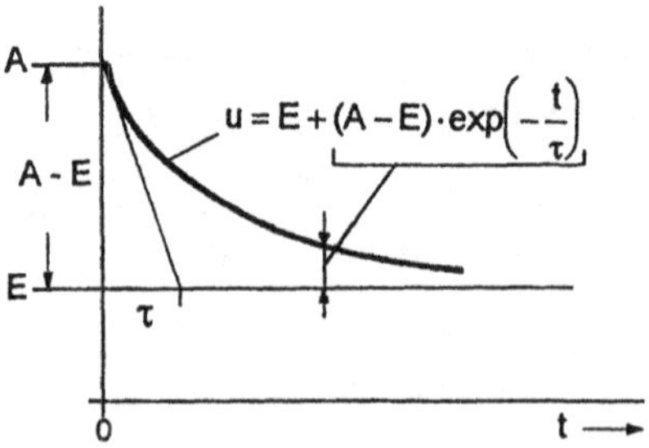

A3.1	Kondensator an ohmschem Spannungsteiler

Ein Kondensator mit der Kapazität $C = 100\mu F$ befindet sich bei der angegebenen Schalterstellung u in einem stationären Ladungszustand. Zum Zeitpunkt $t = 0$ wird der Schalter nach Stellung o umgeschaltet und nach Ablauf von 0,6s wieder zurückgeschaltet in Stellung u.

a) Man stelle den Zeitverlauf der Spannung u_C graphisch dar und formuliere die Zeitfunktion analytisch.

b) Man bestimme den Zeitverlauf des Stromes i_C.

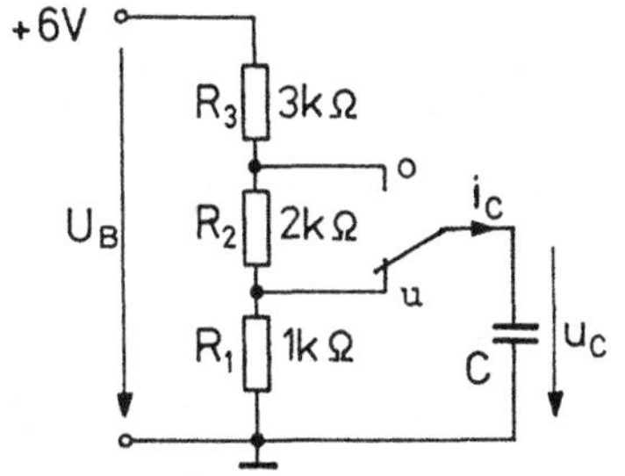

Lösungen

a) Zweckmäßig stellt man den Spannungsteiler für jede Schalterstellung durch eine Ersatzspannungsquelle dar und findet dann die Zeitkonstanten:

$$\tau_o = \frac{R_3 \cdot (R_1 + R_2)}{R_1 + R_2 + R_3} \cdot C = 1{,}5\ k\Omega \cdot 100\ \mu F = \underline{0{,}15\ s}\,. \qquad \tau_u = \frac{R_3 \cdot (R_1 + R_2)}{R_1 + R_2 + R_3} \cdot C = 0{,}83\ k\Omega \cdot 100\ \mu F = \underline{0{,}083\ s}\,.$$

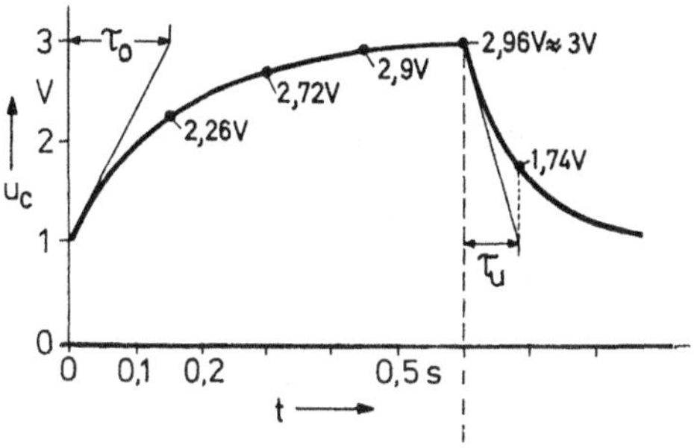

$0 \le t \le 0{,}6$ s:

$$u_C = 3\ V - 2\ V \cdot \exp\left(-\frac{t}{0{,}15\ s}\right).$$

$0{,}6s \le t < \infty$:

$$u_C = 1\ V + 2\ V \cdot \exp\left(-\frac{t - 0{,}6\ s}{0{,}083\ s}\right)$$

(siehe Übersichtsblatt).

b)

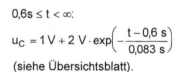

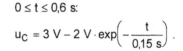

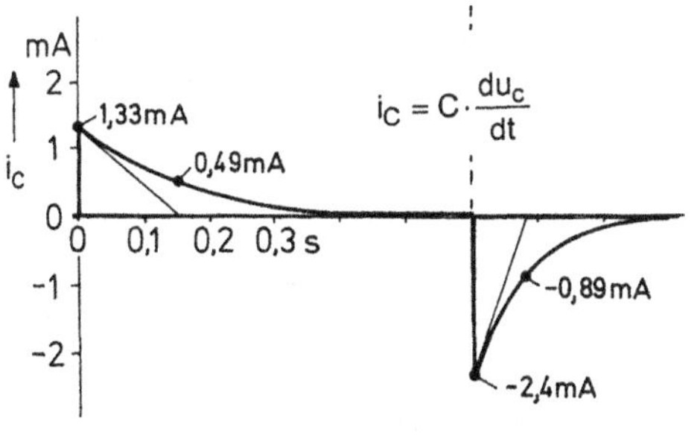

$0 \le t \le 0{,}6$ s:

$$i_C = 1{,}33\ mA \cdot \exp\left(-\frac{t}{0{,}15\ s}\right).$$

$0{,}6s \le t < \infty$:

$$i_C = -2{,}4\ mA \cdot \exp\left(-\frac{t - 0{,}6\ s}{0{,}083\ s}\right).$$

Die Anfangswerte 1,33 mA und −2,4 mA ergeben sich auch direkt mit den Ersatzspannungsquellen für die beiden Schalterstellungen:

$$t = 0 \rightarrow i_C = \frac{3\ V - 1\ V}{1{,}5\ k\Omega} = 1{,}33\ mA, \quad t = 0{,}6\ s \rightarrow i_C = -\frac{3\ V - 1\ V}{0{,}83\ k\Omega} = -2{,}4\ mA\,.$$

A3.2	Teilentladung eines Kondensators

Ein über den Widerstand R_1 zuvor aufgeladener Kondensator wird durch das Schließen des Schalters S teilweise entladen. Der Entladezweig besteht aus einer idealen 5V-Z-Diode mit Vorwiderstand R_2.

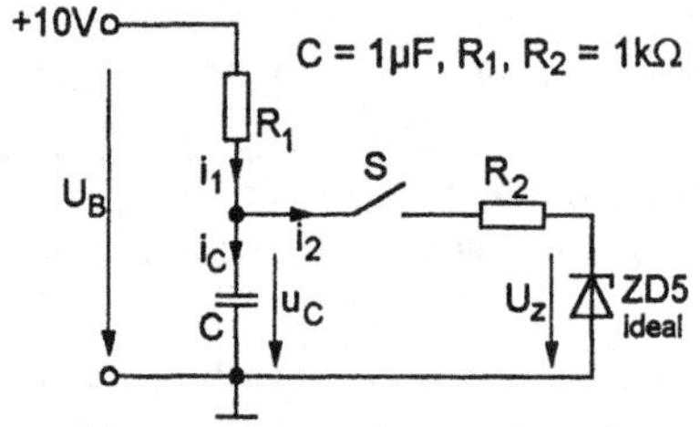

a) Man bestimme die Größen i_1, i_C und u_C im stationären Zustand bei zunächst offenem Schalter S.

b) Welche Ströme i_1, i_C und i_2 treten im Schaltaugenblick (t = 0) auf?

c) Man bestimme die Endwerte der Ströme und gebe die Zeitkonstante für den Entladevorgang an.

d) Man skizziere den Zeitverlauf der Ströme und schreibe die Zeitfunktion an.

e) Man skizziere den Zeitverlauf der Spannung u_C und gebe die Zeitfunktion an.

f) Welche Ladung Q und welche Energie W bleibt im Kondensator bei ständig geschlossenem Schalter?

Lösungen

a) $i_1 = i_C = \underline{0}, \quad u_C = U_B = \underline{10\ \text{V}}$.

b) Die Spannung u_C kann nicht springen. Also folgt:

$$i_1 = \frac{U_B - u_C}{R_1} = 0, \quad i_2 = \frac{u_C - U_Z}{R_2} = \frac{10\ \text{V} - 5\ \text{V}}{1\ \text{k}\Omega} = \underline{5\ \text{mA}}, \quad i_C = i_1 - i_2 = \underline{-5\ \text{mA}}.$$

c) $$i_1 = i_2 = \frac{U_B - U_Z}{R_1 + R_2} = \frac{10\ \text{V} - 5\ \text{V}}{2\ \text{k}\Omega} = \underline{2{,}5\ \text{mA}}, \quad i_C = \underline{0\ \text{mA}},$$

$$\tau = (R_1 \| R_2) \cdot C = 0{,}5\ \text{k}\Omega \cdot 1\ \mu\text{F} = 0{,}5\ \text{ms}.$$

d)

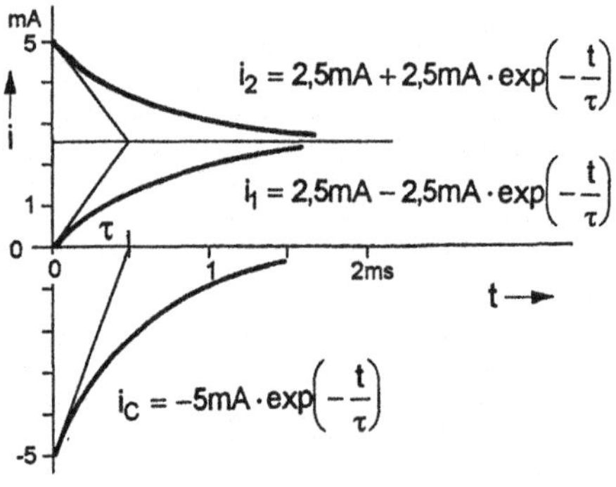

e)

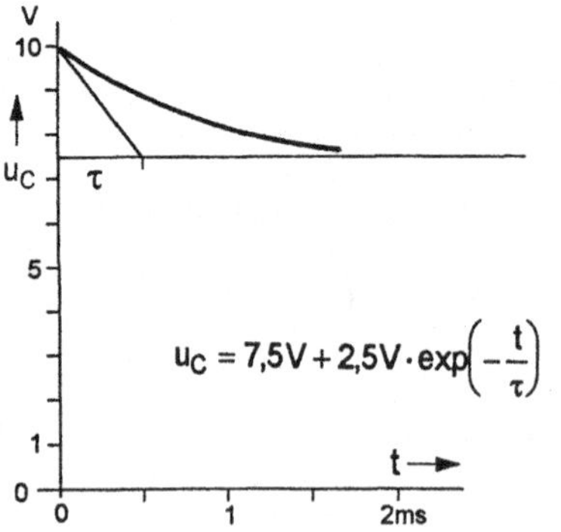

f) $$Q = C \cdot 7{,}5\ \text{V} = 1\ \mu\text{F} \cdot 7{,}5\ \text{V} = 10^{-6}\ \frac{\text{As}}{\text{V}} \cdot 7{,}5\ \text{V} = \underline{7{,}5 \cdot 10^{-6}\ \text{As}}.$$

$$W = \frac{1}{2} C \cdot (7{,}5\ \text{V})^2 = \frac{1}{2} \cdot 10^{-6}\ \frac{\text{As}}{\text{V}} \cdot (7{,}5\ \text{V})^2 \approx \underline{28\ \mu\text{Ws}}.$$

A3.3	Kondensator mit Wechselladung

Ein Kondensator mit der Kapazität C = 10µF befindet sich bei der angegebenen Schalterstellung u im stationären Ladungszustand. Vom Zeitpunkt t = 0 ab wechselt die Schalterstellung zwischen u und o in kontinuierlicher Folge.

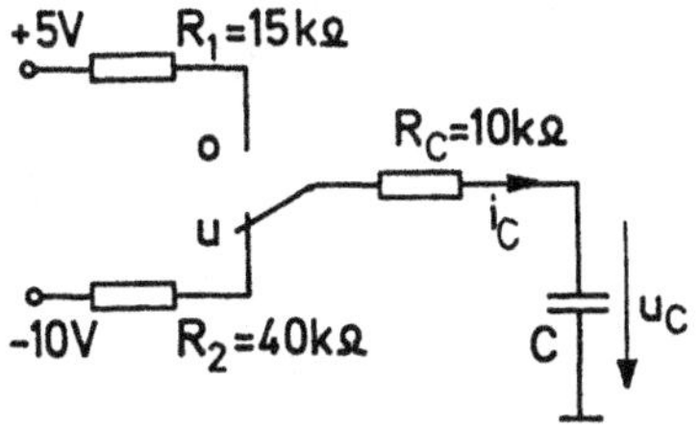

Schalter-Zeitdiagramm

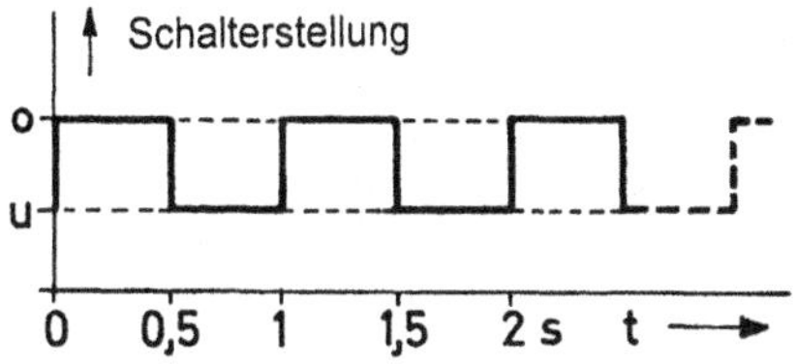

a) Man stelle den Zeitverlauf der Spannung u_C graphisch dar und formuliere die entsprechenden Zeitfunktionen analytisch.

b) Man bestimme den größten auftretenden Strom i_C.

Lösungen

a)

$\tau_0 = (R_1 + R_C) \cdot C = 0{,}25s$

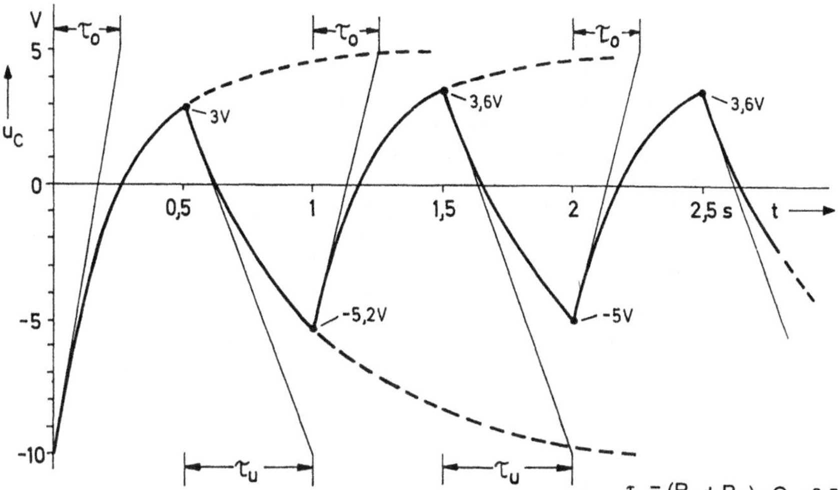

$\tau_u = (R_2 + R_C) \cdot C = 0{,}5s$

$0 \le t \le 0{,}5$ s:

$$u_C = 5\text{ V} - 15\text{ V} \cdot \exp\left(-\frac{t}{\tau_0}\right).$$

$0{,}5\text{ s} \le t \le 1$ s:

$$u_C = -10\text{ V} + 13\text{ V} \cdot \exp\left(-\frac{t - 0{,}5\text{ s}}{\tau_u}\right).$$

$1\text{ s} \le t \le 1{,}5$ s:

$$u_C = 5\text{ V} - 10{,}2\text{ V} \cdot \exp\left(-\frac{t - 1\text{ s}}{\tau_0}\right).$$

$1{,}5\text{ s} \le t \le 2$ s:

$$u_C = -10\text{ V} + 13{,}6\text{ V} \cdot \exp\left(-\frac{t - 1{,}5\text{ s}}{\tau_u}\right).$$

b) $$\left.\frac{du}{dt}\right|_{max} = \frac{15\text{ V}}{\tau_0} = \frac{15\text{ V}}{0{,}25\text{ s}} = 60\frac{\text{V}}{\text{s}} \text{ bei } t = 0$$

$$\rightarrow i_{Cmax} = C \cdot \left.\frac{du}{dt}\right|_{max} = 10 \cdot 10^{-6}\frac{\text{As}}{\text{V}} \cdot 60\frac{\text{V}}{\text{s}} = \underline{0{,}6\text{ mA}}.$$

A3.4	Impulsübertragung durch RC-Glieder

Auf den Eingang der beiden folgenden RC-Glieder (Tiefpass und Hochpass) wirkt ein Doppelimpuls der dargestellten Form. Der Kondensator sei im Ausgangszustand ungeladen.

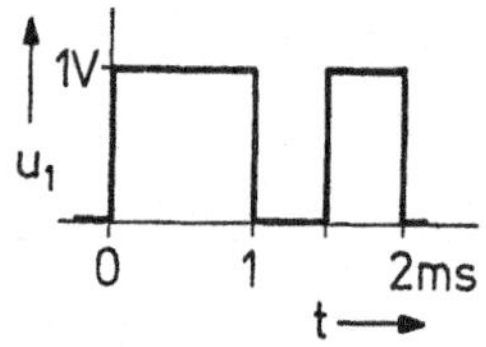

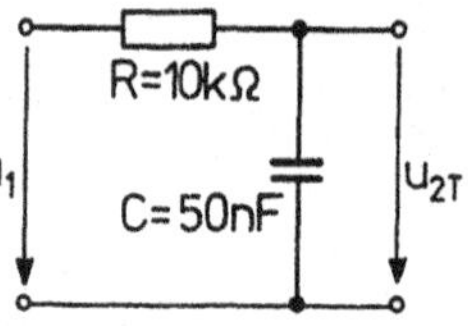

Tiefpass

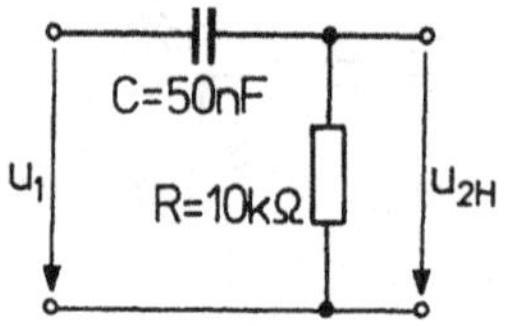

Hochpass

a) Man konstruiere dazu die zugehörige Ausgangsspannung u_2.

b) Man formuliere die Zeitfunktionen analytisch.

c) Welche Energie liefert der Doppelimpuls und was geschieht damit?

Lösungen

a) Zeitverläufe

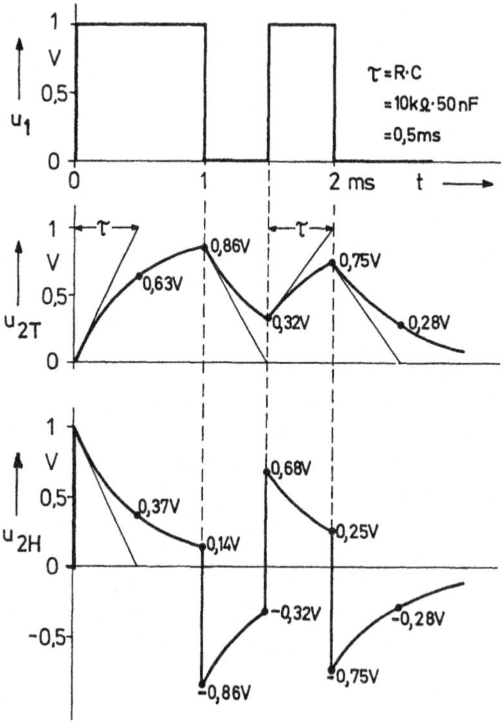

b) Zeitfunktionen

$0 \le t \le 1$ ms:

$$u_{2T} = 1\,\text{V} \cdot \left[1 - \exp\left(-\frac{t}{\tau}\right)\right].$$

1 ms $\le t \le 1{,}5$ ms:

$$u_{2T} = 0{,}86\,\text{V} \cdot \exp\left(-\frac{t - 1\,\text{ms}}{\tau}\right).$$

$1{,}5$ ms $\le t \le 2$ ms:

$$u_{2T} = 1\,\text{V} - 0{,}68\,\text{V} \cdot \exp\left(-\frac{t - 1{,}5\,\text{ms}}{\tau}\right).$$

usw.

$0 \le t \le 1$ ms:

$$u_{2H} = 1\,\text{V} \cdot \exp\left(-\frac{t}{\tau}\right).$$

1 ms $\le t \le 1{,}5$ ms:

$$u_{2H} = -0{,}86\,\text{V} \cdot \exp\left(-\frac{t - 1\,\text{ms}}{\tau}\right).$$

$1{,}5$ ms $\le t \le 2$ ms:

$$u_{2H} = 0{,}68\,\text{V} \cdot \exp\left(-\frac{t - 1{,}5\,\text{ms}}{\tau}\right).$$

usw.

c) $$W = 1\,\text{V} \cdot \int_0^{1\text{ms}} 0{,}1\,\text{mA} \cdot \exp\left(-\frac{t}{\tau}\right) dt + 1\,\text{V} \cdot \int_0^{0{,}5\text{ms}} 0{,}068\,\text{mA} \cdot \exp\left(-\frac{t}{\tau}\right) dt = \underline{6{,}5 \cdot 10^{-8}\,\text{Ws}}.$$

Energie wird im Widerstand R in Wärme umgesetzt.

A3.5	Einschwingvorgang am RC-Hochpass

Gegeben sei der folgende RC-Hochpass, auf dessen Eingang die dargestellte Impulsfolge mit einem Tastverhältnis $\nu = 0{,}5$ aufgeschaltet wird. Der Kondensator sei zunächst ungeladen.

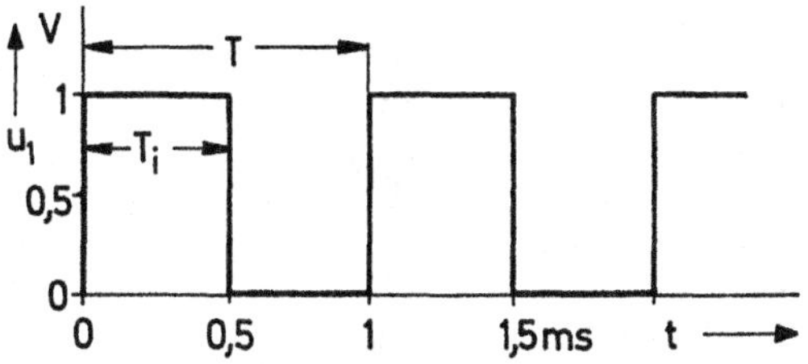

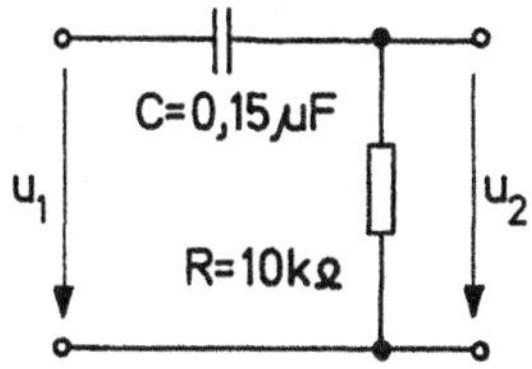

RC-Hochpass

a) Man konstruiere näherungsweise den Zeitverlauf der Ausgangsspannung u_2.

b) Man bestimme die Amplitude $\hat{u}$ der Ausgangsspannung im stationären Zustand sowie die Absenkung ΔU des Impulsdaches.

c) Welche (relative) Dachschräge ergibt sich aus der Dachtangente zum stationären Zustand?

d) Welche Ladung ΔQ wird dem Kondensator im stationären Zustand innerhalb einer Periode zu- und abgeführt?

Lösungen

a)

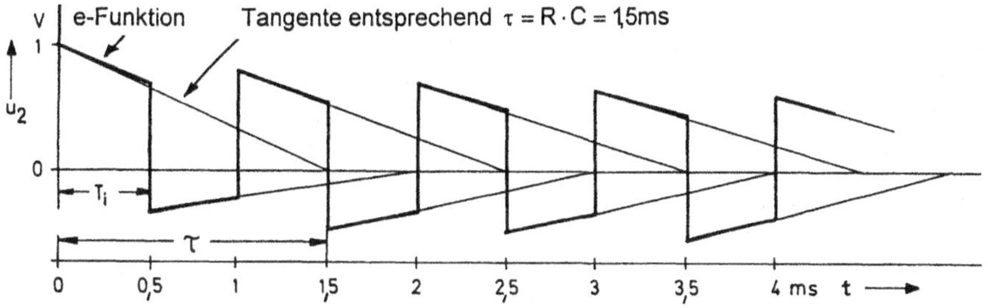

Der eingeschwungene (stationäre) Zustand wird praktisch nach etwa 3...5τ erreicht.

b)

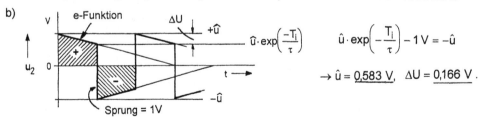

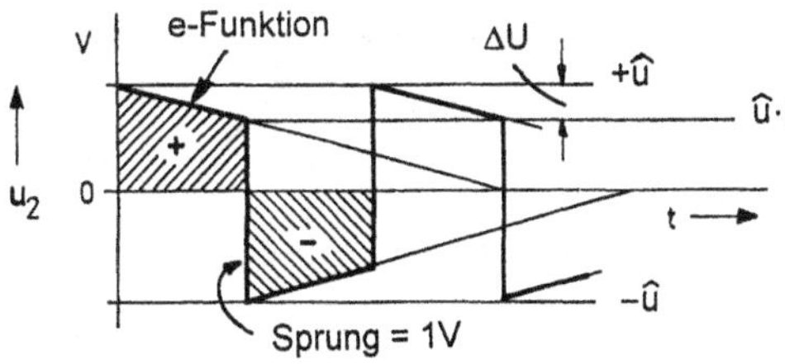

$$\hat{u} \cdot \exp\left(-\frac{T_i}{\tau}\right) - 1\,\text{V} = -\hat{u}$$

$$\rightarrow \underline{\hat{u} = 0{,}583\ \text{V}}, \quad \underline{\Delta U = 0{,}166\ \text{V}}.$$

Die Spannung schwingt symmetrisch zwischen den Werten $+\hat{u}$ und $-\hat{u}$. Die schraffierten Spannungszeitflächen sind gleich, es tritt keine Gleichspannungskomponente auf.

c) Geometrie: $\frac{\Delta U}{\hat{u}} \approx \frac{T_i}{\tau} = \underline{0{,}33 = 33\%}$ bei linearer Näherung durch Tangente.

d) $\Delta Q = C \cdot \Delta U = 0{,}15\ \mu\text{F} \cdot 0{,}166\ \text{V} = 0{,}15 \cdot 10^{-6}\ \frac{\text{As}}{\text{V}} \cdot 0{,}166\ \text{V} \approx \underline{25 \cdot 10^{-9}\ \text{As}}$.

A3.6	RC-Spannungsteiler

Es ist das Übertragungsverhalten von RC-Spannungsteilern in drei verschiedenen Schaltungsvarianten A, B und C zu untersuchen. Die Widerstände und Kondensatoren sollen wie folgt bemessen werden: $R_1 = 1k\Omega$, $R_2 = 2k\Omega$, $C = 0,\ 15\mu F$.

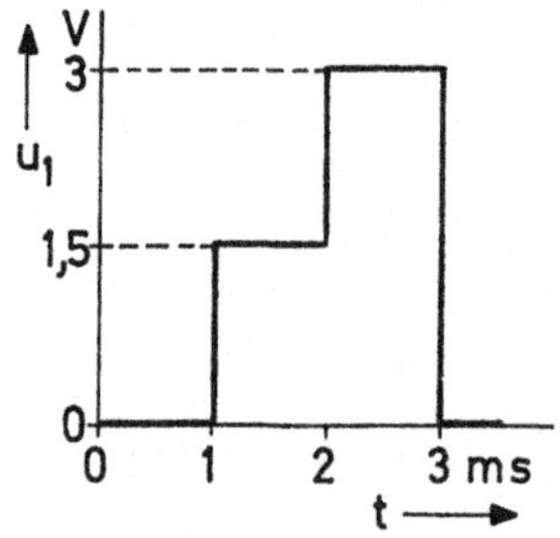

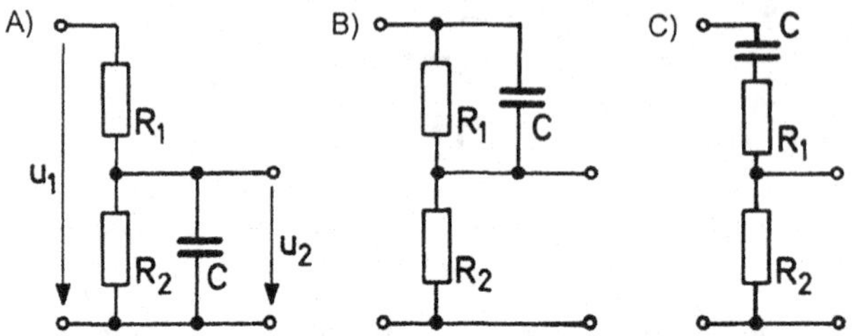

a) Man bestimme jeweils den Antwortimpuls, wenn am Eingang der Schaltungen der angegebene Treppenimpuls wirksam wird.

b) Man ermittle jeweils den Frequenzgang des (Spannungs-) Übertragungsfaktors nach Betrag und Phase.

Lösungen zu Variante A:

a) $\tau = (R_1 \| R_2) \cdot C$

$= \dfrac{R_1 \cdot R_2}{R_1 + R_2} \cdot C$

$= 0{,}66\ k\Omega \cdot 0{,}15\ \mu F$

$= \underline{0{,}1\ ms}$

Man findet die Zeitkonstante durch Kurzschluss der Eingangsklemmen.

b) $\underline{A} = \dfrac{\underline{U}_2}{\underline{U}_1} = \dfrac{\dfrac{R_2}{1 + j\omega C R_2}}{R_1 + \dfrac{R_2}{1 + j\omega C R_2}} = \dfrac{\dfrac{R_2}{R_1 + R_2}}{1 + j\omega\tau}$,

$A = \dfrac{R_2}{R_1 + R_2} \cdot \dfrac{1}{\sqrt{1 + (\omega\tau)^2}}$.

$\varphi = -\arctan \omega\tau = -\arctan \dfrac{\omega}{\omega_g}$.

$\tau = \dfrac{1}{\omega_g}$, ω_g = Eckfrequenz (Grenzfrequenz).

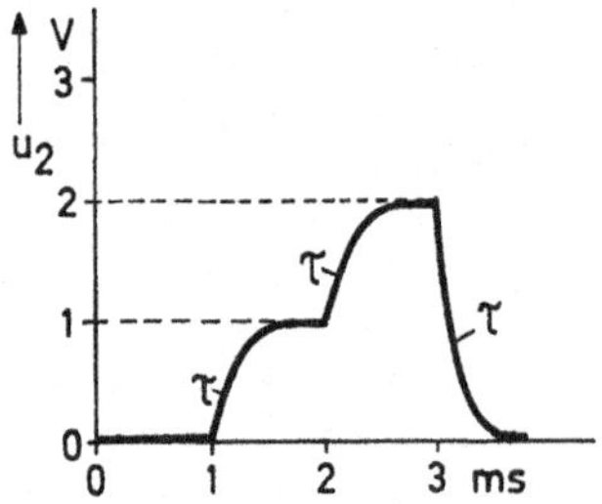

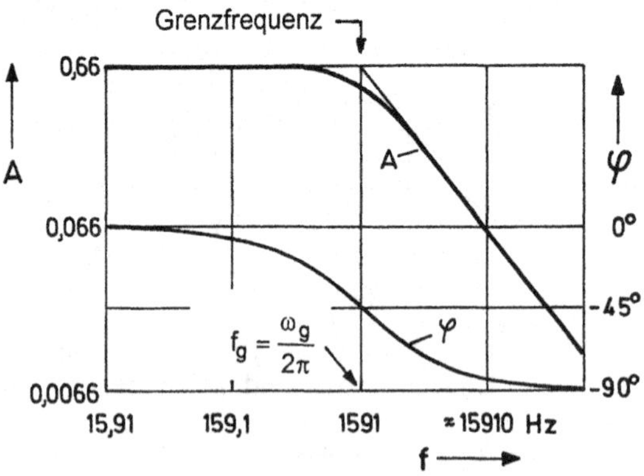

Lösungen zu Variante B:

a) $\tau = \left(R_1 \| R_2\right) \cdot C$

$= \dfrac{R_1 \cdot R_2}{R_1 + R_2} \cdot C$

$= 0{,}66\ \text{k}\Omega \cdot 0{,}15\ \mu\text{F}$

$= \underline{0{,}1\ \text{ms}}$

Man findet die Zeitkonstante durch Kurzschluss der Eingangsklemmen.

b) $$\underline{A} = \frac{R_2}{\dfrac{R_1}{1 + j\omega C R_1} + R_2} = \frac{\dfrac{R_2}{R_1 + R_2} \cdot \left(1 + j\omega\tau \cdot \dfrac{R_1 + R_2}{R_2}\right)}{1 + j\omega\tau},$$

$$A = \frac{R_2}{R_1 + R_2} \cdot \frac{\sqrt{1 + \left(\omega\tau \cdot \dfrac{R_1 + R_2}{R_2}\right)^2}}{\sqrt{1 + (\omega\tau)^2}} \quad \text{mit } \tau = \frac{1}{\omega_g},$$

$$\varphi = \arctan\frac{\omega}{\omega'_g} - \arctan\frac{\omega}{\omega_g} \quad \text{mit } \frac{R_2}{R_1 + R_2} \cdot \frac{1}{\tau} = \omega'_g .$$

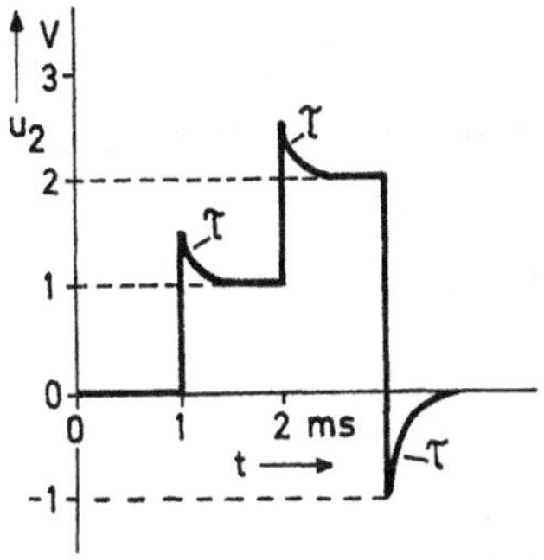

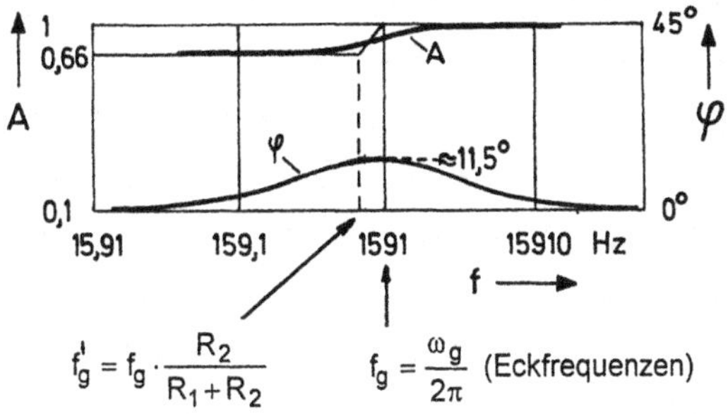

Lösungen zu Variante C:

a) $\tau = \left(R_1 + R_2\right) \cdot C$

$= 3\ \text{k}\Omega \cdot 0{,}15\ \mu\text{F}$

$= \underline{0{,}45\ \text{ms}}$

Man findet die Zeitkonstante durch Kurzschluss der Eingangsklemmen.

b) $$\underline{A} = \frac{R_2}{R_1 + \dfrac{1}{j\omega C_1} + R_2} = \frac{R_2}{R_1 + R_2} \cdot \frac{j\omega\tau}{1 + j\omega\tau} \quad \text{mit } \tau = \frac{1}{\omega_g} .$$

$$A = \frac{R_2}{R_1 + R_2} \cdot \frac{\dfrac{\omega}{\omega_g}}{\sqrt{1 + \left(\dfrac{\omega}{\omega_g}\right)^2}} = \frac{R_2}{R_1 + R_2} \cdot \frac{1}{\sqrt{1 + \left(\dfrac{\omega_g}{\omega}\right)^2}},$$

$$\varphi = 90° - \arctan\frac{\omega}{\omega_g} = \arctan\frac{\omega_g}{\omega} .$$

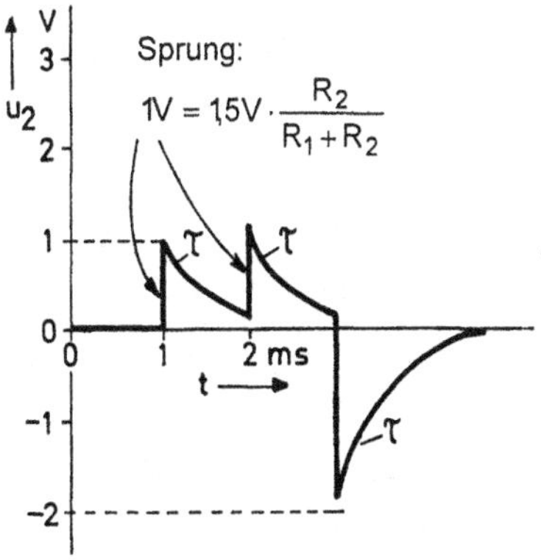

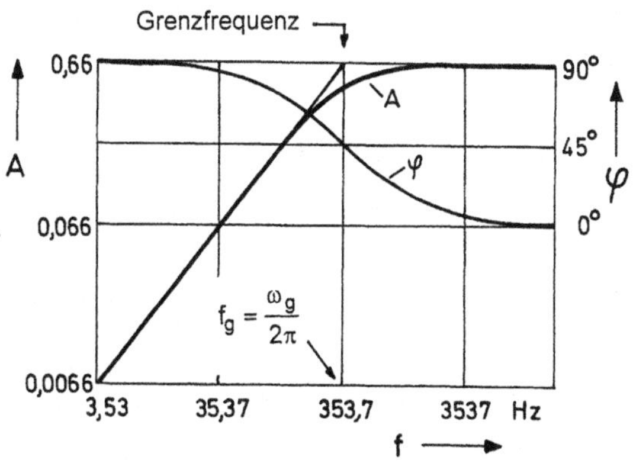

A3.7	Tastteiler zum Oszilloskop

Es wird der Tastkopf zu einem Oszilloskop im Zusammenhang mit der Eingangsschaltung des Oszilloskops betrachtet.

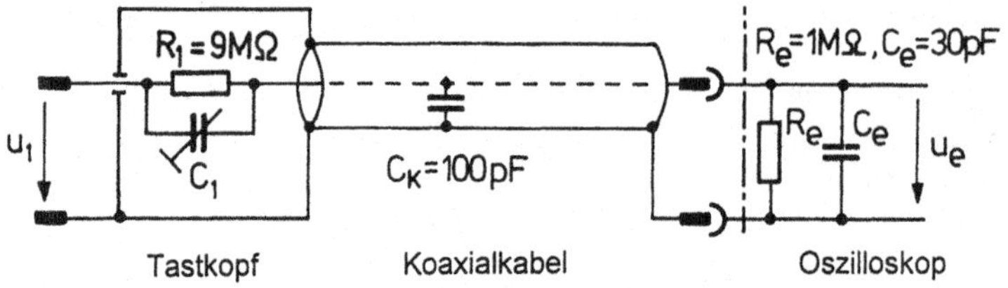

a) Man gebe ein Ersatzbild in Form eines RC-Teilers an, in dem die Kapazitäten C_K und C_e zusammengefasst werden.

b) Man bestimme allgemein den komplexen Übertragungsfaktor sowie dessen Betrag (Amplitudenfaktor).

c) Welcher Übertragungsfaktor ergibt sich für tiefe Frequenzen?

d) Man zeichne den Frequenzgang des Übertragungsfaktors (Betrag) für die Fälle $C_1 = 0$ und $C_1 = 1\,\text{pF}$ mit doppeltlogarithmischem Maßstab.

e) Welche Bedingung muss erfüllt sein, wenn der Teiler frequenzunabhängig sein soll?

f) Man skizziere den Zeitverlauf der Spannung u_e als Antwort auf einen Sprung der Eingangsspannung für verschiedene Größen der Kapazität C_1.

Lösungen

a) Ersatzbild

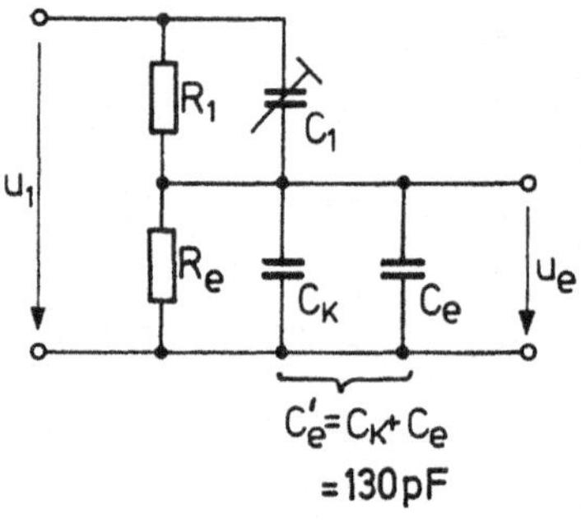

b)
$$\underline{A} = \frac{\underline{Z}_e}{\underline{Z}_1 + \underline{Z}_e} \quad \text{mit } \underline{Z}_e = \frac{R_e}{1 + j\omega C_e' R_e},$$

$$= \frac{\dfrac{R_e}{1 + j\omega C_e' R_e}}{\dfrac{R_1}{1 + j\omega C_1 R_1} + \dfrac{R_e}{1 + j\omega C_e' R_e}},$$

$$= \frac{R_e}{R_1 + R_e} \cdot \frac{1 + j\omega C_1 R_1}{1 + j\omega \dfrac{R_1 R_e}{R_1 + R_e}\left(C_1 + C_e'\right)}$$

$$A = \frac{\hat{u}_e}{\hat{u}_1} = \frac{R_e}{R_1 + R_e} \cdot \frac{\sqrt{1 + (\omega C_1 R_1)^2}}{\sqrt{1 + \left[\omega \dfrac{R_1 R_e}{R_1 + R_e}\left(C_1 + C_e'\right)\right]^2}}.$$

c) $A = |\underline{A}| \approx \dfrac{R_e}{R_1 + R_e} = \dfrac{1\,\text{M}\Omega}{(9+1)\text{M}\Omega} = \underline{0{,}1}.$

d) $C_1 = 0$: Es gibt nur einen "Abwärtsknick" bei der Eckfrequenz f_1:

$$f_1 = \frac{1}{2\pi \cdot \frac{R_1 R_e}{R_1 + R_e}\left(C_1 + C_e'\right)} \approx \underline{1{,}36\text{kHz}}$$ (folgt direkt aus der Nennerzeitkonstante des Übertragungsfaktors).

$C_1 = 1\text{pF}$: Wegen $C_1 \ll C_e$ verschiebt sich der Abwärtsknick praktisch nicht. Es gibt einen zusätzlichen "Aufwärtsknick" bei der Eckfrequenz f_2:

$$f_2 = \frac{1}{2\pi R_1 C_1} = \frac{1}{2\pi \cdot 9 \cdot 10^6 \Omega \cdot 10^{-12} \frac{s}{\Omega}} \approx \underline{17{,}7\text{kHz}}$$ (nach Zählerzeitkonstante).

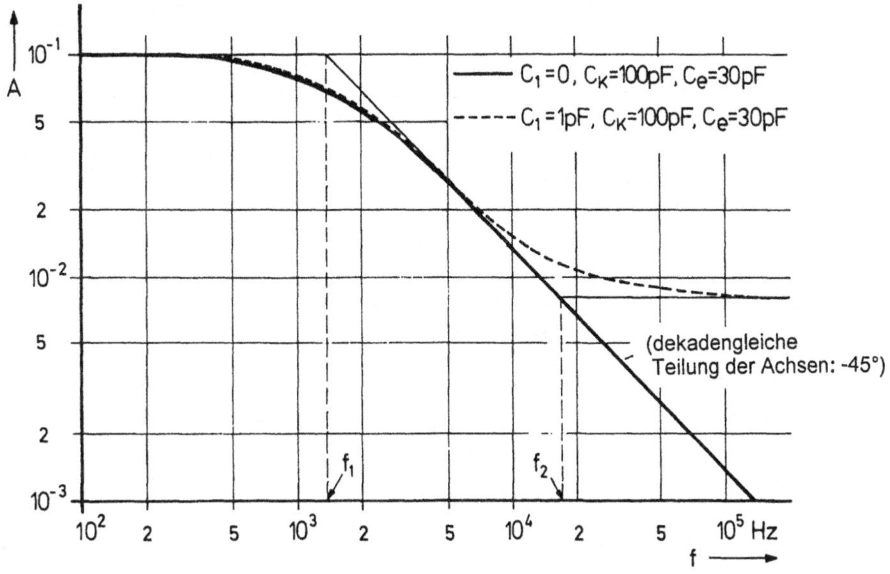

e) $$R_1 C_1 = \frac{R_1 R_e}{R_1 + R_e} \cdot \left(C_1 + C_e'\right) \rightarrow \frac{C_1}{C_1 + C_e'} = \frac{R_e}{R_1 + R_e} \rightarrow C_1 = C_e' \cdot \frac{R_e}{R_1} = \underline{14{,}4\text{pF}}\,.$$

f) Mögliche Antworten auf einen Sprung der Höhe U_1 am Eingang:

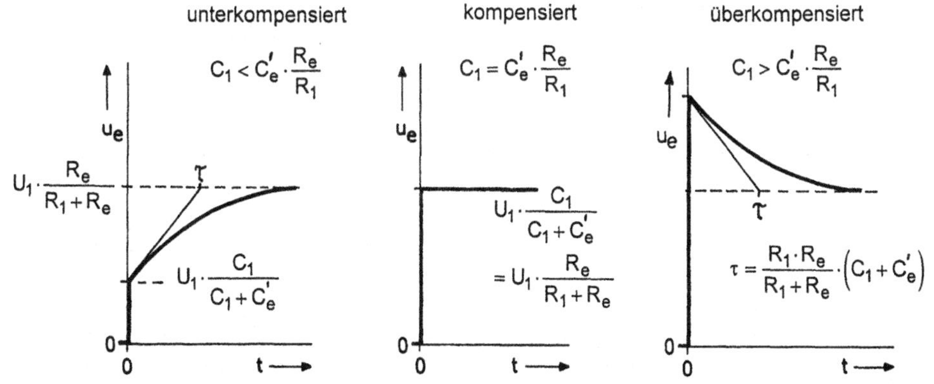

Man kann die Schaltung als Parallelschaltung eines ohmschen und eines kapazitiven Spannungsteilers auffassen. Für die Übertragung des Sprunges (hohe Frequenzen) ist der kapazitive Teiler maßgebend, für den stationären Wert der ohmsche Teiler.

A3.8	Zweigliedrige RC-Kettenschaltung

Gegeben seien folgende Kettenschaltungen:

A) RC-Tiefpass

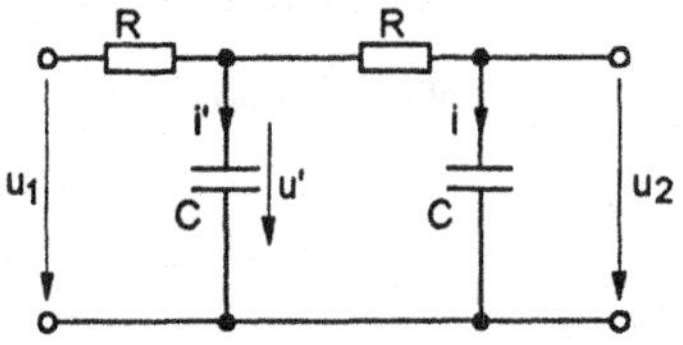

B) RC-Hochpass

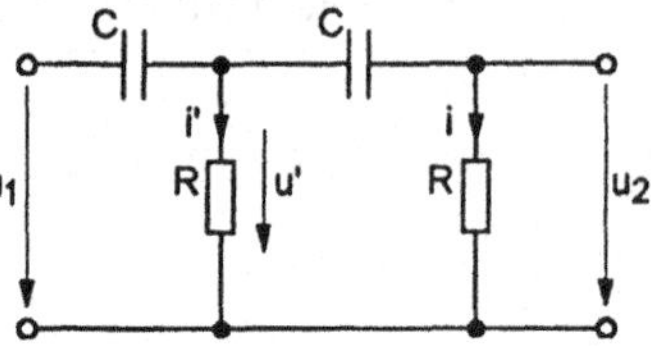

a) Man bestimme den Spannungs-Übertragungsfaktor in komplexer Form und führe eine Frequenznormierung durch.

b) Der Frequenzgang des Amplitudenfaktors (Betrag des Übertragungsfaktors) und des Phasenwinkels ist darzustellen.

Lösungen

a) Zum Tiefpass (TP) gilt: $\underline{I} = \underline{U}_2 \cdot j\omega C$ und weiter

$$\underline{U}' = \underline{U}_2 + \underline{I} \cdot R = \underline{U}_2 + \underline{U}_2 \cdot j\omega C \cdot R = \underline{U}_2 \cdot (1 + j\omega CR) \rightarrow \underline{I}' = \underline{U}_2 \cdot (1 + j\omega CR) \cdot j\omega C,$$

$$\underline{U}_1 = \underline{U}' + (\underline{I} + \underline{I}') \cdot R = \underline{U}' + \underline{I} \cdot R + \underline{I}' \cdot R,$$

$$= \underline{U}_2 \cdot (1 + j\omega CR) + \underline{U}_2 \cdot j\omega CR + \underline{U}_2 \cdot (1 + j\omega CR) \cdot j\omega CR = \underline{U}_2 \cdot \left[1 + 3j\omega CR - (\omega CR)^2\right],$$

$$\underline{A} = \frac{\underline{U}_2}{\underline{U}_1} = \frac{1}{1 + j3 \cdot \omega CR - (\omega CR)^2} = \frac{1}{1 + 3j\Omega - \Omega^2} \text{ mit } \Omega = \frac{\omega}{\omega_o} = \omega CR \rightarrow \omega_o = \frac{1}{CR}.$$

Zum Hochpass (HP) ergibt sich analog:

$$\underline{A} = \frac{\underline{U}_2}{\underline{U}_1} = \frac{1}{1 - j\dfrac{3}{\omega CR} - \left(\dfrac{1}{\omega CR}\right)^2} = \frac{1}{1 - j\dfrac{3}{\Omega} - \dfrac{1}{\Omega^2}} = -\frac{\Omega^2}{1 + 3j\Omega - \Omega^2}.$$

b) TP: $$A = \frac{1}{\sqrt{\left(1-\Omega^2\right)^2 + (3\Omega)^2}}, \quad \varphi = -\arctan\frac{3\Omega}{1-\Omega^2}.$$

HP: $$A = \frac{\Omega^2}{\sqrt{\left(1-\Omega^2\right)^2 + (3\Omega)^2}}, \quad \varphi = 180° - \arctan\frac{3\Omega}{1-\Omega^2}.$$

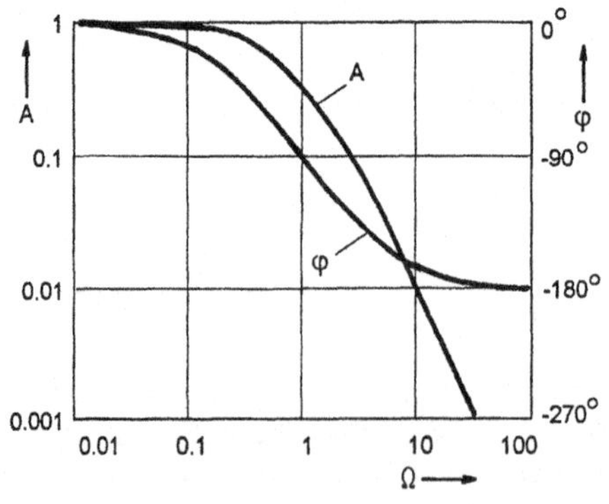

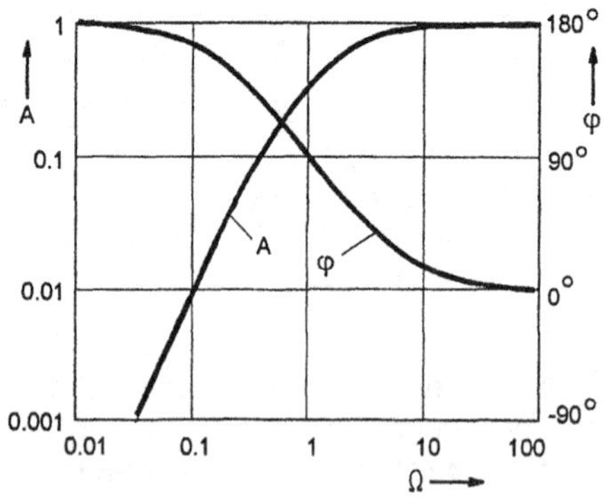

A3.9	Dreigliedrige RC-Kettenschaltung

Gegeben seien folgende Kettenschaltungen:

A) RC-Tiefpass | B) RC-Hochpass

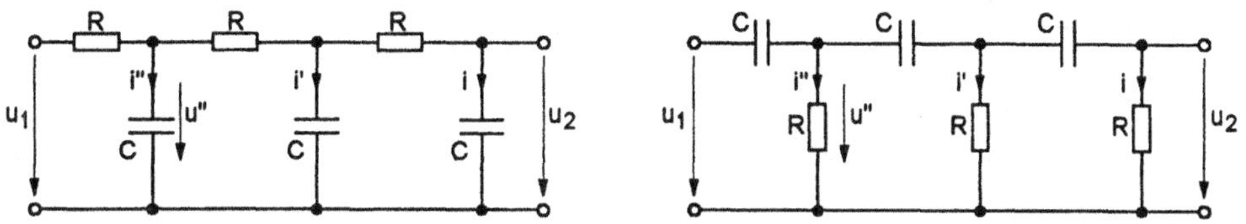

a) Man bestimme den Spannungs-Übertragungsfaktor in komplexer Form und führe eine Frequenznormierung durch.

b) Der Frequenzgang des Amplitudenfaktors (Betrag des Übertragungsfaktors) und des Phasenwinkels ist darzustellen.

Lösungen

a) Zum Tiefpass (TP) gilt nach Aufg. **A3.8:**

$\underline{U}'' = \underline{U}_2 \cdot \left[1 + 3j\omega CR - (\omega CR)^2\right]$ und somit $\underline{I}'' = \underline{U}_2 \cdot \left[1 + 3j\omega CR - (\omega CR)^2\right] \cdot j\omega C$.

$\underline{U}_1 = \underline{U}'' + (\underline{I} + \underline{I}' + \underline{I}'') \cdot R$ mit $\underline{I} = \underline{U}_2 \cdot j\omega C$ und $\underline{I}' = \underline{U}_2 \cdot (1 + j\omega CR) \cdot j\omega C$. Damit folgt:

$$\underline{A} = \frac{\underline{U}_2}{\underline{U}_1} = \frac{1}{1 - 5(\omega CR)^2 + j\omega CR\left[6 - (\omega CR)^2\right]} = \frac{1}{1 - 5\Omega^2 + j\Omega\left(6 - \Omega^2\right)} \text{ mit } \Omega = \frac{\omega}{\omega_0} = \omega CR .$$

Analog erhält man für den Hochpass(HP):

$$\underline{A} = \frac{\underline{U}_2}{\underline{U}_1} = \frac{1}{1 - \frac{5}{(\omega CR)^2} + \frac{1}{j\omega CR} \cdot \left[6 - \frac{1}{(\omega CR)^2}\right]} = \frac{1}{1 - \frac{5}{\Omega^2} + \frac{1}{j\Omega}\left(6 - \frac{1}{\Omega^2}\right)} .$$

b) TP: $A = \frac{1}{\sqrt{\left(1 - 5\Omega^2\right)^2 + \Omega^2\left(6 - \Omega^2\right)^2}}$,

$$\varphi = -\arctan\frac{\Omega \cdot \left(6 - \Omega^2\right)}{1 - 5\Omega^2} .$$

HP: $A = \frac{1}{\sqrt{\left(1 - \frac{5}{\Omega^2}\right)^2 + \frac{1}{\Omega^2} \cdot \left(6 - \frac{1}{\Omega^2}\right)^2}}$,

$$\varphi = \arctan\frac{6\Omega^2 - 1}{\Omega \cdot \left(\Omega^2 - 5\right)} + 180^\circ .$$

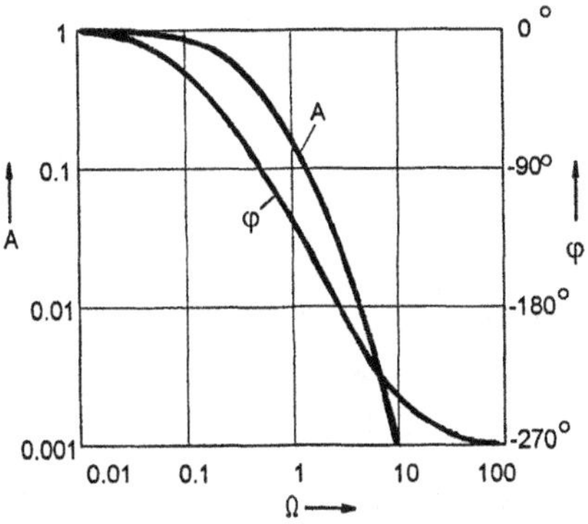

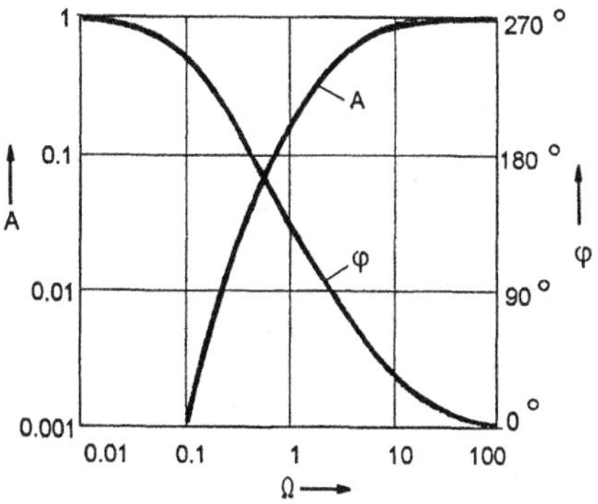

A4 Spulen und Transformatoren

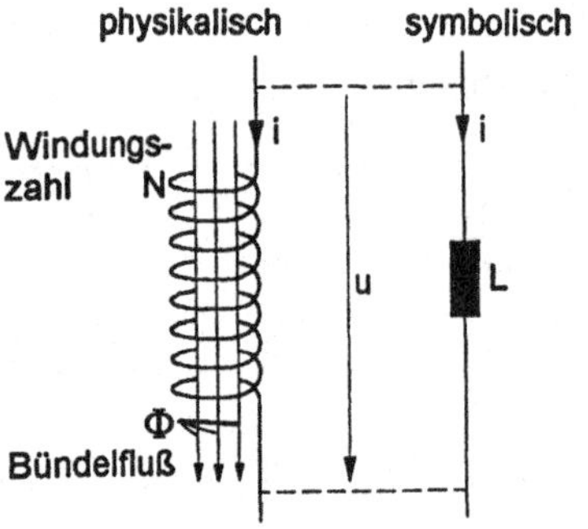

$$\psi = N \cdot \Phi = L \cdot i \rightarrow d\psi = N \cdot d\Phi = L \cdot di$$

- i – Strom
- L – Induktivität
- ψ – Induktionsfluß (verketteter Fluß)

$$[L] = \frac{[\psi]}{[i]} = \frac{1\,Vs}{1\,A} = 1\frac{Vs}{A} = 1\,H\,(Henry)$$

Energie:

$$W = \frac{1}{2} L \cdot i^2$$

$$L = N^2 \cdot A_L$$

A_L: Induktivitätsfaktor, magn. Leitwert

Spannung / Strom

$$u = \frac{d\psi}{dt} = L \cdot \frac{di}{dt} \Big/ i = \frac{1}{L}\int u\,dt$$

Sonderfall:

$$u = \hat{u} \cdot \sin\omega t$$

$$i = \frac{1}{L}\int u\,dt$$

$$= \frac{1}{L \cdot \omega} \cdot \hat{u} \cdot (-\cos\omega t)$$

$$\hat{i} = \frac{\hat{u}}{\omega L} = \frac{N \cdot \hat{\Phi}}{L}$$

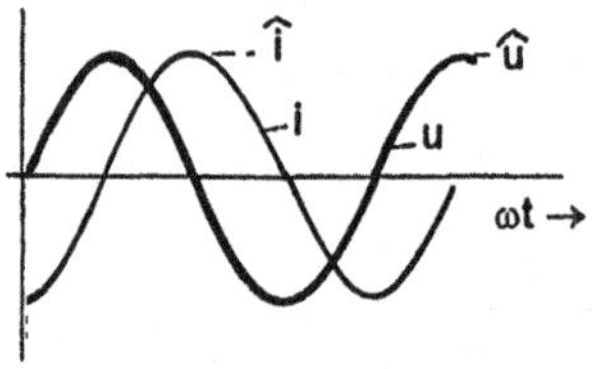

Zeigerbild

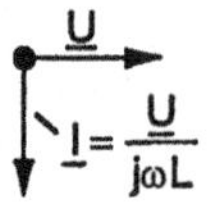

Ausgleichsvorgänge
im linearen Gleichstromnetz

Der energiebestimmende und daher träge Strom i strebt nach jeder Schalthandlung

mit der Zeitkonstante τ
von einem Ausgangswert A
zu einem Endwert E,

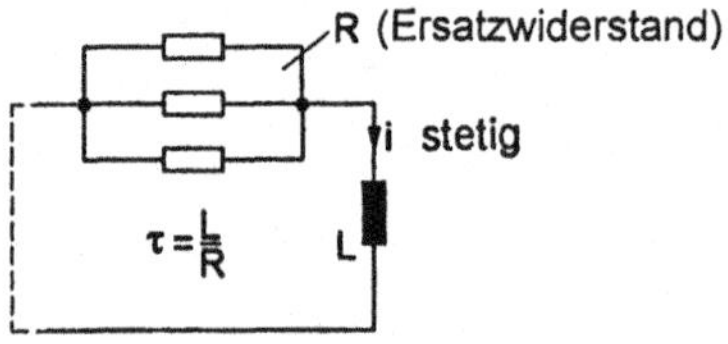

positiv steigend oder negativ steigend.

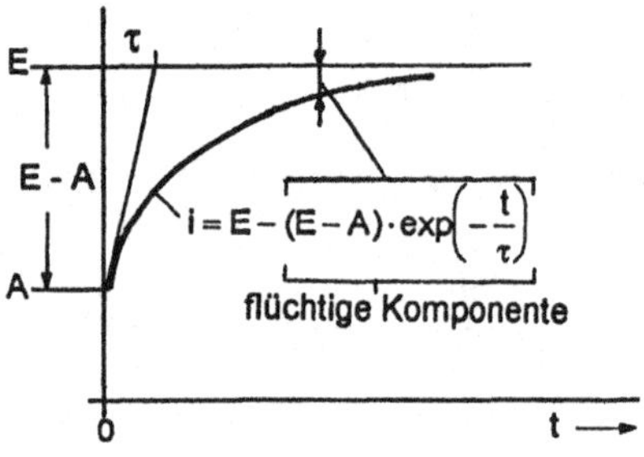

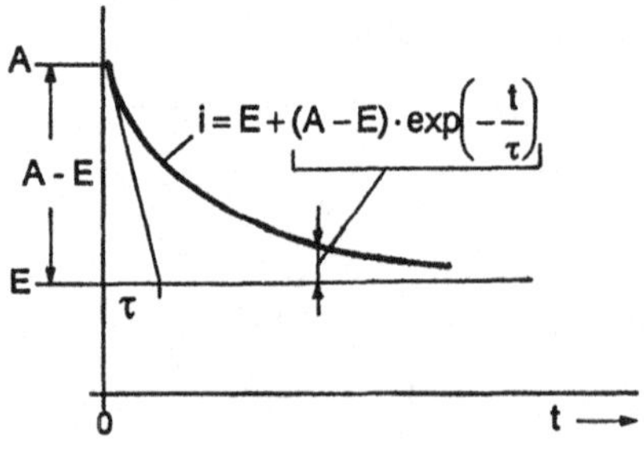

Spulenkern
mit / ohne Luftspalt

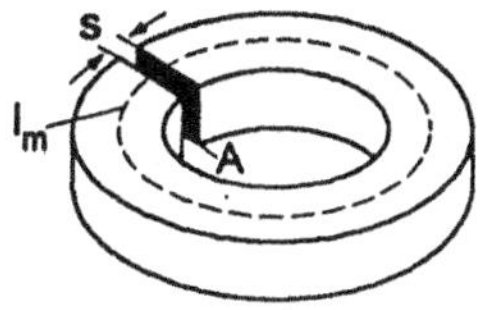

$$A_L = \mu_o \cdot \mu_e \cdot \frac{A_e}{l_e}$$

$$\mu_o = 1{,}257 \frac{\mu H}{m}$$

$$\mu_e = \frac{\mu_r}{1+\mu_r \cdot \frac{s_e}{l_e}} = \mu_r\Big|_{s=0}$$ effektive (relative) Permeabilität [3]

μ_r = Permeabilitätszahl (rel. Permeabilität)

s_e = effektiver Luftspalt < s (geometrischer Luftspalt)

l_e = effektive Weglänge ≈ l_m (mtl. Feldlinienlänge)

A_e = effektiver Querschnitt ≈ A (in der Regel A_e = A).

Transformator / Übertrager

physikalisch

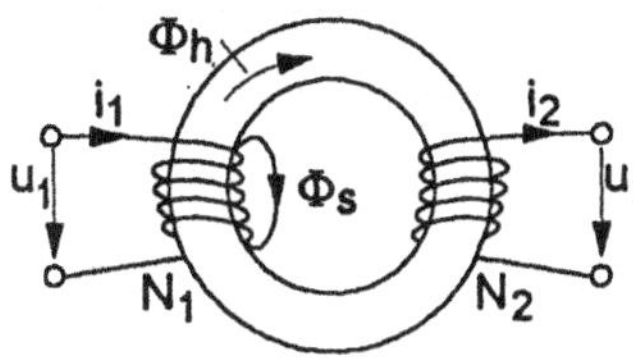

Φ_h = gemeinsamer Hauptfluß

Φ_s = Streufluß

$\Phi_s \ll \Phi_h$ bei hochpermeablem Kern ohne Luftspalt

symbolisch

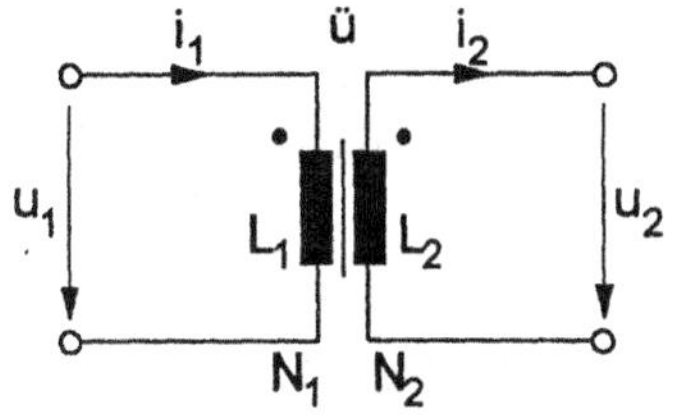

ü = N_1 / N_2 = Übersetzungsverhältnis

$L_1 = A_L \cdot N_1^2$ = primäre Induktivität

$L_2 = A_L \cdot N_2^2$ = sekundäre Induktivität

Ersatzbild für geringe Streuung (ohne Kernverluste)

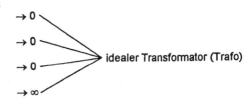

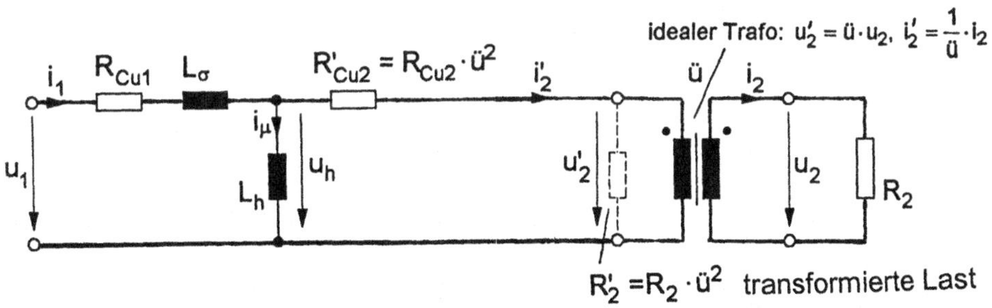

i_μ = Magnetisierungsstrom

u_h = induzierte Spannung = $N_1 \cdot \frac{d\Phi_h}{dt} = L_h \cdot \frac{di_\mu}{dt}$

R_{Cu1} = primärseitiger Kupferwiderstand → 0

R_{Cu2} = sekundärseitiger Kupferwiderstand → 0

L_σ = Streuinduktivität (σ = Streugrad) → 0

L_h = Hauptinduktivität $\lesssim L_1$ → ∞

→ idealer Transformator (Trafo)

A4.1	Ringspule mit Eisenpulverkern

Gegeben sei eine Ringspule mit Eisenpulverkern und einer Windungszahl N = 40.
Gemessen werde: Induktivität L = 150µH,
Kupferwiderstand R_{Cu} = 150mΩ.

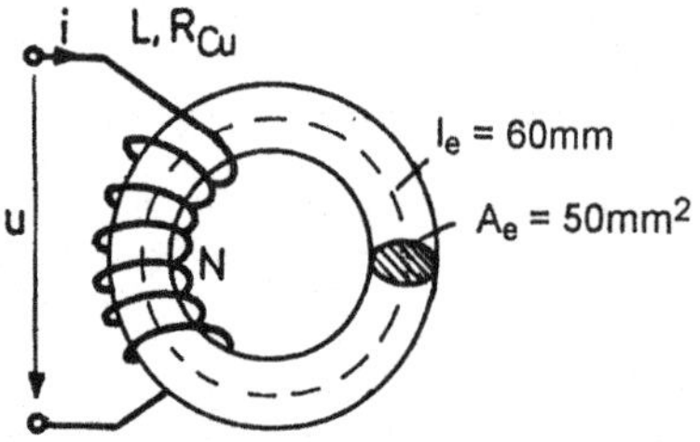

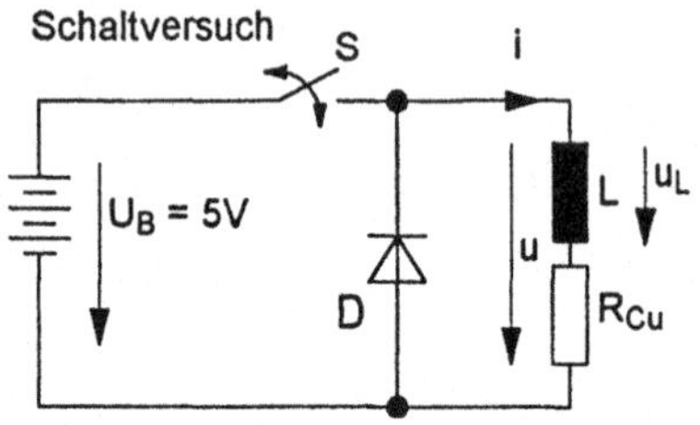

a) Man berechne die Eigenzeitkonstante τ und den Induktivitätsfaktor A_L.

b) Welche effektive (relative) Permeabilität μ_e hat der Kern?

c) Welcher Strom i wird erreicht, wenn Schalter S 0,1ms lang schließt und dann wieder öffnet?

d) Man ermittle zu dem berechneten Strom die erreichte Flussdichte, den zugehörigen Bündelfluss φ sowie den Induktionsfluss ψ.

e) Man skizziere maßstäblich den Zeitverlauf des Stromes i für eine ideale Freilaufdiode D und schreibe die Zeitfunktion an.

f) Man skizziere maßstäblich den Zeitverlauf des Stromes i für eine Freilaufdiode mit konstanter Flussspannung U_F = 0,6V und schreibe wieder die Zeitfunktion an.

g) Man skizziere zu f) maßstäblich den Zeitverlauf der induzierten Spannung u_L und erkläre die Bedeutung der Spannungszeitflächen.

h) Welche Verlustarbeit tritt bei jedem Abschaltvorgang in der Diode auf?

Lösungen

a) $$\tau = \frac{L}{R_{Cu}} = \frac{150 \cdot 10^{-6}\,\Omega s}{150 \cdot 10^{-3}\,\Omega} = \underline{1\,ms}, \quad A_L = \frac{L}{N^2} = \frac{150 \cdot 10^{-6}\,\Omega s}{1600} = \underline{94\,nH}.$$

b) $$\mu_e = \frac{A_L \cdot l_e}{\mu_0 \cdot A_e} = \frac{94 \cdot 10^{-9}\,\Omega s \cdot 60 \cdot 10^{-3}\,m}{\left(1{,}257 \cdot 10^{-6}\,\Omega s/m\right) \cdot 50 \cdot 10^{-6}\,m^2} \approx \underline{90}.$$

c) $$i = \frac{U_B}{R_{Cu}} \cdot \left[1 - \exp\left(-\frac{t}{\tau}\right)\right] \rightarrow i\,(0{,}1\,ms) = \frac{U_B}{R_{Cu}} \cdot \left[1 - \exp\left(-\frac{0{,}1\,ms}{1\,ms}\right)\right] = \underline{3{,}172\,A}.$$

Da $t \ll \tau$ ist, gilt näherungsweise $\exp\left(-\frac{t}{\tau}\right) \approx 1 - \frac{t}{\tau}$ (siehe **Anhang B**, Seite 130)

Also folgt: $$i \approx \frac{U_B}{R_{Cu}} \cdot \left[1 - 1 + \frac{t}{\tau}\right] = \frac{U_B}{L} \cdot t = \frac{5V}{0{,}15\,m\Omega s} \cdot 0{,}1\,ms = \underline{3{,}3\,A} \text{ als Näherung}.$$

d) $B = \mu_0 \cdot \mu_e \cdot \dfrac{i \cdot N}{l_e} \approx 1{,}257 \cdot 10^{-6}\,\dfrac{\Omega s}{m} \cdot 90 \cdot \dfrac{3{,}2A \cdot 40}{60 \cdot 10^{-3}m} \approx 0{,}24\,\dfrac{Vs}{m^2} = \underline{0{,}24\ T}\,.$

$\phi = B \cdot A_e = 0{,}24\,\dfrac{Vs}{m^2} \cdot 50 \cdot 10^{-6}m^2 = \underline{12 \cdot 10^{-6}\,Vs},$

$\psi = N \cdot \phi = 40 \cdot 12 \cdot 10^{-6}\,Vs = \underline{480 \cdot 10^{-6}\,Vs},$

$\quad = L \cdot i = 150 \cdot 10^{-6}\,\Omega s \cdot 3{,}2A = \underline{480 \cdot 10^{-6}\,Vs}$ (Probe).

e) $0 < t \le 0{,}1ms:\quad i = 33{,}3A \cdot \left[1 - \exp\!\left(-\dfrac{t}{\tau}\right)\right]$

$t \ge 0{,}1ms:\quad i = 3{,}2A \cdot \exp\!\left(-\dfrac{t - 0{,}1ms}{\tau}\right)$

f) $0 \le t \le 0{,}1ms:\quad i = 33{,}3A \cdot \left[1 - \exp\!\left(-\dfrac{t}{\tau}\right)\right] \approx 33{,}3\,\dfrac{A}{ms} \cdot t$

$0{,}1ms \le t \le 0{,}69ms: i = -4A + 7{,}2A \cdot \exp\!\left(-\dfrac{t - 0{,}1ms}{\tau}\right)$

Ersatzbild

$-\dfrac{U_F}{R_{Cu}} = -4A$ *)

g) $0 \le t \le 0{,}1ms: u_L = L \cdot \dfrac{di}{dt} = 5V \cdot \exp\!\left(-\dfrac{t}{\tau}\right)$

$0{,}1ms \le t \le 0{,}69ms: u_L = L \cdot \dfrac{di}{dt} = -1{,}08V \cdot \exp\!\left(-\dfrac{t - 0{,}1ms}{\tau}\right)$

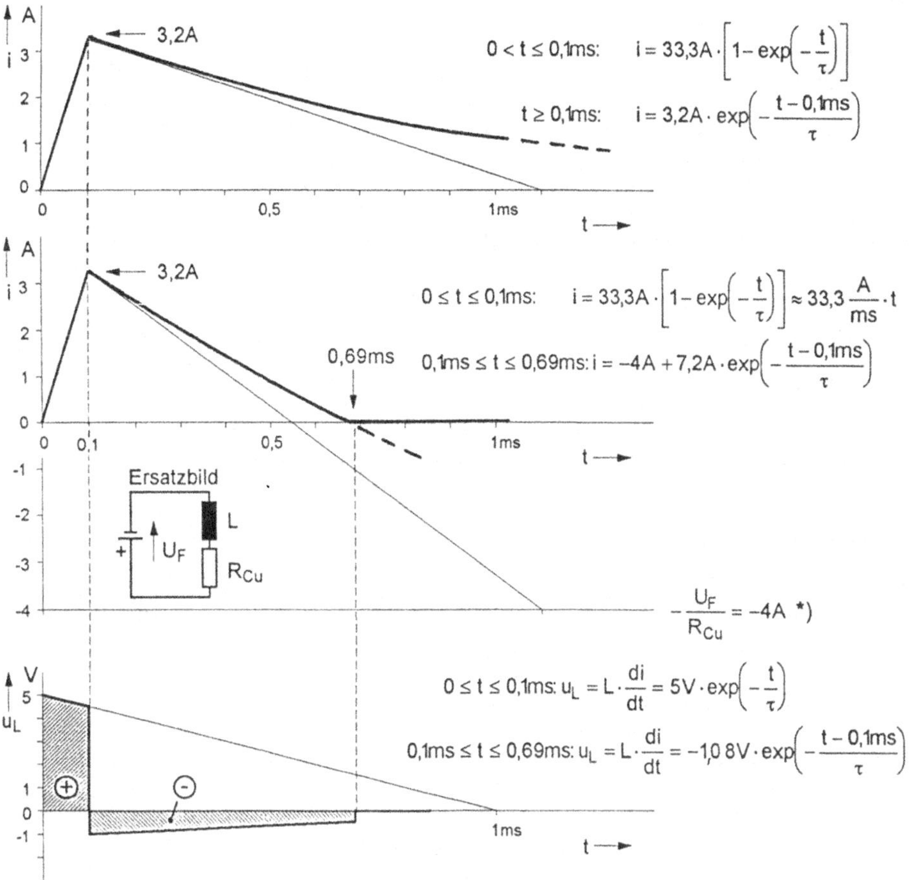

Die positive und negative Spannungszeitfläche sind gleich groß und entsprechen dem Auf- und Abbau des Induktionsflusses: $\psi = \int u_L\,dt = L \cdot i = 0{,}15mH \cdot 3{,}2A = 0{,}48mVs$.

h) $W = U_F \cdot \displaystyle\int_{0{,}1ms}^{0{,}69ms} i(t)dt = 0{,}6\,V \cdot \displaystyle\int_{0}^{0{,}59ms} \left[-4\,A + 7{,}2\,A \cdot \exp\!\left(-\dfrac{t}{\tau}\right)\right] dt \approx \underline{0{,}5\ mWs}\,.$

Der Nullpunkt der Zeitachse für die Integration wird auf den Schaltaugenblick verlegt.

*) Bei einer realen Freilaufdiode geht der Strom umso rascher auf Null, je höher die Fluss – spannung ist.

A4.2	Eisendrossel im Schaltversuch

Für eine gegebene Drosselspule mit Mantelkern M42 (Luftspalt s = 0,5mm) sollen die Spulendaten aus einem Schaltversuch mit Freilaufdiode ermittelt werden. Zur Zeit t = 0 wird Schalter Sch geschlossen. Der Strom steigt wie angegeben an.

Versuchsschaltung

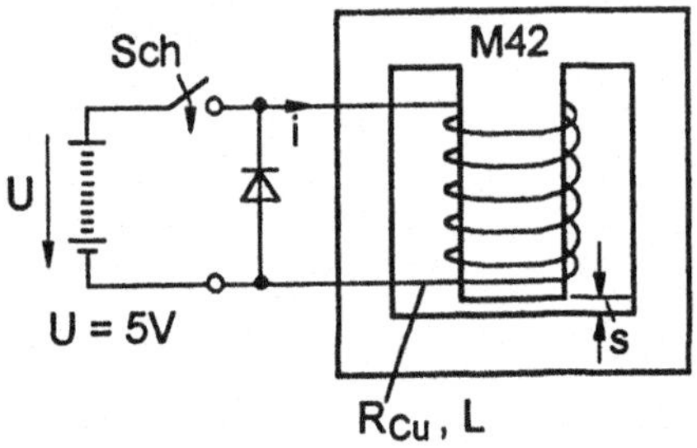

Versuchsergebnis

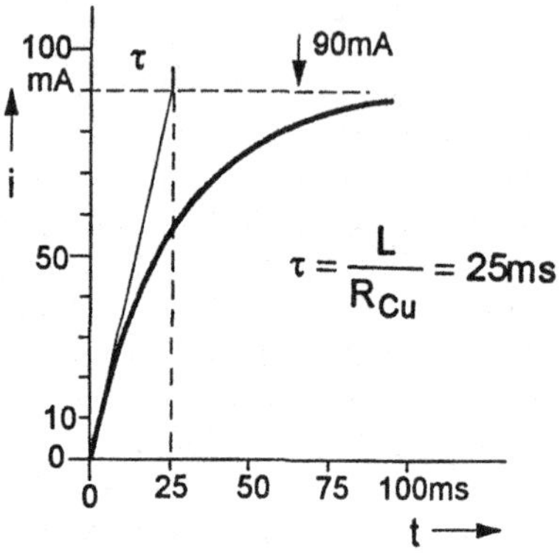

effektiver Luftspalt $s_e = 0{,}32mm$

Eisenquerschnitt $A_E\ (A_e) = 1{,}6cm^2$

Eisenweglänge $l_E = 10{,}2cm \approx l_e$ (effektive magnetische Weglänge).

Die Freilaufdiode D sei nichtideal und habe die Kenndaten $U_s = 0{,}7V$, $r_F = 0$

a) Welchen Kupferwiderstand R_{Cu} und welche Induktivität L hat die Spule?

b) Welche Windungszahl ergibt sich aus dem Kupferwiderstand bei einer mittleren Windungslänge $l_m = 8{,}9cm$, wenn der Drahtdurchmesser d = 0,25mm beträgt?

c) Man berechne den A_L-Wert (Induktivitätsfaktor).

d) Welche effektive Permeabilität μ_e hat der gescherte Kern?

e) Welche relative Permeabilität μ_r hat die verwendete Eisensorte?

f) Bis zu welcher Flussdichte B wird die Spule im Schaltversuch magnetisiert?

g) Welche magnetische Energie nimmt die Spule auf?

h) Wie verteilt sich die magnetische Energie auf Luftspalt und Eisen?

i) Wie verläuft der Strom i, wenn Schalter Sch zum Zeitpunkt t' = 0 (t > 100ms) wieder öffnet?

j) In welcher Zeit t_0 klingt der Strom auf Null ab?

Lösungen

a) $R_{Cu} = \frac{5\ V}{90\ mA} \approx \underline{56\ \Omega}$, $L = \tau \cdot R_{Cu} = 25 \cdot 10^{-3} s \cdot 56\ \Omega = 1{,}4\ \Omega s = \underline{1{,}4\ H}$.

b) $R_{Cu} = N \cdot l_m \cdot R' \rightarrow N = \frac{R_{Cu}}{R' \cdot l_m} = \frac{56\ \Omega}{0{,}36 \frac{\Omega}{m} \cdot 0{,}089\ m} \approx \underline{1750}$ (R' aus Drahttabelle, z.B. [3]).

R' ist der Drahtwiderstand bezogen auf eine Länge von 1 m.

c) $A_L = \frac{L}{N^2} = \frac{1{,}4\ \Omega s}{1750^2} \approx \underline{0{,}46\ \mu H}.$

d) $A_L = \mu_0 \cdot \mu_e \cdot \frac{A_e}{l_e} \rightarrow \mu_e = \frac{A_L \cdot l_e}{A_e \cdot \mu_0} = \frac{0{,}46 \cdot 10^{-6}\ \Omega s \cdot 0{,}102\ m}{1{,}6 \cdot 10^{-4} m^2 \cdot 1{,}257 \cdot 10^{-6}\ \Omega s/m} \approx \underline{230}.$

e) $\mu_e = \frac{\mu_r}{1 + \frac{s_e}{l_e} \cdot \mu_r} \rightarrow \mu_r = \frac{\mu_e}{1 - \mu_e \cdot \frac{s_e}{l_e}} = \frac{230}{1 - 230 \cdot \frac{0{,}32}{102}} \approx \underline{830}.$

f) $B = \mu_0 \cdot \mu_e \cdot \frac{I \cdot N}{l_e} = 1{,}257 \cdot 10^{-6} \frac{\Omega s}{m} \cdot 230 \cdot \frac{0{,}09\ A \cdot 1750}{0{,}102\ m} \approx \underline{0{,}45\ T}.$

g) $W = \frac{1}{2} L \cdot I^2 = \frac{1}{2} \cdot 1{,}4\ \Omega s \cdot (0{,}09\ A)^2 \approx \underline{5{,}7\ mWs}.$

h) Energiedichte

Luft: $W_L' = \frac{1}{2} \cdot \frac{B^2}{\mu_0 \cdot 1} = \frac{1}{2} \cdot \frac{(0{,}45)^2 (Vs)^2 \cdot m}{1{,}257 \cdot 10^{-6} \cdot m^4 \cdot \Omega s} \approx 80550 \frac{Ws}{m^3},$

Eisen: $W_E' = \frac{1}{2} \cdot \frac{B^2}{\mu_0 \cdot \mu_r} = \frac{1}{2} \cdot \frac{(0{,}45)^2 (Vs)^2 \cdot m}{1{,}257 \cdot 10^{-6} \cdot m^4 \cdot \Omega s \cdot 830} \approx 97 \frac{Ws}{m^3}.$

$W_L = W_L' \cdot V_L = 80550 \frac{Ws}{m^3} \cdot 0{,}32 \cdot 10^{-3} m \cdot 1{,}6 \cdot 10^{-4} m^2 \approx \underline{4{,}1\ mWs},$

$W_E = W_E' \cdot V_E = 97 \frac{Ws}{m^3} \cdot 0{,}102\ m \cdot 1{,}6 \cdot 10^{-4} m^2 \approx \underline{1{,}6\ mWs}.$

In der Summe ergibt sich die unter g) berechnete Energie.

i) Es wird wie im vorigen Beispiel eine Diode mit konstanter Flussspannung $U_F = U_S$ angenommen (vgl. auch Übersichtsblatt **A.2**, Seite 16).

Ersatzbild:

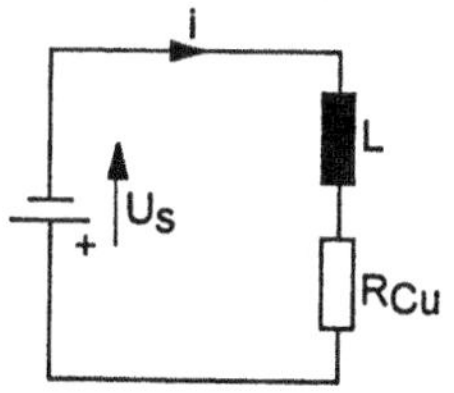

$i_\infty = -\frac{U_s}{R_{Cu}} = -12{,}5 mA$

$\tau = \frac{L}{R_{Cu}} = 25 ms$

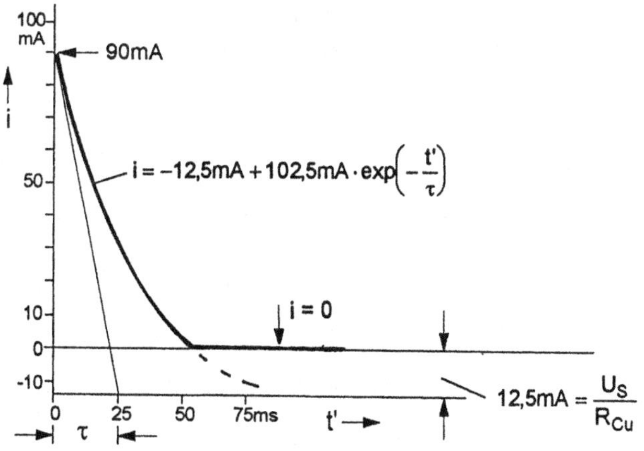

j) $0 = -12{,}5\ mA + 102{,}5\ mA \cdot \exp\left(-\frac{t_o}{\tau}\right) \rightarrow t_o = -\tau \cdot \ln \frac{12{,}5}{102{,}5} = \underline{52{,}6\ ms}.$

A4.3	Eisendrossel im Frequenztest

Gegeben sei eine Eisendrosselspule aus Dynamoblech mit Mantelkern M55, Luftspalt s = 0,5mm.

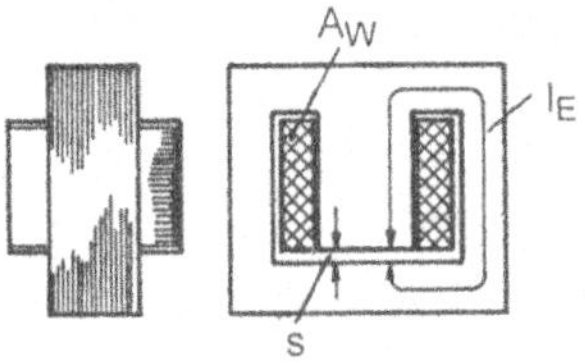

Eisenquerschnitt	$A_E = 3{,}06\text{cm}^2 \approx A_e$
Eisenweglänge	$l_E = 13{,}1\text{cm} \approx l_e$
mtl. Windungslänge	$l_m = 11{,}6\text{cm}$
Wickelquerschnitt	$A_w = 2{,}5\text{cm}^2$
eff. Luftspalt	$s_e = 0{,}35\text{mm}$

a) Man bestimme die ungefähre Windungszahl, wenn der Spulenkörper mit Kupferlackdraht CuL, d = 0,2mm, ohne Isolierzwischenlagen voll bewickelt wird.

b) Welcher Kupferfüllfaktor K_{Cu} wird erreicht?

c) Welchen A_R-Wert und welchen Kupferwiderstand R_{Cu} hat die Spule?

d) Man bestimme die effektive Permeabilität μ_e, den A_L-Wert und die Induktivität, wenn mit einer relativen Permeabilität $\mu_r = 700$ gerechnet wird.

e) Welcher Gleichstrom I bewirkt eine Vormagnetisierung bis auf 0,5T?

f) Welche Amplitude $\hat{i}$ eines überlagerten Wechselstromes ist zulässig, wenn die Flussdichte B nicht über 1 T ansteigen soll?

g) Man bestimme allgemein die Spulengüte Q_{Cu} sowie den Scheinwiderstand Z in Abhängigkeit von der Frequenz.

h) Man bestimme allgemein die Amplitude $\hat{B}$ der Flussdichte in Abhängigkeit von der Frequenz für eine feste Klemmenspannung (ohne Gleichanteil).

i) Man stelle den Frequenzgang der Güte, des Scheinwiderstandes und der Flussdichte im Bereich 1Hz bis 1000Hz dar.

Lösungen

a) $N = A_W \cdot N' = 2{,}5\ \text{cm}^2 \cdot 1650 \cdot \frac{1}{\text{cm}^2} \approx \underline{4125}$. N' = Windungszahl pro cm² nach Drahttabelle [3].

b) $A_W \cdot K_{Cu} = N \cdot \frac{\pi}{4} d^2 \rightarrow K_{Cu} = \frac{N}{A_W} \cdot \frac{\pi}{4} \cdot d^2 = \underline{0{,}52}$ (Nutzungsgrad der Wickelfläche).

c) $A_R = \frac{1}{\kappa} \cdot \frac{l_m}{A_W \cdot K_{Cu}} = \frac{1 \cdot \text{mm}^2}{56\ \text{S} \cdot \text{m}} \cdot \frac{0{,}116\ \text{m}}{2{,}5\ \text{cm}^2 \cdot 0{,}52} = \underline{15{,}9\ \mu\Omega}$ [3].

$R_{Cu} = A_R \cdot N^2 = 15{,}9\ \mu\Omega \cdot 4125^2 \approx \underline{270\ \Omega}$ bei voller Bewicklung *),
alternativ:

$R_{Cu} = N \cdot l_m \cdot R' = 4125 \cdot 0{,}116\ \text{m} \cdot 0{,}56 \frac{\Omega}{\text{m}} \approx \underline{270\ \Omega}$ (R' aus Drahttabelle).

*) Die Beziehung $R_{Cu} = A_R \cdot N^2$ ist nur anwendbar für eine Vollwicklung.

d) $\mu_e = \dfrac{\mu_r}{1+\mu_r \cdot \dfrac{s_e}{l_e}} = \dfrac{700}{1+700 \cdot \dfrac{0{,}35}{131}} \approx \underline{244}$.

$$A_L = \mu_0 \cdot \mu_e \cdot \frac{A_E}{l_E} = 1{,}257 \cdot 10^{-6}\,\frac{\Omega s}{m} \cdot 244 \cdot \frac{3{,}06 \cdot 10^{-4}\,m^2}{0{,}131\,m} \approx \underline{0{,}72\ \mu H},$$

$$L = A_L \cdot N^2 = 0{,}72\ \mu H \cdot 4125^2 \approx \underline{12\ H}.$$

e) $B = \mu_0 \mu_e \cdot \dfrac{I \cdot N}{l_e} \rightarrow I = \dfrac{B \cdot l_e}{N \cdot \mu_0 \cdot \mu_e} = \dfrac{0{,}5\ Vs/m^2 \cdot 0{,}131\,m}{4125 \cdot \left(1{,}257 \cdot 10^{-6}\ \Omega s/m\right) \cdot 244} \approx \underline{52\ mA}$.

f) Mit der Annahme einer konstanten Permeabilität μ_e gilt: $\hat{i} = I \approx \underline{52\ mA}$.

g) $Q_{Cu} = \dfrac{\omega L}{R_{Cu}} = \dfrac{2\pi f \cdot L}{R_{Cu}}$, $Z = \sqrt{R_{Cu}^2 + (\omega L)^2} = \omega L \cdot \sqrt{1+\left(\dfrac{1}{Q_{Cu}}\right)^2}$.

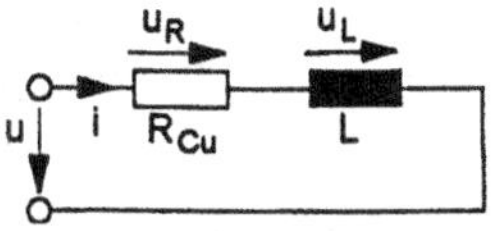

Ersatzbild
ohne Eisenverluste

h) $\hat{B} = \mu_0 \mu_e \cdot \dfrac{\hat{i} \cdot N}{l_e} = \dfrac{\mu_0 \mu_e \cdot \hat{u}}{\sqrt{R_{Cu}^2 + (\omega L)^2}} \cdot \dfrac{N}{l_e} = \dfrac{\hat{u}}{\omega N A_e} \cdot \dfrac{1}{\sqrt{1+\left(\dfrac{1}{Q_{Cu}}\right)^2}} \approx \dfrac{\hat{u}}{\omega N A_e}$ für $Q_{Cu} >> 1$.

i)

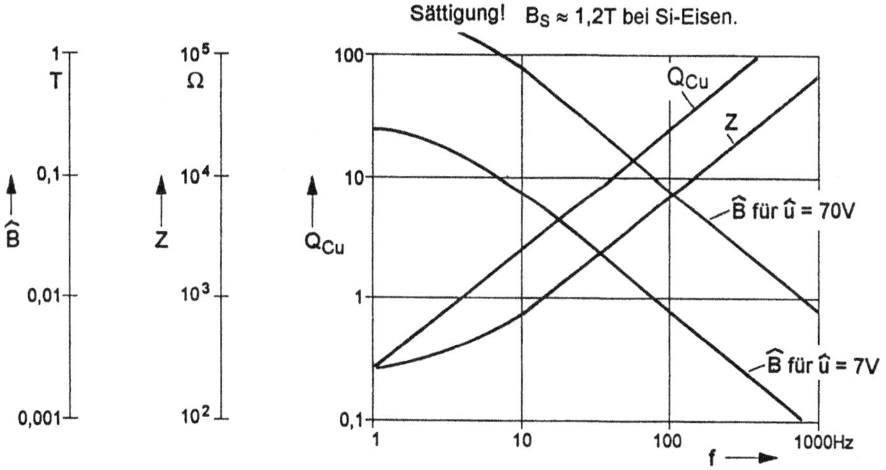

In dem betrachteten Frequenzbereich sind die Kernverluste noch vernachlässigbar. Oberhalb von 20 Hz ist die Güte bereits so hoch, dass die Spule praktisch nur als induktiver Widerstand $X_L = \omega L$ wirkt.

Anmerkung:

Für die Flussdichte B verwendete man früher die Bezeichnung "Induktion", was in Firmendruckschriften immer noch üblich ist. Man trifft zuweilen auch noch die veraltete Einheit "Gauß": 1 Gauß (G) = 10^{-4} Tesla (T).

A4.4	Spule mit Ferritschalenkern

Gegeben sei ein Ferritschalenkern 26/16 mit Luftspalt s aus einem Ferritmaterial mit der Anfangspermeabilität $\mu_i \approx 2000$. Der Hersteller gibt folgende Kennwerte an:

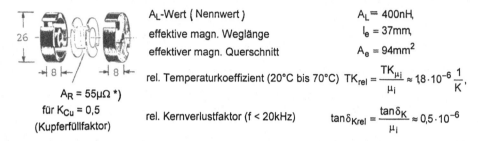

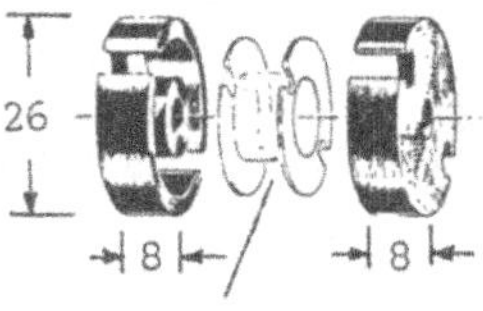

$A_R = 55\mu\Omega$ *)
für $K_{Cu} = 0{,}5$
(Kupferfüllfaktor)

A_L-Wert (Nennwert)	$A_L = 400\text{nH}$,
effektive magn. Weglänge	$l_e = 37\text{mm}$,
effektiver magn. Querschnitt	$A_e = 94\text{mm}^2$
rel. Temperaturkoeffizient (20°C bis 70°C)	$TK_{rel} = \dfrac{TK_{\mu i}}{\mu_i} \approx 1{,}8 \cdot 10^{-6}\,\dfrac{1}{K}$,
rel. Kernverlustfaktor (f < 20kHz)	$\tan\delta_{Krel} = \dfrac{\tan\delta_K}{\mu_i} \approx 0{,}5 \cdot 10^{-6}$

a) Man berechne die effektive Permeabilität μ_e, den Scherungsfaktor S und den effektiven Luftspalt s_e.

b) Welche Toleranzbreite ergibt sich für die effektive Permeabilität und den A_L-Wert, wenn die Anfangspermeabilität μ_i um ±20% schwankt?

c) Man berechne Induktivität L und Kupferwiderstand R_{Cu} für eine voll gewickelte Einkammerspule mit Windungszahl $N = 400$, Draht CuL, $d = 0{,}25\text{mm}$, $K_{Cu} = 0{,}53$.

d) Welcher Gleichstrom darf überlagert werden, wenn die Vormagnetisierung $B = 150\text{mT}$ nicht überschreiten soll?

e) Mit welcher Induktivitätsänderung ist zu rechnen bei einer Temperaturerhöhung von 20°C auf 70°C ($\Delta T = 50\text{K}$)?

f) Wie ändert sich die Spulengüte im Bereich $1\text{kHz} < f < 10\text{kHz}$?

g) Man bestimme angenähert die Eigenkapazität und Eigenfrequenz (Resonanzfrequenz) der Spule zu folgenden Daten:
Spulenlänge $l_W = 10\text{mm}$, Wickelhöhe $h_W = 3\text{mm}$,
mtl. Windungslänge $l_m = 50\text{mm}$.

h) Bis zu welcher Frequenz ist die Spule einsetzbar, wenn die scheinbare Induktivitätserhöhung in Resonanznähe <1% bleiben soll?

Lösungen

a) $$A_L = \mu_0 \cdot \mu_e \cdot \frac{A_e}{l_e},\quad \mu_e = \frac{A_L \cdot l_e}{\mu_0 \cdot A_e} = \frac{400 \cdot 10^{-9}\,\Omega\text{s} \cdot 37 \cdot 10^{-3}\,\text{m} \cdot \text{m}}{1{,}257 \cdot 10^{-6}\,\Omega\text{s} \cdot 94 \cdot 10^{-6}\,\text{m}^2} = \underline{125{,}26},$$

$$S = \frac{\mu_e}{\mu_i} \approx \frac{125}{2000} \approx \underline{0{,}063}\,.\quad \mu_e = \frac{\mu_i}{1 + \mu_i \cdot \dfrac{s_e}{l_e}} \rightarrow s_e = \left(\frac{\mu_i}{\mu_e} - 1\right) \cdot \frac{l_e}{\mu_i} = \underline{0{,}277\text{ mm}}\,.$$

Entsprechend dem Faktor S verringern sich der Temperaturkoeffizient und der Kernverlustfaktor gegenüber einem Kern ohne Luftspalt.

---

*) Der A_R-Wert gestattet sehr einfach die Berechnung des Kupferwiderstandes einer vollen Spule (siehe **A4.3**).

b) $\mu_e = \dfrac{\mu_i}{1+\mu_i \cdot \dfrac{s_e}{l_e}} = \dfrac{1}{\dfrac{1}{\mu_i}+\dfrac{s_e}{l_e}} = \dfrac{1}{\dfrac{1}{2000 \pm 400}+\dfrac{0{,}277}{37}}$

$= \underline{125 \pm 1{,}5\ \%} \rightarrow A_L = \underline{400\text{nH} \pm 1{,}5\ \%}$.

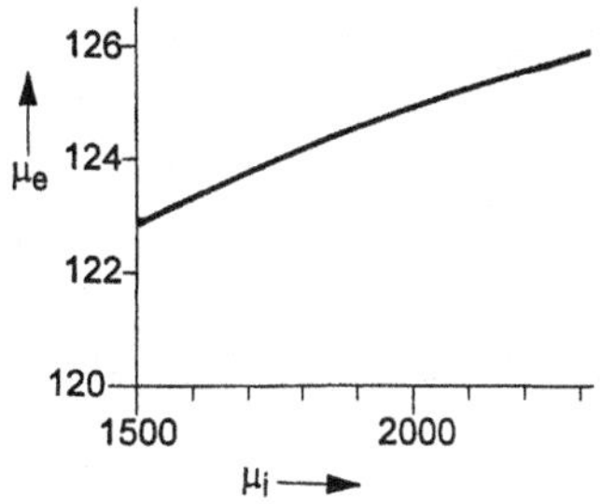

Dank der stabilisierenden Wirkung des Luftspaltes schwanken μ_e und damit A_L nur um ±1,5 %.

c) $L = A_L \cdot N^2$

$= 400\ \text{nH} \cdot 400^2 = \underline{64\ \text{mH} \pm 1{,}5\ \%}$, L mit Abgleichschraube variierbar.

$R_{Cu} = A_R' \cdot N^2 = A_R \cdot \dfrac{0{,}5}{0{,}53} \cdot N^2 = 52\ \mu\Omega \cdot 400^2 \approx \underline{8{,}3\ \Omega}$.

korrigierter Wert für $K_{Cu} = 0{,}53$.

d) $\dfrac{I \cdot N}{l_e} = \dfrac{B}{\mu_0 \cdot \mu_e} \rightarrow I = \dfrac{B \cdot l_e}{\mu_0 \cdot \mu_e} \cdot \dfrac{1}{N} = \dfrac{0{,}15\ \text{Vs} \cdot 0{,}037\ \text{m} \cdot \text{m}}{\text{m}^2 \cdot 1{,}257 \cdot 10^{-6}\ \Omega\text{s} \cdot 125 \cdot 400} \approx \underline{88\ \text{mA}}$.

e) Der effektive Temperaturkoeffizient ist $TK_e \approx TK_{\mu_i} \cdot S$.

$TK_e \approx \dfrac{TK_{\mu_i}}{\mu_i} \cdot \mu_e = TK_{rel} \cdot \mu_e = 1{,}8 \cdot 10^{-6}\ \dfrac{1}{K} \cdot 125 = 225 \cdot 10^{-6}\ \dfrac{1}{K}$ *),

$\Delta L = TK_e \cdot L \cdot \Delta T \approx 225 \cdot 10^{-6}\ \dfrac{1}{K} \cdot 64\ \text{mH} \cdot 50\ \text{K} \approx \underline{0{,}72\ \text{mH}}$.

f) $Q = \dfrac{1}{\tan\delta}$, $\tan\delta = \tan\delta_{Cu} + \tan\delta_{Ke}$, ($\tan\delta_{Ke}$ = effekt. Kernverlustfaktor).

$\tan\delta_{Ke} = \tan\delta_K \cdot S = \dfrac{\tan\delta_K}{\mu_i} \cdot \mu_e = \tan\delta_{Krel} \cdot \mu_e \approx 0{,}5 \cdot 10^{-6} \cdot 125 \approx 0{,}063 \cdot 10^{-3}$.

$f = 1\ \text{kHz}: \tan\delta_{Cu} = \dfrac{R_{Cu}}{\omega L} = \dfrac{8{,}3\ \Omega}{400\ \Omega} \approx 20{,}7 \cdot 10^{-3} \rightarrow \tan\delta = 20{,}76 \cdot 10^{-3}$, $\underline{Q \approx 50}$.

$f = 10\ \text{kHz}: \tan\delta_{Cu} = \dfrac{R_{Cu}}{\omega L} = \dfrac{8{,}3\ \Omega}{4000\ \Omega} \approx 2{,}07 \cdot 10^{-3} \rightarrow \tan\delta = 2{,}13 \cdot 10^{-3}$, $\underline{Q \approx 470}$.

Die Spulengüte Q steigt im betrachteten Intervall also von 50 bis etwa 500 an. Der Einfluß der Kernverluste ist dabei sehr gering. Erst bei höheren Frequenzen liefern die Kernverluste bei Ferriten einen nennenswerten Beitrag, wodurch die Güte wieder abnimmt.

g) $C_W \approx \dfrac{K_c}{n^2} \cdot \dfrac{l_W \cdot l_m}{h_W} \approx 1{,}8\ \dfrac{\text{pF}}{\text{cm}} \cdot \dfrac{1\ \text{cm} \cdot 5\ \text{cm}}{0{,}3\ \text{cm}} = \underline{30\ \text{pF}} \rightarrow f_o \approx f_r \approx \dfrac{1}{2\pi\sqrt{L \cdot C_W}} \approx \underline{115\ \text{kHz}}$.

(Rechnung nach Feldtkeller [3]).

h) $L_{eff} = \dfrac{L}{1-\left(f/f_r\right)^2} \rightarrow f = f_r \cdot \sqrt{1-\dfrac{L}{L_{eff}}} = f_r \cdot \sqrt{1-\dfrac{L}{1{,}01\ L}} \approx f_r \cdot \sqrt{1-(1-0{,}01)} \approx 0{,}1 \cdot f_r$ [3].

Die Spule darf unter der genannten Voraussetzung nur bis 11,5 kHz eingesetzt werden. Zur Näherungsrechnung vgl. Funktionentafel im **Anhang B**, (Seite 130).

---

*) Anstelle von TK_{rel} findet man in den Datenbüchern häufig die Bezeichnung α_F.

A4.5	Parallelschwingkreis

Mit Hilfe einer gegebenen Ferritkernspule mit Abgleichschraube und einem noch zu bestimmenden Kondensator soll ein Parallelschwingkreis für eine Kennfrequenz $f_o = 10\text{kHz}$ aufgebaut werden.

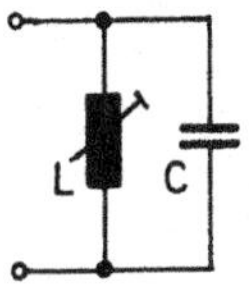

Spule: $L \approx 64\text{mH},\ TK_L(TK_e) \approx 230 \cdot 10^{-6}\frac{1}{K},\ Q_L \approx 500$ bei 10kHz,
$C_W \approx 30\text{pF}$, (Daten nach Aufg. **A4.4**)

Kondensator: Styroflex mit $TK_C = -210 \cdot 10^{-6}\frac{1}{K},\ \tan\delta_C = 0{,}2 \cdot 10^{-3}$.

a) Man bestimme die notwendige Kapazität C, den Kennwiderstand Z_0 und die sich ergebende Kreisgüte Q_K.

b) Man bestimme die Resonanzfrequenz f_r, den Resonanzwiderstand Z_r und die Bandbreite Δf des Schwingkreises.

c) Man bestimme die Temperaturabhängigkeit der Kennfrequenz.

d) Welche Bedingung muss erfüllt sein für eine temperaturunabhängige Kennfrequenz bzw. Resonanzfrequenz?

e) Man gebe eine geeignete Kondensatorschaltung für praktisch vollständige Temperaturkompensation an.

Lösungen

a) $f_o = \frac{1}{2\pi\sqrt{LC}} \rightarrow C = \left(\frac{1}{2\pi f_o}\right)^2 \cdot \frac{1}{L} \approx \underline{4\ \text{nF}}$. Nächster Normwert: C = 3,9 nF.

$$Z_0 = \sqrt{\frac{L}{C}} \approx \sqrt{\frac{64\ \text{mH}}{4\ \text{nF}}} = \underline{4\ \text{k}\Omega},\quad \frac{1}{Q_K} = \tan\delta_L + \tan\delta_C \approx 2 \cdot 10^{-3} + 0{,}2 \cdot 10^{-3} \rightarrow Q_K \approx \underline{450}\ .$$

b) $f_r \approx f_o = \frac{1}{2\pi\sqrt{LC}}$. Durch die Verluste ergeben sich geringfügige Abweichungen von der Kennfrequenz (bei hoher Güte vernachlässigbar).

$$Z_r = R_p = Q_K \cdot Z_0 \approx 450 \cdot 4\ \text{k}\Omega = 1{,}8\ \text{M}\Omega,\quad \Delta f = f_o \cdot \frac{1}{Q_K} = 10\ \text{kHz} \cdot \frac{1}{450} = \underline{22\ \text{Hz}}\ .$$

c) $$\Delta f_o \approx \frac{\partial f_o}{\partial L} \cdot \Delta L + \frac{\partial f_o}{\partial C} \cdot \Delta C \approx \frac{1}{2\pi} \cdot \left[-\frac{1}{2L\sqrt{LC}} \cdot L \cdot TK_L \cdot \Delta T - \frac{1}{2C\sqrt{LC}} \cdot C \cdot TK_C \cdot \Delta T\right],$$

$$\frac{\Delta f_o}{f_o} \approx -\frac{1}{2}(TK_L + TK_C) \cdot \Delta T = -\frac{1}{2}(230 - 210) \cdot 10^{-6}\frac{1}{K} \cdot \Delta T = \underline{-10 \cdot 10^{-6}\frac{1}{K} \cdot \Delta T}\ .$$

d) $TK_L = -TK_C$.

e)

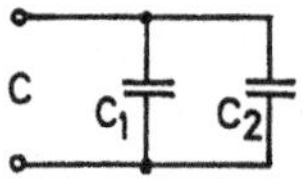

$$\left.\begin{array}{l} C_1 = 3{,}6\ \text{nF},\ TK_1 = -210 \cdot 10^{-6}\frac{1}{K},\ \text{Styroflex} \\ C_2 = 0{,}3\ \text{nF},\ TK_2 = -470 \cdot 10^{-6}\frac{1}{K},\ \text{Keramik N 470} \end{array}\right\} C = 3{,}9\ \text{nF}\ .$$

Beweis:

$$TK_C = \frac{C_1 \cdot TK_1 + C_2 \cdot TK_2}{C_1 + C_2} = \frac{3{,}6 \cdot (-210) + 0{,}3 \cdot (-470)}{3{,}9} \cdot 10^{-6}\frac{1}{K} \approx \underline{-230 \cdot 10^{-6}\frac{1}{K}}\quad [3]\ .$$

A4.6	Bandpass mit Parallelschwingkreis

Mit dem Parallelschwingkreis nach **A4.5** soll die folgende Bandpassschaltung aufgebaut werden.

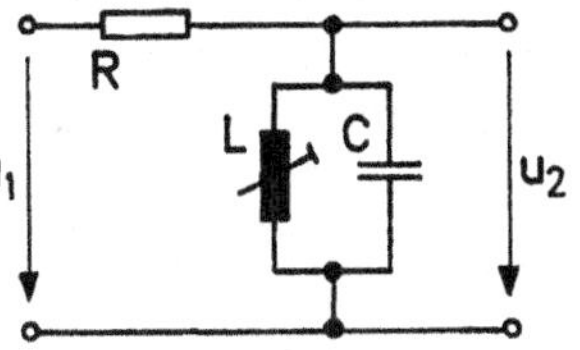

$R = 100\text{k}\Omega$

$L \approx 64\text{mH}$ (abgleichbar)

$C \approx 4\text{nF}$

$Z_0 = \sqrt{\frac{L}{C}} \approx 4\text{k}\Omega$

$f_0 = 10\text{kHz} \approx$ Resonanzfrequenz

Merke:

$$\frac{\Delta f}{f_0} = \frac{1}{Q_B}$$

rel. Bandbreite

Q_B = Betriebsgüte (s. unten)

a) Man bestimme den komplexen (Spannungs-) Übertragungsfaktor $\underline{A}_u$ unter Berücksichtigung der Schwingkreisverluste.

b) Man skizziere den Frequenzgang des Amplitudenfaktors $A_u = |\underline{A}_u|$ in der Umgebung der Resonanzfrequenz.

c) Wie weit wird der Spulenkern bei Resonanz magnetisiert mit $\hat{u}_1 = 10\text{V}$?

Lösungen

a)

Ersatzschaltung

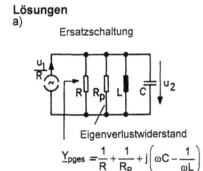

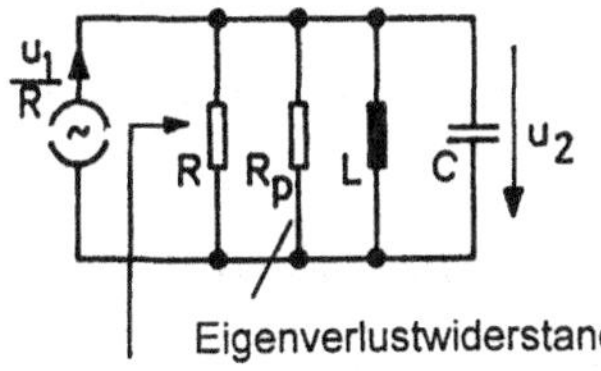

$$\underline{Y}_{pges} = \frac{1}{R} + \frac{1}{R_p} + j\left(\omega C - \frac{1}{\omega L}\right)$$

Mit der "Betriebsgüte" Q_B wird der Widerstand R dem Schwingkreis zugerechnet:

$$Q_B = \frac{R \cdot R_p}{R + R_p} \cdot \frac{1}{Z_0} = \frac{100\text{ k}\Omega \cdot 1{,}8\text{ M}\Omega}{100\text{ k}\Omega + 1{,}8\text{ M}\Omega} \cdot \frac{1}{4\text{ k}\Omega} \approx 24\,.$$

$$\underline{U}_2 = \frac{\underline{U}_1}{R} \cdot \underline{Z}_{p\,ges} = \frac{\underline{U}_1}{R} \cdot \frac{Z_0}{\frac{1}{Q_B} + j\left(\frac{\omega}{\omega_0} - \frac{\omega_0}{\omega}\right)}\,.$$

$$\rightarrow \underline{A}_u = \frac{\underline{U}_2}{\underline{U}_1} = \frac{Z_0}{R} \cdot \frac{1}{\frac{1}{Q_B} + j\left(\frac{\omega}{\omega_0} - \frac{\omega_0}{\omega}\right)}$$

b)

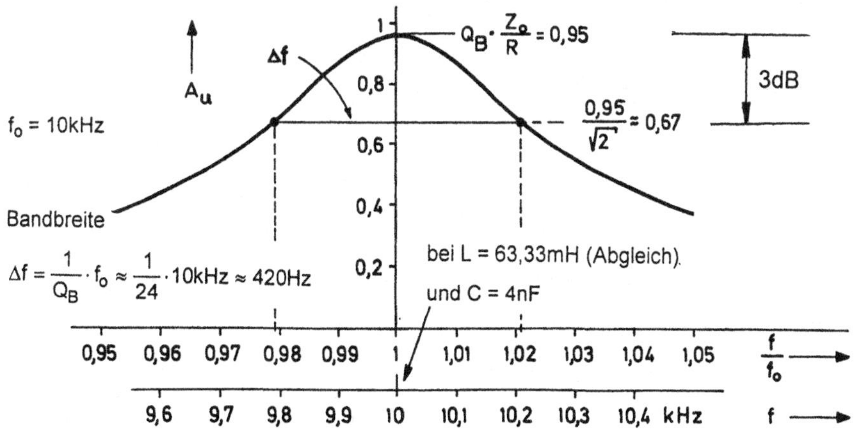

c) $$\hat{B} = \frac{\hat{u}_2}{\omega \cdot N \cdot A_e} \approx \frac{9{,}5\text{ V}}{2\pi \cdot 10 \cdot 10^3\,\frac{1}{\text{s}} \cdot 400 \cdot 94 \cdot 10^{-6}\text{m}^2} \approx \underline{4\text{ mT}}$$

A4.7 Trennübertrager

Ein 60Ω-Generator für Gleich- und Wechselspannung soll von seiner 60Ω-Last galvanisch getrennt werden. Mit dem von Aufg. **A4.4** her bekannten Schalenkern 26/16 wird dazu ein 1:1-Übertrager (ü = 1) aufgebaut. Wegen der Gleichkomponente auf der Eingangsseite und zur Linearisierung der magnetischen Kennlinie soll der Luftspalt beibehalten werden.

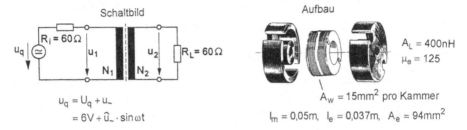

Schaltbild

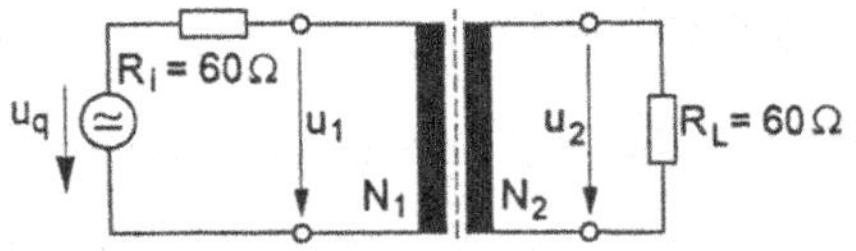

$u_q = U_q + u_\sim$
$= 6V + \hat{u}_\sim \cdot \sin\omega t$

Aufbau

$A_W = 15mm^2$ pro Kammer

$l_m = 0{,}05m,\ l_e = 0{,}037m,\ A_e = 94mm^2$

a) Man berechne die Windungszahlen $N_1 = N_2$ bei voller Ausnutzung der Wickelfläche A_W mit Draht CuL, d = 0,25mm.

b) Welche Kupferwiderstände und Induktivitäten ergeben sich?

c) Man gebe ein Ersatzbild für tiefe Frequenzen an.

d) Man untersuche mit dem Ersatzbild für tiefe Frequenzen den Einschaltvorgang für die Gleichspannung $U_q = 6V$.

e) Welche untere Grenzfrequenz f_{gu} entsprechend einem 3dB-Abfall ergibt sich für die Schaltung?

f) Welche Dämpfung bewirken die Kupferwiderstände bei mittleren Frequenzen?

g) Welche Amplitude $\hat{u}_\sim$ ist bei der unteren Grenzfrequenz noch übertragbar, wenn ein Flußdichtehub $\Delta B = \pm 50mT$ zugelassen wird?

h) Welche obere Grenzfrequenz ergibt sich, wenn man mit einem Streugrad $\sigma = 0{,}05$ rechnet?

Lösungen

a) $N_1 = N_2 = N = N' \cdot A_W = 1050 \frac{1}{cm^2} \cdot 0{,}15\ cm^2 = \underline{157}$ (N' aus Drahttabelle).

b) $R_{Cu1} = R_{Cu2} = N \cdot l_m \cdot R'_{Cu} = 157 \cdot 0{,}05\ m \cdot 0{,}36 \frac{\Omega}{m} = \underline{3\ \Omega}$ (R'_{Cu} aus Drahttabelle).

$L_1 = L_2 = A_L \cdot N^2 = 0{,}4\ \mu H \cdot 157^2 \approx \underline{10\ mH}$.

c) Ersatzbild für tiefe Frequenzen (vgl. Übersichtsblatt). Die Streuinduktivität wird bei tiefen und mittleren Frequenzen vernachlässigt.

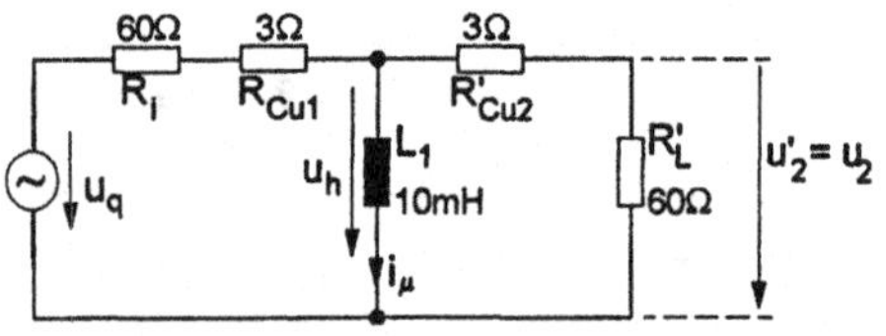

d) $i_\mu(0) = 0$, i_μ kann nicht springen .

$$i_\mu(\infty) = I_\mu = \frac{6\ \text{V}}{R_i + R_{Cu1}} = \underline{95\ \text{mA}}$$

$$\tau = \frac{L_1}{63\ \Omega \| 63\ \Omega} \approx \underline{0{,}3\ \text{ms}}\ .$$

Vormagnetisierung:

$$B_- = \mu_0 \cdot \mu_e \cdot \frac{I_\mu \cdot N_1}{l_e}$$

$$= 1{,}257 \cdot 10^{-6}\ \frac{\text{Vs}}{\text{Am}} \cdot 125 \cdot \frac{95\ \text{mA} \cdot 157}{0{,}037\ \text{m}}$$

$$\approx \underline{63\ \text{mT}}\ .$$

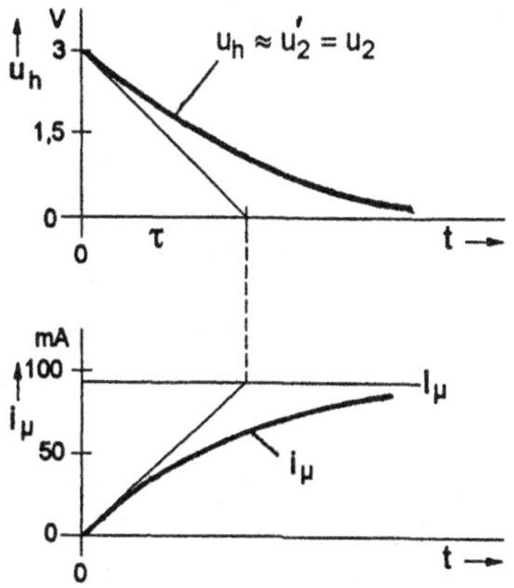

Die Gleichkomponente $U_q = 6$ V bewirkt in Bezug auf die Last lediglich einen exponentiell abklingenden Spannungsstoß beim Einschalten.

e) Ohne Berücksichtigung der Kupferwiderstände gilt für die untere 3dB-Grenzfrequenz:

$$\omega_{gu} \cdot L_1 = \frac{R_i \cdot R_L'}{R_i + R_L'} \rightarrow f_{gu} = \frac{R_i \cdot R_L'}{2\pi \cdot \left(R_i + R_L'\right) \cdot L_1} = \frac{30\ \Omega}{2\pi \cdot 10\ \text{mH}} \approx \underline{480\ \text{Hz}}\ .$$

f) Ersatzbild für mittlere Frequenzen ($f >> f_{gu}$)

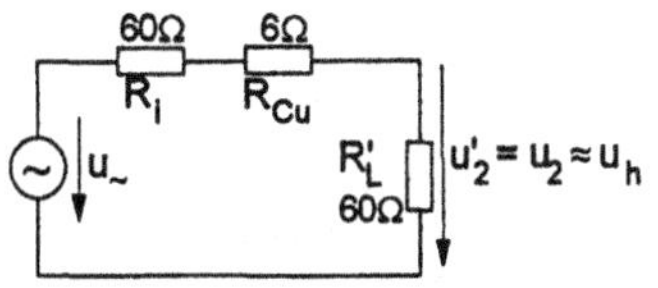

Ohne Kupferwiderstand:

$$u_{2ohne} = u_\sim \cdot \frac{60}{120} = \frac{u_\sim}{2} = 0{,}5 \cdot u_\sim$$

Mit Kupferwiderstand:

$$u_{2mit} = u_\sim \cdot \frac{60}{126} = 0{,}476 \cdot u_\sim$$

Die Dämpfung durch R_{Cu} beträgt 5% →

$$\frac{u_{2mit}}{u_{2ohne}} = \frac{0{,}476}{0{,}5} = \underline{0{,}95} \mathrel{\hat{=}} -0{,}45\ \text{dB}\ .$$

g) Ohne Berücksichtigung der Kupferwiderstände gilt bei der unteren Grenzfrequenz mit dem Abschächungsfaktor $1/\sqrt{2} \mathrel{\hat{=}} -3$ dB :

$$\hat{i}_\mu = \frac{1}{\sqrt{2}} \cdot \frac{\hat{u}_\sim}{2} \cdot \frac{1}{\omega L_1} = \frac{\Delta B}{\mu_0 \mu_e} \cdot \frac{l_e}{N_1}$$

$$= \frac{50 \cdot 10^{-3}\ \text{Vs} \cdot \text{Am} \cdot 0{,}037\ \text{m}}{\text{m}^2 \cdot 1{,}257 \cdot 10^{-6}\ \text{Vs} \cdot 125 \cdot 157} \approx 75\ \text{mA}\ .$$

Für $f = f_{gu} = 480$ Hz wird demnach

$$\hat{u}_\sim = 2 \cdot \sqrt{2} \cdot \hat{i}_\mu \cdot \omega L_1$$

$$= 2{,}82 \cdot 75 \cdot 10^{-3}\ \text{A} \cdot 2\pi \cdot 480 \frac{1}{\text{s}} \cdot 10 \cdot 10^{-3}\ \Omega\text{s}$$

$$\approx \underline{6{,}4\ \text{V}}\ .$$

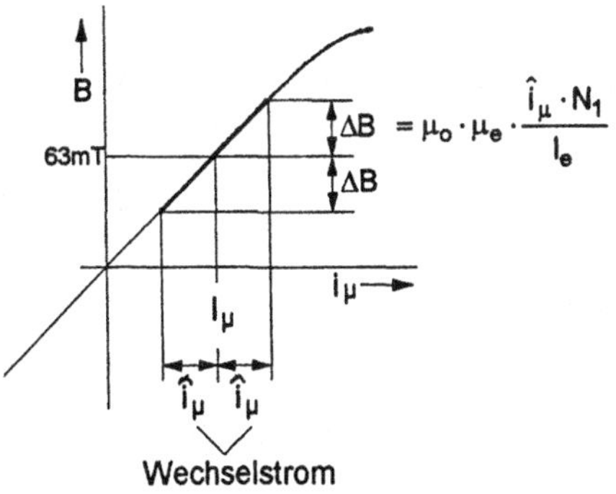

h) An der oberen Grenzfrequenz wird die Streuinduktivität L_σ berücksichtigt, die Hauptinduktivität $L_h \approx L_1$ jedoch vernachlässigt. Dann gilt:

$$\omega_{go} \cdot \sigma \cdot L_1 = R_i + R_L' \rightarrow f_{go} = \frac{R_i + R_L'}{2\pi \cdot \sigma \cdot L_1} = \frac{120\ \Omega}{2\pi \cdot 0{,}05 \cdot 10\ \text{mH}} \approx \underline{38\ \text{kHz}} \qquad [3]\ .$$

A4.8	Impulsübertrager

Es ist ein Impulsübertrager mit dem Ringkern R16 aufzubauen:

Kerndaten

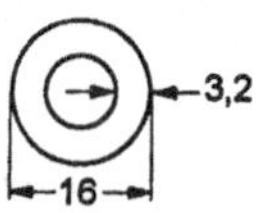

$A_e = 20\text{mm}^2$ (magnetischer Querschnitt)
$l_e = 39\text{mm}$ (magnetische Weglänge)
$\mu_p = 4000$ (Impulspermeabilität $= \mu_r$)

Der Übertrager soll einen Lastwiderstand $R_L = 200\Omega$ an einen Generator mit Innenwiderstand $R_i = 50\Omega$ anpassen. Die Generatorspannung u_q verläuft rechteckförmig nach dem angegebenen Diagramm.

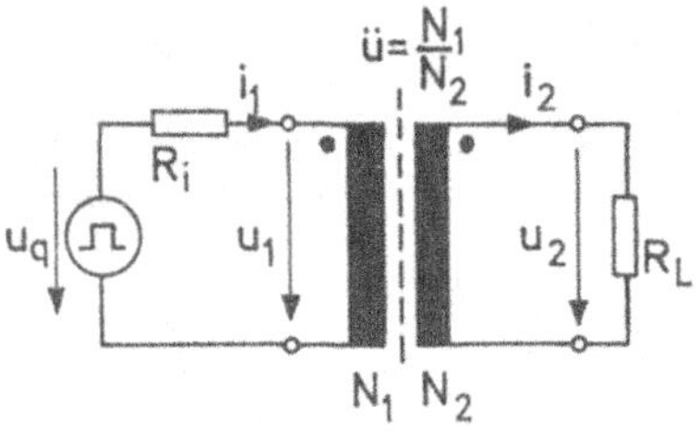

*)

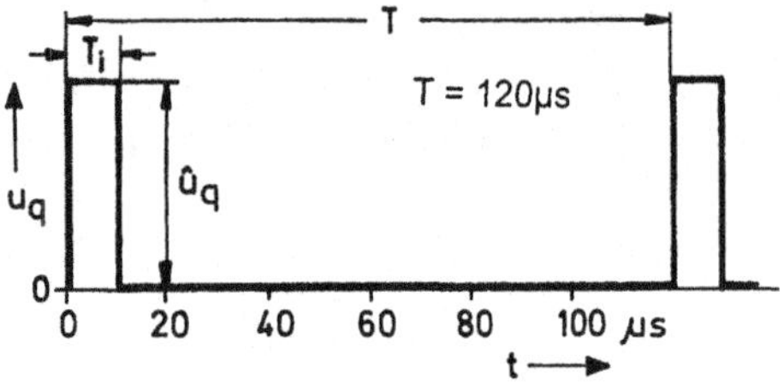

Verlangt werden sekundärseitig Stromimpulse der Amplitude $\hat{i}_2 = 50\text{mA}$ mit einer Impulsdauer $T_i = 10\mu\text{s}$ bei einem zulässigen Dachabfall von 10%.

a) Man bestimme das Übersetzungsverhältnis und zeichne ein Zeitdiagramm der Spannungen bei idealem Übertrager ($L_1 \to \infty$).

b) Man zeichne ein Zeitdiagramm der Ausgangsspannung mit 10%iger Dachschräge und bestimme die zugehörige Zeitkonstante und Induktivität.

c) Man bestimme die Wicklungsdaten.

d) Welche Spannungszeitfläche ist primärseitig aufzunehmen?

e) Wie weit wird der Kern im vorliegenden Fall magnetisch ausgesteuert?

f) Man ermittle den Zeitverlauf des Magnetisierungsstromes i_μ, des Primärstromes i_1 und des Ausgangsstromes i_2.

Lösungen

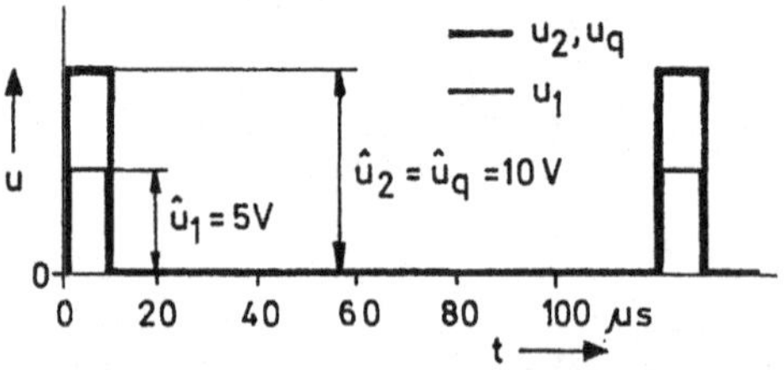

a) $R_i = R_L' = R_L \cdot ü^2 = 50\ \Omega$.

$$ü = \sqrt{\frac{R_i}{R_L}} = \sqrt{\frac{50\ \Omega}{200\ \Omega}} = \underline{\frac{1}{2}}.$$

$$\hat{u}_2 = \hat{i}_2 \cdot R_L = 50\ \text{mA} \cdot 200\ \Omega = \underline{10\ \text{V}},$$

$$\hat{u}_1 = \hat{u}_2 \cdot ü = \underline{5\ \text{V}} = \hat{u}_q \cdot \frac{R_L'}{R_L' + R_i} = \frac{\hat{u}_q}{2} \to \hat{u}_q = \underline{10\ \text{V}} \text{ (erforderliche Quellenspannung)}.$$

*) An den Punkten eintretende Ströme wirken magnetisch gleichsinnig (siehe auch Übersichtsblatt).

b) $\frac{\hat{u}_2}{\check{u}_2} = \frac{\tau_\mu}{\tau_\mu - T_i} \rightarrow \tau_\mu = 10\,T_i$

$= \underline{100\ \mu s}$

$L_1 = \tau_\mu \cdot \left(R_i \| R_L'\right) = 100\ \mu s \cdot 25\ \Omega$

$= \underline{2{,}5\ mH}$.

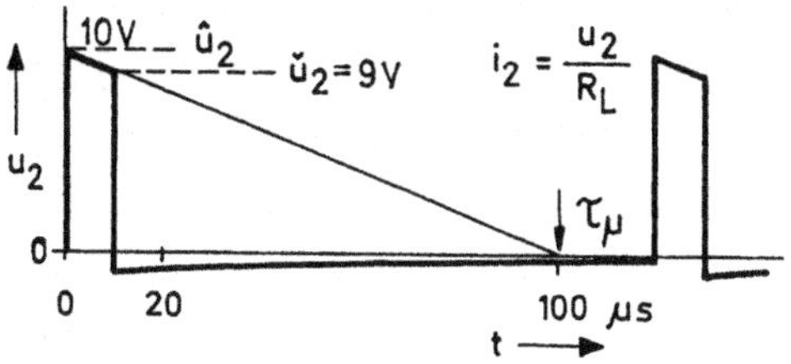

c) $A_L = \mu_0 \mu_p \cdot \frac{A_e}{l_e} = 1{,}257 \cdot 10^{-9}\ \frac{\Omega s}{mm} \cdot 4000 \cdot \frac{20\ mm^2}{39\ mm} = 2{,}58 \cdot 10^{-6}\ \Omega s,$

$N_1 = \sqrt{\frac{L_1}{A_L}} = \sqrt{\frac{2500\ \mu\Omega s}{2{,}58\ \mu\Omega s}} = \underline{31} \rightarrow N_2 = \frac{N_1}{ü} = \underline{62}$.

Gewählt: Draht CuL, d = 0,2 mm → $R_{Cu1} \approx 0{,}5\ \Omega$, $R_{Cu2} \approx 1\ \Omega$ (vernachlässigbar).

d) $\hat{u}_1 \cdot T_i = 5\ V \cdot 10\ \mu s = \underline{50\ \mu Vs}$.

e) $\Delta B \approx \frac{\hat{u}_1 \cdot T_i}{N_1 \cdot A_e} = \frac{50\ \mu Vs}{31 \cdot 20 \cdot 10^{-6} m^2} \approx 80 \cdot 10^{-3}\ \frac{Vs}{m^2} = \underline{80\ mT}$.

f) Maßgebend ist der Zeitverlauf des Magnetisierungsstromes i_μ, der sich mit dem Ersatzbild für tiefe Frequenzen wie folgt ermitteln läßt:

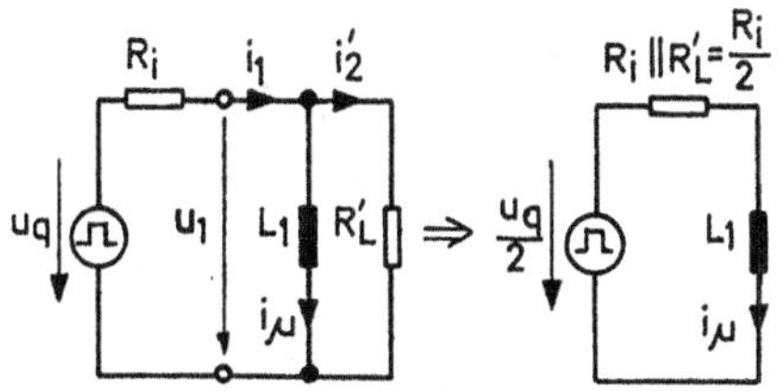

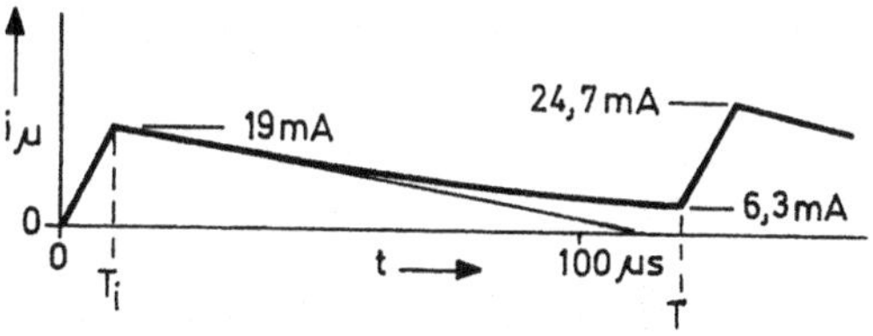

$0 \le t \le T_i$:

$i_\mu = 200\ mA \cdot \left[1 - \exp\left(-\frac{t}{\tau_\mu}\right)\right]$,

$T_i \le t \le T$:

$i_\mu \approx 19\ mA \cdot \exp\left(-\frac{t - T_i}{\tau_\mu}\right)$,

$T \le t \le T + T_i$:

$i_\mu \approx 200\ mA - 193{,}7\ mA \cdot \exp\left(-\frac{t - T}{\tau_\mu}\right)$,

usw.

i_1 und $i_2' = i_2/ü$ folgen wie angegeben.

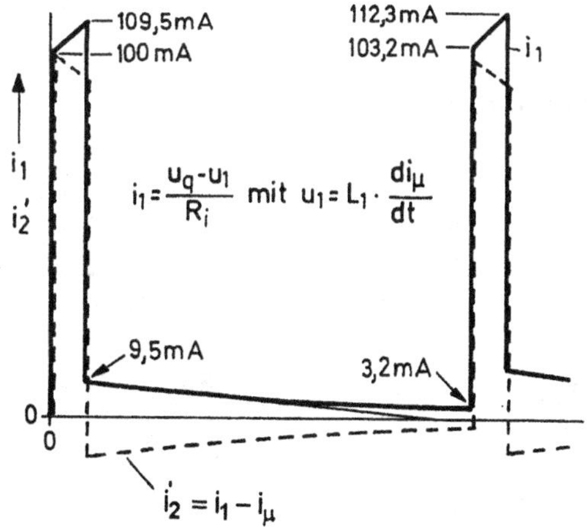

Gegenüber dem dargestellten Verlauf zeigen sich in der Praxis geringfügige Impulsverformungen als Folge der hier vernachlässigten Streuinduktivität und Wicklungskapazität.

A5 Feldeffekttransistoren

n-Kanal selbstleitend Kennlinien in 1. Näherung (2-Parameter-Darstellung)

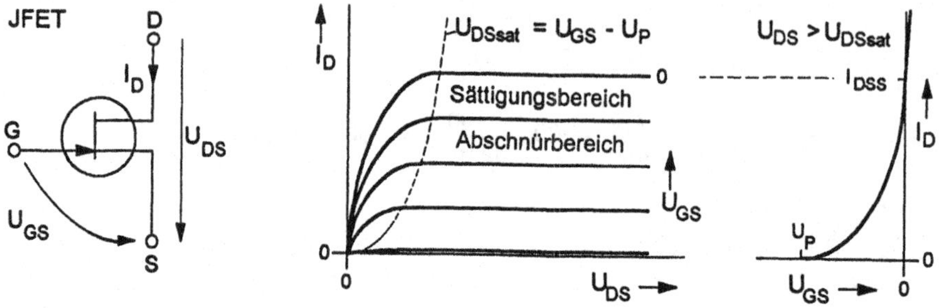

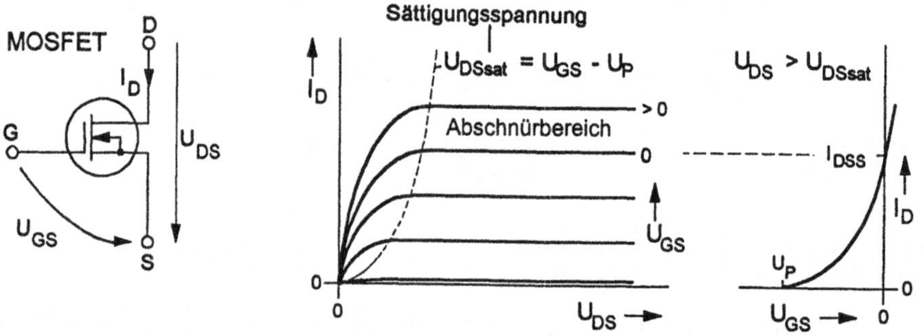

$U_{DS} < U_{DSsat}$ ("ohmscher Bereich"):

$$I_D \approx I_{DSS} \cdot \left[2 \cdot \left(\frac{U_{GS}}{U_P} - 1 \right) \cdot \frac{U_{DS}}{U_P} - \left(\frac{U_{DS}}{U_P} \right)^2 \right]$$

$U_{DS} > U_{DSsat}$:

$$I_D \approx I_{DSS} \cdot \left(1 - \frac{U_{GS}}{U_P} \right)^2$$

2 Parameter: U_P = Abschnürspannung, I_{DSS} = Drain-Source-Kurzschlußstrom $= I_D \big|_{U_{GS}=0,\ U_{DS} > U_{DSsat}}$

n-Kanal selbstsperrend

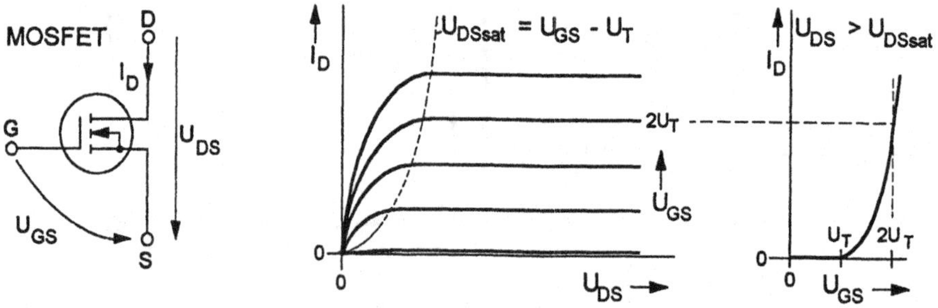

$U_{DS} < U_{DSsat}$:

$$I_D \approx I_D(2U_T) \cdot \left[2 \cdot \left(\frac{U_{GS}}{U_T} - 1 \right) \cdot \frac{U_{DS}}{U_T} - \left(\frac{U_{DS}}{U_T} \right)^2 \right]$$

$U_{DS} > U_{DSsat}$:

$$I_D \approx I_D(2U_T) \cdot \left(1 - \frac{U_{GS}}{U_T} \right)^2$$

2 Parameter: U_T = Schwellenspannung, $I_D(2U_T) = I_D \big|_{U_{GS}=2U_T,\ U_{DS} > U_{DSsat}}$

Kennlinien-Modellierung

(2. Näherung durch zusätzlichen Steigungsparameter λ)

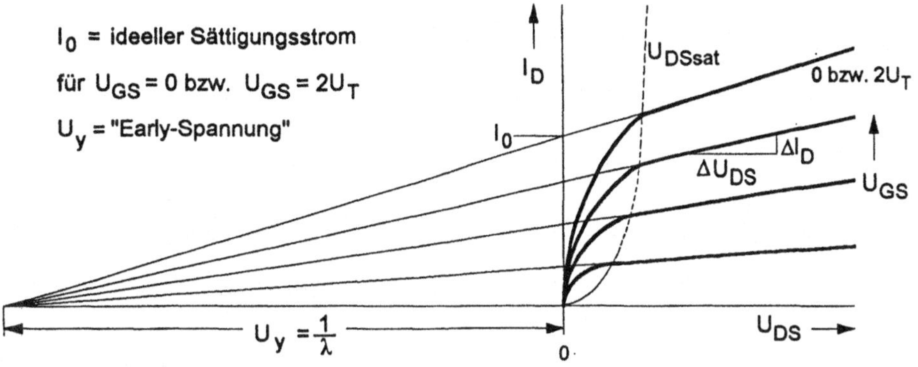

$$U_{DS} < U_{DSsat}: \; I_D \approx I_0 \cdot \left[2 \cdot \left(\frac{U_{GS}}{U_P} - 1 \right) \cdot \frac{U_{DS}}{U_P} - \left(\frac{U_{DS}}{U_P} \right)^2 \right] \cdot (1 + \lambda \cdot U_{DS}) \quad {}^{*)}$$

$$U_{DS} > U_{DSsat}: \; I_D \approx I_0 \cdot \left(1 - \frac{U_{GS}}{U_P} \right)^2 \cdot (1 + \lambda \cdot U_{DS}) \quad {}^{*)}$$

allgemein: $I_D = f(U_{GS}, U_{DS})$, U_{GS} <u>und</u> U_{DS} bestimmen den Strom.

$$\Delta I_D \approx \frac{\partial I_D}{\partial U_{GS}} \cdot \Delta U_{GS} + \frac{\partial I_D}{\partial U_{DS}} \cdot \Delta U_{DS}$$

$$\downarrow \qquad\qquad\qquad \downarrow$$

Steilheit $s \approx \dfrac{\Delta I_D}{\Delta U_{GS}}$ differentieller Leitwert $\dfrac{1}{r_{DS}}$

Damit wird: $i_{D\sim} \approx s \cdot u_{GS\sim} + \dfrac{1}{r_{DS}} \cdot u_{DS\sim}$ als Kleinsignalstrom.

Kleinsignalersatzbild
(für niedrige Frequenzen)

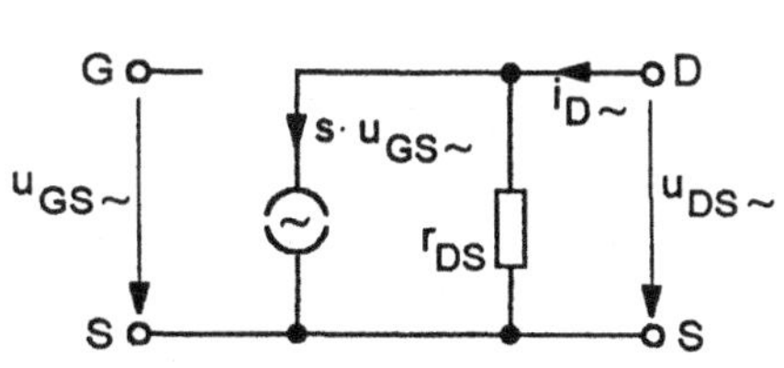

Erweitertes Ersatzbild
(für höhere Frequenzen)

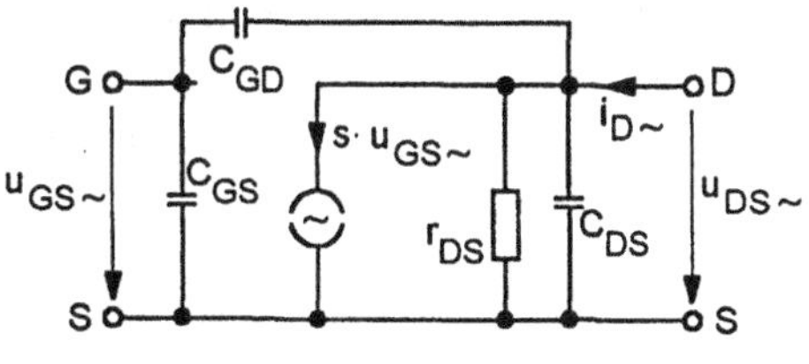

Für $U_{DS} > U_{DSsat}$ gilt für die selbstleitenden Typen:

$$s = \frac{\partial I_D}{\partial U_{GS}} = \frac{2 \cdot I_D}{U_{GS} - U_P} = \frac{2}{|U_P|} \cdot \sqrt{I_D \cdot I_{DSS}} \text{ mit } I_{DSS} = I_D(U_{GS} = 0) = I_0 \cdot (1 + \lambda U_{DS}) \quad {}^{**)}$$

$$r_{DS} = \frac{\partial U_{DS}}{\partial I_D} \approx \frac{\Delta U_{DS}}{\Delta I_D} = \frac{U_y + U_{DS}}{I_D} = \frac{1 + \lambda \cdot U_{DS}}{\lambda \cdot I_D}$$

---

*) Für den selbstsperrenden MOSFET ist U_P durch U_T zu ersetzen.
**) Für den selbstsperrenden MOSFET ist U_P durch U_T zu ersetzen und I_{DSS} durch I_D ($2U_T$).

A5.1	JFET-Kennlinien in 2-Parameterdarstellung

Die Kennlinien eines Sperrschicht-FETs (JFET) lassen sich näherungsweise mit den Parametern I_{DSS} und U_P berechnen (s. Übersichtsblatt).

Es sei: $I_{DSS} = 10\text{mA}$, $U_P = -5\text{V}$.

a) Man stelle für den Abschnürbereich ($U_{DS} > U_{DSsat}$) tabellarisch den Drainstrom $I_D = f(U_{GS})$ dar und berechne dazu $U_{DSsat} = U_{GS} - U_P = |U_P| - |U_{GS}|$.

b) Man zeichne die Übertragungskennlinie $I_D = f(U_{GS})$ für den Abschnürbereich sowie ihre Tangente an der Stelle $U_{GS} = 0$.

c) Man berechne für den "ohmschen Bereich" bzw. "Widerstandsbereich" ($U_{DS} < U_{DSsat}$) den Strom $I_D = f(U_{DS})$ mit U_{GS} als Parameter.

d) Man zeichne die vollständigen I_D-U_{DS}-Kennlinien (Ausgangskennlinien).

Lösungen

a) $I_D = 10\text{ mA} \cdot \left(1 - \frac{U_{GS}}{-5\text{V}}\right)^2$

$\frac{U_{GS}}{\text{V}}$	$\frac{I_D}{\text{mA}}$	$\frac{U_{DSsat}}{\text{V}}$
0	10	5
−1	6,4	4
−2	3,6	3
−3	1,6	2
−4	0,4	1
−5	0	0

b)

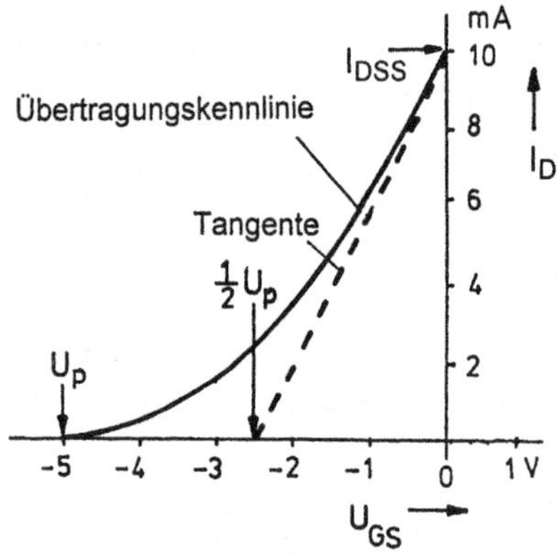

Für die Steigung (Steilheit) der Tangente gilt:

$$s = \frac{\partial I_D}{\partial U_{GS}} = \frac{2}{|U_P|} \cdot \sqrt{I_D \cdot I_{DSS}} \rightarrow s_o = \left.\frac{\partial I_D}{\partial U_{GS}}\right|_{U_{GS}=0} = \frac{2 \cdot I_{DSS}}{|U_P|} = \frac{I_{DSS}}{0{,}5 \cdot |U_P|} .$$

c) $I_D = 10\text{ mA} \cdot \left[2 \cdot \left(\frac{U_{GS}}{-5\text{ V}} - 1\right) \cdot \frac{U_{DS}}{-5\text{ V}} - \left(\frac{U_{DS}}{-5\text{ V}}\right)^2\right]$

$\frac{U_{DS}}{\text{V}}$ ↓	$\frac{I_D}{\text{mA}}$				
0	0	0	0	0	0
1	3,6	2,8	2	1,2	0,4
2	6,4	4,8	3,2	1,6	-
3	8,4	6	3,6	-	-
4	9,6	6,4	-	-	-
5	10	-	-	-	-
$\frac{U_{GS}}{\text{V}}$ →	0	−1	−2	−3	−4

d)

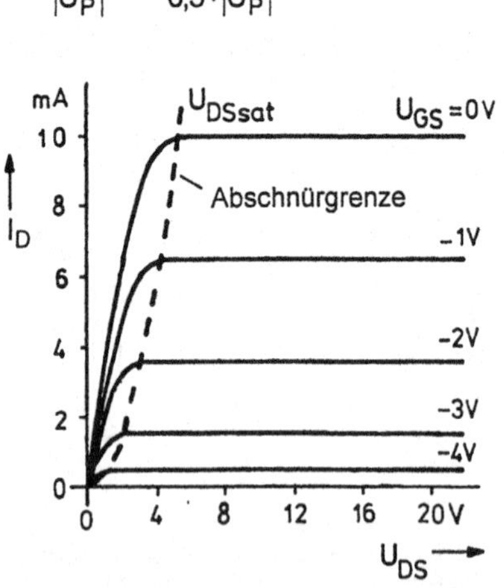

A5.2	JFET als spannungsgesteuerter Stromsteller

Gegeben sei nebenstehende Schaltung, bei der ein von einer Spannungsquelle gesteuerter JFET auf einen Widerstand R_D in der Drainleitung arbeitet. Der FET habe die Kennwerte $U_P = -5V$ und $I_{DSS} = 10mA$ (s. Aufg. **A5.1**).

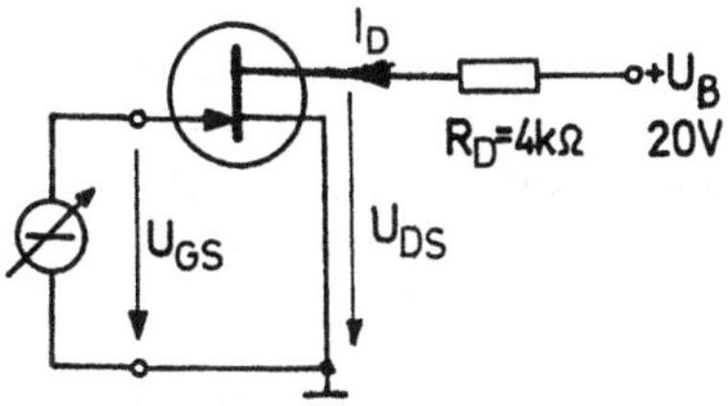

a) Man zeichne die Widerstandsgerade (Arbeitsgerade) in das I_D-U_{DS}-Kennlinienfeld.

b) Man bestimme den Strom I_D, die Verlustleistung P_{DS} sowie die Steilheit s für einen Arbeitspunkt mit $U_{DS} = 0{,}5 \cdot U_B$.

c) Man ermittle den Strom i_D und die Spannung u_{DS} in Abhängigkeit von der Steuerspannung u_{GS}.

d) Wodurch wird der zulässige Variationsbereich der Spannung u_{GS} eingeschränkt?

e) Welche Übertemperatur gegenüber der Umgebung kann der FET-Kanal bei der Durchsteuerung höchstens annehmen ($R_{thU} = 0{,}3K/mW$)?

Lösungen

a)

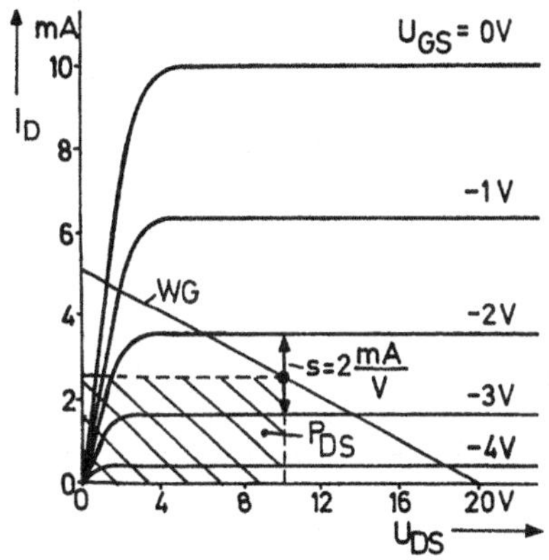

b) $$I_D = \frac{U_B - U_{DS}}{R_D} = \frac{10\ \text{V}}{4\ \text{k}\Omega} = \underline{2{,}5\ \text{mA}},$$

$$P_{DS} = U_{DS} \cdot I_D = 10\ \text{V} \cdot 2{,}5\ \text{mA} = \underline{25\ \text{mW}},$$

$$s \approx \frac{\Delta I_D}{\Delta U_{GS}} \approx \frac{2\ \text{mA}}{1\text{V}} = 2\frac{\text{mA}}{\text{V}} = \underline{2\ \text{mS}}\ .$$

P_{DS} wird nebenstehend als Rechteckfläche dargestellt. Sie hat für $U_{DS} = \frac{U_B}{2}$ ein Maximum, da $R_{DS} = R_D \rightarrow$ Leistungsanpassung.

c)

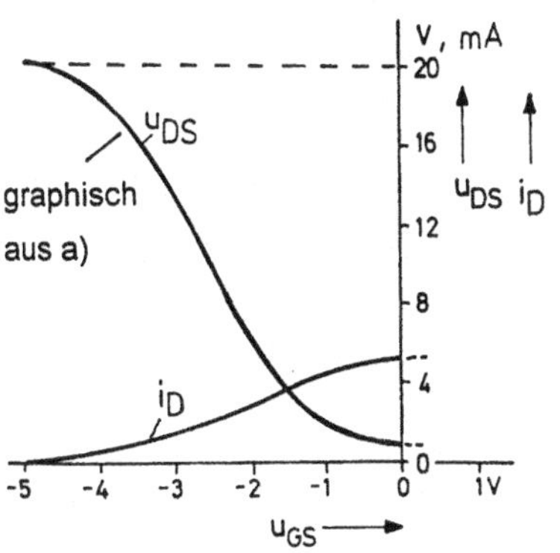

d) 1. Durch den Durchbruch der "Gate-Drain-Diode" bei stark negativer Spannung U_{GS}.

2. Durch die Aufsteuerung der "Gate-Source-Diode" bei positiver Spannung $U_{GS} > 0{,}5$ V. U_{GS} darf also nur schwach positiv werden.

e) $$\Delta T = P_{DSmax} \cdot R_{thU} = 25\ \text{mW} \cdot 0{,}3\ \text{K/mW} = \underline{7{,}5\ \text{K}}\ .$$

A5.3	JFET - Kennlinien in 3-Parameterdarstellung

Gegeben seien nebenstehende Kennlinien eines n-Kanal-JFETs. Für die mathematische Beschreibung sollen 3 Parameter verwendet werden:

1. I_0 ideeller Sättigungsstrom
2. U_P Abschnürspannung
3. λ Steigungsparameter

   (siehe Übersichtsblatt)

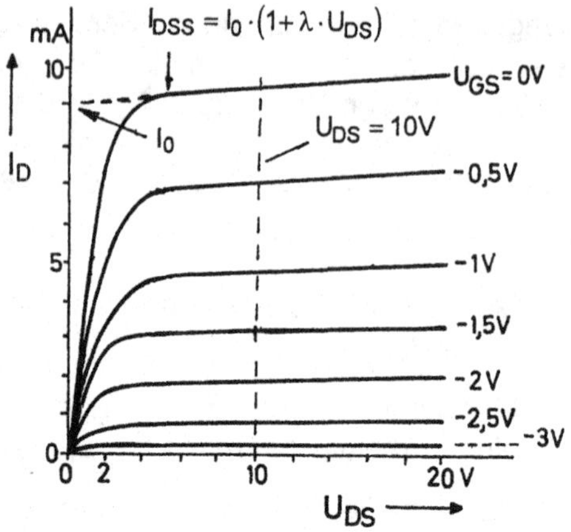

a) Man bestimme die Parameter I_0, λ und U_P.

b) Man bestimme die Steilheit s und den differentiellen Widerstand r_{DS} für den Abschnürbereich ($U_{DS} > U_{DSsat}$) in Abhängigkeit vom Drainstrom I_D.

Lösungen

a) Man findet direkt $I_0 = 9$ mA und weiter:

$$\lambda = \left(\frac{I_{DSS}}{I_0} - 1\right) \cdot \frac{1}{U_{DS}} = \left(\frac{9{,}5\ \text{mA}}{9\ \text{mA}} - 1\right) \cdot \frac{1}{10\ \text{V}} = 5{,}55 \cdot 10^{-3}\ \frac{1}{\text{V}}.$$

Für $U_{DS} = 10$ V liest man ab:

$\frac{U_{GS}}{V}$	$\frac{I_D}{mA}$	$\frac{\sqrt{I_D}}{\sqrt{mA}}$
0	9,5	3,1
–0,5	7,1	2,7
–1,0	4,8	2,2
–1,5	3,2	1,8
–2,0	1,9	1,4

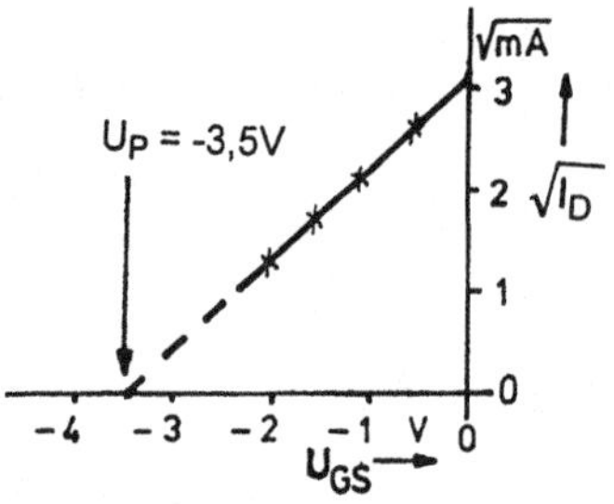

Die graphische Bestimmung von U_P mit der $\sqrt{I_D}$ -Darstellung ist genauer als das direkte Ablesen (Abschätzen) aus den Kennlinien.

b) $$s = \frac{2}{|U_P|} \cdot \sqrt{I_D \cdot I_{DSS}} = \frac{2}{|U_P|} \cdot \sqrt{I_D \cdot I_0(1+\lambda U_{DS})}, \quad r_{DS} = \frac{1+\lambda U_{DS}}{\lambda \cdot I_D}$$

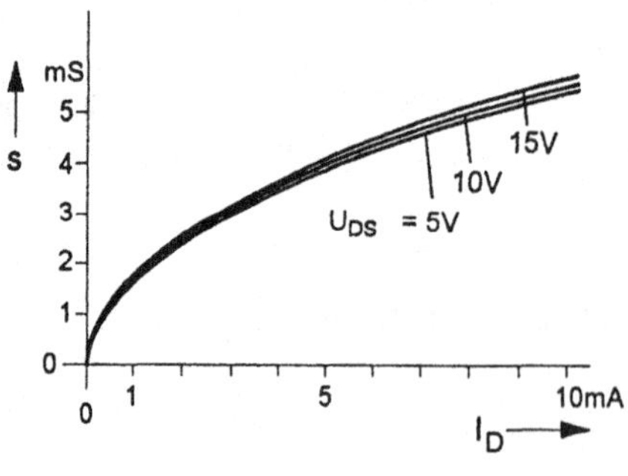

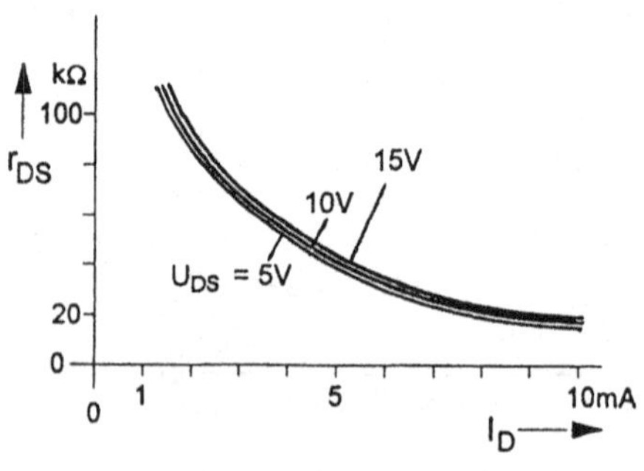

A5.4	Konstantstromschaltung mit JFET

Es soll eine Konstantstromquelle nach nebenstehendem Schaltbild aufgebaut werden für einen Strom I_L = 3mA bei variablem Lastwiderstand. Zur Verfügung steht eine niederohmige Spannungsquelle mit der Quellenspannung U_B = 20V.

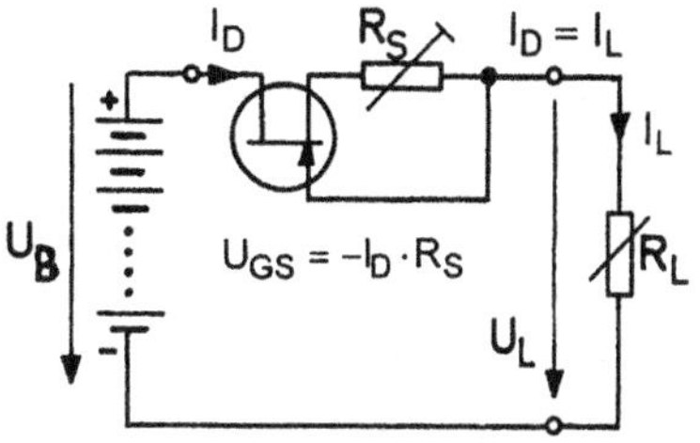

a) Welcher Widerstand R_S muss eingestellt werden bei einem FET mit den Kennlinien nach Aufgabe **A5.3** ?

b) In welchen Grenzen darf sich der Lastwiderstand ändern, wenn der Arbeitspunkt den Abschnürbereich (Sättigungsbereich) nicht verlassen soll?

c) Welchen Innenwiderstand $r_i = r_{DS}'$ hat die Schaltung im Arbeitsbereich?

d) Wie ändert sich der Strom I_L, wenn der Widerstand R_L zwischen 1kΩ und 2kΩ schwankt?

e) Wie ändert sich der Strom I_L, wenn die Spannung U_B um ±1V schwankt?

Lösungen

a) $U_{GS} \approx U_P \cdot \left(1 - \sqrt{\frac{I_D}{I_{DSS}}}\right) = -3{,}5\text{ V} \cdot \left(1 - \sqrt{\frac{3\text{ mA}}{9{,}5\text{ mA}}}\right) \approx -1{,}5\text{ V}$ (9,5 mA: mittlerer Wert)

$\rightarrow R_S \approx \frac{-U_{GS}}{I_D} = \frac{1{,}5\text{ V}}{3\text{ mA}} = \underline{500\ \Omega}$.

b) Es muß stets erfüllt sein:

$U_{DS} = U_B - I_L \cdot R_S - I_L \cdot R_L > U_{DSsat} = |U_P| - |U_{GS}|$. Wegen $I_L \cdot R_S = |U_{GS}|$

folgt : $U_B - I_L \cdot R_L > |U_P| \rightarrow R_L < \frac{U_B - |U_P|}{I_L} = \frac{20\text{ V} - 3{,}5\text{ V}}{3\text{ mA}} \approx 5{,}5\text{ k}\Omega$.

→ Möglicher Bereich: $\underline{0 < R_L < 5{,}5\text{ k}\Omega}$.

c) Gemäß **A5.3** ist für I_D = 3 mA und U_{DS} = 10 V (mittl. Wert): s ≈ 3 mS und r_{DS} ≈ 65 kΩ.
Damit wird: $r_i = r_{DS}' \approx r_{DS} \cdot (1 + s \cdot R_S) = 65\text{ k}\Omega \cdot (1 + 3\text{ mS} \cdot 0{,}5\text{ k}\Omega) \approx \underline{160\text{ k}\Omega}$ [3].

d)

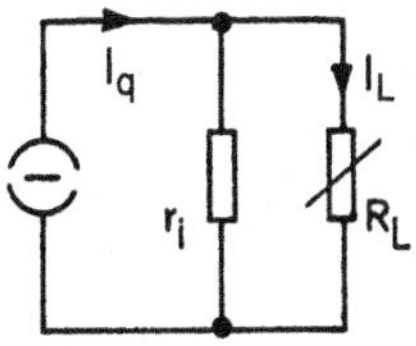

$I_{L1} = I_q \cdot \frac{r_i}{r_i + 1\text{ k}\Omega}$, $I_{L2} = I_q \cdot \frac{r_i}{r_i + 2\text{ k}\Omega}$ mit I_q = 3 mA .

$\frac{I_{L1}}{I_{L2}} = \frac{r_i + 2\text{ k}\Omega}{r_i + 1\text{ k}\Omega} \approx \frac{162\text{ k}\Omega}{161\text{ k}\Omega} = \underline{1{,}006}$.

I_L ändert sich um etwa 6 ‰.

e) $\Delta I_L = \frac{\Delta U_B}{r_i + R_L} \approx \frac{\pm 1\text{ V}}{161\text{ k}\Omega} = \underline{\pm 6{,}2\ \mu\text{A}}$.

Der stromgegengekoppelte FET wirkt gegenüber einer Spannungs- und Stromänderung mit dem differentiellen Widerstand $r_i = r_{DS}'$.

A5.5	JFET als Kleinsignalverstärker

Es soll ein JFET vom Typ BF 245B in der folgenden Sourceschaltung mit automatischer Einstellung der Gatevorspannung als Kleinsignalverstärker arbeiten. Der Kondensator C_S wird als Wechselstromkurzschluss angenommen. Der Arbeitspunkt soll bei $U_{DS} = 10V$ und $I_D = 4mA$ liegen.

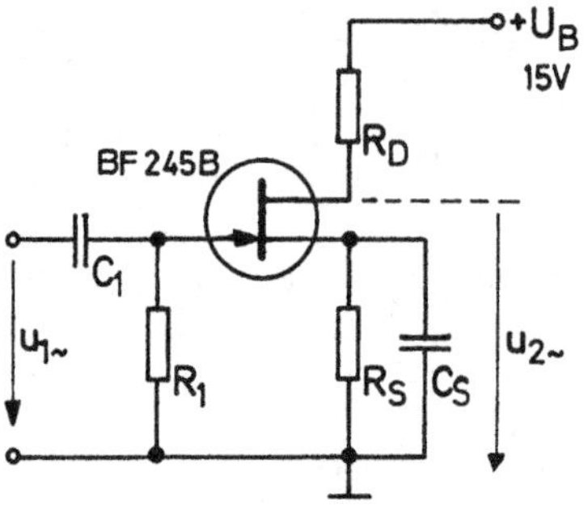

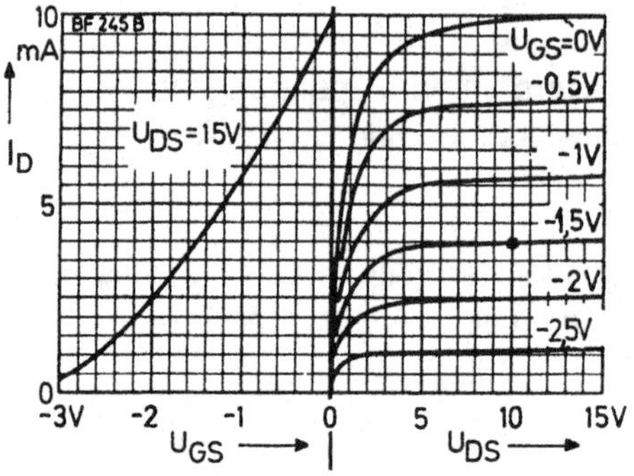

a) Man bestimme die Widerstände R_D, R_S und R_1. Über R_1 soll der Spannungsabfall durch den Gatestrom I_G nicht größer als 10mV sein($I_G \approx -5nA$).

b) Man bestimme die Kapazität C_1 für eine Grenzfrequenz von 20Hz.

c) Man zeichne in das Ausgangskennlinienfeld die Widerstandsgeraden für den statischen und dynamischen Betrieb.

d) Man bestimme angenähert die Steilheit s und den differentiellen Widerstand r_{DS} für den Arbeitspunkt.

e) Man gebe ein Kleinsignalersatzbild für mittlere Frequenzen an und bestimme die Spannungsverstärkung $V_u = A_u$ (Spannungs-Übertragungsfaktor).

Lösungen

a) $R_D + R_S = \frac{U_B - U_{DS}}{I_D} = \frac{15\ V - 10\ V}{4\ mA} \approx 1{,}3\ k\Omega$, $R_S = \frac{-U_{GS}}{I_D} = \frac{1{,}5\ V}{4\ mA} \approx \underline{390\ \Omega}$,

$R_D = 1300\ \Omega - 390\ \Omega = \underline{910\ \Omega}$, $R_1 \leq \frac{10mV}{5nA} = \underline{2M\Omega}$. (Widerstände gerundet auf Normwerte).

b) $f_g = \frac{1}{2\pi R_1 C_1} \to C_1 = \frac{1}{2\pi R_1 f_g} = \frac{1}{2\pi \cdot 2 \cdot 10^6\,\Omega \cdot 20\frac{1}{s}} \approx \underline{4\ nF}$.

c)

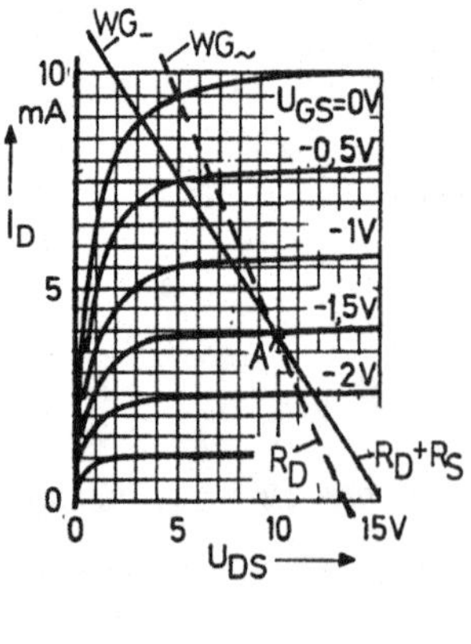

d)

$$s = \frac{\Delta I_D}{\Delta U_{GS}}\bigg|_{U_{DS} = 10\ V} \approx \frac{3\ mA}{1V} = \underline{3\ mS},$$

$$r_{DS} = \frac{\Delta U_{DS}}{\Delta I_D}\bigg|_{U_{GS} = -1{,}5\ V} \approx \frac{15\ V}{0{,}3\ mA} = \underline{50\,k\Omega}.$$

e) $u_{1\sim} \approx u_{GS\sim}$

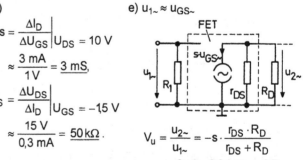

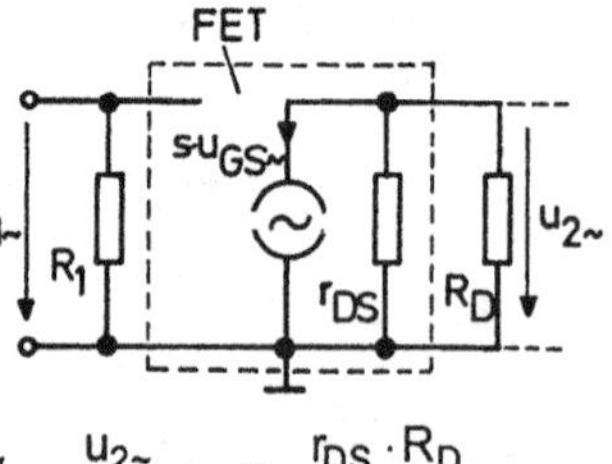

$$V_u = \frac{u_{2\sim}}{u_{1\sim}} = -s \cdot \frac{r_{DS} \cdot R_D}{r_{DS} + R_D} \approx -3\ ms \cdot 0{,}9\ k\Omega \approx \underline{-2{,}7}.$$

A5.6	Drainschaltung (Sourcefolger)

Gegeben sei folgende Grundschaltung mit den angegebenen Kennwerten.

$I_{DSS} = 10\,mA,\ U_P = -4\,V,\ \lambda = 0$

statische Kennwerte

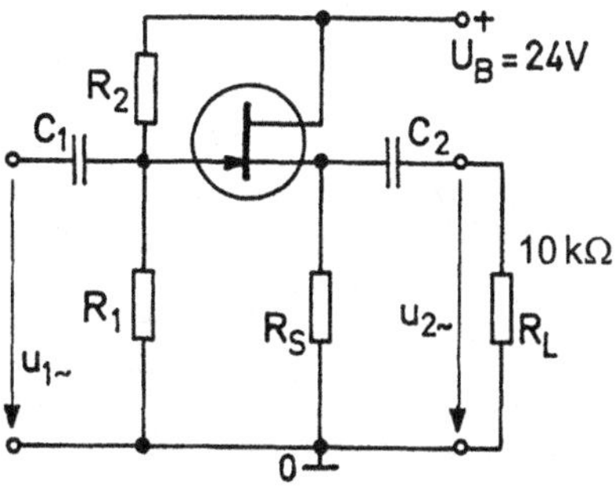

a) Man bestimme die Widerstandsbeschaltung des FETs für einen Arbeitspunkt mit $I_D = 5\,mA$ und $U_{DS} = |2U_P| = 8\,V$.

b) Welche Steilheit s liegt im Arbeitspunkt vor?

c) Man gebe eine Ersatzschaltung an für mittlere Frequenzen und bestimme die Spannungsverstärkung V_u.

d) Welche Spannungsverstärkung V_{uq} (bezogen auf die Quellenspannung eines Steuergenerators) ergibt sich bei einem Generatorwiderstand $R_G = 5\,k\Omega$?

Lösungen

a) $$\frac{I_D}{I_{DSS}} = \left(1 - \frac{U_{GS}}{U_P}\right)^2 \rightarrow U_{GS} = U_P \cdot \left(1 - \sqrt{\frac{I_D}{I_{DSS}}}\right) = -4\,V \cdot \left(1 - \sqrt{\frac{5}{10}}\right) \approx -1{,}2\,V\,.$$

$$R_S = \frac{U_B - U_{DS}}{I_D} = \frac{24\,V - 8\,V}{5\,mA} = \underline{3{,}2\,k\Omega},\quad R_1 = \underline{1\,M\Omega}\ \text{(Vorgabe , vgl. \textbf{A5.5})}.$$

$$U_{GO} = U_B \cdot \frac{R_1}{R_1 + R_2} \approx U_{GS} + I_D \cdot R_S \approx -1{,}2\,V + 16\,V = 14{,}8\,V \rightarrow R_2 \approx \underline{0{,}62\,M\Omega}\,.$$

b) $$s = \frac{2}{|U_P|} \cdot \sqrt{I_{DSS} \cdot I_D} = \frac{2}{4\,V} \cdot \sqrt{10\,mA \cdot 5\,mA} \approx 3{,}5\frac{mA}{V} = \underline{3{,}5\,mS}\,.$$

c) Eingangswiderstand der Schaltung: $r_e \approx R_1 \| R_2 = 1\,M\Omega \| 0{,}62\,M\Omega = 380\,k\Omega$.

Der Eingangswiderstand des FETs selbst wird als vergleichsweise sehr hochohmig betrachtet und daher vernachlässigt.

C₁ und C₂ als Wechselstromkurzschlüsse

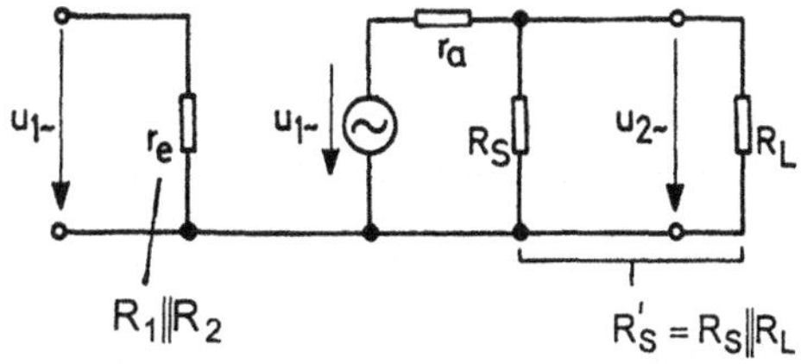

$$r_a \approx \frac{1}{s} = \frac{1}{3{,}5\,mS} \approx \underline{285\,\Omega},$$

(Ausgangswiderstand)

$$V_u = \frac{u_{2\sim}}{u_{1\sim}} \approx \frac{R'_S}{r_a + R'_S} = \frac{sR'_S}{1 + sR'_S}$$

$$\approx \frac{2{,}4\,k\Omega}{2{,}685\,k\Omega} \approx \underline{0{,}9}\,.$$

d) $$V_{uq} = \frac{u_{2\sim}}{u_{q\sim}} = \frac{u_{2\sim}}{u_{1\sim}} \cdot \frac{u_{1\sim}}{u_{q\sim}} = V_u \cdot \frac{r_e}{R_G + r_e} \approx 0{,}9 \cdot \frac{380\,k\Omega}{385\,k\Omega} = \underline{0{,}89}$$ (Vgl. folgende Aufgabe).

Mit $R_G << r_e$ liegt praktisch Spannungssteuerung vor.

A5.7 Sourceschaltung - Frequenzganganalyse

Ein JFET werde in der folgenden Sourceschaltung mit starker Gleichstromgegenkopplung betrieben. Im Arbeitspunkt ($I_D \approx 2mA$, $U_{DS} \approx 6V$) ergeben sich die angegebenen dynamischen Kennwerte.

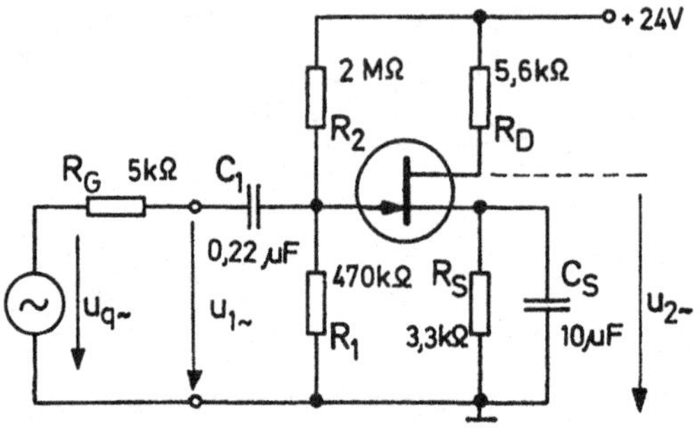

FET-Ersatzbild

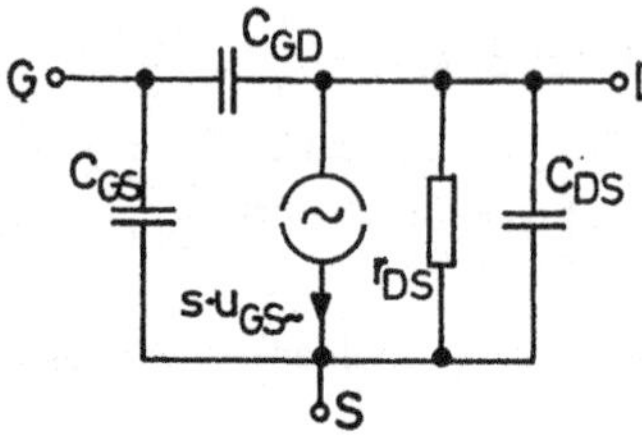

$s = 2{,}5mS$, $r_{DS} = 50k\Omega$

$C_{GS} = 2pF$, $C_{GD} = 1{,}5pF$, $C_{DS} = 1pF$

a) Man gebe für tiefe Frequenzen ein Kleinsignalersatzbild der Schaltung an und bestimme damit die Spannungsverstärkung.

b) Man stelle mit Hilfe der Eckfrequenzen und entsprechender Asymptoten den Frequenzgang der Spannungsverstärkung im unteren Frequenzbereich doppeltlogarithmisch dar.

c) Welche Spannungsverstärkung ergibt sich bei mittleren Frequenzen?

d) Man gebe ein Ersatzbild für hohe Frequenzen an und stelle den Frequenzgang der Spannungsverstärkung für diesen Bereich dar.

Lösungen

a)

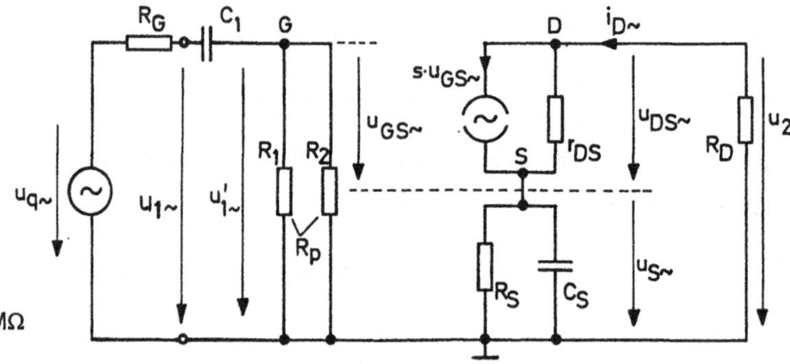

$R_P = 0{,}38M\Omega$

Für die Wechselgrößen erhält man in komplexer Darstellung:

$$\underline{I}_D = s \cdot \underline{U}_{GS} + \frac{\underline{U}_{DS}}{r_{DS}},\quad \underline{U}_{GS} = \underline{U}_1' - \underline{U}_S,\quad \underline{U}_{DS} = -\underline{I}_D \cdot R_D - \underline{U}_S,\quad \underline{U}_S = \underline{I}_D \cdot \frac{R_S}{1 + j\omega C_S R_S}.$$

Mit der Abkürzung $\mu = s \cdot r_{DS} >> 1$ und $r_{DS} >> R_D$ ergibt sich:

$$\underline{I}_D = \frac{\mu \underline{U}_1'}{r_{DS} + R_D + (\mu + 1) \cdot R_S} \cdot \frac{1 + j\omega C_S R_S}{1 + j\omega C_S R_S \cdot a} \quad \text{mit } a = \frac{r_{DS} + R_D}{r_{DS} + R_D + (\mu + 1) \cdot R_S} \approx \frac{1}{1 + sR_S}.$$

Mit $\underline{U}_2 = -\underline{I}_D \cdot R_D$ folgt: $\underline{V}_u = \dfrac{\underline{U}_2}{\underline{U}_1'} = -\dfrac{\mu R_D}{r_{DS} + R_D + (\mu + 1) \cdot R_S} \cdot \dfrac{1 + j\omega C_S R_S}{1 + j\omega C_S R_S \cdot a}.$

Mit $\dfrac{\underline{U}_1'}{\underline{U}_q} = \dfrac{j\omega C_1 R_P}{1 + j\omega C_1 (R_G + R_P)}$ für die Eingangsschaltung (Hochpass) wird

$$\underline{V}_{uq} = \frac{\underline{U}_2}{\underline{U}_q} = \frac{\underline{U}_2}{\underline{U}_1'} \cdot \frac{\underline{U}_1'}{\underline{U}_q} = -\frac{\mu R_D}{r_{DS} + R_D + (\mu + 1) \cdot R_S} \cdot \frac{1 + j\omega C_S R_S}{1 + j\omega C_S R_S \cdot a} \cdot \frac{j\omega C_1 R_P}{1 + j\omega C_1 (R_G + R_P)},$$

V_{uq} bezeichnet die Spannungsverstärkung bezogen auf die Quellenspannung.

b) Es gibt drei Eckfrequenzen:

$$f_1 = \frac{1}{2\pi C_1 (R_G + R_P)} \approx \underline{2\text{ Hz}}, \quad f_S = \frac{1}{2\pi C_S \cdot R_S} \approx \underline{5\text{ Hz}}, \quad f_S' = \frac{f_S}{a} \approx \frac{1}{2\pi C_S \left(\frac{1}{s} \| R_S\right)} \approx \underline{40\text{ Hz}}.$$

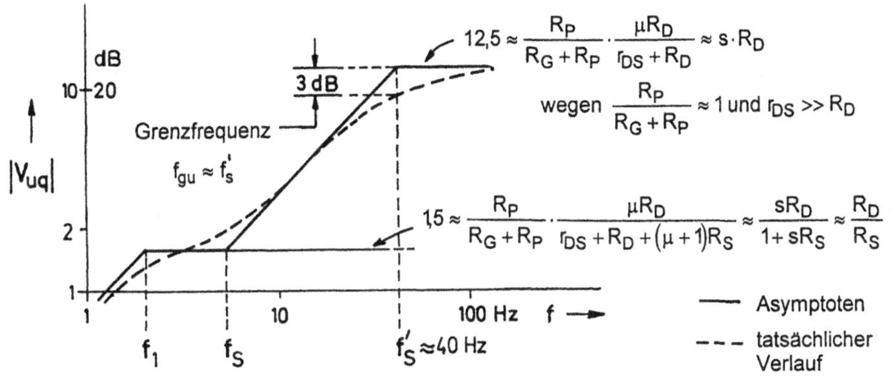

c) $V_u = \dfrac{u_{2\sim}}{u_{1\sim}} = -\dfrac{\mu \cdot R_D}{r_{DS} + R_D} = -s \cdot (r_{DS} \| R_D) \approx \underline{-12{,}5}$. Hier ist $u_{1\sim} = u_{1\sim}'$, C_1 ist Kurzschluss.

$V_{uq} = \dfrac{u_{2\sim}}{u_{q\sim}} = V_u \cdot \dfrac{R_P}{R_G + R_P} \approx \underline{-12{,}5}$, da $R_P >> R_G$. Es ist also hier: $V_u \approx V_{uq}$.

d)

Ersatzschaltbild für hohe Frequenzen mit Millerkapazitäten [3]

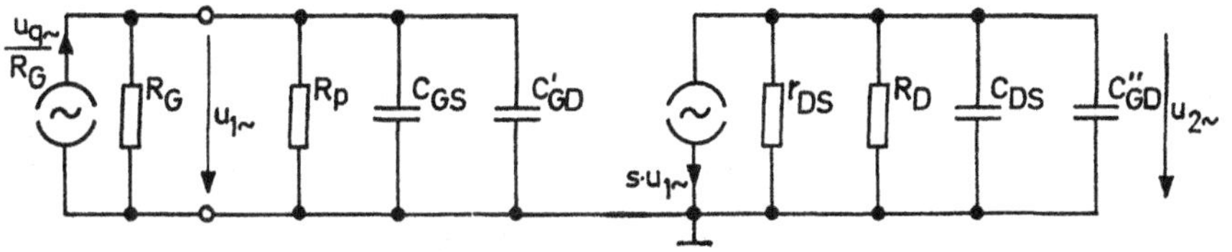

Eingangsersatzschaltung:

$$C_{GD}' = C_{GD} \cdot (1 - V_u) \approx 20\text{ pF mit } V_u \approx -12{,}5$$

$$f_{go1} = \frac{1}{2\pi \cdot \left(C_{GS} + C_{GD}'\right) \cdot (R_G \| R_P)} \approx 1{,}4\text{ MHz}.$$

Ausgangsersatzschaltung:

$$C_{GD}'' = C_{GD} \cdot \left(1 - \frac{1}{V_u}\right) \approx 1{,}6\text{ pF}$$

$$f_{go2} = \frac{1}{2\pi \cdot \left(C_{DS} + C_{GD}''\right) \cdot (r_{DS} \| R_D)} \approx 12\text{ MHz}.$$

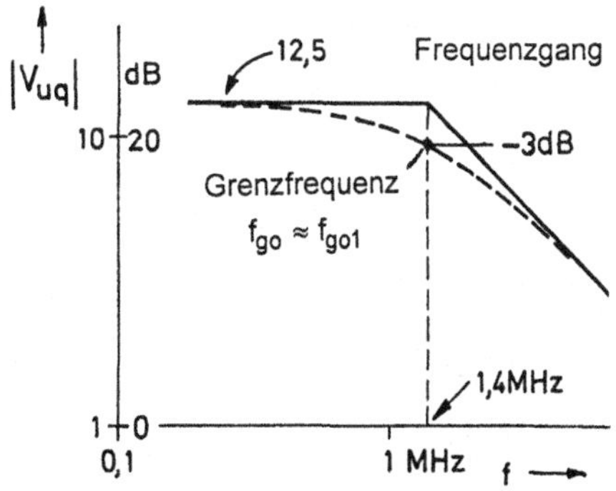

Die eigentliche Grenzfrequenz wird also durch die Eingangsschaltung bestimmt. Die wesentlich höhere Grenzfrequenz der Ausgangsschaltung bleibt außer Betracht.

A5.8	MOSFETs - Ersatzschaltbild und Kennlinien

Für einen selbstleitenden und selbstsperrenden MOSFET soll das Verhalten im "ohmschen Bereich" (Widerstandsbereich) mit $U_{DS} < U_{DSsat}$ untersucht werden (siehe Übersichtsblatt).

Daten:

$U_P = -3V$

$I_{DSS} = 4mA$

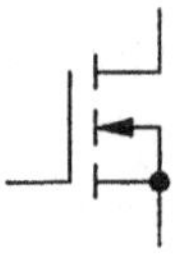

$U_T = 3V$

$I_D(2U_T) = 4mA$

a) Man entwickle anhand der 2-Parametertheorie ein Ersatzbild für den Widerstandsbereich.

b) Man zeichne die I_D-U_{DS}-Kennlinien zum Widerstandsbereich.

Lösungen

a) Für den selbstleitenden Typ gilt für $U_{DS} < U_{DSsat} = U_{GS} - U_P$ und $U_{GS} > U_P$:

$$I_D \approx I_{DSS} \cdot \left[2\left(\frac{U_{GS}}{U_P} - 1\right) \cdot \frac{U_{DS}}{U_P} - \left(\frac{U_{DS}}{U_P}\right)^2 \right] = I_{DSS} \cdot 2\frac{U_{GS} - U_P}{U_P^2} \cdot U_{DS} - I_{DSS} \cdot \left(\frac{U_{DS}}{U_P}\right)^2$$

linear: U_{DS} quadratisch: U_{DS}^2

Daraus folgt das Ersatzbild

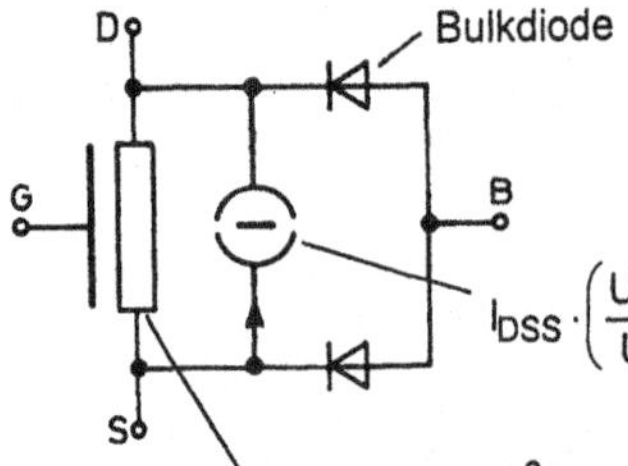

$I_{DSS} \cdot \left(\frac{U_{DS}}{U_P}\right)^2$

$R_{DS} = \frac{U_P^2}{I_{DSS} \cdot 2(U_{GS} - U_P)}$

Das lineare Glied in der Stromgleichung wird erfaßt durch den Widerstand R_{DS}, das quadratische durch die Stromquelle. Die Bulkdioden sind im normalen Betrieb gesperrt.

Für den selbstsperrenden Typ ersetzt man U_P durch U_T und I_{DSS} durch $I_D(2U_T)$.

b)

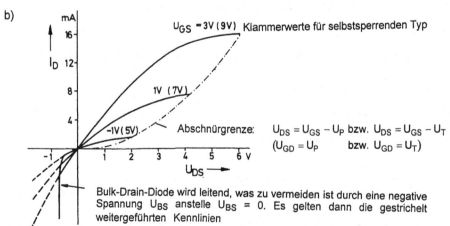

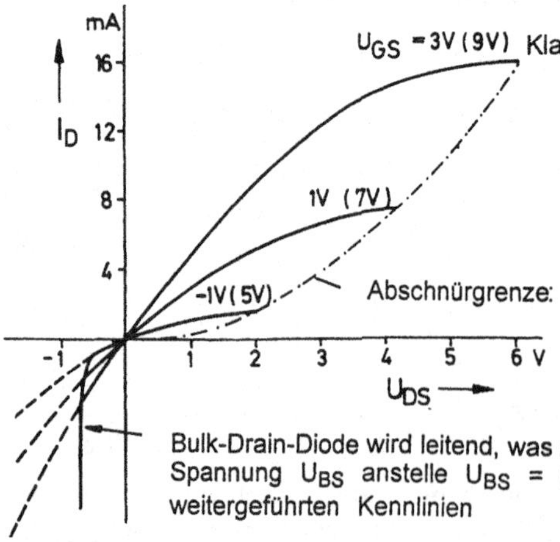

$U_{DS} = U_{GS} - U_P$ bzw. $U_{DS} = U_{GS} - U_T$

$(U_{GD} = U_P$ bzw. $U_{GD} = U_T)$

A5.9	MOSFETs als Umkehrverstärker

Gegeben seien die folgenden Schaltungen, in denen ein selbstleitender bzw. ein selbstsperrender n-Kanal-MOSFET auf einen Widerstand R_D in der Drainleitung arbeitet.

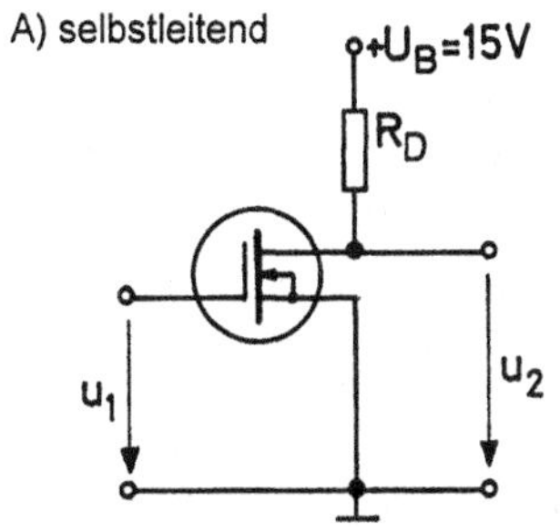

$R_D = 2{,}5\,k\Omega$

FETs wie in Aufg. **A5.8**

$u_1 \equiv u_{GS}$, $u_2 \equiv u_{DS}$

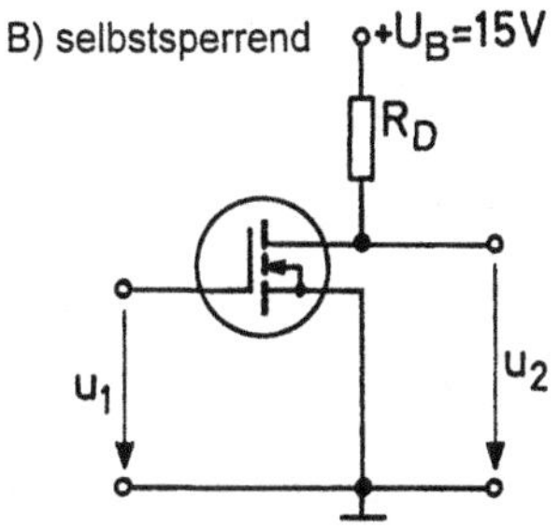

a) Man verlängere die in Aufg. **A5.8** entwickelten I_D-U_{DS}-Kennlinien in den Abschnürbereich hinein und trage die Widerstandsgerade (Arbeitsgerade) für $U_B = 15V$ und $R_D = 2{,}5k\Omega$ ein.

b) Man bestimme U_{DS}, I_D und R_{DS} für $U_{GS} = 3V$ bzw. 9V.

c) Man ermittle die (Spannungs-) Übertragungskennlinie $u_2 = f(u_1)$.

d) Welche maximale Spannungsverstärkung tritt bei der Durchsteuerung auf?

Lösungen

a)

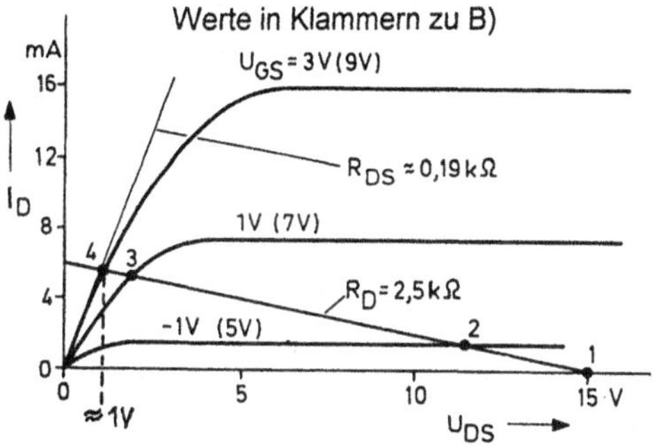

b) Punkt 4: $U_{DS} \approx \underline{1\,V}$, $I_D \approx \underline{5{,}5\,mA}$,

$$R_{DS} = \frac{U_P^2}{I_{DSS} \cdot 2(U_{GS} - U_P)} = \frac{9\,V^2}{8\,mA \cdot 6\,V} \approx \underline{0{,}19\,k\Omega}\,.$$

Probe: $I_D \approx \frac{U_B}{R_D + R_{DS}} \approx \underline{5{,}6\,mA}$,

$U_{DS} \approx I_D \cdot R_{DS} \approx \underline{1{,}06\,V}$.

c)

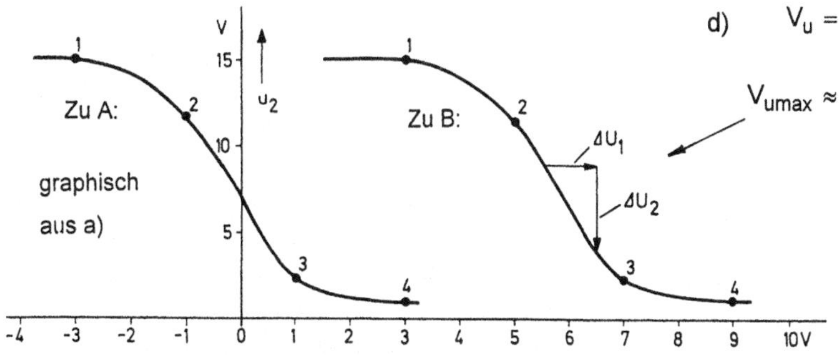

d) $V_u = \frac{\Delta U_2}{\Delta U_1}$

$V_{umax} \approx -\frac{5\,V}{1\,V} = \underline{-5}$.

A5.10	MOSFET als Schalter

Ein selbstsperrender n-Kanal-MOSFET werde von einem Rechteckpuls gesteuert. Sein Schaltverhalten sei trägheitsfrei. Sein Ausgang werde kapazitiv belastet. Für $t < 0$ sei der FET gesperrt.

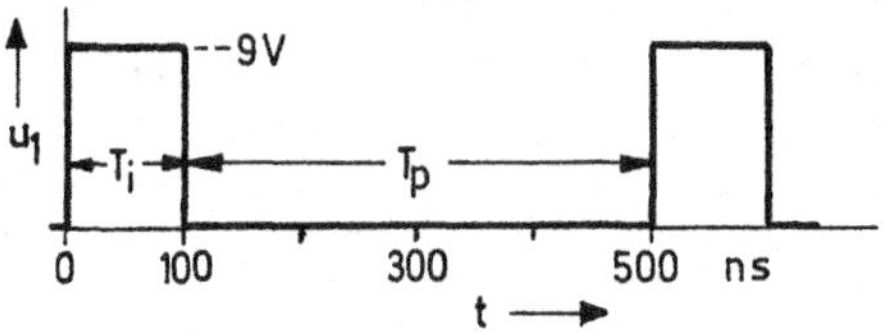

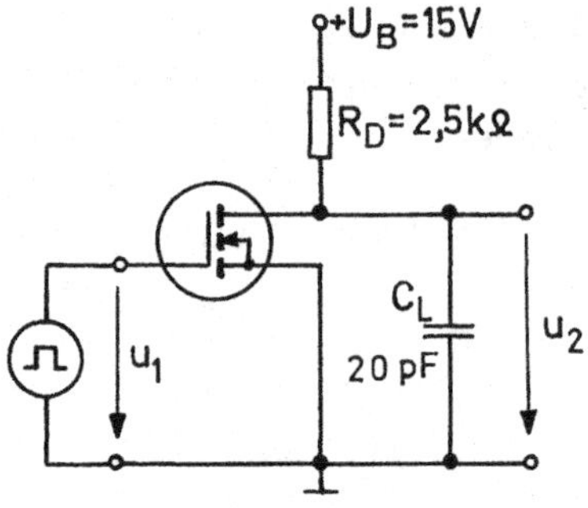

FET wie in **A5.8** und **A5.9**

a) Man skizziere im I_D-U_{DS}-Feld die Arbeitslinie, d.h. den Weg des Arbeitspunktes für die angegebene kapazitive Belastung.

b) Man gebe ein Ersatzbild an für den ersten Abschnitt des Einschaltvorganges ($U_{GS} = 9V$, FET im Abschnürbereich) und bestimme u_2 (t).

c) Welche Zeit t' vergeht, bis die Spannung u_2 auf einen Wert von 3V abgesunken ist?

d) Man bestimme ein Ersatzbild für den zweiten Abschnitt des Einschaltvorganges (FET im Widerstandsbereich) und gebe die Zeitfunktion für u_2 an.

e) Man stelle den Zeitverlauf der Spannung u_2 im Zeitintervall $0 \le t \le 200$ns graphisch dar.

f) Wie ändert sich der Zeitverlauf der Spannung u_2, wenn die Pausenzeit T_p auf 100ns verkürzt wird?

Lösungen

a)

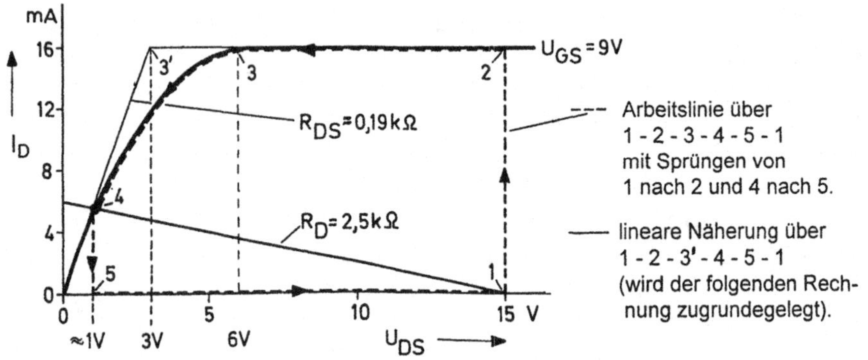

b) Ersatzbild für Abschnitt 2-3': (C_L wird entladen)

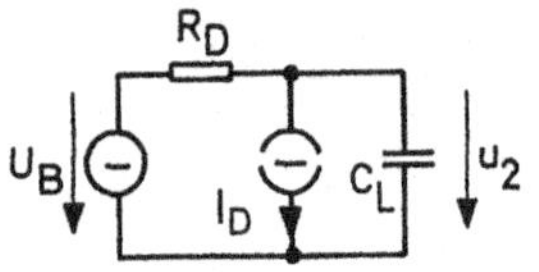

Strom I_D springt auf 16 mA und bleibt konstant. Der FET wirkt als Stromsenke. Die Spannung u_2 strebt von 15 V aus gegen:

$U_B - I_D \cdot R_D = -25$ V mit der Zeitkonstante

$\tau_1 = R_D \cdot C_L = 2{,}5\ \text{k}\Omega \cdot 20\ \text{pF} = 50\ \text{ns}$.

$$\rightarrow u_2 = -25\ \text{V} + 40\ \text{V} \cdot \exp\left(-\frac{t}{\tau_1}\right) .$$

c) Mit der unter b) entwickelten Zeitfunktion folgt:

$$3\text{ V} = -25\text{ V} + 40\text{ V}\cdot\exp\left(-\frac{t'}{\tau_1}\right) \rightarrow t' = -\tau_1 \cdot \ln\,0{,}7 \approx \underline{18\text{ ns}}\,.$$

Der tatsächliche Wert für t' ist sicher etwas größer, da der Entladestrom über den FET beim Absinken der Spannung u_2 unter 6 V in Wirklichkeit ebenfalls abnimmt.

d) Ersatzbild für Abschnitt 3' - 4: Der FET verhält sich wie ein linearer Widerstand R_{DS}.

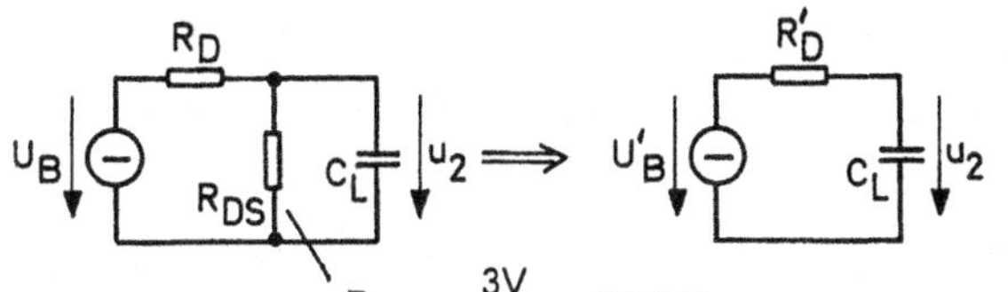

$$R_{DS} = \frac{3\text{V}}{16\text{mA}} \approx 0{,}19\text{k}\Omega\,.$$

$$R'_D = R_D \| R_{DS} \approx 0{,}17\text{k}\Omega,$$

$$U'_B = U_B \cdot \frac{R_{DS}}{R_D + R_{DS}} \approx 1\text{V}\,.$$

Damit folgt für die Zeitfunktion $u_2(t)$ für t > t':

$$u_2 \approx 1\text{ V} + 2\text{ V}\cdot\exp\left(-\frac{t-t'}{\tau'}\right) \text{ mit } t' \approx 18\text{ ns},\quad \tau' = R'_D \cdot C_L \approx 3{,}5\text{ ns}\,.$$

e)

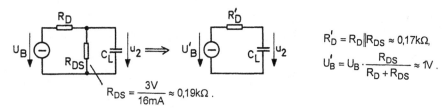

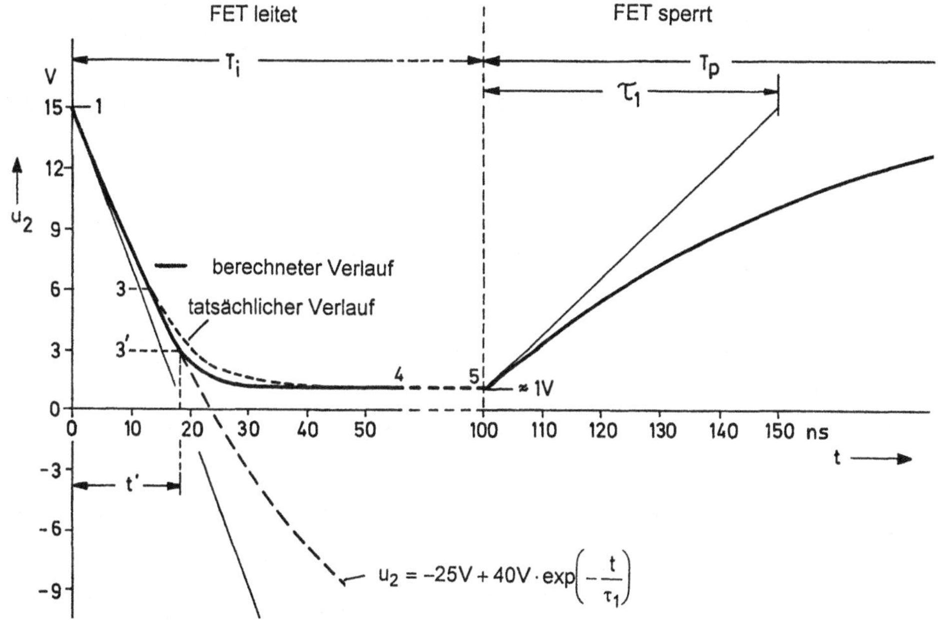

Beim Sperren des MOSFETs nach 100 ns steigt die Spannung mit der Zeitkonstante τ_1 wieder exponentiell auf 15 V an. Es gilt dabei ein Ersatzbild wie unter b), allerdings ohne Stromquelle:

$$u_2 \approx 15\text{ V} - 14\text{ V}\cdot\exp\left(-\frac{t-100\text{ ns}}{50\text{ ns}}\right).$$

Offensichtlich wird C_L über den leitenden FET rasch entladen und beim Sperren des FETs über R_D vergleichsweise langsam wieder aufgeladen.

f) Die Spannung u_2 steigt bei sperrendem FET jeweils nur noch auf etwas mehr als 12 V an und sinkt bei leitendem FET wieder auf etwa 1 V ab.

Bipolare Transistoren

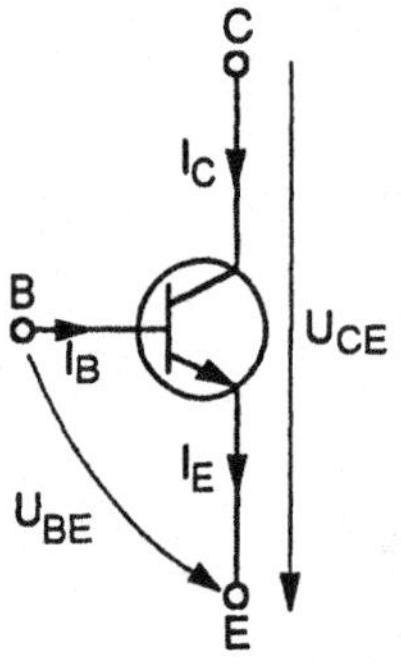

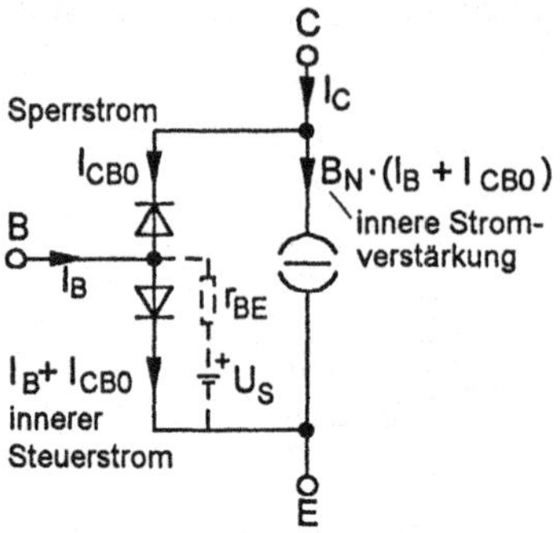

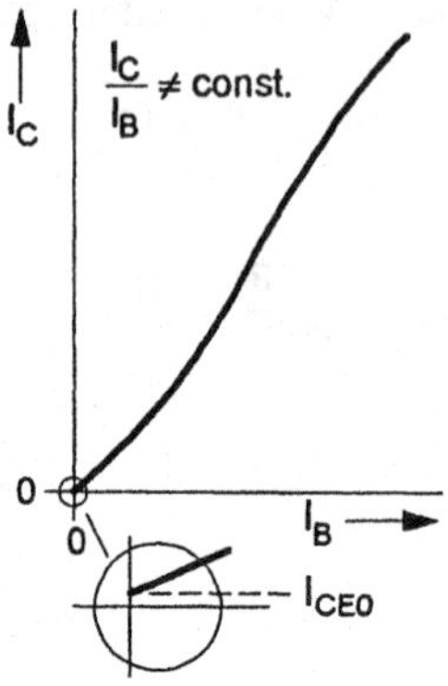

$I_B + I_C = I_E$ *) $\quad I_C = B_N \cdot I_B + (1 + B_N) \cdot I_{CB0} \quad I_{CE0} = (1 + B_N) \cdot I_{CB0}$

Stromverstärkung $B = \frac{I_C}{I_B} \approx B_N$, da I_{CB0} vernachlässigbar klein.

Eingangskennlinie

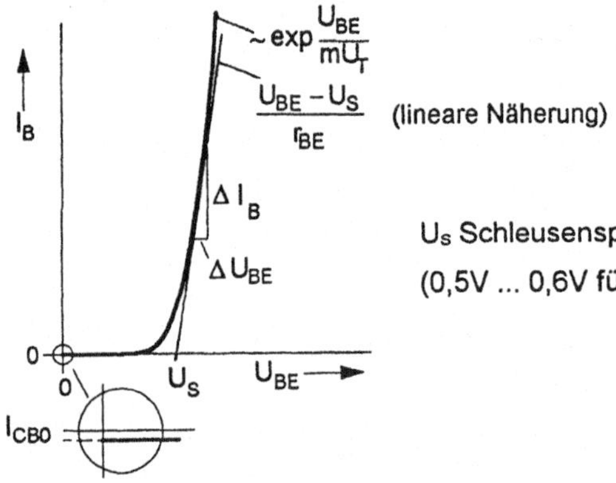

U_s Schleusenspannung

(0,5V ... 0,6V für Silizium)

Übertragungskennlinie

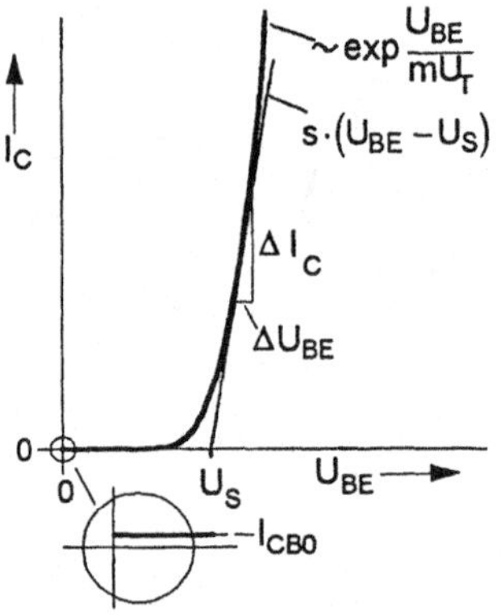

Differentieller Widerstand

$$r_{BE} = \frac{\partial U_{BE}}{\partial I_B} \approx \frac{\Delta U_{BE}}{\Delta I_B} \approx \frac{m \cdot U_T}{I_B}$$

Steilheit

$$s = \frac{\partial I_C}{\partial U_{BE}} \approx \frac{\Delta I_C}{\Delta U_{BE}} \approx \frac{I_C}{m \cdot U_T}$$

U_T = "Temperaturspannung" $= 86\mu V \cdot \frac{T}{K} \approx 26mV$ bei 300K, m = Korrekturfaktor

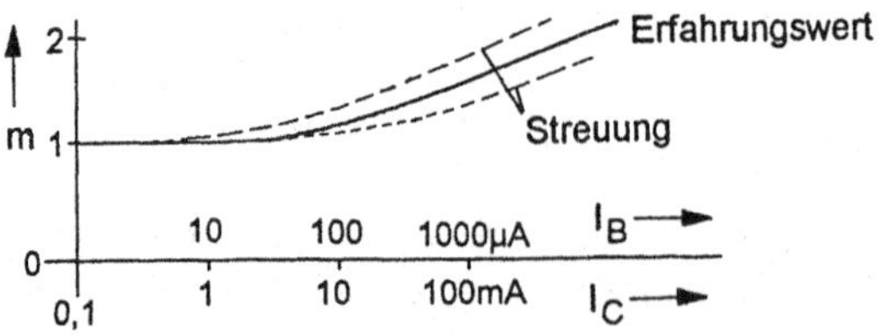

*) Bei umgekehrter Zählweise für den Strom I_E heißt es: $I_B + I_C = -I_E$ bzw. $I_B + I_C + I_E = 0$.

Modellierung der I_C-U_{CE}-Kennlinien

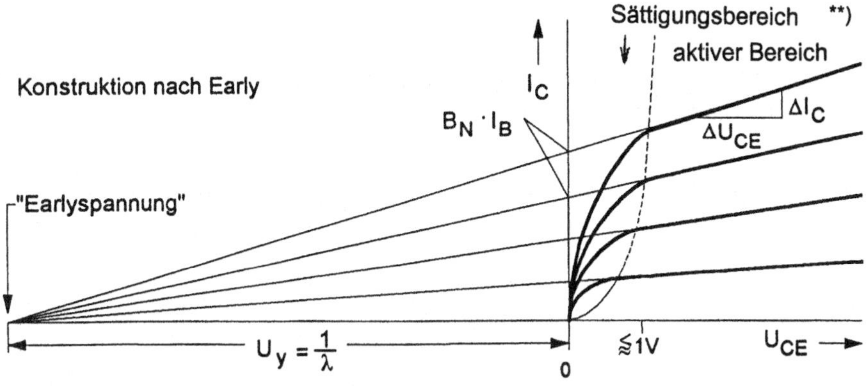

Aktiver Bereich (Sperrstrom I_{CBO} vernachlässigt): $B = B_N$

$$I_C = B_N \cdot I_B \cdot (1 + \lambda U_{CE}) = B_N \cdot I_B + \frac{U_{CE}}{r_{CE}}, \quad B_N = \text{Normalstromverstärkung}$$

(wird bereichsweise als konstant betrachtet)

Gleichstromersatzbild:

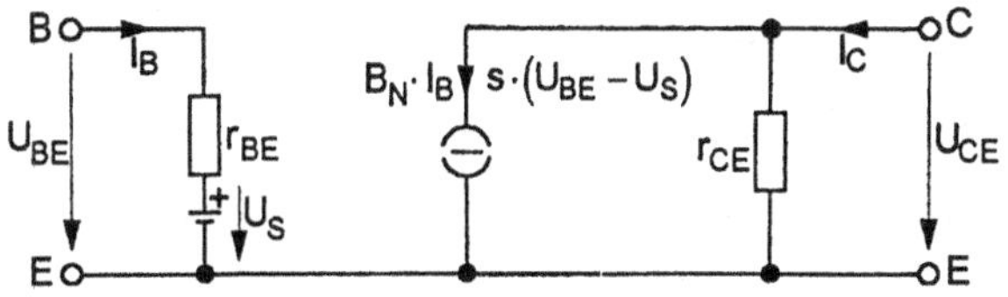

$$r_{CE} = \frac{\Delta U_{CE}}{\Delta I_C} = \frac{U_y + U_{CE}}{I_C} = \frac{U_y}{B_N \cdot I_B}$$

$$U_y = 100...200V$$

$$\Delta I_C \approx \frac{\partial I_C}{\partial I_B} \cdot \Delta I_B + \frac{\partial I_C}{\partial U_{CE}} \cdot \Delta U_{CE} = \beta \cdot \Delta I_B + \frac{1}{r_{CE}} \cdot \Delta U_{CE} = s \cdot \Delta U_{BE} + \frac{1}{r_{CE}} \cdot \Delta U_{CE}$$

differentielle Stromverstärkung $\approx \left.\frac{\Delta I_C}{\Delta I_B}\right|_{U_{CE}} \approx B_N$

Kleinsignalersatzbild:

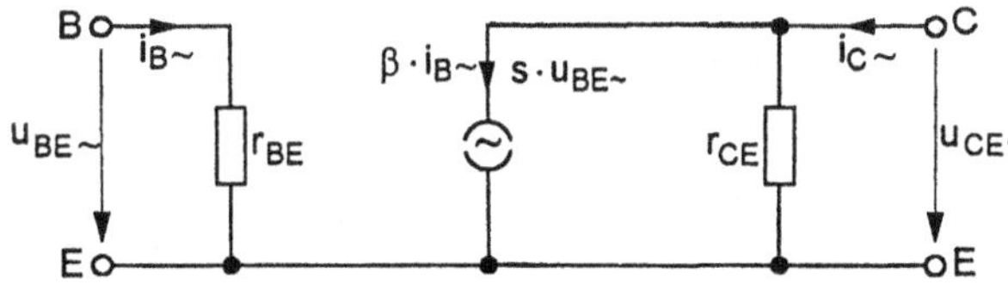

$$\beta \cdot i_{B\sim} = \beta \cdot \frac{u_{BE\sim}}{r_{BE}} = s \cdot u_{BE\sim}$$

$$\boxed{\beta = s \cdot r_{BE}}$$

Erweitertes Kleinsignalersatzbild für hohe Frequenzen:

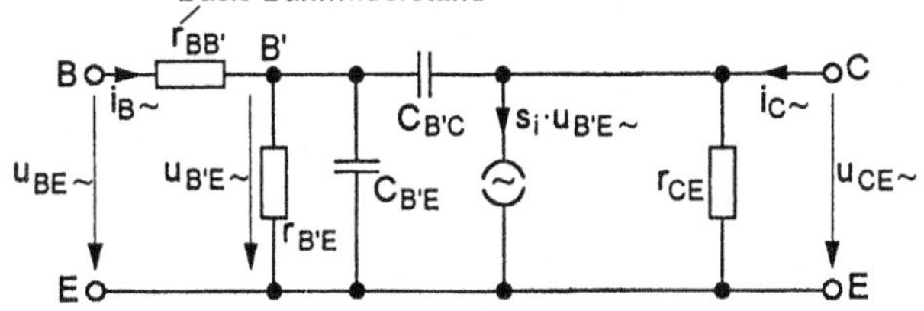

$$r_{BB'} \approx 10...100\Omega$$

$$r_{B'E} \approx \frac{U_T}{I_B}$$

$$s_i \approx \frac{I_C}{U_T}$$

$$C_{B'E} = \frac{s_i}{2\pi f_T} \text{*)}$$

---

*) s_i ist die innere Steilheit, und f_T ist die in den Datenblättern angegebene Transitfrequenz.

**) Achtung! Beim FET wird der Abschnürbereich häufig als Sättigungsbereich bezeichnet.

A6.1	Emitterschaltung - Großsignalverhalten

Gegeben sei folgende Emitterschaltung, eine mittlere Eingangskennlinie und die Ausgangskennlinien des Transistors.

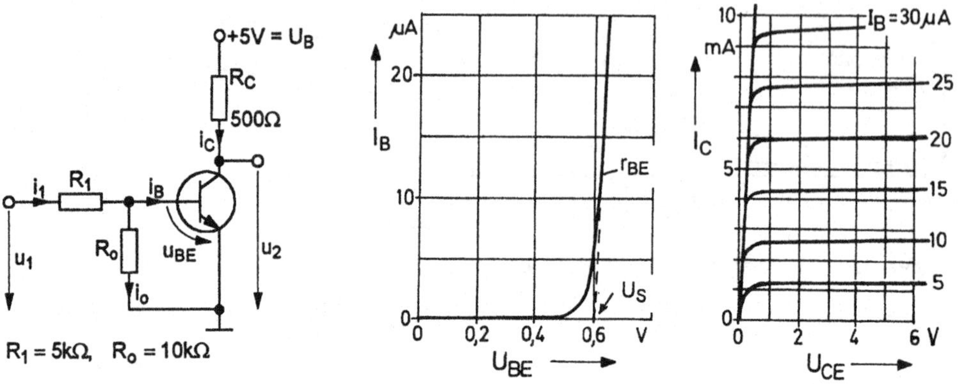

a) Man ermittle die Stromsteuerkennlinie $I_C = f(I_B)$ für $U_{CE} = 2{,}5V$ im Bereich $0 < I_C < 10mA$ und bestimme die Stromverstärkung B für die Bereichsmitte.

b) Man gebe ein lineares Ersatzbild für den Transistor an.

c) Man zeichne ein Gesamtersatzbild und ermittle danach näherungsweise die Funktionen $i_B = f(u_1)$ und $u_2 = f(u_1)$.

d) Man ermittle die Kennlinie $i_B = f(u_1)$ und die Spannungs-Übertragungskennlinie $u_2 = f(u_1)$ tabellarisch aus den Transistorkennlinien.

e) Man zeichne die ermittelten Kennlinien sowie ihre Näherungen nach c).

f) Man beschreibe den Betriebszustand des Transistors mit Bezug auf die Steuerspannung u_1.

g) Bei welchem Basisstrom geht der Transistor in die Sättigung?

Lösungen

a)

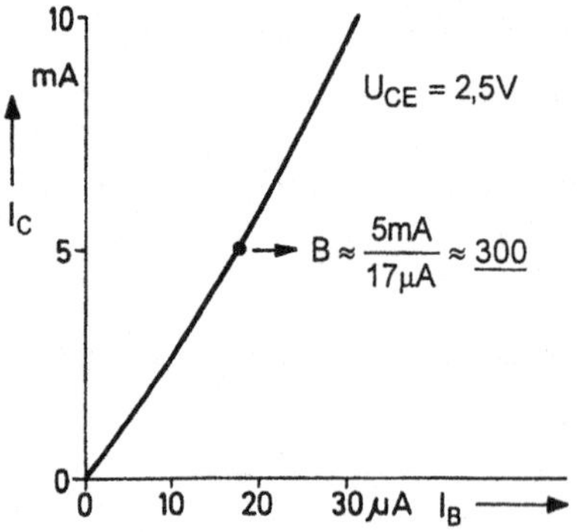

b)

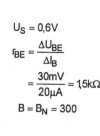

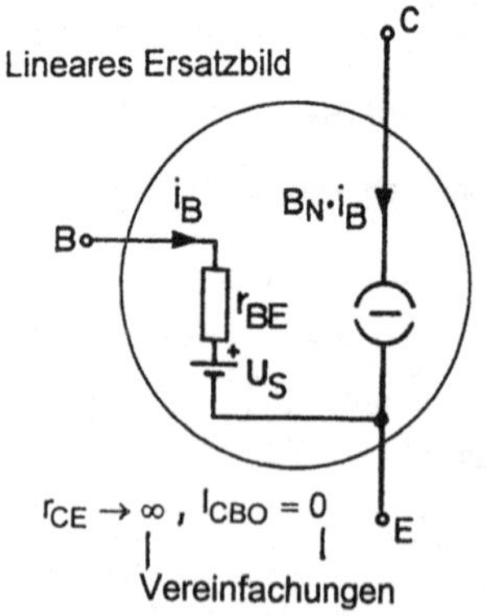

$U_S = 0{,}6V$

$$r_{BE} = \frac{\Delta U_{BE}}{\Delta I_B} = \frac{30mV}{20\mu A} = 1{,}5k\Omega$$

$B = B_N = 300$

c)

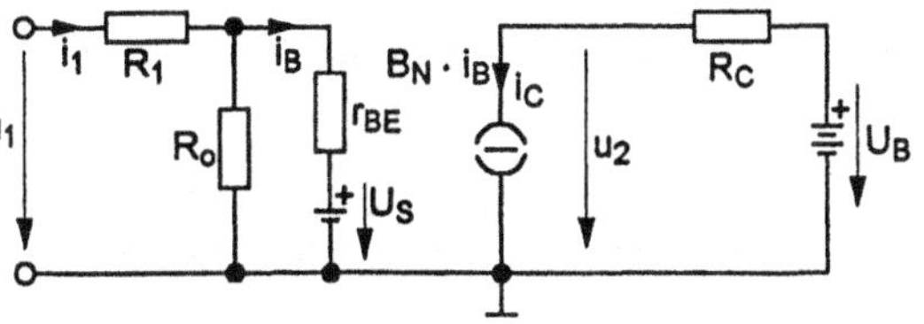

gültig für
$i_B \geq 0$

Mit dem Überlagerungsgesetz und der Stromteilerregel folgt direkt:

$$i_B = \frac{u_1}{R_1 + (R_0 \| r_{BE})} \cdot \frac{R_0}{R_0 + r_{BE}} - \frac{U_S}{r_{BE} + (R_0 \| R_1)} \approx \underline{0{,}138\ \text{mS} \cdot u_1 - 0{,}124\ \text{mA}}\,.$$

$\rightarrow i_B = 0$ für $u_1 \approx 0{,}9$ V, $i_B = 15\ \mu$A für $u_1 \approx 1$ V.

$$u_2 = U_B - i_C \cdot R_C = U_B - i_B \cdot B_N \cdot R_C \approx \underline{23{,}6\ \text{V} - 20{,}7 \cdot u_1}\,.$$

$\rightarrow u_2 = 0$ für $u_1 \approx 1{,}14$ V, $u_2 = 5$ V für $u_1 = 0{,}9$ V.

d)

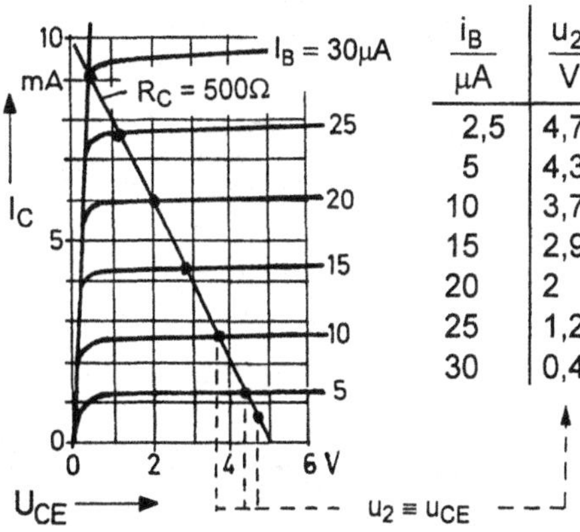

i_B (µA)	u_2 (V)	u_{BE} (V)	i_o (µA)	i_1 (µA)	i_1R_1 (mV)	u_1 (mV)
2,5	4,7	0,57	57	59,5	298	868
5	4,3	0,6	60	65	325	925
10	3,7	0,62	62	72	360	980
15	2,9	0,63	63	78	390	1020
20	2	0,635	63,5	83,5	418	1053
25	1,2	0,64	64	89	445	1085
30	0,4	0,645	64,5	94,5	473	1118

$$i_0 = \frac{u_{BE}}{R_0}, \quad i_1 = i_B + i_0, \quad u_1 = u_{BE} + i_1 R_1$$

e) graphische Darstellung der tabellarisch ermittelten Werte (—) mit Näherungen (--)

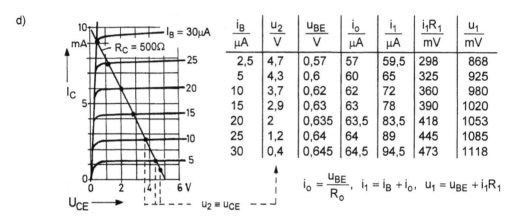

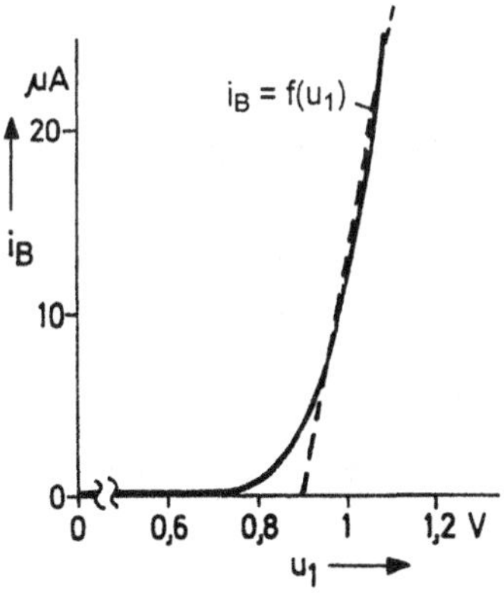

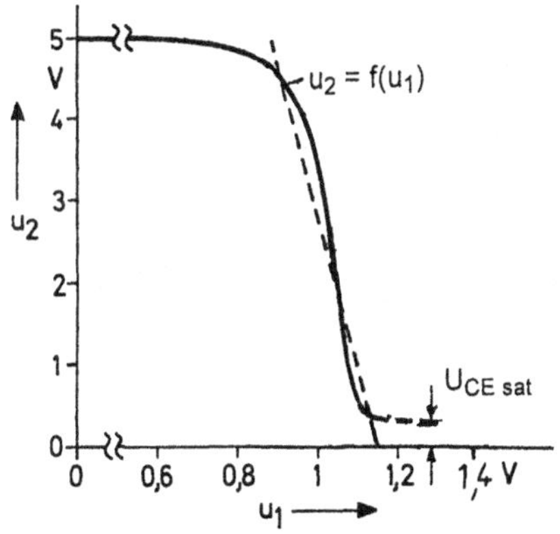

f) Nach den tabellarisch ermittelten Kennlinien gilt etwa:
- $0 < u_1 < 0{,}8$ V: Transistor sperrt.
- $0{,}8\text{V} < u_1 < 1{,}1$ V: Transistor ist aktiv.
- $u_1 > 1{,}1$ V: Transistor ist gesättigt (übersteuert).

g) Bei $i_B = I_{BÜ} \approx 30\ \mu$A. $I_{BÜ}$ ist die übliche Bezeichnung für den betreffenden Basisstrom, der offenbar abhängig ist vom Lastwiderstand R_C.

A6.2	Emitterfolger als Spannungsquelle

Ein Emitterfolger soll in Bezug auf den Lastwiderstand R_L als Spannungsquelle eingesetzt werden. Verwendet werde ein Transistor mit der angegebenen Eingangskennlinie. Die mittlere Stromverstärkung sei $B = B_N = 200$.

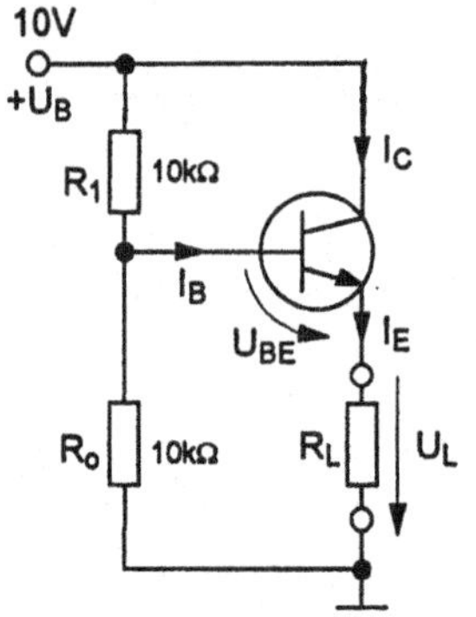

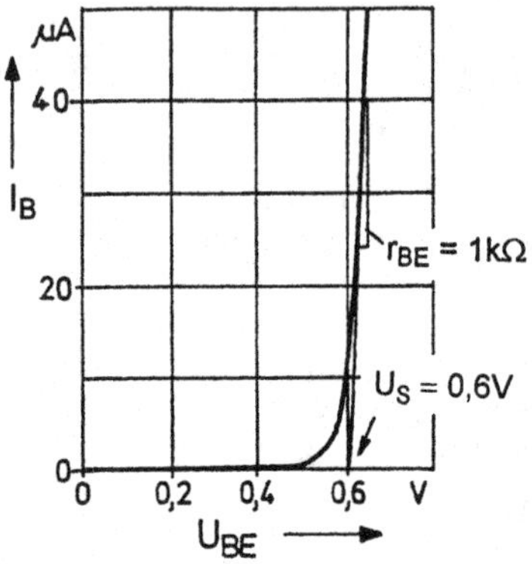

a) Man gebe ein lineares Ersatzbild für die Schaltung an und entwickle die Gleichung $U_L = f(I_E)$.

b) Man ermittle eine Ersatzspannungsquelle mit den Parametern U_q (Quellenspannung) und r_i (Innenwiderstand).

c) Zur gegebenen Schaltung sind die Funktionen $U_L = f(I_E)$ und $U_L = f(R_L)$ graphisch darzustellen.

d) Welche Ströme I_E und I_B fließen bei $R_L = 1\text{k}\Omega$, wenn Widerstand R_1 kurzgeschlossen wird?

e) Wie d), wenn Widerstand R_0 kurzgeschlossen wird?

f) Wie verhält sich die Ausgangsspannung U_L bei einer Änderung der Betriebsspannung um $\Delta U_B = \pm 1\text{V}$, wenn der Lastwiderstand $R_L = 10\text{k}\Omega$ beträgt?

g) Welche Parameter U_q und r_i ergeben sich, wenn man den Widerstand R_0 durch eine Z-Diode ersetzt mit $U_{Z0} = 5$ V und $r_z = 10\ \Omega$?

h) Beantworten Sie erneut die Frage f) für die Schaltung mit Z-Diode.

Lösungen

a) $U_B \cdot \dfrac{R_0}{R_0 + R_1} = U_L + U_S + I_B \cdot (R_e + r_{BE})$

$I_B = \dfrac{I_E}{1 + B_N}, \quad R_e = \dfrac{R_0 \cdot R_1}{R_0 + R_1} = 5\ \text{k}\Omega$

$\rightarrow U_L = U_B \cdot \dfrac{R_0}{R_0 + R_1} - U_S - I_E \cdot \dfrac{R_e + r_{BE}}{1 + B_N}$

Der Einfluss der Spannung U_{CE} wird vernachlässigt. Die Earlyspannung U_y sei unenendlich: $r_{CE} = \infty$. I_{CBO} wird vernachlässigt.

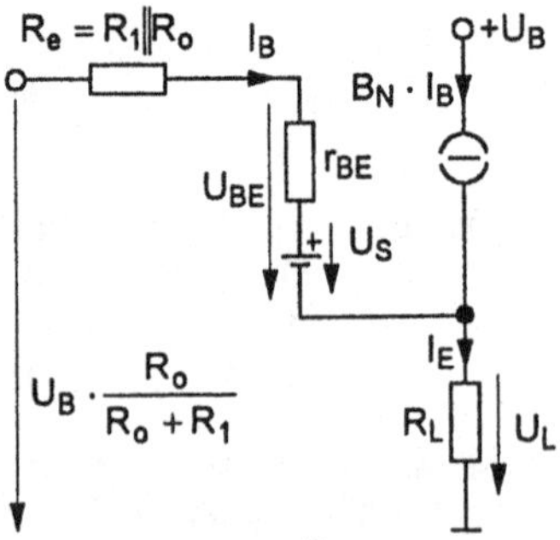

gültig für $U_B \cdot \dfrac{R_0}{R_0 + R_1} > U_S$

b)

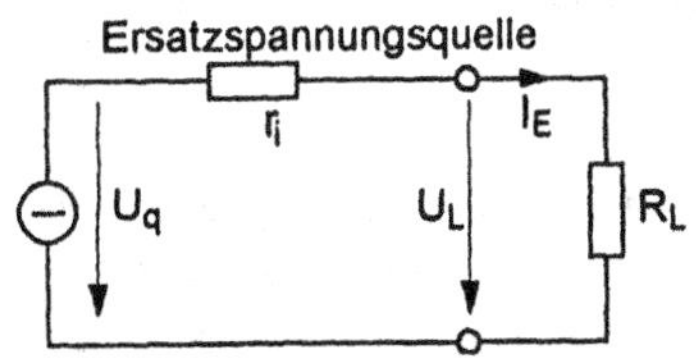

Aus $U_L = f(I_E)$ folgt:

$$U_q = U_B \cdot \frac{R_o}{R_o + R_1} - U_s = \underline{4{,}4\ \text{V}}$$

$$r_i = \frac{1}{1 + B_N} \cdot (R_e + r_{BE}) \approx \underline{30\ \Omega}$$

c) $U_L = U_q - I_E \cdot r_i = 4{,}4\ \text{V} - I_E \cdot 30\ \Omega$

$$U_L = U_q \cdot \frac{R_L}{r_i + R_L} = 4{,}4\ \text{V} \cdot \frac{R_L}{30\ \Omega + R_L}$$

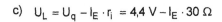

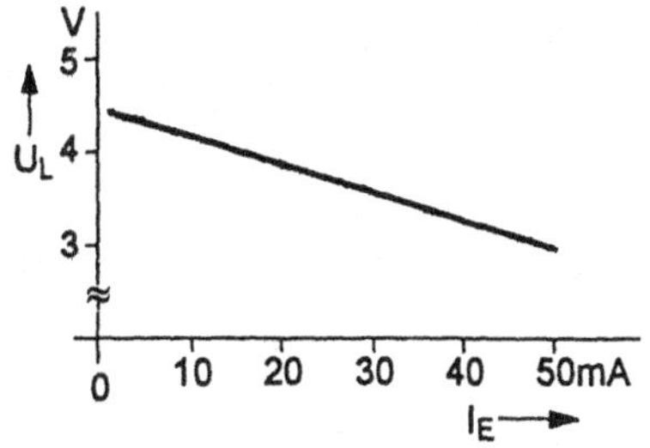

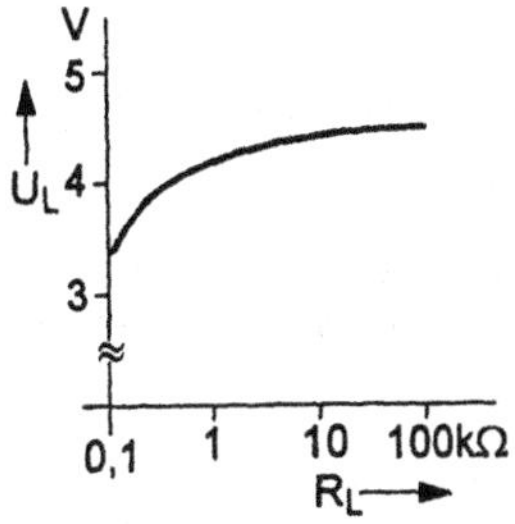

d) Nach b) wird: $U_q = U_B - U_S = 9{,}4$ V, $r_i \approx \frac{r_{BE}}{B_N} = 5\ \Omega \rightarrow I_E = \frac{9{,}4\ \text{V}}{5\ \Omega + 1\ \text{k}\Omega} \approx \underline{9{,}35\ \text{mA}}$.

$$I_B = \frac{9{,}35\ \text{mA}}{200} = \underline{47\ \mu\text{A}}.$$

e) $I_B = 0$, $I_E = 0$. Das Ersatzbild ist nicht anwendbar.

f) $$U_L = U_q \cdot \frac{R_L}{r_i + R_L} = \frac{\left(U_B \cdot \frac{R_o}{R_o + R_1} - U_S\right) \cdot (1 + B_N) \cdot R_L}{R_e + r_{BE} + (1 + B_N) \cdot R_L},$$

$$\frac{dU_L}{dU_B} = \frac{\frac{R_o}{R_o + R_1} \cdot (1 + B_N) \cdot R_L}{R_e + r_{BE} + (1 + B_N) \cdot R_L} \approx 0{,}5, \quad \Delta U_L \approx \frac{dU_L}{dU_B} \cdot (\pm \Delta U_B) = \underline{\pm 0{,}5\ \text{V}}.$$

g) $$U_q = \frac{U_B \cdot r_z + U_{Z0} \cdot R_1}{R_1 + r_z} - U_S \approx 5\ \text{V} - 0{,}6\ \text{V} = \underline{4{,}4\ \text{V}}.$$ (Vgl. folgende Aufgabe).

$$r_i = \frac{(R_1 \| r_z) + r_{BE}}{1 + B_N} \approx \frac{r_z + r_{BE}}{B_N} = \frac{10\ \Omega + 1\ \text{k}\Omega}{200} \approx \underline{5\ \Omega}.$$

h) $$U_L = U_q \cdot \frac{R_L}{r_i + R_L} = \left[\frac{U_B \cdot r_z + U_{Z0} \cdot R_1}{R_1 + r_z} - U_S\right] \cdot \frac{R_L}{r_i + R_L},$$

$$\frac{dU_L}{dU_B} = \frac{R_L}{r_i + R_L} \cdot \frac{r_z}{R_1 + r_z} = \frac{10000\ \Omega}{10005\ \Omega} \cdot \frac{10\ \Omega}{10010\ \Omega} = 9{,}98 \cdot 10^{-4}$$

$$\Delta U_L = 9{,}98 \cdot 10^{-4} \cdot (\pm 1\text{V}) \approx \underline{\pm 1\text{mV}}.$$

Die Spannungsquelle erhält also einen wesentlich geringeren Innenwiderstand und wird fast unabhängig von Schwankungen der Betriebsspannung.

Anmerkung zu g): In der Praxis wird man R_1 niedriger ansetzen, um einen möglichst niedrigen Wert für r_z zu erhalten. (Siehe Kennlinien der Z-Dioden).

A6.3	Emitterschaltung als Stromquelle

Eine Emitterschaltung nach nebenstehendem Schaltbild arbeitet als Stromquelle auf den Lastwiderstand R_L. Bei dem angegebenen Transistor handelt es sich um einen üblichen Si-Transistor für Ströme bis zu 100mA. Für den interessierenden Arbeitsbereich sollen folgende Kennwerte gelten:
$B = B_N = 200$, $U_S = 0{,}6V$, $r_{BE} = 1k\Omega$,
$U_y = 200V$ (Earlyspannung).

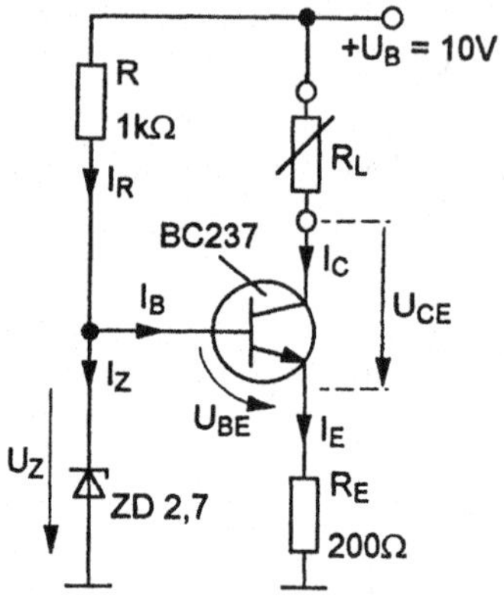

a) Man bestimme angenähert alle eingetragenen Ströme sowie die Spannung U_{CE} für $R_L = 0$.

b) Wie groß darf der Lastwiderstand höchstens werden, wenn der Transistor stets im aktiven Bereich arbeiten soll?

c) Welche maximale Verlustleistung tritt im Transistor auf bei variablem Lastwiderstand?

d) Welche maximale Verlustleistung tritt im Lastwiderstand auf?

e) Man gebe zu der Schaltung ein Großsignalersatzbild an und berechne danach die Funktion $I_C = f(R_L)$.

f) Man stelle die Schaltung formal durch eine Ersatzstromquelle dar und bestimme Innenwiderstand und Quellenstrom.

g) Um wieviel Prozent ändert sich der Kollektorstrom, wenn der Lastwiderstand R_L den zulässigen Änderungsbereich durchläuft?

h) Man berechne die Empfindlichkeit des Kollektorstromes gegenüber Schwankungen der Betriebsspannung U_B.

Lösungen

a) $U_{BE} \approx 0{,}65$ V (Ansatz)

$$I_E = \frac{U_Z - U_{BE}}{R_E} \approx \frac{2{,}7\text{ V} - 0{,}65\text{ V}}{200\ \Omega} \approx \underline{10\text{ mA}}.\ I_C \approx I_E,\ I_B \approx \frac{I_C}{B} = 50\ \mu\text{A},$$

$$I_R = \frac{U_B - U_Z}{R} = \frac{10\text{ V} - 2{,}7\text{ V}}{1\text{ k}\Omega} \approx \frac{7{,}3\text{ V}}{1\text{ k}\Omega} = \underline{7{,}3\text{ mA}},$$

$$I_Z = I_R - I_B = 7{,}3\text{ mA} - 0{,}05\text{ mA} \approx 7{,}25\text{ mA}.$$

$$U_{CE} = U_B - I_E \cdot R_E = 10\text{ V} - 10\text{ mA} \cdot 200\ \Omega = \underline{8\text{ V}}.$$

b) $U_{CE} = U_B - I_E \cdot R_E - I_C \cdot R_L > U_{CEsat} \approx 0{,}5$ V. Nicht zu niedrig ansetzen !

$$U_B - I_E \cdot R_E - U_{CEsat} > I_C \cdot R_L \rightarrow R_L < \frac{U_B - I_E \cdot R_E - U_{CEsat}}{I_C} = \frac{7{,}5\text{ V}}{10\text{ mA}} \approx \underline{750\ \Omega}.$$

c) $I_C \approx 10\text{ mA} = \text{const.} \rightarrow P_{CEmax} = I_C \cdot U_{CEmax} = 10\text{ mA} \cdot 8\text{ V} = \underline{80\text{ mW}}$ bei $R_L = 0$.

d) $I_C \approx 10\text{ mA} = \text{const.} \rightarrow P_{Lmax} = I_C^2 \cdot R_{Lmax} = 100 \cdot 10^{-6}\text{ A}^2 \cdot 750\ \Omega = \underline{75\text{ mW}}$.

e)

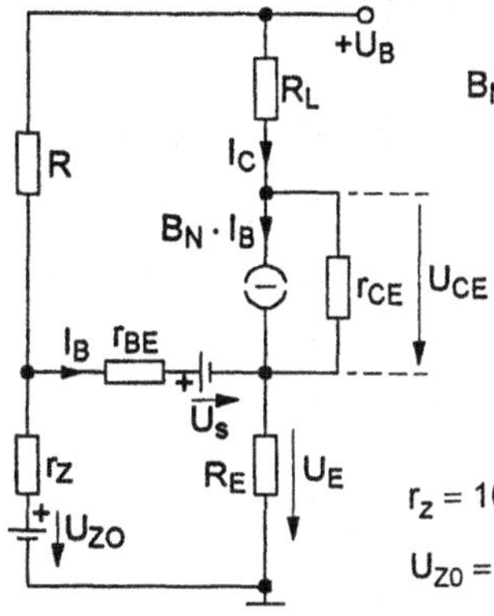

$B_N = B = 200$

$r_Z = 10\Omega$

$U_{Z0} = 2{,}7V$

$\Rightarrow$

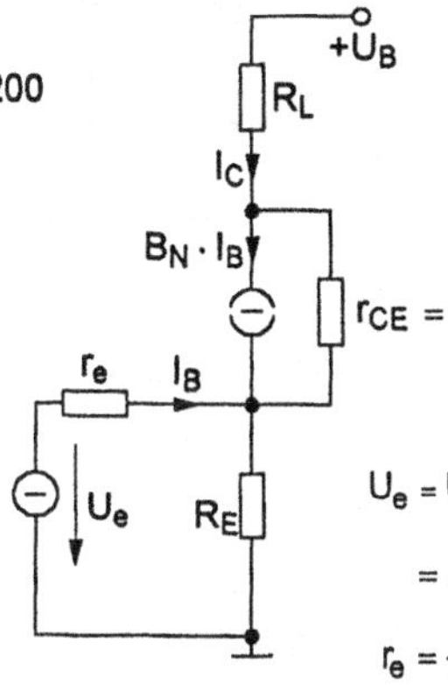

$$r_{CE} = \frac{U_y}{B_N \cdot I_B} = \frac{200V}{10mA} = 20k\Omega$$

$$U_e = U_B \cdot \frac{r_z}{R + r_z} + U_{ZO} \cdot \frac{R}{R + r_z} - U_S = 2{,}17\ V$$

$$r_e = \frac{r_z \cdot R}{r_z + R_L} + r_{BE} = 1{,}01\ k\Omega$$

Maschengleichungen:

$$-U_e + I_B \cdot r_e + (I_B + I_C) \cdot R_E = 0, \qquad (1)$$

$$-U_B + I_C \cdot R_L + (I_C - B_N \cdot I_B) \cdot r_{CE} + (I_B + I_C) \cdot R_E = 0 \qquad (2)$$

Mit $R_E << r_{CE}$ folgt:

$$\frac{U_e - I_C \cdot R_E}{r_e + R_E} \approx \frac{U_B - I_C \cdot (R_L + R_E + r_{CE})}{-B_N \cdot r_{CE}}$$

$$\rightarrow I_C \approx \frac{\dfrac{U_e}{r_e + R_E} + \dfrac{U_B}{B_N \cdot r_{CE}}}{\dfrac{R_L + r_{CE} + R_E}{B_N \cdot r_{CE}} + \dfrac{R_E}{r_e + R_E}} = \frac{\dfrac{U_e}{r_e + R_E} \cdot B_N \cdot r_{CE} + U_B}{R_L + r_{CE} \cdot \left(1 + \dfrac{R_E}{r_{CE}} + B_N \cdot \dfrac{R_E}{r_e + R_E}\right)} \qquad (3)\ .$$

f)

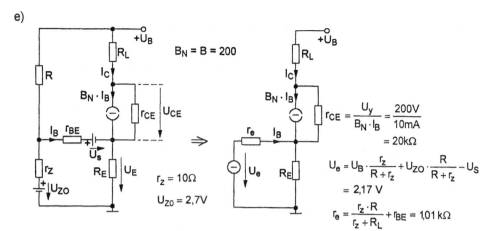

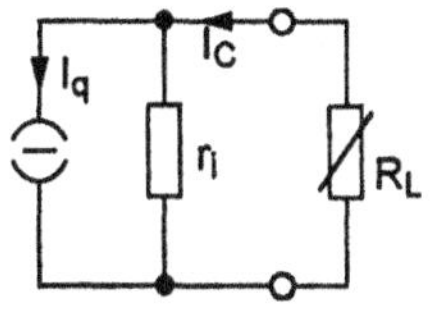

$I_C = I_q \cdot \dfrac{r_i}{R_L + r_i}$. Durch Vergleich mit Gl. (3) folgt:

$$r_i \approx r_{CE} \cdot \left(1 + B_N \cdot \frac{R_E}{r_e + R_E}\right) \approx \underline{680\ k\Omega}, \text{ da } \frac{R_E}{r_{CE}} << 1\ .$$

$$I_q \approx \frac{U_e \cdot \dfrac{B_N \cdot r_{CE}}{r_e + R_E} + U_B}{r_{CE} \cdot \left(1 + B_N \cdot \dfrac{R_E}{r_e + R_E}\right)} = \frac{2{,}17\ V \cdot \dfrac{200 \cdot 20\ k\Omega}{1{,}21\ k\Omega} + 10\ V}{680\ k\Omega} \approx \underline{10{,}5\ mA}\ .$$

g) $R_L = 0$: $I_C = I_q$, $R_L = 750\ \Omega$: $I_C = I_q \cdot \dfrac{680\ k\Omega}{680{,}75\ k\Omega} = 0{,}999 \cdot I_q$.

Der Strom ändert sich um 1‰.

h) $$\frac{dI_C}{dU_B} \approx \frac{\dfrac{r_Z}{R + r_Z} \cdot \dfrac{B_N \cdot r_{CE}}{r_e + R_E} + 1}{R_L + r_{CE} \cdot \left(1 + B_N \cdot \dfrac{R_E}{r_e + R_E}\right)} \approx 50 \frac{\mu A}{V}\Bigg|_{R_L = 0}\ .$$ $R_L = 0$ ist der "worst case".

A6.4	Emitterschaltung als einfacher Kleinsignalverstärker

Zu untersuchen sei die folgende Emitterschaltung, wobei die Kennlinien der Aufg. **A6.1** zugrundegelegt werden.

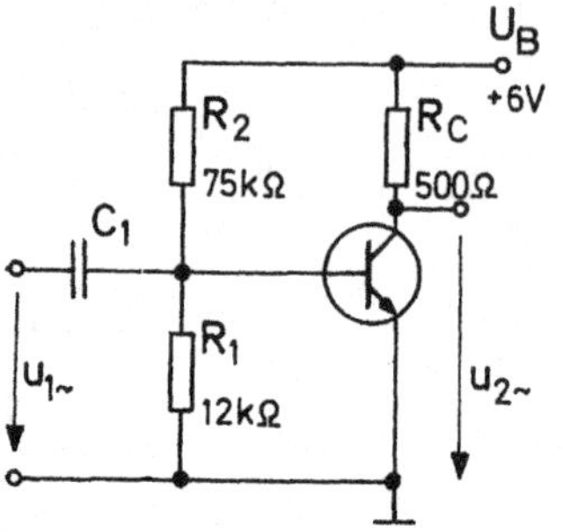

a) Man bestimme die Wertepaare I_B/U_{BE} und I_C/U_{CE} sowie die zugehörige statische Stromverstärkung B zum Arbeitspunkt.

b) Man bestimme zum Arbeitspunkt angenähert die differentiellen Kenngrößen r_{BE}, s, β und r_{CE} sowie die Earlyspannung U_y.

c) Welche Spannungsverstärkung V_u ergibt sich bei mittleren Frequenzen (C_1 schließt kurz)?

Lösungen

a) Man ersetzt den Basisspannungsteiler durch eine Ersatzspannungsquelle mit den Parametern U_q und R_i und konstruiert die Widerstandsgerade im I_B -U_{BE} -Feld. Man findet im Schnittpunkt I_B/U_{BE}. Anschließend konstruiert man die Widerstandsgerade (Lastgerade) im I_C -U_{CE} -Feld und findet damit I_C/U_{CE}.

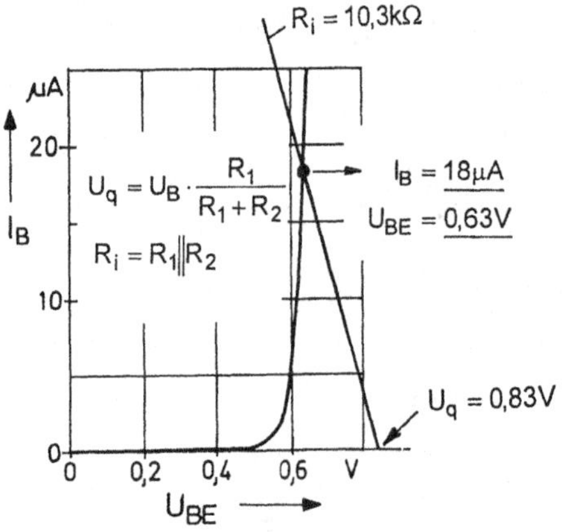

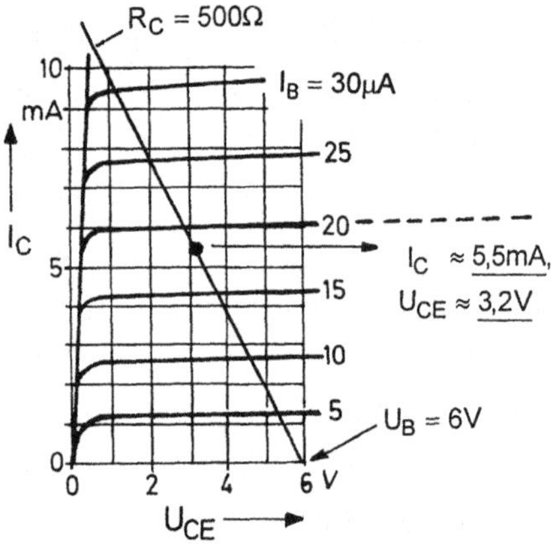

Statische Stromverstärkung: $B = \frac{I_C}{I_B} = \frac{5{,}5\ \text{mA}}{18\ \mu\text{A}} \approx \underline{300}$.

b) Bei $I_C = 5{,}5$ mA wird $m \cdot U_T \approx 30$ mV angesetzt (siehe Übersichtsblatt):

$$r_{BE} \approx \frac{m \cdot U_T}{I_B} \approx \frac{30\ \text{mV}}{18\ \mu\text{A}} = \underline{1{,}66\ k\Omega}\,,\quad s \approx \frac{I_C}{m \cdot U_T} \approx \frac{5{,}5\ \text{mA}}{30\ \text{mV}} = \underline{183\frac{\text{mA}}{\text{V}}},\quad \beta = s \cdot r_{BE} \approx \underline{300}\,.$$

Wegen der geringen Steigung der I_C -U_{CE} -Kennlinien muß man diese zur Bestimmung von r_{CE} stark verlängern (gestrichelt). Man findet dann in grober Näherung:

$$r_{CE} = \frac{\Delta U_{CE}}{\Delta I_C} \approx \frac{6\ \text{V}}{0{,}2\ \text{mA}} = \underline{30\ k\Omega} \rightarrow U_y \approx r_{CE} \cdot I_C = 30\ k\Omega \cdot 5{,}5\ \text{mA} = \underline{165\ \text{V}}\,.$$

c) $V_u = \frac{u_{2\sim}}{u_{1\sim}} = -s \cdot (R_C \| r_{CE}) \approx -s \cdot R_C = -183\frac{\text{mA}}{\text{V}} \cdot 0{,}5\ k\Omega \approx \underline{-90}$ (vgl. Aufg. **A5.5** und **B42**).

A6.5	**Emitterschaltung mit Emitterwiderstand**

Gegeben seien folgende Schaltung und die Transistorkennlinien.
Durch den Widerstand R_E wird eine Reihengegenkopplung eingeführt.

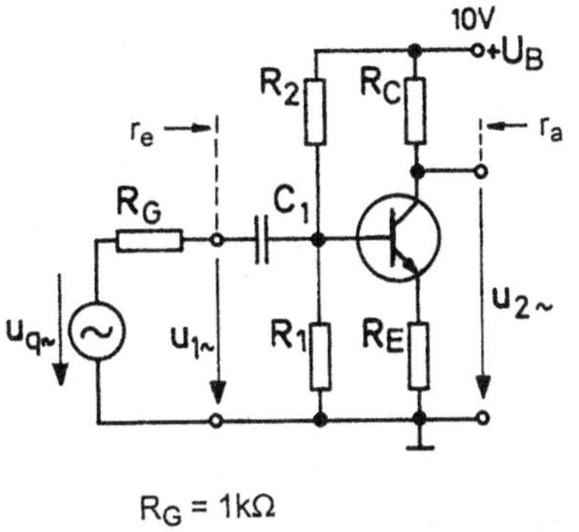

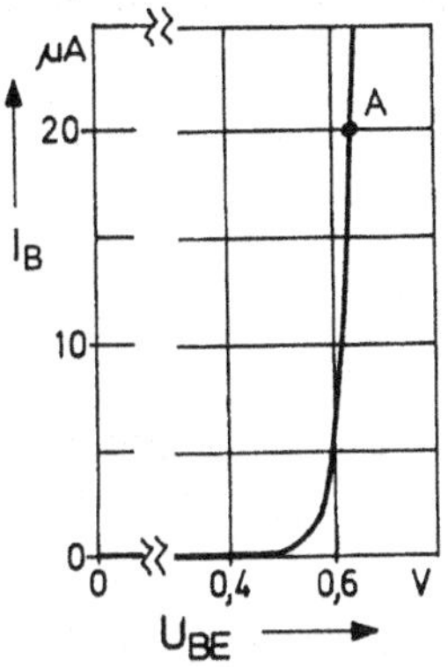

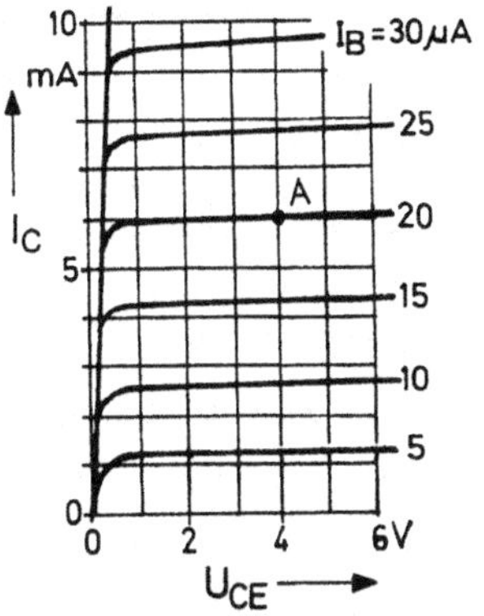

a) Man bestimme die Widerstände R_1, R_2, R_E und R_C für den eingetragenen Arbeitspunkt A. Dabei soll der Spannungsabfall über R_E 1,2V betragen, und der Strom über R_1 soll gleich dem Dreifachen des Basisstromes sein.

b) Welchen Eingangswiderstand r_e und Ausgangswiderstand r_a (unter Einbeziehung von R_C) weist die Schaltung bei mittleren Frequenzen auf?

c) Welche Spannungsverstärkungen V_u und V_{uq} (bezogen auf $u_{q\sim}$) ergeben sich?

Lösungen

a) $R_E = \frac{U_E}{I_E} \approx \frac{1{,}2\ \text{V}}{6\ \text{mA}} = \underline{200\ \Omega}\quad (I_C \approx I_E)$.

$$R_C = \frac{U_B - U_E - U_{CE}}{I_C} = \frac{10\ \text{V} - 1{,}2\ \text{V} - 4\ \text{V}}{6\ \text{mA}} = \underline{800\ \Omega}\quad (820\ \Omega\ \text{Normwert}) .$$

$$R_1 = \frac{U_E + U_{BE}}{3 \cdot I_B} \approx \frac{1{,}2\ \text{V} + 0{,}63\ \text{V}}{3 \cdot 20\ \mu\text{A}} \approx \underline{30{,}5\ \text{k}\Omega}\quad (30\ \text{k}\Omega\ \text{Normwert der Normreihe E24}).$$

$$R_2 = \frac{U_B - U_E - U_{BE}}{(3+1) \cdot I_B} = \frac{10\ \text{V} + 1{,}83\ \text{V}}{4 \cdot 20\ \mu\text{A}} \approx \underline{102\ \text{k}\Omega}\quad (100\ \text{k}\Omega\ \text{Normwert}) .$$

b) $r_e \approx R_1 \| R_2 \| (r_{BE} + \beta \cdot R_E)$. Mit $r_{BE} \approx \frac{m \cdot U_T}{I_B} \approx \frac{30\ \text{mV}}{20\ \mu\text{A}} = 1{,}5\ \text{k}\Omega$ und $\beta \approx 300$ wird:

$r_e \approx 30\ \text{k}\Omega \| 100\ \text{k}\Omega \| (1{,}5\ \text{k}\Omega + 60\ \text{k}\Omega) \approx \underline{17\ \text{k}\Omega}$. Mit $R'_G = R_G \| R_1 \| R_2$ wird:

$r_a \approx R_C \left\| r_{CE} \cdot \left[1 + \frac{\beta R_E}{r_{BE} + R_E + R'_G}\right]\right.$. Bei $r_{CE} \approx 30\ \text{k}\Omega$ wird: $r_a \approx R_C = \underline{820\ \Omega}$ [3].

c) $V_u = \frac{u_{2\sim}}{u_{1\sim}} = -s' R_C = -\frac{s}{1 + sR_E} \cdot R_C$. Mit $s \approx \frac{I_C}{m \cdot U_T} \approx \frac{6\ \text{mA}}{30\ \text{mV}} = 200\ \text{mS}$ ist $sR_E >> 1$, *)

$\rightarrow V_u \approx -\frac{R_C}{R_E} = -\frac{0{,}82\ \text{k}\Omega}{0{,}2\ \text{k}\Omega} \approx \underline{-4}$, $V_{uq} = \frac{u_{2\sim}}{u_{q\sim}} = V_u \cdot \frac{r_e}{r_e + R_G} = -4 \cdot \frac{17\ \text{k}\Omega}{18\ \text{k}\Omega} \approx \underline{-3{,}8}$.

---

*) s' ist die effektive (reduzierte) Steilheit aufgrund der Gegenkopplung [3].

A6.6	Emitterschaltung mit überbrücktem Emitterwiderstand

Gegeben sei folgende Schaltung mit kapazitiv überbrücktem Emitterwiderstand, die auf einen Lastwiderstand R_L arbeitet. Bei gleichen Widerständen und dem gleichen Transistor wie im Beispiel **A6.5** stellt sich auch der gleiche Arbeitspunkt ein:

$I_C = 6\,mA,\ U_{CE} = 4\,V$
$I_B = 20\,\mu A,\ U_{BE} = 0{,}63\,V,$
$\beta \approx 300,\ s \approx 200\,mS,\ r_{BE} = 1{,}5\,k\Omega$

bei

$R_E = 200\,\Omega,\ R_C = 820\,\Omega,$
$R_1 = 30\,k\Omega,\ R_2 = 100\,k\Omega\,.$

$V_{uq} = \dfrac{U_2}{U_q}$

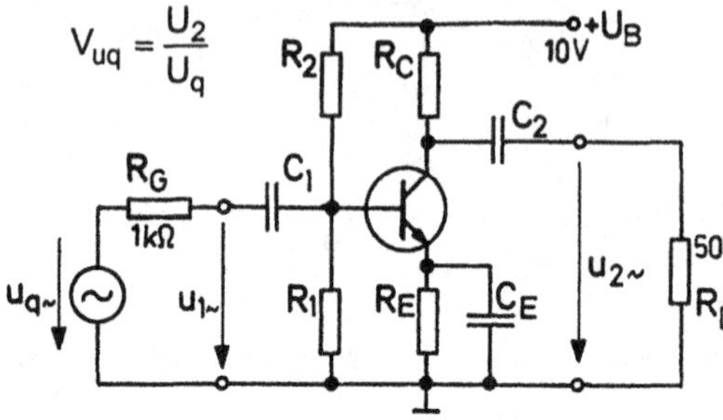

a) Man ermittle den Frequenzgang der Spannungsverstärkung V_{uq} für $C_E = 200\,\mu F$ unter der Annahme beliebig großer Werte für C_1 und C_2.

b) Man entwickle aus a) eine Dimensionierungsformel für den Kondensator C_E.

c) Man bestimme die Koppelkondensatoren C_1 und C_2 zur gegebenen Schaltung so, dass sie den Frequenzgang der Spannungsverstärkung nur unwesentlich beeinflussen.

d) Welche Spannung tritt bei mittleren Frequenzen über den Kondensatoren C_1 und C_2 auf?

e) Ab welcher Amplitude der Quellenspannung wird bei mittleren Frequenzen die Ausgangsspannung begrenzt?

Lösungen

a)

Ersatzbild für $r_{CE} \gg R'_C$

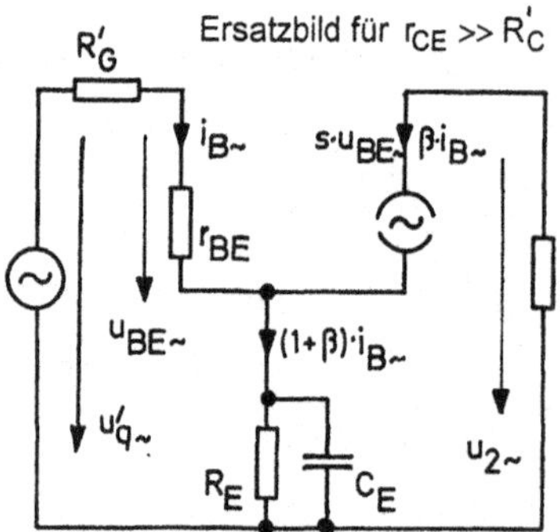

In komplexer Schreibweise:

$$\underline{U}'_q = \underline{U}_q \cdot \frac{R_P}{R_G + R_P} \quad \text{mit } R_P = R_1 \| R_2 \approx 23\,k\Omega\,,$$

$$R'_G = R_P \| R_G \approx 1\,k\Omega\,,\quad R'_C = R_C \| R_L \approx 310\,\Omega\,.$$

$$\underline{U}'_q = \underline{I}_B \cdot \left(R'_G + r_{BE}\right) + \underline{I}_B (1+\beta) \cdot \frac{R_E}{1 + j\omega C_E R_E}$$

$$-\underline{U}_2 = \beta \cdot \underline{I}_B \cdot R'_C \rightarrow \underline{I}_B = -\frac{\underline{U}_2}{\beta R'_C}. \text{ Damit wird:}$$

$$\underline{U}_q \cdot \frac{R_P}{R_G + R_P} = -\frac{\underline{U}_2}{\beta R'_C} \cdot \left[R'_G + r_{BE} + \frac{(1+\beta) \cdot R_E}{1 + j\omega C_E R_E} \right].$$

Mit $1 + \beta \approx \beta$ und $r_{BE}/\beta = \dfrac{1}{s}$ folgt nach Zwischenrechnung:

$$\underline{V}_{uq} = \frac{\underline{U}_2}{\underline{U}_q} \approx -\frac{R_P}{R_G + R_P} \cdot \frac{R'_C}{R_E + \frac{R'_G}{\beta} + \frac{1}{s}} \cdot \frac{1 + j\omega C_E R_E}{1 + j\omega C_E R_E \cdot a} \quad \text{mit } a = \frac{\frac{R'_G}{\beta} + \frac{1}{s}}{R_E + \frac{R'_G}{\beta} + \frac{1}{s}} < 1.$$

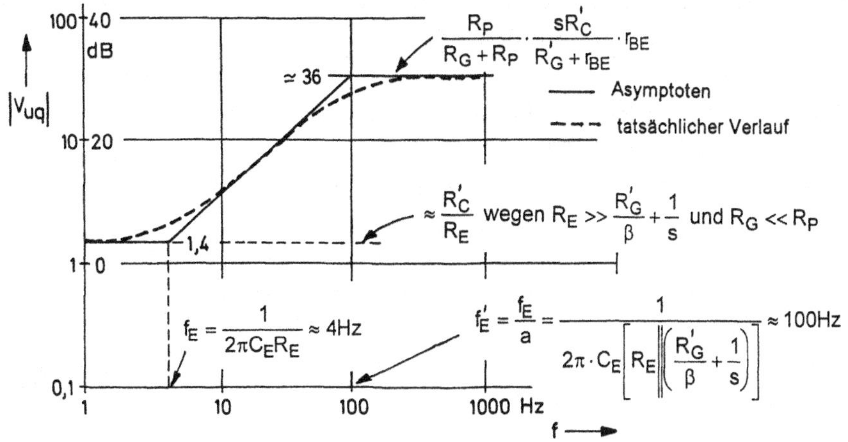

b) Man setzt für die gewünschte bzw. vorgegebene untere Grenzfrequenz $f_g = f_E'$.

Damit folgt: $C_E = \dfrac{1}{2\pi \cdot f_g \cdot \left[R_E \left\| \left(\dfrac{R_G'}{\beta} + \dfrac{1}{s}\right)\right.\right]} \approx \dfrac{1}{2\pi \cdot f_g \cdot \left[R_E \left\| \dfrac{1}{s}\right.\right]}$ für $R_G \to 0$.

c) In diesem Fall müssen die entsprechenden Eckfrequenzen f_1 und f_2 genügend weit unterhalb $f_g = f_E'$ liegen. Gewählt wird hier: $f_1 = f_2 = f_E = 4$ Hz.

$$f_1 \approx \frac{1}{2\pi C_1 \cdot [R_G + R_P \| (r_{BE} + \beta R_E)]} \to C_1 \approx \frac{1}{2\pi \cdot 4\frac{1}{s} \cdot [1\,\text{k}\Omega + (23\,\text{k}\Omega \| 61\,\text{k}\Omega)]} \approx \underline{2{,}2\,\mu\text{F}},$$

$$f_2 \approx \frac{1}{2\pi C_2 \cdot [R_C + R_L]} \to C_2 \approx \frac{1}{2\pi \cdot 4\frac{1}{s} \cdot 1320\,\Omega} \approx \underline{30\,\mu\text{F}}.$$

d) Die Kondensatoren C_1 und C_2 bilden bei mittleren Frequenzen ($f > f_g$) einen Wechselstromkurzschluß. Es tritt dann praktisch nur eine Gleichspannung auf:

$U_{C1} = U_{BE} + I_E \cdot R_E \approx 0{,}63\text{ V} + 1{,}2\text{ V} \approx \underline{1{,}8\text{ V}}$.

$U_{C2} = U_B - I_C \cdot R_C = 10\text{ V} - 6\text{ mA} \cdot 0{,}82\text{ k}\Omega \approx \underline{5\text{ V}}$.

e)

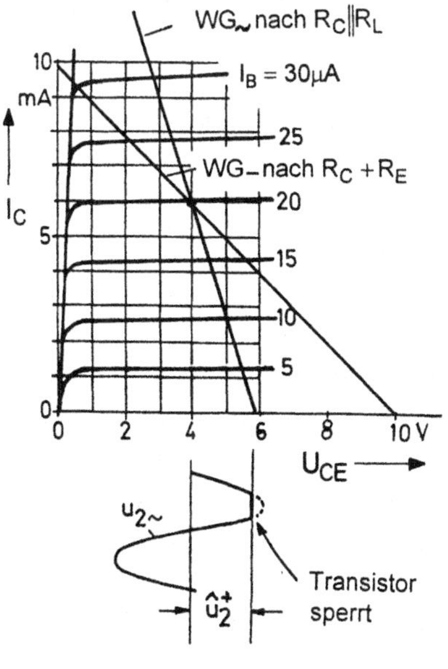

Man zeichnet die dynamische Widerstandsgerade WG~ und findet eine einseitige Begrenzung der Spannung $u_{2\sim}$ bei $\hat{u}_2^+ \approx 1{,}9$ V.

Damit folgt:

$$\hat{u}_q = \frac{\hat{u}_2^+}{|V_{uq}|} \approx \frac{1{,}9\text{ V}}{36} = \underline{53\text{ mV}}.$$

Alternative Bestimmung von $\hat{u}_2^+$:

$$\hat{u}_2^+ = (U_B - U_{C2}) \cdot \frac{R_L}{R_C + R_L} \approx 5\text{ V} \cdot \frac{500}{1320} \approx \underline{1{,}9\text{ V}}.$$

Beim augenblicklich sperrenden Transistor entfällt auf die Widerstände $R_C + R_L$ die Spannung $U_B - U_{C2}$.

A6.7	Emitterfolger als Kleinsignalverstärker

Gegeben seien folgende Kollektorschaltungen, aufgebaut mit dem gleichen Transistor wie in den vorigen Aufgaben .

Arbeitspunkt (gleich):
$I_C \approx$ 6mA, $U_{CE} \approx 4V$
$I_B \approx 20\mu A$, $U_{BE} \approx 0{,}6V$.

Dynamische Kenndaten:

$\beta \approx 300$, $s \approx 200mS$, $r_{BE} \approx 1{,}5k\Omega$

A) Grundschaltung

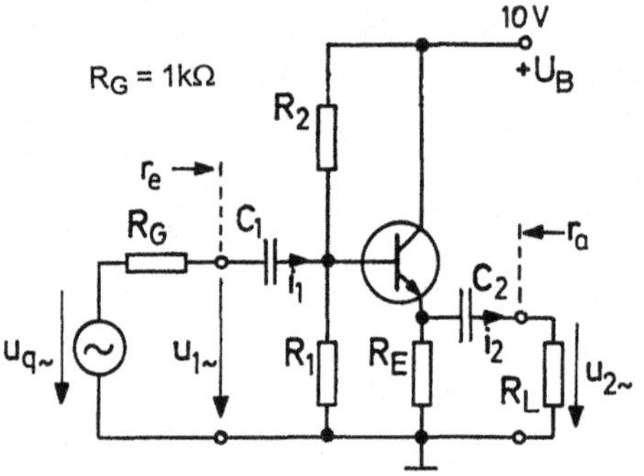

B) Bootstrapschaltung

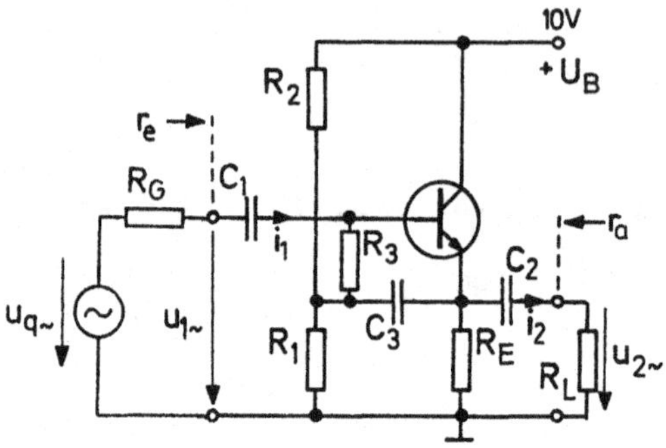

Variante A

a) Man bestimme die Widerstände R_1, R_2 und R_E mit der Maßgabe, dass über R_1 der 5-fache Basistrom fließt⁺).

b) Man bestimme für mittlere Frequenzen den Eingangswiderstand r_e, wenn die Schaltung unbelastet ist ($R_L \to \infty$).

c) Man bestimme die Spannungsverstärkungen V_u und V_{uq} für $R_L \to \infty$.

d) Man bestimme den Ausgangswiderstand r_a.

Variante B

a) Man erniedrige die Widerstände R_1 und R_2 auf ein Zehntel gegenüber Variante A und bestimme dazu den Widerstand R_3 bei unverändertem Widerstand R_E.

b), c) und d) wie bei Variante A.

Lösungen zu Variante A gerundet auf Normwert der Reihe E 24

a) $R_E \approx \dfrac{6\,V}{6\,mA} = \underline{1\,k\Omega}$, $R_1 \approx \dfrac{6{,}6\,V}{5 \cdot 20\,\mu A} \approx \underline{68\,k\Omega}$, $R_2 \approx \dfrac{3{,}4\,V}{6 \cdot 20\,\mu A} \approx \underline{27\,k\Omega}$.

b)

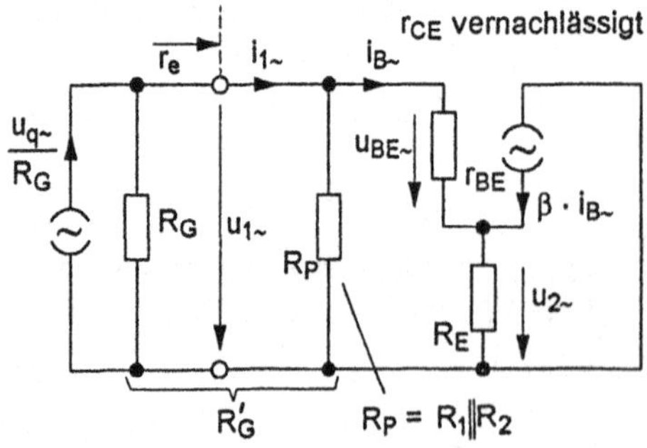

$$u_{1\sim} = u_{BE\sim} + u_{2\sim} \qquad (1)$$
$$u_{BE\sim} = i_{B\sim} \cdot r_{BE} \qquad (2)$$
$$u_{2\sim} = (i_{B\sim} + \beta \cdot i_{B\sim}) \cdot R_E \qquad (3)$$
$$u_{1\sim} = i_{B\sim} \cdot [r_{BE} + (1+\beta) \cdot R_E]$$

Mit $1+\beta \approx \beta$ und $R_P = R_1 \| R_2$ folgt :

$r_e \approx R_P \| (r_{BE} + \beta R_E) = 19{,}3\ k\Omega \| 300\ k\Omega$
$\approx \underline{18\ k\Omega}$.

c) Mit den Gln. (1) bis (3) folgt:

$$V_u = \frac{u_{2\sim}}{u_{1\sim}} \approx \frac{\beta \cdot R_E}{r_{BE} + \beta \cdot R_E} = \frac{R_E}{\frac{1}{s} + R_E} = \frac{1000\ \Omega}{5\ \Omega + 1000\ \Omega} \approx \underline{0{,}99}$$

$$V_{uq} = \frac{u_{2\sim}}{u_{q\sim}} = \frac{u_{2\sim}}{u_{1\sim}} \cdot \frac{u_{1\sim}}{u_{q\sim}} = V_u \cdot \frac{r_e}{R_G + r_e} = \frac{R_G'}{R_G} \cdot \frac{R_E}{\frac{1}{s} + \frac{R_G'}{\beta} + R_E} \approx \underline{0{,}94}\,.$$

d) Leerlauf ($R_L = \infty$):

$$u_{2\sim} = u_{20\sim} = u_{q\sim} \cdot \frac{R_G'}{R_G} \cdot \frac{R_E}{\frac{1}{s} + \frac{R_G'}{\beta} + R_E}$$

Kurzschluss ($R_L = 0$):

$$i_{2k\sim} = \frac{u_{q\sim}}{R_G} \cdot \frac{R_G'}{r_{BE} + R_G'} \cdot (1+\beta)$$

$$r_a = \frac{u_{20\sim}}{i_{2k\sim}} \approx \frac{R_E \cdot \left(\frac{1}{s} + \frac{R_G'}{\beta}\right)}{R_E + \frac{1}{s} + \frac{R_G'}{\beta}} = R_E \Big\| \left(\frac{1}{s} + \frac{R_G'}{\beta}\right) \approx \underline{8\ \Omega}\,.$$

Der Ausgangswiderstand ist erwartungsgemäß niedrig.

Lösungen zu Variante B)

a) Jetzt: $R_P = R_1 \| R_2 = 1{,}93\ \text{k}\Omega$ statt $19{,}3\ \text{k}\Omega \rightarrow R_3 = 19{,}3\ \text{k}\Omega - 1{,}93\ \text{k}\Omega \approx \underline{17{,}4\ \text{k}\Omega}$ für gleichen Arbeitspunkt.

b)

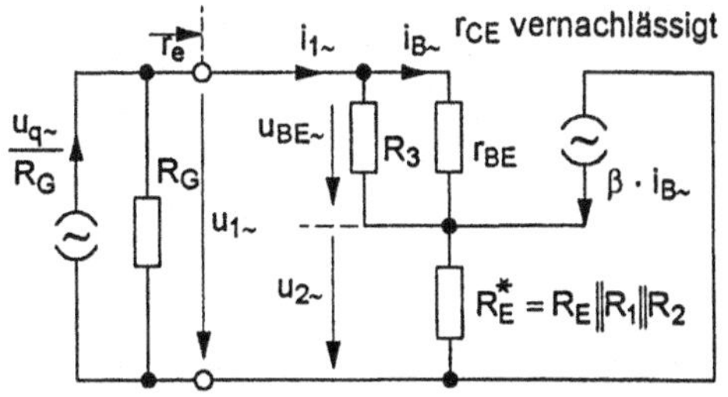

$$u_{1\sim} = u_{BE\sim} + u_{2\sim} \qquad (1)$$

$$u_{BE\sim} = i_{1\sim} \cdot (R_3 \| r_{BE}) \qquad (2)$$

$$u_{2\sim} = (i_{1\sim} + \beta \cdot i_{B\sim}) \cdot R_E^* \qquad (3)$$

$$i_{B\sim} = i_{1\sim} \cdot \frac{R_3}{R_3 + r_{BE}} \qquad (4)$$

Wegen $\beta \cdot \frac{R_3}{R_3 + r_{BE}} >> 1$ folgt: $r_e = \frac{u_{1\sim}}{i_{1\sim}} \approx \frac{R_3}{R_3 + r_{BE}} \cdot \left(r_{BE} + \beta \cdot R_E^*\right) \approx \underline{180\ \text{k}\Omega}$.
verzehnfacht!

c) Weiter folgt mit den Gln. (1) bis (4):

$$V_u = \frac{u_{2\sim}}{u_{1\sim}} \approx \frac{\left(1 + \beta \cdot \frac{R_3}{R_3 + r_{BE}}\right) \cdot R_E^*}{\frac{R_3}{R_3 + r_{BE}} \cdot \left(r_{BE} + \beta R_E^*\right)} \approx \frac{\beta \cdot R_E^*}{r_{BE} + \beta \cdot R_E^*} = \frac{R_E^*}{\frac{1}{s} + R_E^*} \approx \underline{0{,}99}$$

$$V_{uq} = \frac{u_{2\sim}}{u_{q\sim}} = \frac{u_{2\sim}}{u_{1\sim}} \cdot \frac{u_{1\sim}}{u_{q\sim}} = V_u \cdot \frac{r_e}{R_G + r_e} \approx \frac{R_E^*}{\frac{1}{s} + R_E^*} \cdot \frac{1}{1 + \frac{R_G \cdot (R_3 + r_{BE})}{R_3 \cdot \left(r_{BE} + \beta R_E^*\right)}} \approx \underline{0{,}99}\,.$$

d) $$r_a = \frac{u_{20\sim}}{i_{2k\sim}} \approx \frac{R_E^* \cdot \left(\frac{1}{s} + \frac{R_G \cdot (R_3 + r_{BE})}{\beta \cdot R_3}\right)}{R_E^* + \frac{1}{s} + \frac{R_G \cdot (R_3 + r_{BE})}{\beta R_3}} = R_E^* \Big\| \left(\frac{1}{s} + \frac{R_G}{\beta} \cdot \frac{R_3 + r_{BE}}{R_3}\right) \approx \underline{8\ \Omega}\,.$$

(unverändert)

+) Mit dieser Maßgabe wird der Eingangsteiler relativ niederohmig (Nachteil), der Arbeitspunkt aber relativ unempfindlich gegenüber Änderungen der Stromverstärkung (Vorteil).

A7 Operationsverstärker (OP)

Idealer OP: $i_P = i_N = 0$, Leerlaufverstärkung $V_0 \rightarrow \infty$

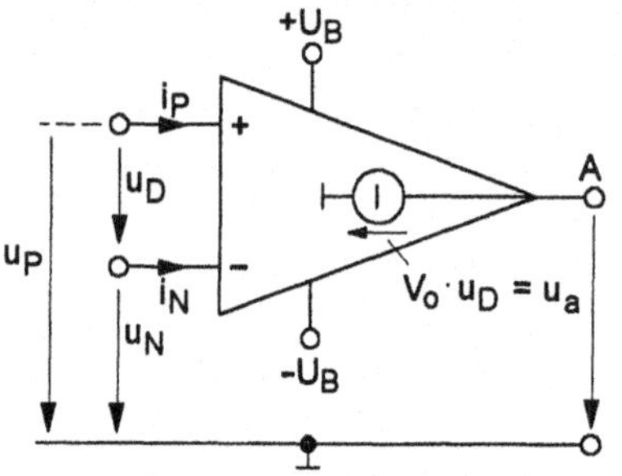

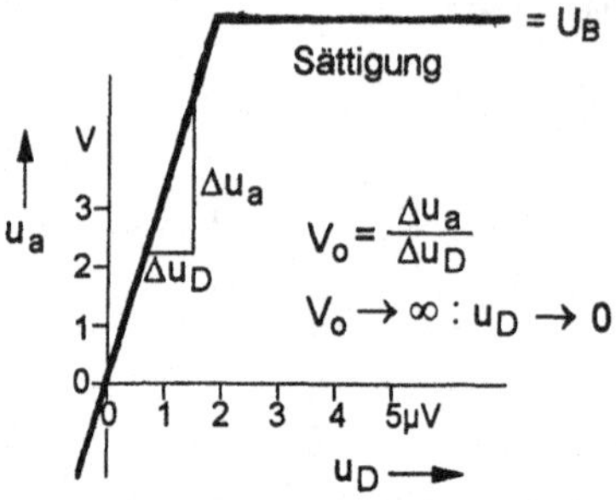

$$V_0 = \frac{\Delta u_a}{\Delta u_D}$$

$$V_0 \rightarrow \infty : u_D \rightarrow 0$$

Gleichtaktspannung $u_{Gl} = \dfrac{u_P + u_N}{2}$ ist unwirksam.

Nichtinvertierender Verstärker

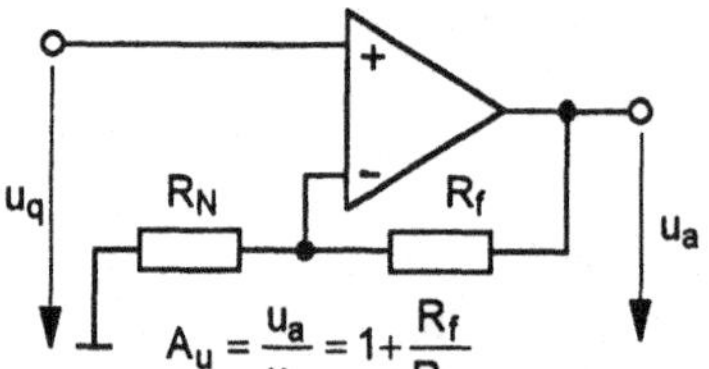

$$A_u = \frac{u_a}{u_q} = 1 + \frac{R_f}{R_N}$$

Invertierender Verstärker

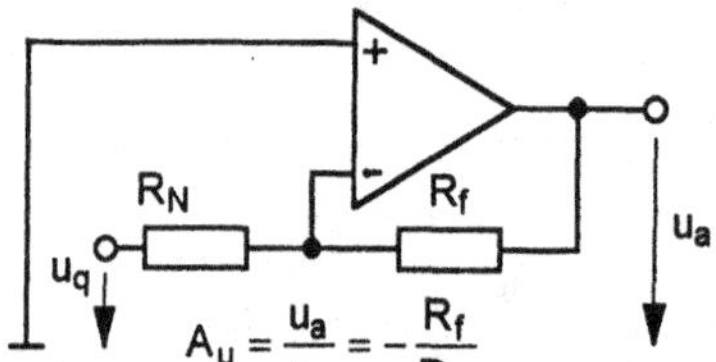

$$A_u = \frac{u_a}{u_q} = -\frac{R_f}{R_N}$$

Nichtidealer OP

mit endlicher und frequenzabhängiger (komplexer) Leerlaufverstärkung $\underline{V}_0$

nichtinvertierend

$$\underline{A}_u = \frac{\underline{U}_a}{\underline{U}_q} = \frac{\underline{V}_0}{1 + \underline{V}_0 \cdot \dfrac{R_N}{R_N + R_f}}$$

$$= \left(1 + \frac{R_f}{R_N}\right) \cdot \underline{C} \text{ — Korrekturfaktor}$$

invertierend

$$\underline{A}_u = \frac{\underline{U}_a}{\underline{U}_q} = -\frac{\underline{V}_0 \cdot \dfrac{R_f}{R_N + R_f}}{1 + \underline{V}_0 \cdot \dfrac{R_N}{R_N + R_f}} \qquad [3]$$

$$= -\frac{R_f}{R_N} \cdot \underline{C} \text{ — Korrekturfaktor}$$

$$\underline{C} = \frac{1}{1 + \dfrac{1}{\underline{V}_0 \cdot \dfrac{R_N}{R_N + R_f}}} = \frac{1}{1 - \dfrac{1}{\underline{V}_s}} \approx 1 \text{ für } |\underline{V}_s| >> 1, \quad \underline{V}_s = -\underline{V}_0 \cdot \underbrace{\frac{R_N}{R_N + R_f}}_{K} \text{ Schleifenverstärkung.}$$

K = Rückkopplungsfaktor

Beispiel für $V_0(f)$ mit "voller Korrektur" auf 20dB/Dekade.

f_{E0} = Eckfrequenz

f_T = Transitfrequenz

$= V_0(0) \cdot f_{E0}$

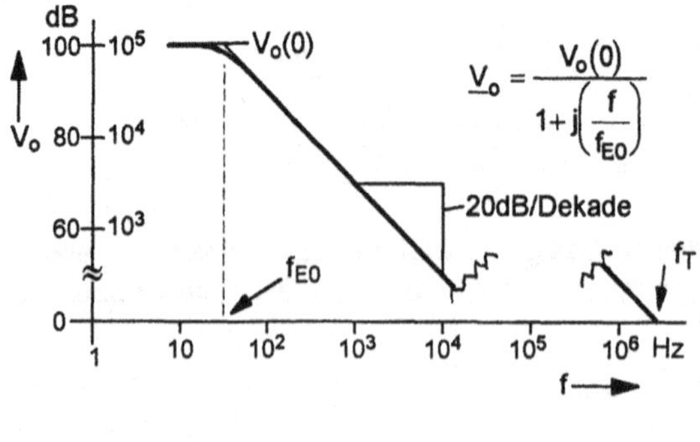

$$\underline{V}_0 = \frac{V_0(0)}{1 + j\left(\dfrac{f}{f_{E0}}\right)}$$

Nichtidealer OP

mit Eingangsstrom und Eingangsoffsetspannung U_{os}

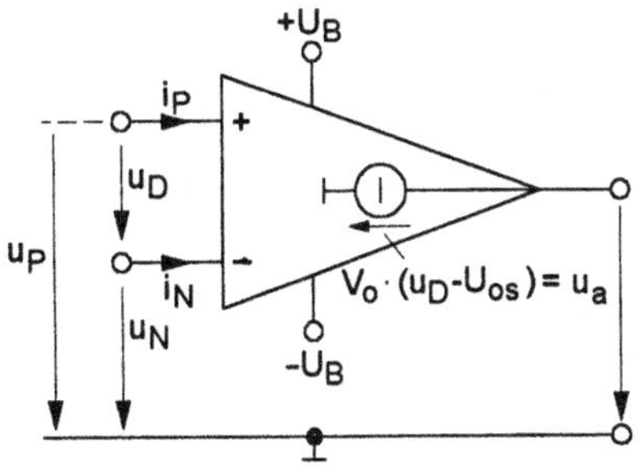

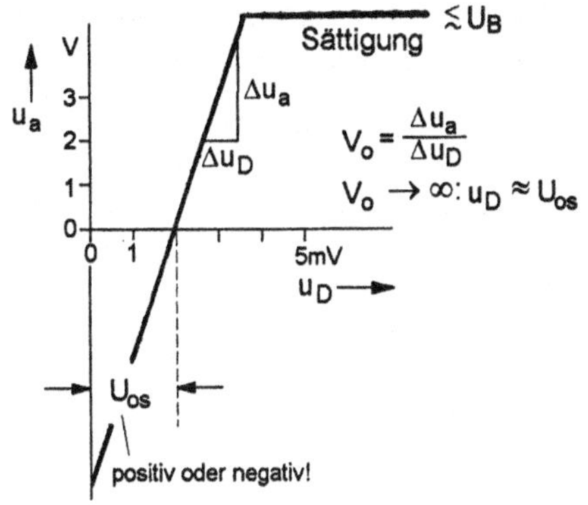

$$U_{os} = U_{oso} + \frac{\partial U_{os}}{\partial T} \cdot \Delta T + \frac{\partial U_{os}}{\partial U_B} \cdot \Delta U_B + \frac{1}{G} \cdot u_{Gl}$$

- U_{oso}: Ruhewert
- $\frac{\partial U_{os}}{\partial T} \cdot \Delta T$: Temperaturdrift
- $\frac{\partial U_{os}}{\partial U_B}$: Betriebsspannungsdrift $\rightarrow (SVRR)^{-1}$
- $\frac{1}{G} \cdot u_{Gl}$: Gleichtaktsteuerung
- G: Gleichtaktunterdrückung $\rightarrow G = CMRR$

Statische Eingangsströme

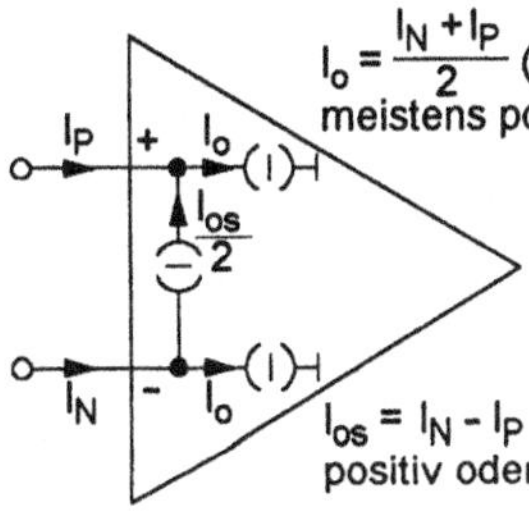

$I_o = \frac{I_N + I_P}{2}$ (mtl. Ruhestrom) meistens positiv

$I_{os} = I_N - I_P$ (Offsetstrom) positiv oder negativ

Dynamische Eingangsströme

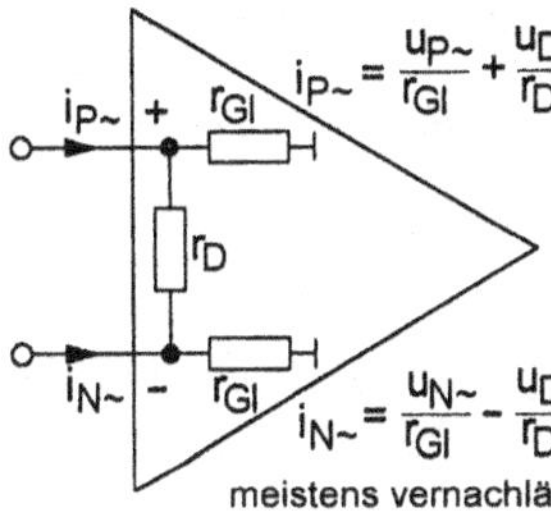

$i_{P\sim} = \frac{u_{P\sim}}{r_{Gl}} + \frac{u_{D\sim}}{r_D}$

$i_{N\sim} = \frac{u_{N\sim}}{r_{Gl}} - \frac{u_{D\sim}}{r_D}$

meistens vernachlässigbar

Ausgangswiderstand r_a' und Fehlerspannung U_{aF}

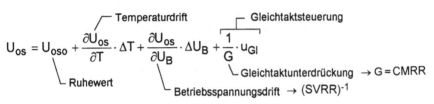

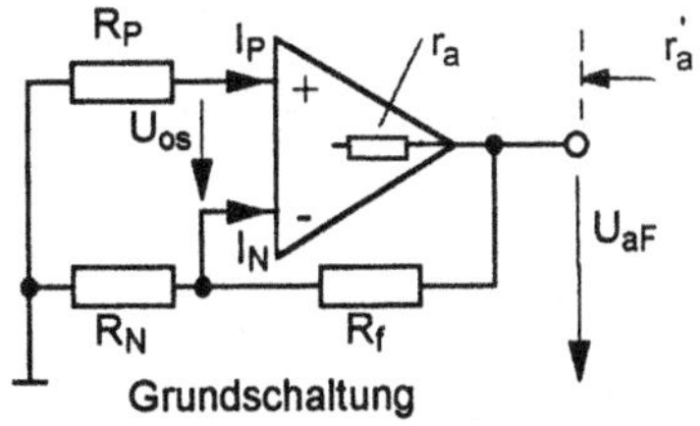

Grundschaltung (ohne Ansteuerung)

$$r_a' = \frac{r_a}{1 + V_o \cdot \frac{R_N}{R_N + R_f}} = \frac{r_a}{1 + |V_s|} \approx \frac{r_a}{|V_s|} \qquad [3]$$

$$U_{aF} = -U_{os} \cdot \left(1 + \frac{R_f}{R_N}\right) - I_P \cdot R_P \cdot \left(1 + \frac{R_f}{R_N}\right) + I_N \cdot R_f \qquad [3]$$

Weitere Darstellungsform für U_{aF} mit I_o und I_{os}:

$$U_{aF} \approx -\left(1 + \frac{R_f}{R_N}\right) \cdot \left\{U_{os} - I_o\left[\left(R_N \| R_f\right) - R_P\right] - \frac{I_{os}}{2}\left[\left(R_N \| R_f\right) + R_P\right]\right\}$$

mit $1 + \frac{R_f}{R_N} = \frac{1}{K}$!

A7.1	Nichtinvertierender Verstärker

Gegeben sei ein Operationsverstärker vom Typ 741 mit interner Frequenzgangkorrektur, der folgende Kennwerte für $T_U = 25°C$ besitzt:

V_0	Leerlaufverstärkung	$2 \cdot 10^5$
f_{E0}	Eckfrequenz	5Hz
f_T	Transitfrequenz	1MHz
U_{os}	Eingangs-Offsetspannung	± 2mV *)
$\frac{\partial U_{os}}{\partial T}$	Offsetspannungsdrift	$\pm 10 \frac{\mu V}{K}$
I_0	mtl. Eingangsruhestrom	+ 300nA
I_{os}	Offsetstrom	± 50nA
$\frac{\partial I_{os}}{\partial T}$	Offsetstromdrift	$\pm 50 \frac{pA}{K}$
SVRR	Betriebsspannungsunterdrückung	100dB (supply voltage rejection ratio)
CMRR	Gleichtaktunterdrückung	90dB (common mode rejection ratio)

Anschlußbild (von oben)

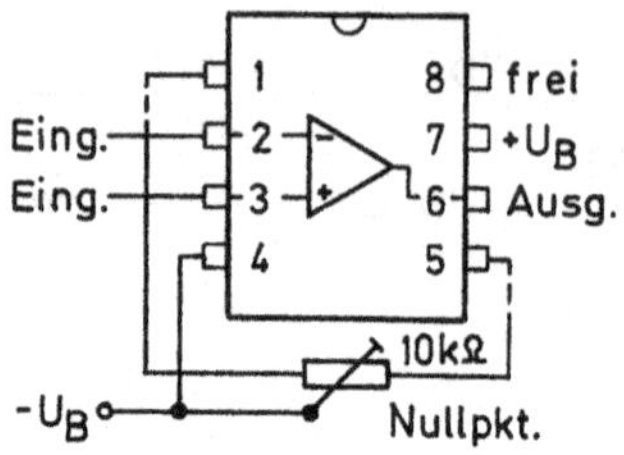

a) Man gebe eine möglichst einfache Schaltung an für annähernd hundertfache Spannungsverstärkung.

b) Wie groß ist der Rückkopplungsfaktor K zur angegebenen Schaltung?

c) Man schreibe zu a) die Übertragungsgleichung an unter Berücksichtigung der Fehlerspannung am Ausgang.

d) Man berechne die Maximalwerte für die Ausgangsfehlerspannung bei 25°C.

e) Man ergänze die Schaltung für eine Nullpunktkorrektur und verbesserte Nullpunktkonstanz.

f) Man ermittle die maximale Fehlerspannung nach c) bei $T_U = 45°C$ nach vorherigem Abgleich bei 25°C.

g) Um welchen Betrag kann sich die Fehlerspannung erhöhen, wenn sich die Betriebsspannung um $\Delta U_B = 1V$ ändert?

h) Was bedeutet die angegebene Gleichtaktunterdrückung im konkreten Fall?

i) Welche Kleinsignalgrenzfrequenz f_g hat die Schaltung?

j) Welche Ausgangsamplitude $\hat{u}_2$ ist bei der Grenzfrequenz f_g noch unverzerrt erreichbar bei einer Slew Rate von 0,5V/µs?

Lösungen

a)

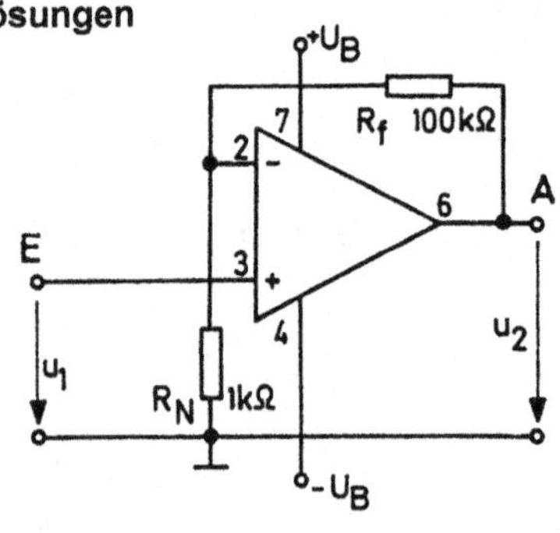

Spannungsverstärkung:

$$\leftarrow V_u = A_u = 1 + \frac{R_f}{R_N} = \underline{101}.$$

b) $$K = \frac{R_N}{R_N + R_f} = \frac{1\,k\Omega}{101\,k\Omega} = \underline{\frac{1}{101}}.$$

$$\frac{1}{K} = A_u!$$

c) $u_2 \approx \left(1+\frac{R_f}{R_N}\right)\cdot u_1 + U_{2F}$ $\qquad U_{2F} \approx \left(1+\frac{R_f}{R_N}\right)\cdot\left[\left(I_0+\frac{I_{os}}{2}\right)\cdot(R_N \| R_f) - U_{os}\right]$,

$\approx 101\cdot u_1 + U_{2F}$ $\qquad \approx 101\cdot\left[\left(I_0+\frac{I_{os}}{2}\right)\cdot 1\,\mathrm{k\Omega} - U_{os}\right]$.

d) Für $I_0 = +300$ nA, $I_{os} = +50$ nA, $U_{os} = -2$ mV wird:

$U_{2F} \approx 101\cdot(0{,}325\,\mu\mathrm{A}\cdot 1\,\mathrm{k\Omega} + 2\,\mathrm{mV}) \approx 235\,\mathrm{mV}$.

Für $I_0 = +300$ nA, $I_{os} = -50$ nA, $U_{os} = +2$ mV wird :

$U_{2F} \approx 101\cdot(0{,}275\,\mu\mathrm{A}\cdot 1\,\mathrm{k\Omega} - 2\,\mathrm{mV}) \approx -170\,\mathrm{mV} \rightarrow \underline{-170\,\mathrm{mV} < U_{2F} < 235\,\mathrm{mV}}$.

e)

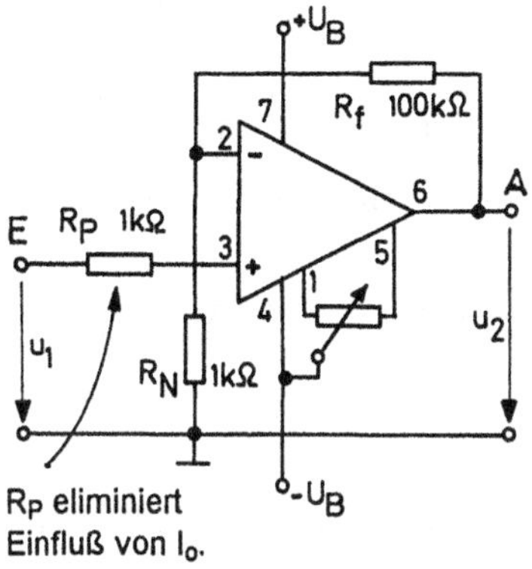

f) 25° C: $U_{2F} = 0$ durch Nullabgleich bei $u_1 = 0$, d.h. Eingang E auf Masse .

$$45°\,\mathrm{C}:\ U_{2F} \approx 101\cdot\frac{\partial I_{os}}{\partial T}\cdot\Delta T\cdot\frac{(R_N \| R_f)+R_P}{2} - 101\cdot\frac{\partial U_{os}}{\partial T}\cdot\Delta T$$

$$|U_{2F}| \le 101\cdot\left[\frac{50\,\mathrm{pA}}{\mathrm{K}}\cdot 1\,\mathrm{k\Omega} + \frac{10\,\mu\mathrm{V}}{\mathrm{K}}\right]\cdot 20\,\mathrm{K} \le 20{,}3\,\mathrm{mV}.$$

bei gleichsinnig wirkenden Driften (worst case).

g) $\mathrm{SVRR} = 100\,\mathrm{dB} \rightarrow 100 = 20\lg\frac{\Delta U_B}{U_{0SB}} \rightarrow \frac{U_{0SB}}{\Delta U_B} = 10^{-5} = 10\frac{\mu\mathrm{V}}{\mathrm{V}}$ **).

Für $\Delta U_B = 1$ V wird $U_{0SB} = 10\,\mu\mathrm{V} \rightarrow U_{2FB} = 10\,\mu\mathrm{V}\cdot 101 \approx 1\,\mathrm{mV}$.

Die zusätzliche Fehlerspannung am Ausgang als Folge einer Betriebsspannungsänderung $\Delta U_B = 1$ V kann also 1 mV betragen und ist damit relativ klein.

h) $\mathrm{CMRR} = 90\,\mathrm{dB} \rightarrow 90 = 20\lg\frac{\Delta U_{Gl}}{U_{0SG}} \rightarrow \frac{U_{0SG}}{\Delta U_{Gl}} = 10^{-4{,}5} = 3{,}16\cdot 10^{-5} = 31{,}6\frac{\mu\mathrm{V}}{\mathrm{V}}$ **).

Für $U_2 = 10$ V ist $U_{Gl} = U_1 = \frac{10\,\mathrm{V}}{101} \approx 0{,}1\,\mathrm{V}$

$\rightarrow U_{0SG} \approx 3{,}16\,\mu\mathrm{V} \rightarrow U_{2FG} \approx 3{,}16\,\mu\mathrm{V}\cdot 101 \approx \underline{0{,}31\,\mathrm{mV}}$.

Der (statische) Gleichtaktfehler beträgt bei einer Ausgangsspannung U_2 = 10 V nur 0,3 mV und ist damit vernachlässigbar. CMRR sinkt jedoch mit zunehmender Frequenz! Der dynamische Gleichtaktfehler ist also größer.

i) Da starke Frequenzgangkorrektur vorliegt mit einem Abfall von 20dB/Dekade in Bezug auf die Leerlaufverstärkung gilt:

$f_g = f_T\cdot K = \frac{10^6\,\mathrm{Hz}}{101} \approx 10^4\,\mathrm{Hz} = \underline{10\,\mathrm{kHz}}$ $\qquad$ [3] .

Das gleiche Ergebnis findet man über den Korrekturfaktor <u>C</u> im Übersichtsblatt.

j) $\hat{u}_2 = \frac{SR}{2\pi f_g} = \frac{0{,}5\,\mathrm{V}}{\mu\mathrm{s}\cdot 2\pi\cdot 10^4\,1/\mathrm{s}} = \underline{7{,}9\,\mathrm{V}}$ $\qquad$ [3] .

*) Vorzeichen unbestimmt! Die Fehlerkennwerte seien Maximalwerte.

**) Betragsverhältnis bei unbestimmtem Vorzeichen.

A7.2	Invertierender Verstärker

Gegeben sei ein Operationsverstärker vom Typ 741 mit den gleichen Daten wie in Aufgabe **A7.1**.

a) Man gebe eine möglichst einfache Schaltung an für annähernd hundertfache Spannungsverstärkung.

b) Wie groß ist der Rückkopplungsfaktor K zur angegebenen Schaltung?

c) Man schreibe zu a) die Übertragungsgleichung an unter Berücksichtigung der Fehlerspannung am Ausgang.

d) Man berechne die Maximalwerte für die Ausgangsfehlerspannung bei 25°C.

e) Man ergänze die Schaltung für eine Nullpunktkorrektur und verbesserte Nullpunktkonstanz.

f) Man ermittle die maximale Fehlerspannung nach c) bei $T_U = 45°C$ nach vorherigem Abgleich bei 25°C.

g) bis j) siehe unter Aufgabe **A7.1**.

k) Man untersuche die Realisierung eines invertierenden Verstärkers mit einstellbarer ausgangsseitiger Offsetspannung im Bereich $\pm 0{,}1 U_B$.

Lösungen

a)

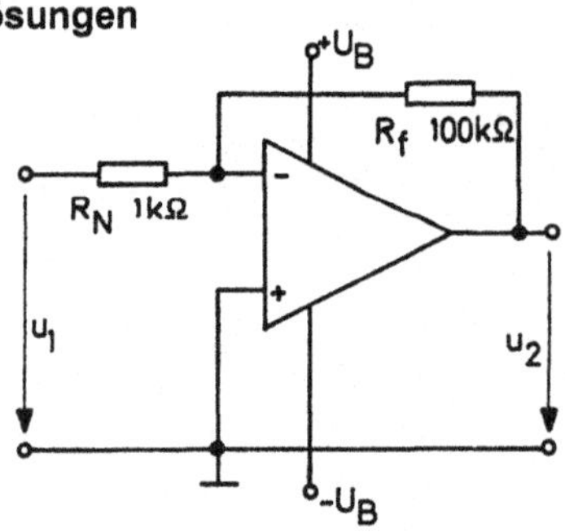

$$V_u = A_u = -\frac{R_f}{R_N} = \underline{-100}.$$

e)

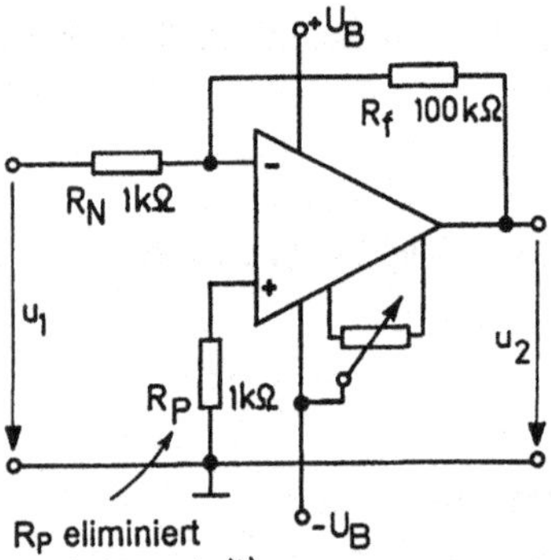

R_P eliminiert Einfluß von I_o *)

b) $$K = \frac{R_N}{R_N + R_f} = \frac{1\,k\Omega}{101\,k\Omega} = \underline{\frac{1}{101}}.$$

c) $$u_2 \approx -\frac{R_f}{R_N} \cdot u_1 + U_{2F} = -100 \cdot u_1 + U_{2F}$$

mit $$U_{2F} \approx \left(1 + \frac{R_f}{R_N}\right) \cdot \left[\left(I_o + \frac{I_{os}}{2}\right) \cdot (R_N \| R_f) - U_{os}\right]$$

$$\approx 101 \cdot \left[\left(I_o + \frac{I_{os}}{2}\right) \cdot 1\,k\Omega - U_{os}\right].$$

d) $-170\text{ mV} < U_{2F} < 235\text{ mV}$ wie in Aufg. **A7.1**.

f) 45°C : $|U_{2F}| \leq 20{,}3\text{ mV}$ wie in Aufg. **A7.1**.
Für $u_1 = 0$ sind die Schaltungen identisch!

g) $U_{2FB} \approx 1\text{ mV}$ wie in Aufg. **A7.1**.

h) Keine Bedeutung. Es tritt bei dieser Schaltung keine Gleichtaktspannung auf!

i) und j) unverändert gegenüber Aufg. **A7.1**.

k)

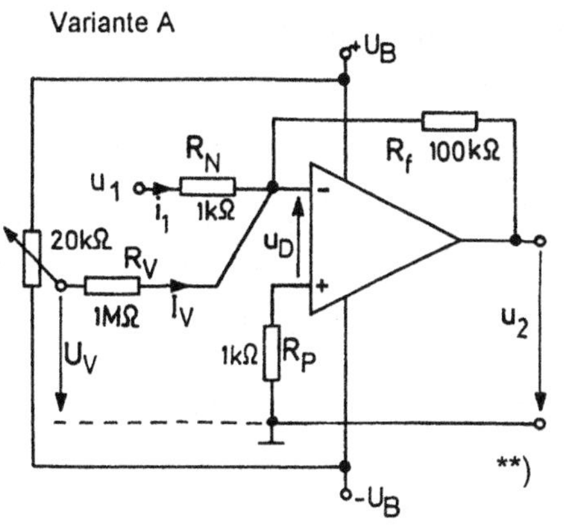

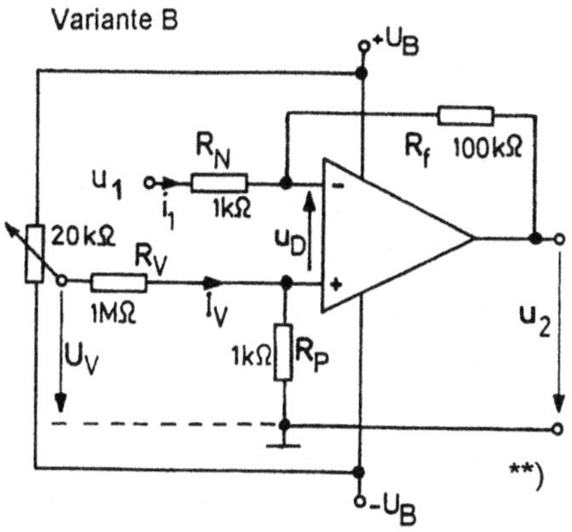

Für einen **idealen** OP ($U_{os} = 0$, $I_P = I_N = 0$, $V_o \to \infty$) gilt nach dem Überlagerungsgesetz:

Variante A:

$$u_2 = -\left(\frac{u_1}{R_N} + \frac{U_V}{R_V}\right) \cdot R_f$$

$$\approx -100 \cdot u_1 - 0{,}1 \cdot U_V; \quad i_1 = \frac{u_1}{R_N}.$$

Variante B:

$$u_2 = -\frac{R_f}{R_N} \cdot u_1 + \frac{R_P}{R_P + R_V} \cdot U_V \cdot \left(1 + \frac{R_f}{R_N}\right)$$

$$\approx -100 \cdot u_1 + 0{,}101 \cdot U_V; \quad i_1 = \frac{u_1}{R_N}.$$

Mit $-U_B \le U_V \le +U_B$ wird die Aufgabe erfüllt. Die gewünschten Offsetspannungen lassen sich einstellen. Beide Schaltungen erscheinen gleichwertig.

Für einen **nichtidealen** OP ($u_D \approx U_{os}$, $I_P = I_N$ vernachlässigbar) gelten die folgenden Maschenumläufe:

$-u_1 + i_1 \cdot R_N - u_D = 0$	(IA)	$-u_1 + i_1 \cdot R_N - u_D + I_V \cdot R_P = 0$	(IB)
$-U_V + I_V \cdot R_V - u_D = 0$	(IIA)	$-U_V + I_V \cdot R_V + I_V \cdot R_P = 0$	(IIB)
$u_D + (i_1 + I_V) \cdot R_f + u_2 = 0$	(IIIA)	$-I_V \cdot R_P + u_D + i_1 \cdot R_f + u_2 = 0$	(IIIB)

Mit $u_D \approx U_{os}$ folgt:

$$u_2 \approx -100 \cdot u_1 - 0{,}1 \cdot U_V - 101 \cdot U_{os}$$

$$i_1 \approx \frac{u_1 + U_{os}}{R_N} \neq \frac{u_1}{R_N}\ !$$

$$u_2 \approx -100 \cdot u_1 + 0{,}101 \cdot U_V - 101 \cdot U_{os}$$

$$i_1 \approx \frac{u_1 + U_{os} - U_V \cdot 1/1001}{R_N} \approx \frac{u_1}{R_N} \Bigg|\ U_V = 1000 \cdot U_{os}.$$

Es treten ausgangsseitig erwartungsgemäß die gleichen einstellbaren Offsetspannungen mit $-0{,}1 \cdot U_V$ bzw. $+0{,}1 \cdot U_V$ wie beim idealen OP auf, zusätzlich aber auch eine Fehlerspannung $-101 \cdot U_{os}$.

Sollen die Schaltungen anstelle eines „Nullpotentiometers“ nur zur Beseitigung der Ausgangsfehlerspannung eingesetzt werden, so gilt Folgendes:

Mit $U_V \approx -1000 \cdot U_{os}$ wird bei A) und mit $U_V \approx +1000 \cdot U_{os}$ wird bei B) die Fehlerspannung kompensiert. Bei B) treten dann auch wieder eingangsseitig ideale Verhältnisse bezüglich eines virtuellen Massepunktes auf. Variante B) ist also zur Offsetkompensation (Fehlerspannungskompensation) besser geeignet als A).

---

*) Bei Operationsverstärkern mit FET-Eingangsstufe verzichtet man auf den Widerstand R_P, weil die Eingangsströme vernachlässigbar klein sind und R_P ansonsten nur als Rauschgenerator wirkt.

**) Nichtgezeichneter Zählpfeil u_1 ist auf Masse gerichtet.

A7.3	Umschaltbarer Gleichspannungsverstärker

Gegeben seien die folgenden Schaltungen mit umschaltbarer Spannungsverstärkung für niedrige Frequenzen einschließlich der Frequenz null. Die Schaltungen werden betrieben an symmetrischer positiver und negativer Betriebsspannung.

A) nichtinvertierender Verstärker

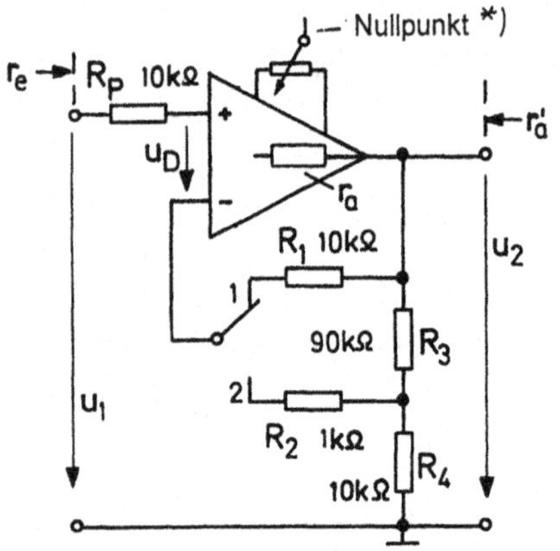

B) invertierender Verstärker

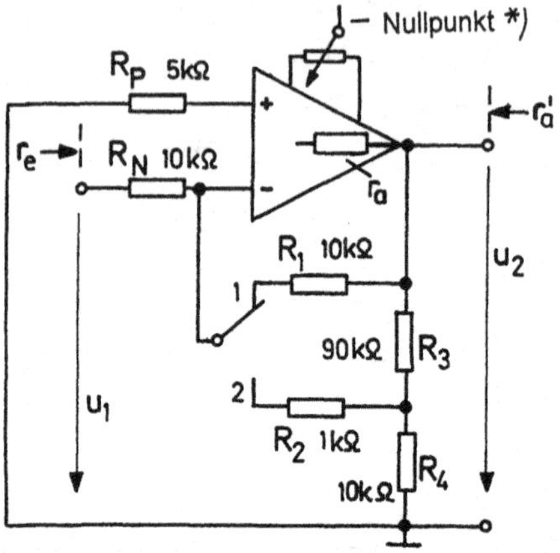

Daten des Operationsverstärkers:

V_0	Leerlaufverstärkung	10^5	für tiefe Frequenzen
r_D	Differenzeingangswiderstand	10MΩ	
r_{Gl}	Gleichtakteingangswiderstand	500MΩ	
r_a	Ausgangswiderstand	1kΩ	

a) Man bestimme die Spannungsverstärkung $A_u = u_2/u_1$ unter der Annahme idealer Operationsverstärker.

b) Man bestimme den Rückkopplungsfaktor K und die Schleifenverstärkung V_s für tiefe Frequenzen.

c) Welcher Eingangswiderstand r_e ergibt sich?

d) Welcher Ausgangswiderstand r_a' ergibt sich?

e) Man zeige, dass die Nullpunktkorrektur unabhängig ist von der Schalterstellung.

f) Wie wirkt sich eine Eingangs-Offsetspannung U_{os} (z.B. driftbedingt) aus?

Lösungen zu Variante A

a) Schalterstellung 1:

$$u_1 = u_2 \quad (\text{wegen } u_D = 0)$$
$$\rightarrow A_u = \underline{1} \ (\text{Spannungsfolger})\,.$$

Schalterstellung 2:

$$u_1 = u_2 \cdot \frac{R_4}{R_3 + R_4} = u_2 \cdot \frac{1}{10} \qquad (u_D = 0)$$
$$\rightarrow A_u = \underline{10}\,.$$

b) $K = 1, \ V_s = -V_0 \cdot 1 = \underline{-10^5}$.

$$K = \frac{R_4}{R_3 + R_4} = 0{,}1\,, \quad V_s = -V_o \cdot 0{,}1 = \underline{-10^4}\,.$$

(Vgl. Übersichtsblatt)

c) $r_e = R_p + r_{Gl} \| r_D (1+|V_s|)$ $\qquad$ $r_e = R_p + r_{Gl} \| r_D (1+|V_s|)$ [3]

$\approx r_{Gl} = \underline{500\ \text{M}\Omega}$. $\qquad$ $\approx r_{Gl} = \underline{500\ \text{M}\Omega}$.

Der berechnete Widerstand r_e stellt einen differentiellen Widerstand (Wechselstromwiderstand) dar, in dem der Eingangsruhestrom I_P als Gleichstrom nicht erfasst ist!

d) $r_a' \approx \dfrac{r_a}{1+|V_s|} \approx \dfrac{1000\ \Omega}{V_0} = \underline{0{,}01\ \Omega}$. $\qquad$ $r_a' \approx \dfrac{r_a}{1+|V_s|} \approx \dfrac{1000\ \Omega}{10^4} = \underline{0{,}1\ \Omega}$ (s. Übersichtsblatt)

e) Die Eingangsströme I_P (P-Eingang) und I_N (N-Eingang) fließen jeweils über gleiche Widerstände ($R_p = R_1$ bzw. $R_p = R_2 + (R_3 \| R_4)$) und bilden damit stets die **gleiche** Fehlerspannung am Eingang. Diese kann zusammen mit der (Eingangs-) Offsetspannung U_{os} durch die Nullpunkteinstellung bei beliebiger Schalterstellung kompensiert werden, zweckmäßig in Stellung 2 (höhere Empfindlichkeit).

f) **Schalterstellung 1**

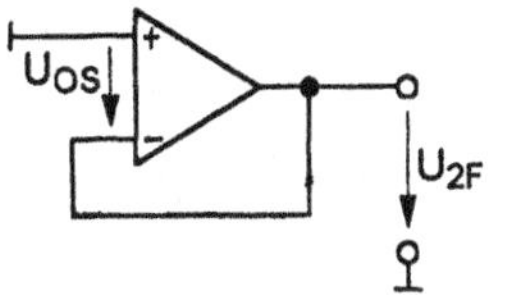

$$-U_{os} = K \cdot U_{2F}$$
$$U_{2F} = -\frac{1}{K} \cdot U_{os} = \underline{-U_{os}}$$

Probe: $U_{os} + U_{2F} = 0$.

Schalterstellung 2

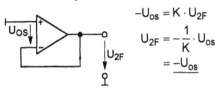

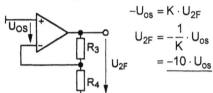

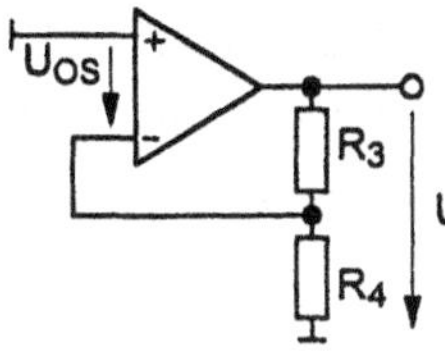

$$-U_{os} = K \cdot U_{2F}$$
$$U_{2F} = -\frac{1}{K} \cdot U_{os} = \underline{-10 \cdot U_{os}}$$

Probe: $U_{os} + U_{2F} \cdot \dfrac{R_4}{R_3 + R_4} = 0$.

Lösungen zu Variante B

a) Schalterstellung 1:

$$\frac{u_1}{R_N} + \frac{u_2}{R_1} = 0 \quad \text{(virtuelle Masse am N-Eingang)}$$

$$\rightarrow A_u = -\frac{R_1}{R_N} = \underline{-1} \quad \text{(Inverter)} .$$

Schalterstellung 2:

$$\frac{u_1}{R_N} + u_2 \cdot \frac{R_4}{R_3 + R_4} \cdot \frac{1}{R_2 + (R_3 \| R_4)} = 0$$

$$\rightarrow A_u = -\frac{R_2 R_3 + R_2 R_4 + R_3 R_4}{R_N \cdot R_4} = \underline{-10} .$$

b) $K = \dfrac{R_N}{R_1 + R_N} = 0{,}5$ $\qquad$ $K = \dfrac{R_4 \| (R_2 + R_N)}{R_3 + [R_4 \| (R_2 + R_N)]} \cdot \dfrac{R_N}{R_N + R_2} = 0{,}05$

$V_s = \underline{-5 \cdot 10^4}$. $\qquad$ $V_s = \underline{-5 \cdot 10^3}$.

c) $r_e = R_N = \underline{10\ \text{k}\Omega}$. $\qquad$ $r_e = R_N = \underline{10\ \text{k}\Omega}$.

Über den Widerstand R_N fließt zur Hälfte auch der Eingangsruhestrom I_N, der hier nicht erfasst wird. Die andere Hälfte fließt über R_1 bzw. R_2.

d) $r_a' \approx \dfrac{r_a}{1+|V_s|} \approx \dfrac{1000\ \Omega}{5 \cdot 10^4} = \underline{0{,}02\ \Omega}$. $\qquad$ $r_a' \approx \dfrac{r_a}{1+|V_s|} \approx \dfrac{1000\ \Omega}{5 \cdot 10^3} = \underline{0{,}2\ \Omega}$.

e) Begründung analog zu Variante A. Für die Widerstände gilt hier: $R_p = R_N \| R_1$ bzw. $R_p = R_N \| [R_2 + (R_3 \| R_4)]$. R_p wurde entsprechend gewählt.

f) Analog zu Variante A findet man:

Schalterstellung 1:

$$U_{2F} = -\frac{1}{K} \cdot U_{os} = \underline{-2 \cdot U_{os}} .$$

Schalterstellung 2:

$$U_{2F} = -\frac{1}{K} \cdot U_{os} = \underline{-20 \cdot U_{os}} .$$

Die Temperaturempfindlichkeit ist also doppelt so groß wie bei Variante A.

---

*) Nullabgleich $u_2 = 0$ bei $u_1 = 0$, d.h. Eingang mit Masse verbunden.

A7.4	Frequenzgang und Stabilität

Es ist ein nichtinvertierender Verstärker mit einem Operationsverstärker aufzubauen, dessen Leerlaufverstärkung durch folgende Kenndaten beschrieben wird:

$V_o(0) = 10^5$, $f_{E0} = 100\text{Hz}$ (erste Eckfrequenz), $f_{E1} = 1\text{MHz}$ (zweite Eckfrequenz)

a) Man zeichne den Frequenzgang der Leerlaufverstärkung $V_o(f)$ auf und ermittle den zugehörigen Phasenwinkelverlauf $\varphi_o(f)$.

b) Man gebe eine Beschaltung des Verstärkers für folgende Spannungsverstärkungen an: A) $A_u \approx 200$, B) $A_u \approx 2$.

c) Welche Schleifenverstärkung V_s ergibt sich bei tiefen Frequenzen?

d) Man ermittle graphisch die "Schnittfrequenz" f_s, bei der $|V_s| = 1$ wird, und bestimme die Phasenreserve φ_r.

e) Man stelle den Frequenzgang der Spannungsverstärkung A_u analytisch und graphisch dar.

Lösungen

a) $$\underline{V}_o(f) = \frac{V_o(0)}{\left(1 + j\frac{f}{f_{E0}}\right)\cdot\left(1 + j\frac{f}{f_{E1}}\right)}$$

$$|V_o(f)| = \frac{V_o(0)}{\sqrt{1+\left(\frac{f}{f_{E0}}\right)^2}\cdot\sqrt{1+\left(\frac{f}{f_{E1}}\right)^2}}$$

$$\varphi_o(f) = -\arctan\frac{f}{f_{E0}} - \arctan\frac{f}{f_{E1}}$$

Jeder Abwärtsknick bewirkt eine Phasendrehung um zusätzlich 90°. Die Drehung setzt bereits bei Frequenzen unterhalb der jeweiligen Eckfrequenz (Knickfrequenz) ein.

Bei $f_{E1} \to \infty$ setzt sich der 20 dB-Abfall beliebig weit fort und der Winkel φ_o geht nur auf –90°.

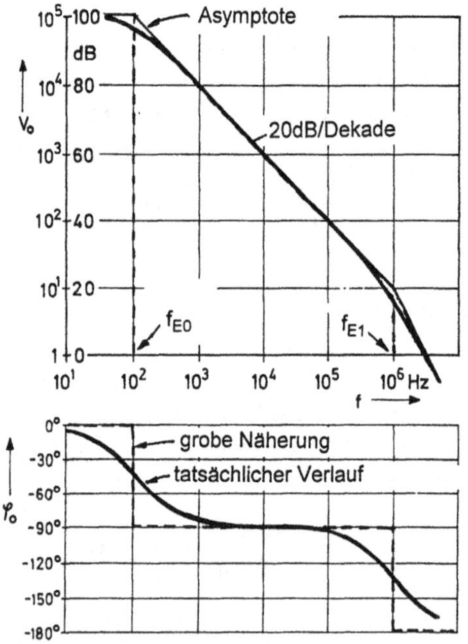

b)

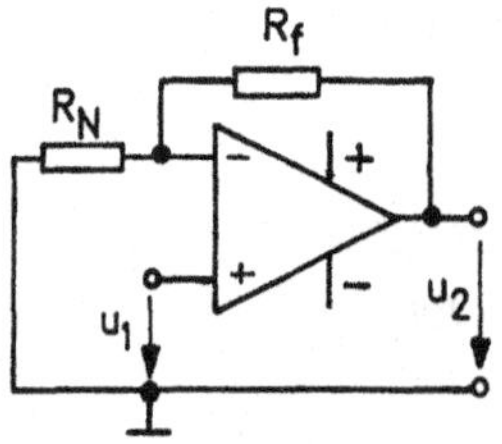

Bei tiefen Frequenzen gilt:

A) $A_u \approx 1 + \frac{R_f}{R_N} = 200 \to R_f = 20\ \text{k}\Omega,\ R_N = 100{,}5\ \Omega$. (als Beispiel)

B) $A_u \approx 1 + \frac{R_f}{R_N} = 2 \quad \to R_f = 20\ \text{k}\Omega,\ R_N = 20\ \text{k}\Omega$.

c) $V_s(0) = -V_o(0) \cdot \frac{R_N}{R_N + R_f} = -V_o(0) \cdot \frac{1}{A_u(0)}$.   Zu A: $V_s(0) = -500 \mathrel{\hat{=}} 54$ dB,

Zu B: $V_s(0) = -50000 \mathrel{\hat{=}} 94$ dB,

d) Man bestimmt f_s durch den Schnitt einer Horizontalen in der Höhe $A_u(0)$ mit der abfallenden Flanke der Leerlaufverstärkung.

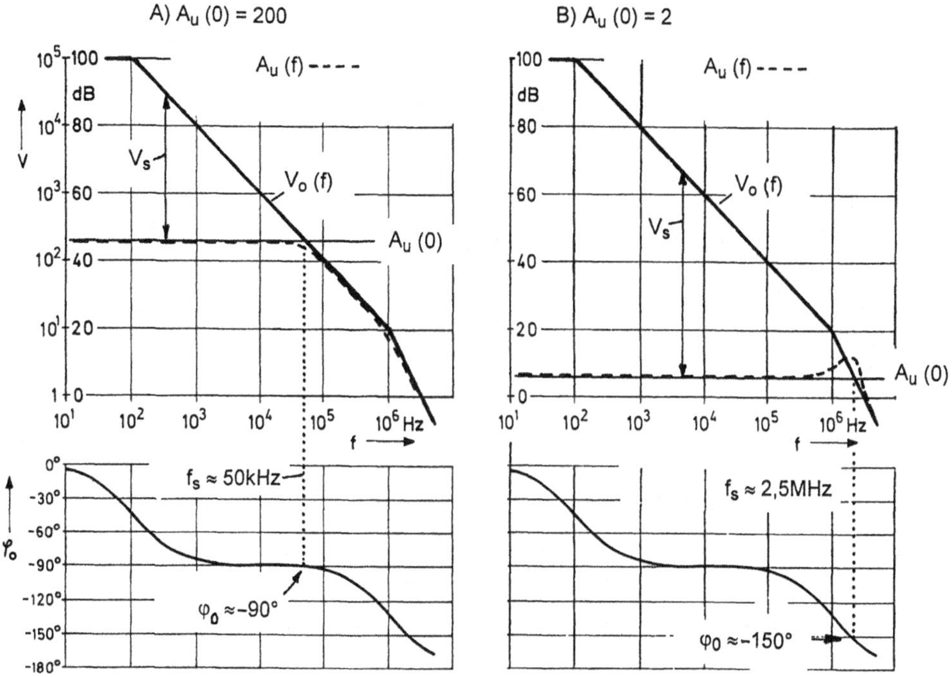

Zu A: $\varphi_r = 360° - 180° - 90° = \underline{90°}$.   Zu B: $\varphi_r = 360° - 180° - 150° = \underline{30°}$.

e) Bei ausreichender Gleichtaktunterdrückung erhält man (s. Übersichtsblatt):

$$\underline{A}_u = \frac{\underline{V}_o(f)}{1 + \underline{V}_o(f) \cdot \frac{R_N}{R_N + R_f}} \approx \frac{\frac{V_o(0)}{\left(1 + j\frac{f}{f_{E0}}\right)\left(1 + j\frac{f}{f_{E1}}\right)}}{1 + \frac{V_o(0)}{\left(1 + j\frac{f}{f_{E0}}\right)\left(1 + j\frac{f}{f_{E1}}\right)} \cdot \frac{R_N}{R_N + R_f}} = \frac{\frac{V_o(0)}{1 + V_o(0) \cdot \frac{R_N}{R_N + R_f}}}{1 + \frac{j\left(\frac{f}{f_{E0}} + \frac{f}{f_{E1}}\right) - \frac{f^2}{f_{E0} f_{E1}}}{1 + V_o(0) \cdot \frac{R_N}{R_N + R_f}}} .$$

A) $\underline{A}_u = \frac{200}{1 - \frac{\frac{f^2}{f_{E0} f_{E1}}}{500} + j\frac{\frac{f}{f_{E0}} + \frac{f}{f_{E1}}}{500}}$,   B) $\underline{A}_u = \frac{2}{1 - \frac{\frac{f^2}{f_{E0} f_{E1}}}{50000} + j\frac{\frac{f}{f_{E0}} + \frac{f}{f_{E1}}}{50000}}$.

Der nach diesen Formeln berechnete Frequenzgang von $A_u = |\underline{A}_u|$ ist in obigen Diagrammen gestrichelt eingetragen. Man stellt fest, dass bei großer Phasenreserve ($\varphi_r \approx 90°$) eine asymptotische Näherung leicht möglich ist. Bei kleiner Phasenreserve tritt eine Verstärkungsüberhöhung (Höckerbildung) in der Umgebung der Schnittfrequenz ein. Mit $f_{E1} \to \infty$ wäre eine derartige Überhöhung nicht möglich und die Phasenreserve bliebe 90°.

A7.5	Wechselspannungsverstärker

Zu untersuchen seien die folgenden Schaltungen zur Verstärkung einer Wechselspannung mit Operationsverstärker 741-C. Dessen Frequenzgang ist intern "voll korrigiert" auf einen durchgehenden 20dB-Abfall. Auf eine Nullpunktkorrektur soll verzichtet werden.

A) invertierender Verstärker

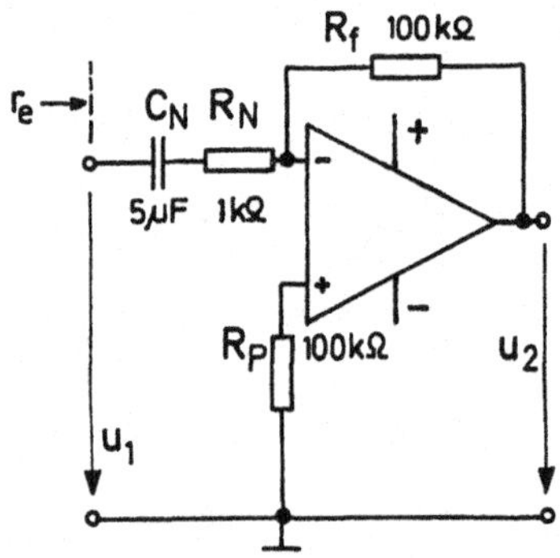

OP 741-C:

$V_o(0) = 10^5$

$f_{E0} = 10\text{Hz}$

$\underline{V}_o \approx \dfrac{V_o(0)}{1+j\dfrac{f}{f_{E0}}}$

$U_{os} = \pm 2\text{mV}$

$I_o = 300\text{nA}$

$I_{os} = \pm 50\text{nA}$

B) nichtinvertierender Verstärker

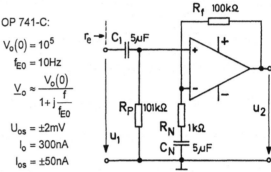

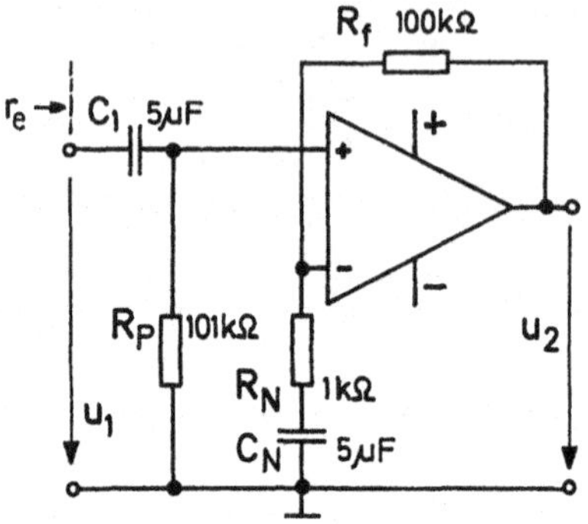

a) Welche Fehlerspannung (Ausgangsoffsetspannung) U_{2os} stellt sich aufgrund der Eingangsfehlergrößen ein?

b) Man bestimme die Spannungsverstärkung $\underline{A}_u$ (komplex) unter der Annahme eines idealen Operationsverstärkers.

c) Man bestimme die Spannungsverstärkung $\underline{A}_u$ sowie die Schleifenverstärkung $\underline{V}_s$ für den realen Verstärker mit frequenzabhängiger Leerlaufverstärkung.

d) Man stelle den Frequenzgang von A_u und V_s in asymptotischer Näherung dar und ermittle das Übertragungsfrequenzband Δf.

e) Welcher Eingangswiderstand r_e ergibt sich innerhalb des Übertragungsfrequenzbandes Δf?

Lösungen zu Variante A

a) Mit C_N in Reihe zu R_N ergibt sich die Wirkung $R_N = \infty$ (s. Übersichtsblatt):

$$U_{2os} \approx -U_{os} + I_o \cdot (R_f - R_p) + \frac{I_{os}}{2} \cdot (R_f + R_p) \approx \pm 2\text{ mV} \pm 25\text{ nA} \cdot 200\text{ k}\Omega \approx \underline{\pm 7\text{ mV}}\text{ max.}$$

b) $$\underline{A}_u = \frac{\underline{U}_2}{\underline{U}_1} = -\frac{R_f}{R_N + \dfrac{1}{j\omega C_N}} = -\frac{j\omega C_N R_f}{1 + j\omega C_N R_N} \text{ mit Eckfrequenz } f_N = \frac{1}{2\pi C_N R_N} \approx 32\text{ Hz}.$$

c) Nach Übersichtsblatt gilt:

$$\underline{A}_u \approx -\frac{\dfrac{V_o(0)}{1+j\dfrac{f}{f_{E0}}} \cdot \dfrac{R_f}{R_N + \dfrac{1}{j\omega C_N} + R_f}}{1 + \dfrac{V_o(0)}{1+j\dfrac{f}{f_{E0}}} \cdot \dfrac{R_N + \dfrac{1}{j\omega C_N}}{R_N + \dfrac{1}{j\omega C_N} + R_f}} = -\frac{j\omega C_N R_f}{1 + j\omega C_N R_N} \cdot \overbrace{\frac{1}{\underbrace{1 + \dfrac{1+j\dfrac{f}{f_{E0}}}{V_o(0)} \cdot \dfrac{1 + j\omega C_N (R_N + R_f)}{1 + j\omega C_N R_N}}_{\text{erst wirksam bei höheren Frequenzen}}}}^{\text{Korrekturglied } \underline{C}},$$

$$\underline{V}_s = -\frac{V_o(0)}{1+j\dfrac{f}{f_{E0}}}\cdot\frac{R_N+\dfrac{1}{j\omega C_N}}{R_N+\dfrac{1}{j\omega C_N}+R_f} = -\frac{V_o(0)}{1+j\dfrac{f}{f_{E0}}}\cdot\frac{1+j\omega C_N R_N}{1+j\omega C_N(R_N+R_f)}$$

mit Eckfrequenzen $f_{E0} = 10$ Hz, $f_N \approx 32$ Hz, $f_N' = \dfrac{1}{2\pi C_N(R_N+R_f)} \approx 0{,}32$ Hz .

d)

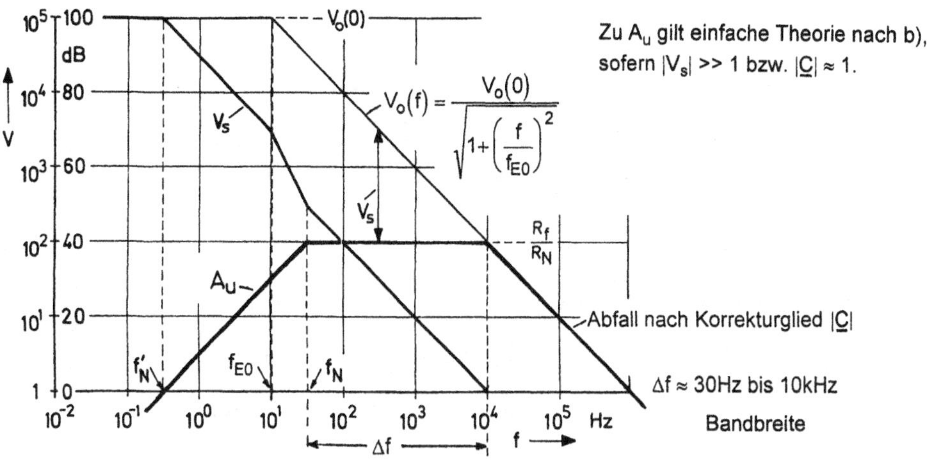

Fazit: Solange V_s groß genug ist (> 10), kann man bezüglich A_u den OP als ideal ansehen.

e) $r_e = R_N = 1$ kΩ. Der Eingangsruhestrom I_N fließt über R_f .

Lösungen zu Variante B

a) Wie bei Variante A dank Kondensator C_N .

b) $$\underline{A}_u = \frac{\underline{U}_2}{\underline{U}_1} = \frac{R_p}{R_p+\dfrac{1}{j\omega C_1}}\cdot\left(1+\frac{R_f}{R_N+\dfrac{1}{j\omega C_N}}\right) = \frac{j\omega C_1 R_p}{1+j\omega C_1 R_p}\cdot\frac{1+j\omega C_N(R_N+R_f)}{1+j\omega C_N R_N}$$

$$= \frac{j\omega C_1 R_p}{1+j\omega C_N R_N}$$ wegen $C_1 R_p = C_N(R_N+R_f)$. Eckfrequenz $f_N \approx 32$ Hz wie unter A .

c) $$\underline{A}_u \approx \frac{j\omega C_1 R_p}{1+j\omega C_1 R_p}\cdot\frac{\dfrac{V_o(0)}{1+j\dfrac{f}{f_{E0}}}}{1+\dfrac{V_o(0)}{1+j\dfrac{f}{f_{E0}}}\cdot\dfrac{R_N+\dfrac{1}{j\omega C_N}}{R_N+\dfrac{1}{j\omega C_N}+R_f}} = \frac{j\omega C_1 R_p}{1+j\omega C_1 R_p}\cdot\frac{1+j\omega C_N(R_N+R_f)}{1+j\omega C_N R_N}\cdot\underline{C}$$

$$= \frac{j\omega C_1 R_p}{1+j\omega C_N R_N}\cdot\underline{C}$$, Korrekturglied $\underline{C}$ und $\underline{V}_s$ wie zu Variante A .

d) Der Verlauf der Schleifenverstärkung V_s stimmt exakt mit Variante A überein, A_u ist im ganzen Frequenzbereich um 1% ≙ 0,086 dB größer.

e) $r_e = R_p = 101$ kΩ. Der Eingangsruhestrom I_P fließt über R_p.

A7.6	**Aktive RC-Filter**

Gegeben seien die folgenden Filterschaltungen. Sie bestehen aus einem nichtinvertierenden Verstärker mit einstellbarer Spannungsverstärkung V_{ui}, dessen Eingang E über ein verzweigtes RC-Netzwerk in Verbindung mit einer Rückkopplung angesteuert wird.

A) aktiver Tiefpass

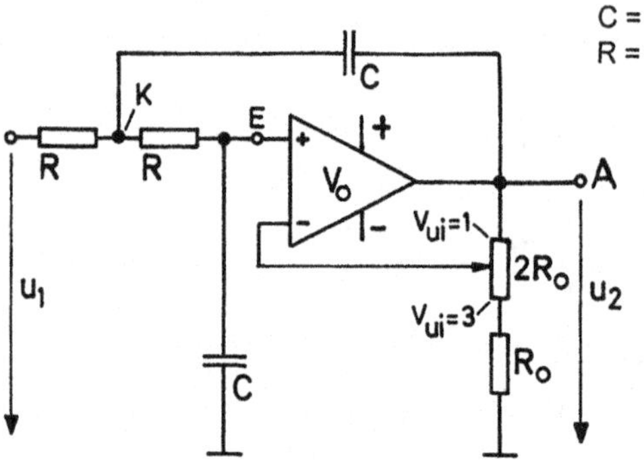

C = 4,7nF
R = 3,3kΩ

B) aktiver Hochpass

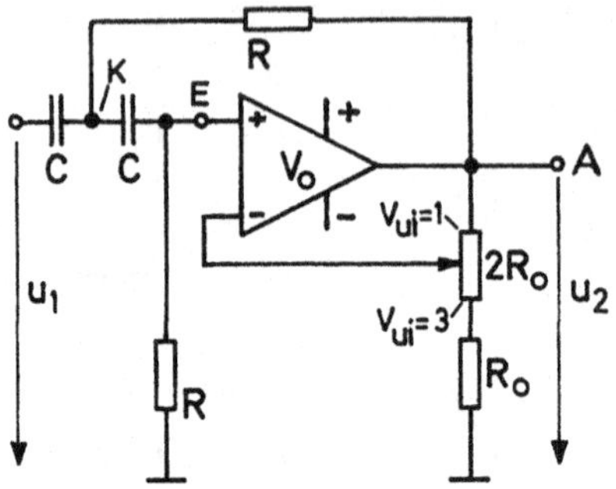

V_{ui} = innere Spannungsverstärkung von E nach A *)

a) Man bestimme allgemein den komplexen (Spannungs-) Übertragungsfaktor $\underline{A}_u$ mit der Annahme eines idealen Operationsverstärkers und spalte auf nach Betrag und Phase.

b) Für die Fälle V_{ui} = 1, 1,5, 2,2 und 3 stelle man den Frequenzgang des Betrages A_u dar und trage die 3dB-Punkte ein (bezogen auf den horizontalen Kurvenabschnitt).

c) Man diskutiere die Kurven und überprüfe ihre Realisierbarkeit mit einem realen (frequenzgangkorrigierten) Operationsverstärker ($V_o(0) = 10^5$, f_o = 10Hz).

Lösungen zu Variante A

a)

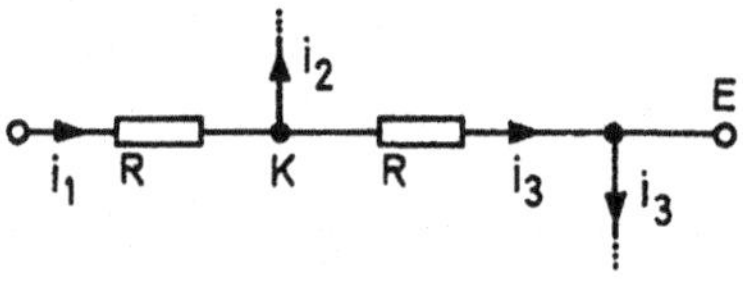

$$\left.\begin{aligned} -\underline{U}_1 + \underline{I}_1 \cdot R + \underline{I}_3 \cdot R + \underline{I}_3 \cdot \frac{1}{j\omega C} &= 0 \\ -\underline{U}_1 + \underline{I}_1 \cdot R + \underline{I}_2 \cdot \frac{1}{j\omega C} + \underline{U}_2 &= 0 \\ \underline{I}_1 - \underline{I}_2 - \underline{I}_3 &= 0 \\ \underline{I}_3 \cdot \frac{1}{j\omega C} \cdot V_{ui} &= \underline{U}_2 \end{aligned}\right\} \quad \underline{A}_u = \frac{\underline{U}_2}{\underline{U}_1} = \frac{V_{ui}}{1-(\omega CR)^2 + (3-V_{ui}) \cdot j\omega CR} = \frac{V_{ui}}{1-\Omega^2 + j(3-V_{ui}) \cdot \Omega}$$

mit $\Omega = \frac{\omega}{\omega_N}$ und $\omega_N = \frac{1}{RC}$.

ω_N = Kenn(kreis)frequenz

Betrag: $A_u = \dfrac{V_{ui}}{\sqrt{\left[1-\Omega^2\right]^2 + [(3-V_{ui}) \cdot \Omega]^2}}$, Phase: $\varphi_u = -\arctan\dfrac{(3-V_{ui}) \cdot \Omega}{1-\Omega^2}$.

b)

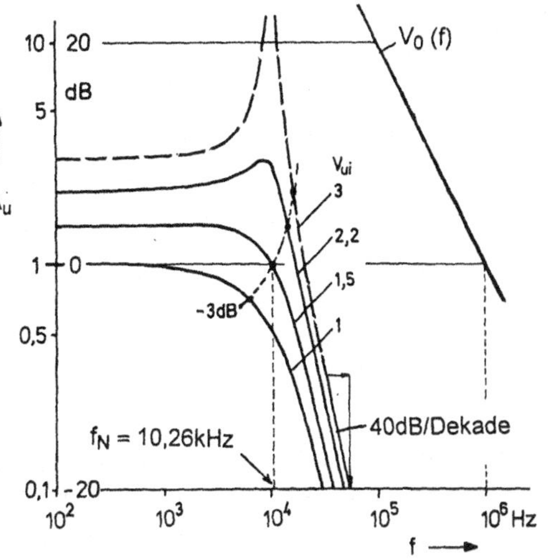

c)

Optimal erscheint die Kurve für $V_{ui} = 1{,}5$ wegen des relativ scharfen Übergangs vom Durchlass- zum Sperrbereich ohne Verstärkungsüberhöhung. In diesem Fall stimmt auch die 3dB-Grenzfrequenz praktisch mit der Kennfrequenz f_N überein. Für $V_{ui} > 1{,}5$ tritt offensichtlich eine Höckerbildung auf, die extrem wird (unendlich) im Fall $V_{ui} = 3$. Das bedeutet Instabilität der Schaltung.

Alle Kurven für $V_{ui} < 3$ sind realisierbar, da genügender Abstand zur V_0-Kurve (ausreichende Schleifenverstärkung) gegeben ist, vgl. dazu Aufg. **A7.5**.

Lösungen zu Variante B

a) Man ersetzt R durch $\frac{1}{j\omega C}$ (und umgekehrt) und erhält so von Variante A:

$$\underline{A}_u = \frac{V_{ui}}{1-\left(\frac{1}{\omega CR}\right)^2 + (3-V_{ui})\cdot\frac{1}{j\omega CR}} = \frac{V_{ui}}{1-\frac{1}{\Omega^2} - j\frac{(3-V_{ui})}{\Omega}} \quad \text{mit } \Omega = \frac{\omega}{\omega_N}, \quad \omega_N = \frac{1}{RC}.$$

$$\text{Betrag: } A_u = \frac{V_{ui}}{\sqrt{\left[1-\frac{1}{\Omega^2}\right]^2 + \left[\frac{3-V_{ui}}{\Omega}\right]^2}}, \qquad \text{Phase: } \varphi_u = \arctan\frac{(3-V_{ui})}{\Omega\cdot\left(1-\frac{1}{\Omega^2}\right)}.$$

b)

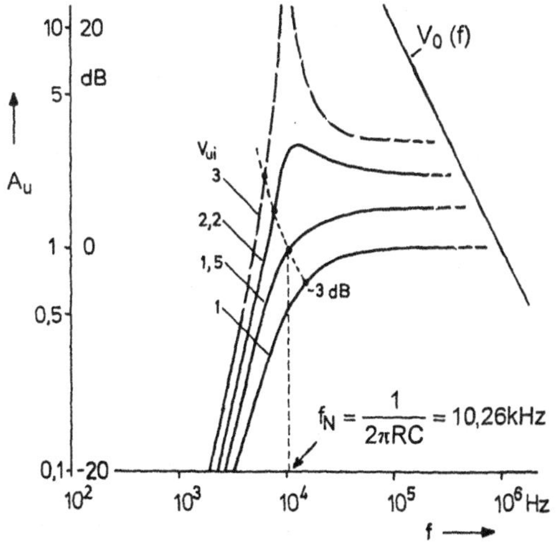

c)

Bezüglich der Verstärkungsüberhöhung (Höckerbildung) und Instabilität gilt das gleiche wie oben. Die Realisierung mit dem angegebenen Verstärker ist jedoch nur möglich bis zur eingetragenen V_0-Kurve, wo die Schleifenverstärkung zu klein wird. Die tatsächliche Filterkurve schmiegt sich bei hohen Frequenzen der V_0-Kurve an. Der Hochpass hat also in Wirklichkeit Bandpasscharakter.

---

*) In der gezeichneten Mittenstellung des Potentiometers ist $V_{ui} \approx 1 + \frac{R_0}{2R_0} = 1{,}5$. R_0 ist frei wählbar, empfohlen: $R_0 \approx 10\ \text{k}\Omega$.

Anhang A Zählpfeile

Zählpfeile - nach DIN 5489 Bezugspfeile genannt - sind wichtige Hilfsmittel für die eindeutige Bestimmung von Strömen und Spannungen in Netzwerken. Dazu ordnet man jedem Strom i und jeder Spannung u einen eigenen Zählpfeil zu:

Strom-Zählpfeil

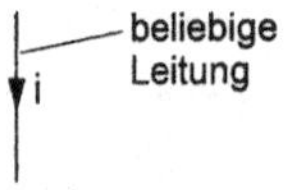

Stimmt die konventionelle Stromrichtung mit der Zählpfeilrichtung überein, so wird der Strom positiv bewertet, andernfalls negativ.

Spannungs-Zählpfeil

Ist die Klemme am Pfeilende positiv gegenüber der Klemme an der Pfeilspitze, so wird die entsprechende Spannung positiv bewertet, andernfalls negativ.

An jedem beliebigen Zweipol können Strom- und Spannungspfeil entweder gleichsinnig oder gegensinnig eingetragen werden.

1. Gleichsinnige Zuordnung
"Verbraucher-Zählpfeilsystem" (VZS)

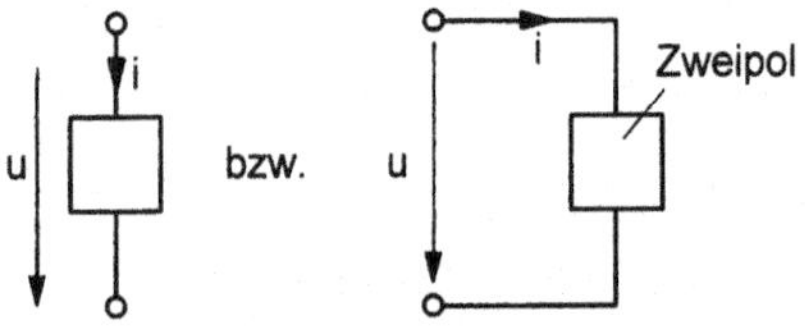

Ein positives Produkt u · i
bedeutet Leistungsaufnahme,
ein negatives Leistungsabgabe.

2. Gegensinnige Zuordnung
"Erzeuger-Zählpfeilsystem" (EZS)

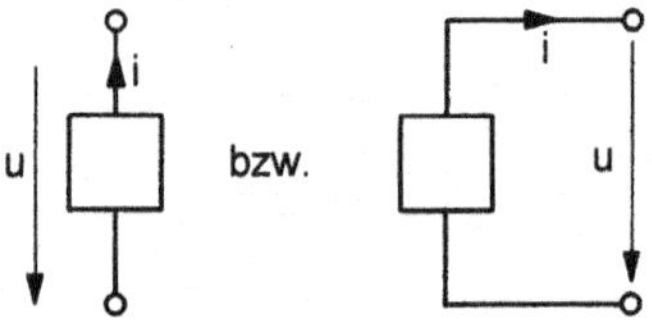

Ein positives Produkt u · i
bedeutet Leistungsabgabe,
ein negatives Leistungsaufnahme.

Die VZS-Bepfeilung wird vorzugsweise - nicht zwingend - angewendet bei Netzwerkzweigen ohne Quellen, die EZS-Bepfeilung dagegen bei Netzwerkzweigen mit Quellen.

Für die Elemente R, L und C gelten folgende Gesetzmäßigkeiten:

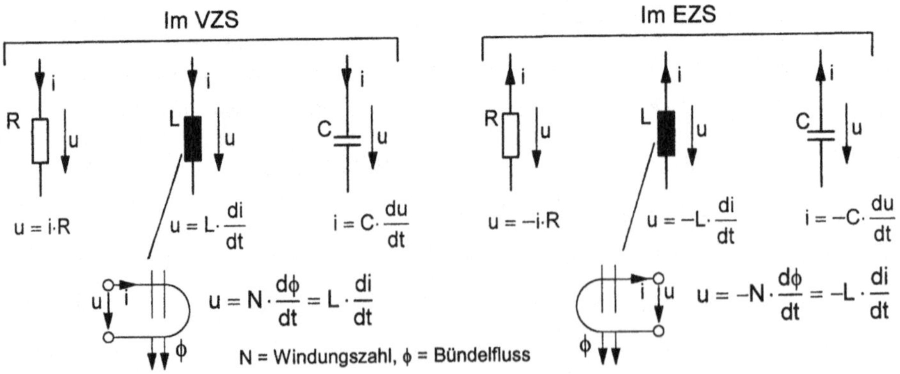

Liefert eine Netzwerkberechnung einen negativen Strom oder eine negative Spannung, so bedeutet dies, dass die betreffende Größe dem eingetragenen Zählpfeil entgegenwirkt.

Teil B Testaufgaben zur Selbstprüfung

Es werden jeweils acht einfache Aufgaben zu den Abschnitten des **Teils A** angeboten. Der nötige Rechenaufwand ist so gering, dass Rechenhilfsmittel entbehrlich sind. Papier und Bleistift genügen !

Anhang B weist auf den Nutzen von Näherungsfunktionen beim Rechnen mit kleinen Zahlenwerten $x \ll 1$ hin. Näherungslösungen reichen grundsätzlich aus.

Aufgaben dieser Art sind oft Bestandteil mündlicher Prüfungen. Ausführliche Lösungen folgen am Schluss des Kapitels.

B 1

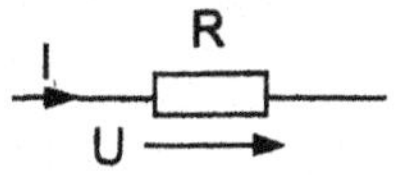

$R = R_{20} = 10\ \text{k}\Omega \pm 5\%$

$P_{70} = P_{max} = 1\ \text{W}$

$R_{th} = 50\ \text{K/W}$

$TK = +100 \cdot 10^{-6}\ \text{K}^{-1}$

Zu einem Metallschichtwiderstand werden nebenstehende Daten genannt.

a) Wie groß kann die Abweichung ΔR vom Nennwert aufgrund der Toleranzvorgabe sein ?
b) Welche Spannung U und welcher Strom I ergeben die maximal zulässige Verlustleistung P_{max} ?
c) Welche Temperaturänderung ΔT und welche Widerstandsänderung ΔR erfährt der Widerstand durch die maximale Verlustleistung P_{max} ?
d) Wie heiß wird die Widerstandsschicht bei maximaler Verlustleistung und einer Umgebungstemperatur $T_U = 20°\text{C}$?

B 2

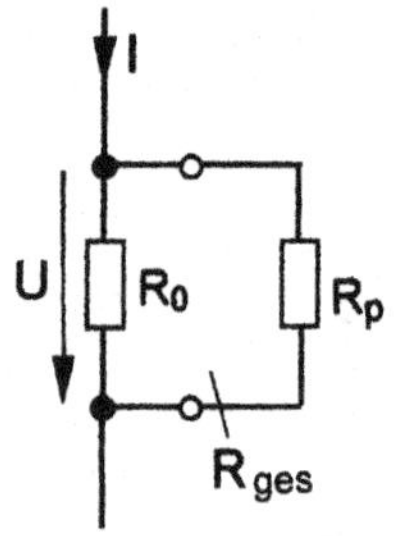

Gegeben sei ein Präzisionswiderstand $R_0 = 4\ \Omega$ mit vernachlässigbarer Toleranz. Durch die Parallelschaltung mit einem 2%-Widerstand R_p soll ein Gesamtwiderstand $R_{ges} = 0{,}98 \cdot R_0$ entstehen.

a) Bestimmen Sie die Widerstände R_p und R_{ges}.
b) Wie groß ist die Spannung U bei einem Strom I = 100 mA ?
c) Wie teilt sich der Strom I = 100 mA auf beide Widerstände auf ?
d) Welche Toleranz ergibt sich für den Gesamtwiderstand aufgrund der Ungenauigkeit des Widerstandes R_p ?

B 3

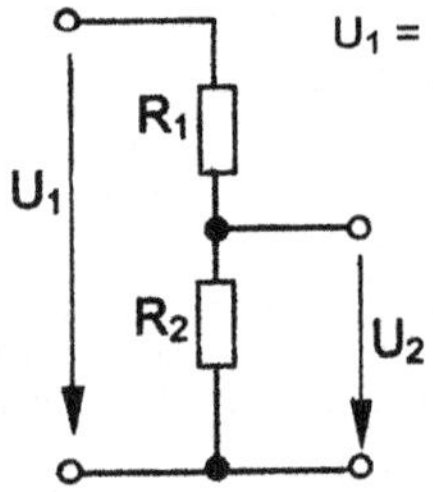

$U_1 = 10\text{V}$

Ein Spannungsteiler sei aufgebaut mit den 10% - Widerständen $R_1 = 180\ \Omega$ und $R_2 = 820\ \Omega$.

a) Man berechne die größtmöglichen Abweichungen ΔR_1 und ΔR_2 vom Nennwert.
b) Welche Ausgangsspannung U_2 ergäbe sich bei toleranzfreien Widerständen ?
c) Um wieviel % weicht die Ausgangsspannung U_2 ab, wenn nur eine Abweichung ΔR_1 mit +10% auftritt ?
d) Um wieviel % weicht die Ausgangsspannung U_2 ab bei $R_1 = 180\ \Omega + 10\%$ und $R_2 = 820\Omega - 10\%$?

Näherungsrechnung genügt !

B 4

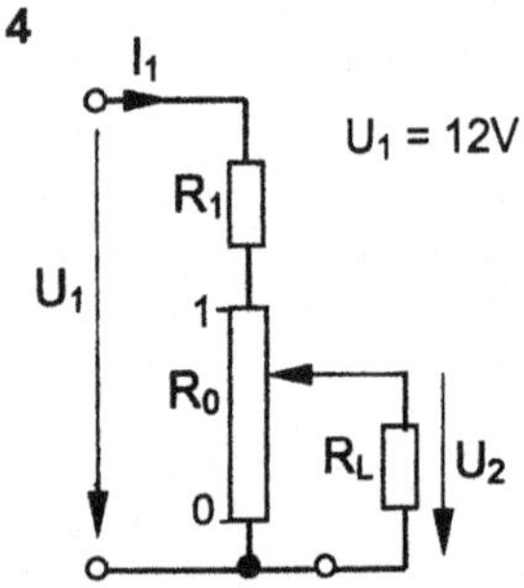

$R_0 = R_L = 2\ \text{k}\Omega$

Ein mit dem Widerstand R_L belasteter Spannungsteiler sei aufgebaut mit einem Potentiometer in Verbindung mit dem Vorwiderstand R_1.

a) Bestimmen Sie den Vorwiderstand so, dass die Spannung U_2 zwischen 0 V und 10 V variierbar ist.
b) In welchen Grenzen kann sich der Gesamtwiderstand der Schaltung ändern ?
c) Welchen Größtwert I_{1max} kann der Strom I_1 erreichen ?
d) Für welche Verlustleistung P_V müssen der Vorwiderstand und das Potentiometer mit Rücksicht auf I_{1max} ausgelegt sein ?

B 5

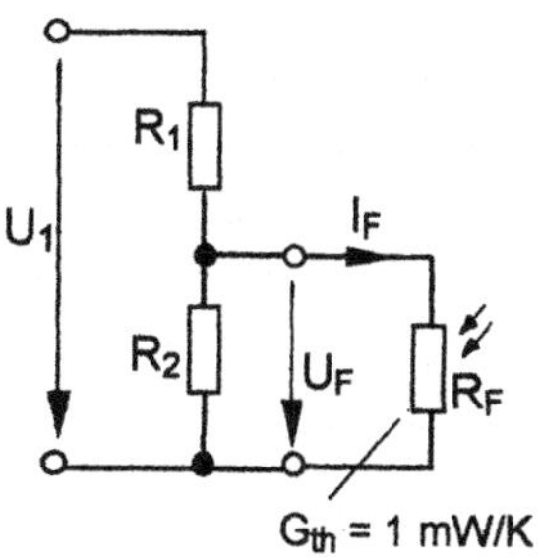

U_1 = 20V, $R_1 = R_2$ = 10kΩ

Ein Fotowiderstand R_F sei angeschlossen an einen Spannungsteiler. Sein Widerstand kann sich zwischen 10 Ω im Hellzustand und 10 MΩ im Dunkelzustand ändern.

a) Welchen Maximalwert kann die Spannung U_F am Fotowiderstand annehmen ?
b) Welchen Maximalwert kann der Strom I_F im Fotowiderstand annehmen ?
c) Wie groß kann die Verlustleistung P_V im Fotowiderstand maximal werden ?
d) Welche Übertemperatur kann im Fotowiderstand aufgrund der Verlustleistung maximal auftreten ?

B 6

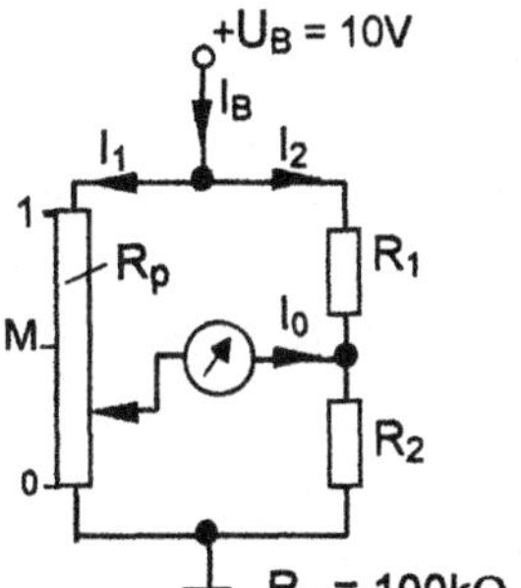

R_p = 100kΩ
$R_1 = R_2$ = 10kΩ

Eine Brückenschaltung aus einem 100 kΩ-Potentiometer und den Widerständen R_1 und R_2 enthält im Brückenzweig einen praktisch widerstandsfreien Strommesser.

Bestimmen Sie die Ströme I_1, I_2, I_B und I_0 zu den folgenden Schleiferstellungen:

a) Stellung 0,
b) Stellung M (Mitte),
c) Stellung 1.

Die eingetragenen Strompfeile sind Zählpfeile, mit denen die positive Stromrichtung definiert wird.

B 7

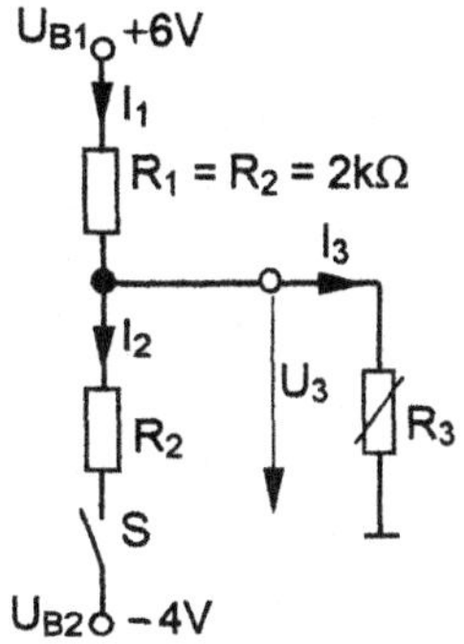

Gegeben sei die nebenstehende Widerstandsschaltung zwischen einem positiven und einem negativen Betriebspotential.

Bestimmen Sie die Ströme I_1, I_2 und I_3 sowie die Spannung U_3 für folgende Fälle:

a) Schalter S offen, R_3 = 1 kΩ.
b) Schalter S geschlossen, $R_3 = \infty$.
c) Schalter S geschlossen, R_3 = 0.
d) Schalter S geschlossen, R_3 = 1 kΩ.

B 8

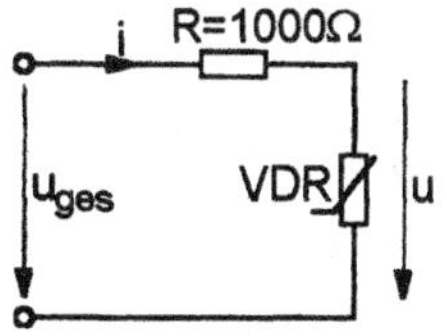

U/V	0	20	40	60	80	100
I/mA	0	1	8	27	64	125

Ein Varistor (VDR) werde mit einem linearen Widerstand R = 1000 Ω in Reihe geschaltet. Die I-U-Kennlinie des Varistors wird in Tabellenform angegeben.

a) Zeichnen Sie die I-U-Kennlinie des Varistors.
b) Welche Funktion u = f(i) für u_{ges} = 100 V ergibt sich durch einen Maschenumlauf ?
c) Stellen Sie die Funktion im I-U-Feld graphisch dar.
d) Interpretieren Sie die Bedeutung des Schnittpunktes mit der I-U-Kennlinie des Varistors.
e) Welche Betriebswerte für i und u ergeben sich bei u_{ges} = 100 V ?

B 9

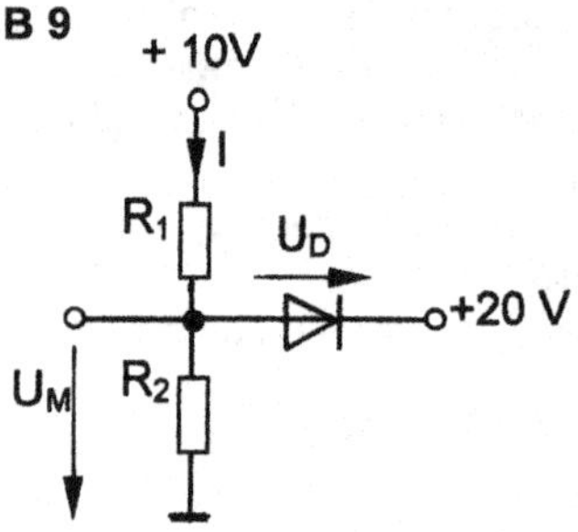

$R_1 = 1k\Omega$, $R_2 = 9\ k\Omega$

Gegeben sei nebenstehende Schaltung mit idealer Diode.

a) Untersuchen Sie den Betriebszustand der Diode und bestimmen Sie die Spannung U_M.
b) Bestimmen Sie den Strom I und die Spannung U_D.
c) Bestimmen Sie erneut die Spannung U_D und den Strom I für den Fall, dass die Potentiale +20 V und +10 V vertauscht werden.
d) Welcher Strom I ergibt sich zum Fall c), wenn man eine reale Si-Diode mit einer Flussspannung $U_D = 0{,}7$ V annimmt ?

B 10

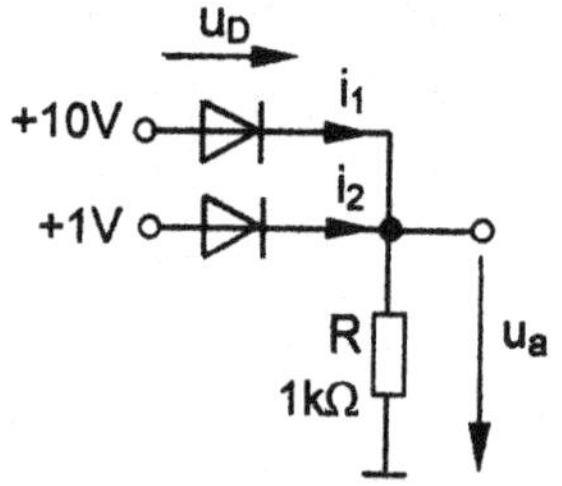

Gegeben sei nebenstehende "ODER-Schaltung" mit idealen Dioden.

a) Bestimmen Sie die Ströme i_1 und i_2 sowie die Spannung u_a.
b) Bestimmen Sie erneut i_1, i_2 und u_a für den Fall, dass die Potentiale +10 V und +1 V vertauscht werden.
c) Welche Ströme i_1 und i_2 fließen, wenn der Widerstand R entfernt wird ?
d) Welche Spannung u_a ergibt sich zu Punkt c) ?
e) Welche Werte ergeben sich zum Fall a) für reale Si-Dioden mit einer Flussspannung $U_D = 0{,}7$ V ?

B 11

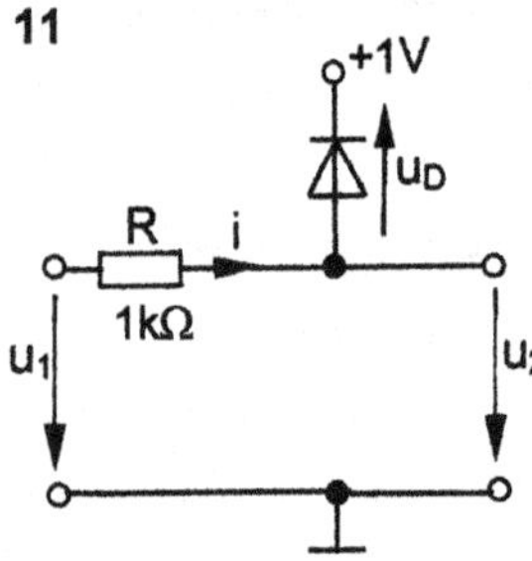

Gegeben sei das nebenstehende Übertragungsglied mit idealer Diode und offenem Ausgang.

a) Bestimmen Sie den Strom i sowie die Spannungen u_2 und u_D für u_1 = 0V, 1V und 2V.
b) Zeichnen Sie die Übertragungskennlinie $u_2 = f(u_1)$.
c) Lösen Sie die Aufgaben a) und b) für den Fall, dass das Katodenpotential der Diode nicht +1V sondern 0V beträgt.

B 12

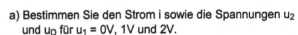

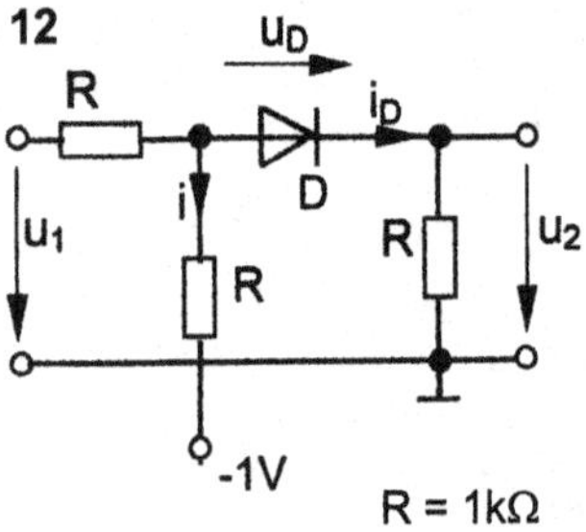

$R = 1k\Omega$

Gegeben sei das nebenstehende Übertragungsglied mit idealer Diode und offenem Ausgang.

a) Bestimmen Sie die Ströme i und i_D sowie die Spannung u_2 für u_1 = 0V und u_1 = 1V.
b) Bestimmen Sie die Ströme i und i_D sowie die Spannung u_1 für u_2 = 1V.
c) Zeichnen Sie die Übertragunskennlinie $u_2 = f(u_1)$.

B 13

Gegeben sei nebenstehende Begrenzerschaltung mit der Gegenreihenschaltung zweier idealer Z-Dioden mit $U_Z = 10V$.

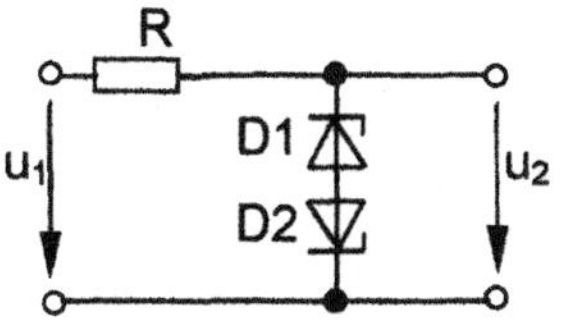

R beliebig

a) Welche Spannung u_2 ergibt sich jeweils für $u_1 = 0V$, 10V und 20V ?
b) Welche Spannung u_2 ergibt sich jeweils für $u_1 = -10V$ und -20V ?
c) Zeichnen Sie die Übertragungskennlinie $u_2 = f(u_1)$.
d) Skizzieren Sie den Zeitverlauf der Spannung u_2 als Folge einer Sinusspannung am Eingang mit $\hat{u}_1 = 20V$.
e) Wie ändert sich der Zeitverlauf nach d), wenn Diode D2 durch eine normale (ideale) Diode ersetzt wird ?

B 14

Gegeben sei nebenstehendes Amplitudenfilter mit der Gegenreihenschaltung zweier idealer Z-Dioden mit $U_Z = 10V$.

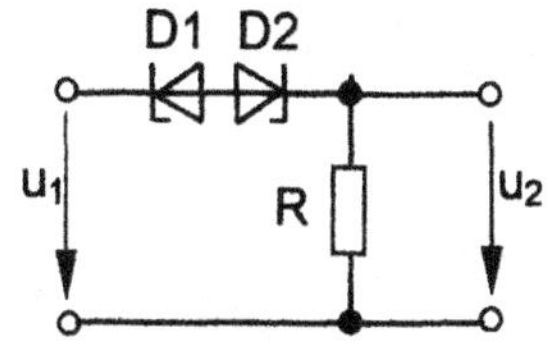

R beliebig

a) Welche Spannung u_2 ergibt sich jeweils für $u_1 = 0V$, 10V und 20V ?
b) Welche Spannung u_2 ergibt sich jeweils für $u_1 = -10V$ und -20V ?
c) Zeichnen Sie die Übertragungskennlinie $u_2 = f(u_1)$.
d) Skizzieren Sie den Zeitverlauf der Spannung u_2 als Folge einer Sinusspannung am Eingang mit $\hat{u}_1 = 20V$.
e) Wie ändert sich der Zeitverlauf nach d), wenn Diode D2 durch eine normale (ideale) Diode ersetzt wird ?

B 15

Eine Leuchtdiode soll von einem Impulsgenerator gespeist werden.Die Flussspannung der Diode sei $U_F = 1{,}5\ V = const.$.

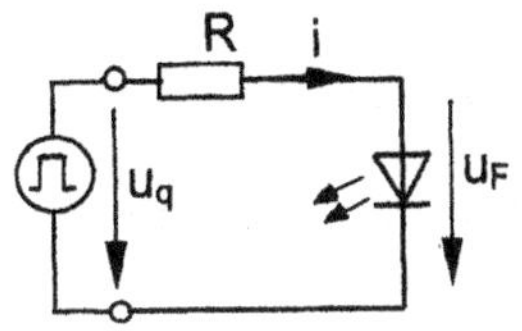

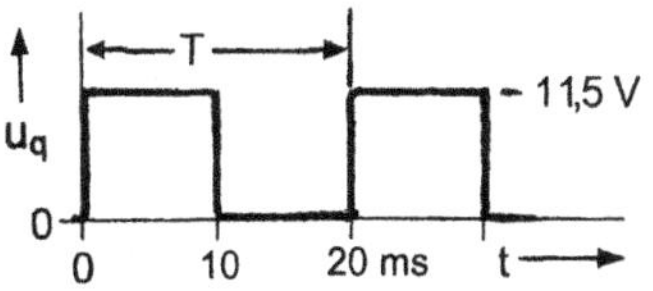

a) Welcher Widerstand R wird benötigt für einen Scheitelwert $\hat{i} = 20$ mA ?
b) Berechnen Sie zu a) den Strommittelwert $\bar{i}$ und den entsprechenden Effektivwert I.
c) Welche (mittleren) Verlustleistungen treten in der Diode und im Widerstand auf ?

B 16

Ein 1,5 V-Akku soll von dem Impulsgenerator der vorigen Aufgabe geladen werden, wobei eine ideale Diode D als Rückstromsperre eingesetzt sei.

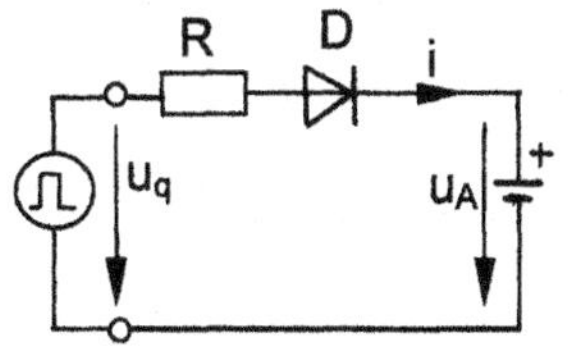

$R = 100\ \Omega$

a) Wie groß ist der Scheitelwert $\hat{i}$ des Ladestromes ?
b) Welchen Mittelwert $\bar{i}$ hat der pulsierende Ladestrom ?
c) Welche Zeit ist nötig für die Aufladung mit Q = 1 Ah ?
d) Berechnen Sie zu c) die entsprechende Energie W.
e) Wie ändert sich der mittlere Ladestrom, wenn die Diode überbrückt wird ?

B 17

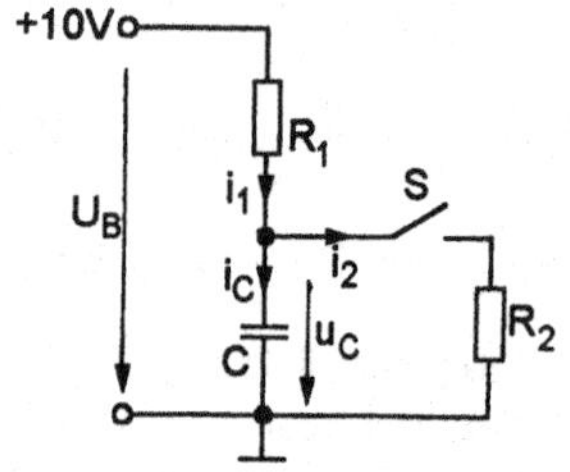

$C = 1\ \mu F$, $R_1 = R_2 = 1\ k\Omega$

Der Kondensator C sei über den Widerstand R_1 auf 10 V aufgeladen.

a) Welche Ströme i_1, i_2 und i_C treten im Schaltaugenblick auf, wenn Schalter S schließt ?
b) Welche Endwerte streben die Ströme i_1,i_2 und i_C nach dem Schließen des Schalters an ?
c) Bestimmen Sie die Zeitkonstante τ für den Schaltvorgang.
d) Skizzieren Sie den Zeitverlauf der Ströme.
e) Beschreiben Sie die Zeitverläufe mathematisch.

B 18

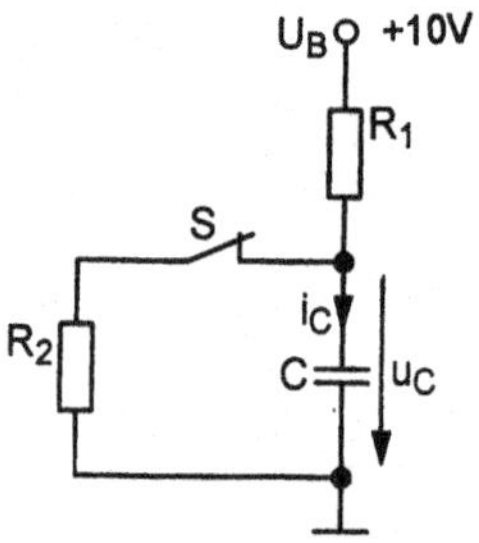

$C = 1\ \mu F$, $R_1 = R_2 = 1\ k\Omega$

Gegeben sei nebenstehende Schaltung mit zunächst geschlossenem Schalter S (Ruhebetrieb).

a) Bestimmen Sie den Strom i_C und die Spannung u_C für den Ruhebetrieb.
b) Auf wechen Wert springt der Strom i_C beim Öffnen des Schalters ?
c) Skizzieren Sie den Zeitverlauf für den Strom i_C und die Spannung u_C nach dem Öffnen des Schalters.
d) Beschreiben Sie die Zeitverläufe mathematisch.

B 19

$U_B = 20\ V$

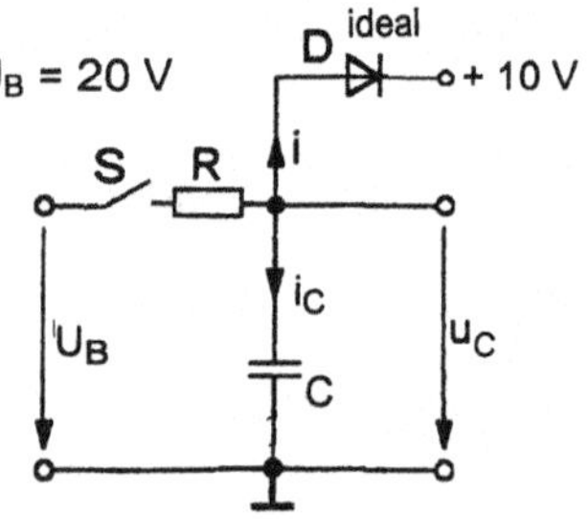

$C = 1\ \mu F$, $R = 1\ k\Omega$

In nebenstehender Schaltung soll der zunächst ungeladene Kondensator C aufgeladen werden.

a) Skizzieren Sie maßstäblich den Zeitverlauf der Spannung u_C, wenn Schalter S zur Zeit $t = 0$ schließt.
b) Beschreiben Sie die Zeitfunktion für u_C mathematisch.
c) Nach welcher Zeit t_D etwa wird die Diode leitend ?
d) Skizzieren Sie den Zeitverlauf der Ströme i_C und i.

B 20

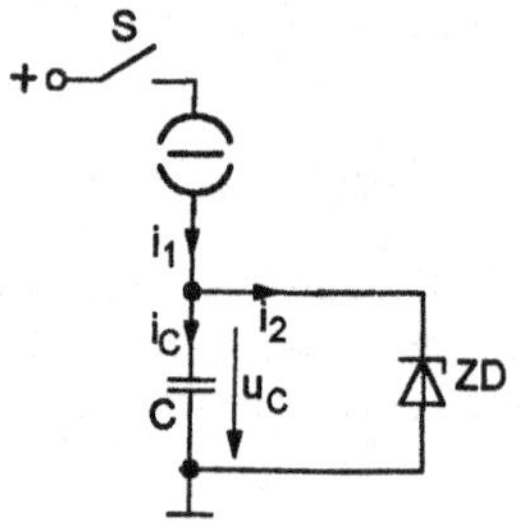

$C = 1\ \mu F$, $i_1 = 10\ mA = const.$

Auf die Parallelschaltung eines Kondensators C mit einer idealen Z-Diode ZD 10 ($U_Z = 10\ V$) wird eine Stromquelle mit dem konstanten Strom i_1 aufgeschaltet.

a) Skizzieren Sie den Zeitverlauf der Spannung u_C und des Stromes i_2.
b) Welche Anstiegsgeschwindigkeit erhält die Spannung u_C durch den Ladestrom i_1 ?
c) Nach welcher Zeit t_D wird die Z-Diode leitend ?
d) Berechnen Sie die vom Kondensator aufgenommene Energie aus der zugeführten Leistung.
e) Überprüfen Sie das Ergebnis zu d) mit der bekannten Energieformel für den Kondensator.

B 21

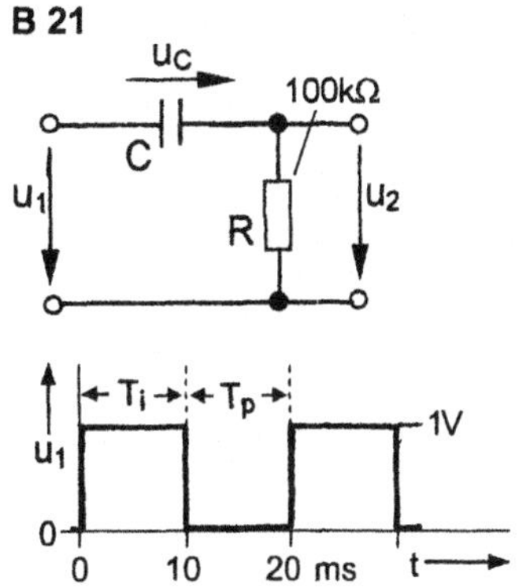

Auf nebenstehenden RC-Hochpass werde die abgebildete fortlaufende Impulsfolge geschaltet.

a) Bestimmen Sie die Zeitkonstante τ und die Grenzfrequenz f_g der Schaltung für C = 10 µF.
b) Welche Spannung u_C stellt sich im stationären Betrieb ein?
c) Zeichnen Sie die Spannung u_2 für den stationären Betrieb.
d) Welche Ausgangsspannung u_2 ergibt sich, wenn die Kapazität auf C = 10 nF herabgesetzt wird ?

B 22

Die Hochpassschaltung nach **B 21** soll ergänzt werden durch eine ideale Diode parallel zum Widerstand R. Die Eingangsspannung sei unverändert.

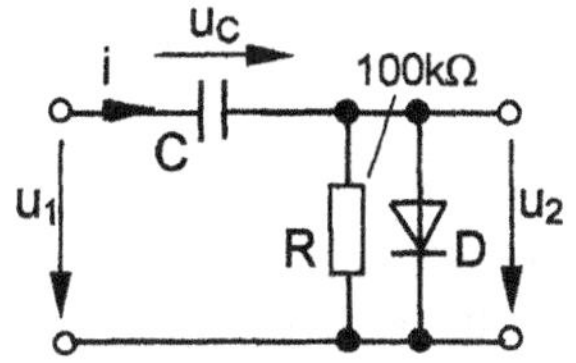

a) Wie verhält sich die Schaltung an der Anstiegsflanke der Eingangsimpulse ?
b) Skizzieren Sie den Zeitverlauf der Spannungen u_C und u_2 für C = 10 nF.
c) Skizzieren Sie den Zeitverlauf der Spannungen u_C und u_2 für C = 10 µF bei stationärem Betrieb.
d) Warum müssen Sie bei den Zeitverläufen mit starken Abweichungen rechnen, wenn eine reale Si - Diode eingesetzt wird ?

B 23

Die Hochpassschaltung nach **B21** mit C = 10 nF werde durch eine ideale Diode D und Widerstand R_2 erweitert. Die Eingangsspannung sei unverändert.

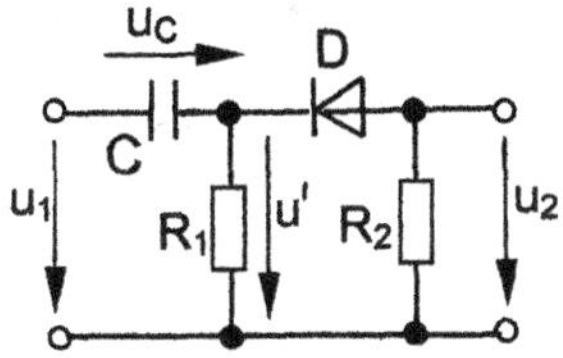

$R_1 = R_2 = 100$ kΩ

a) Skizzieren Sie den Zeitverlauf der Spannungen u' und u_2.
b) Skizzieren Sie auch den Zeitverlauf der Spannung u_C.
c) Wie verhält sich die Schaltung, wenn Widerstand R_1 entfernt wird ?
d) Wie verhält sich die Schaltung, wenn Diode D umgepolt wird ?

B 24

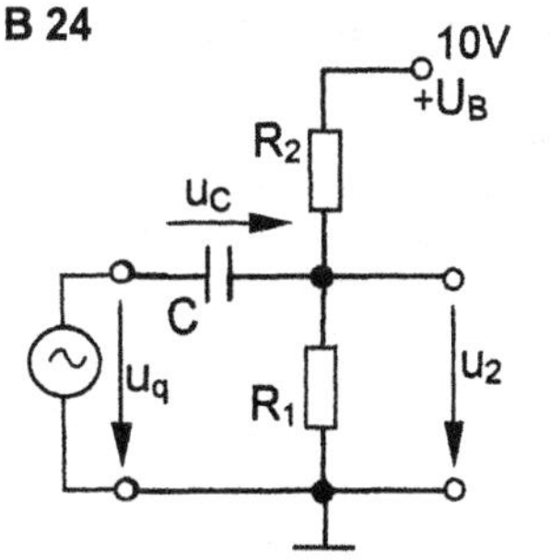

C = 1 µF, $R_1 = R_2 = 20$ kΩ

Nebenstehend ist der leerlaufende Eingangsteiler eines RC-Verstärkers mit Signalquelle abgebildet. Es sei: $u_q = 1V \cdot \sin\omega t$ mit $\omega = 2\pi f$ und f = 10 kHz.

a) Zeichnen Sie ein Wechselstromersatzbild.
b) Welchen Wechselstromwiderstand X_C hat der Kondensator bei der genannten Frequenz ?
c) Wie groß ist der Wechselanteil der Spannungen u_2 und u_C ?
d) Welche Grenzfrequenz kann man der Schaltung zuordnen ?
e) Bestimmen Sie den Gleichanteil der Spannungen u_2 und u_C.

B 25

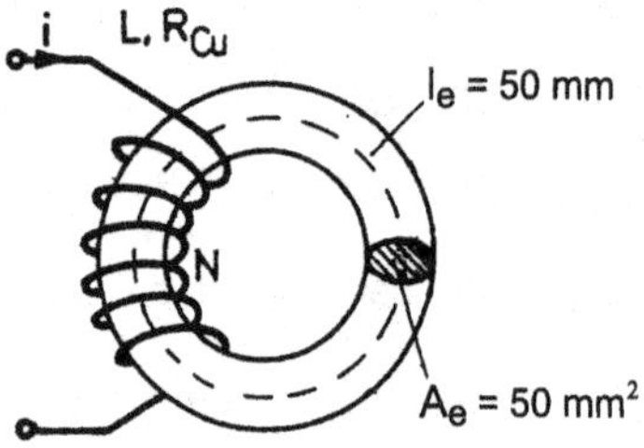

N = Windungszahl

Auf nebenstehenden Ringkern wurde eine Probewicklung mit N=10 Windungen aufgebracht und dazu die Induktivität L = 100 µH gemessen.

a) Welchen A_L-Wert hat der Kern?
b) Welche Permeabilitätszahl μ_r hat das Kernmaterial ?
c) Wieviel Windungen benötigt man für L = 1 mH ?
d) Welcher Strom i magnetisiert die 1 mH - Spule bis zu einer Flussdichte B = 320 mT ?

(1 Tesla = 1T = $1 Vs/m^2$)

B 26

An der obigen Spule mit N = 32 und L = 1 mH wird ein Kupferwiderstand R_{Cu} = 100 mΩ gemessen.

Bild wie oben

symbolisch

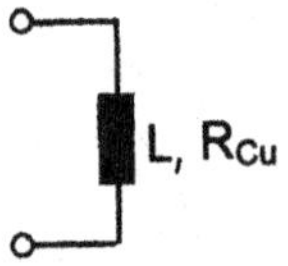

a) Geben Sie ein Ersatzbild für die Spule an.
b) Welchen Scheinwiderstand Z hat die Spule in Abhängigkeit von der Frequenz ?
c) In welchem Frequenzbereich ist die Induktivität dominant ?
d) Bestimmen Sie zu c) die "Grenzfrequenz".
e) Wie groß ist die Güte der Spule unter Berücksichtigung ihrer Kupferverluste bei 10 kHz ?

B 27

Gegeben sei ein Parallelschwingkreis mit den angegebenen Daten.

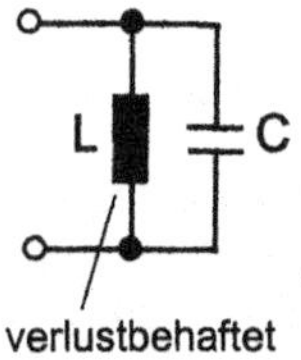

L = 1 mH, R_{Cu} = 1 Ω
C = 1 nF (verlustfrei)

a) Wie groß wird der Scheinwiderstand Z bei den Frequenzen f = 0 und $f \rightarrow \infty$?
b) Welche Kennfrequenz f_0 (ω_0) bzw. Resonanzfrequenz f_r (ω_r) hat der Schwingkreis ?
c) Um wieviel % ändert sich die Resonanzfrequenz, wenn sich die Induktivität um 1 % ändert ?
d) Man rechne den Kupferwiderstand R_{Cu} für die Resonanzfrequenz in einen äquivalenten Parallelwiderstand R_p um.
e) Wie groß ist der Resonanzwiderstand des Kreises ?

B28

Gegeben sei nebenstehende Bandpassschaltung. Verwendet werde der Schwingkreis gemäß **B 27**.

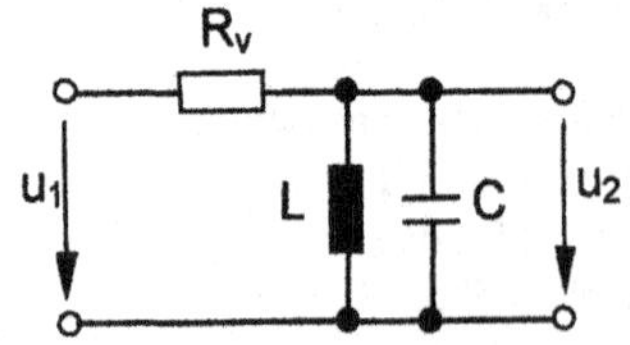

R_v = 100 kΩ

a) Schätzen Sie den Spannungsübertragungsfaktor A für sehr tiefe und sehr hohe Frequenzen.
b) Wie groß wird der Übertragungsfaktor A bei der Resonanzfrequenz ?
c) Welche Betriebsgüte Q_B hat die Schaltung?
d) Welche relative Bandbreite ergibt sich?
e) Berechnen Sie die Bandbreite Δf in Hertz.

B 29

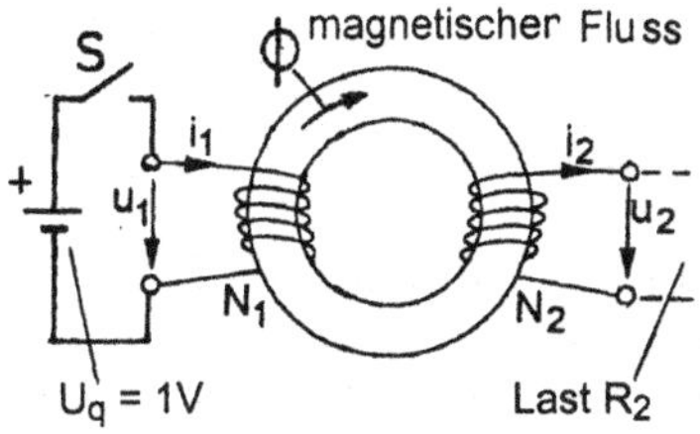

$L_1 = L_2 = 1\text{mH}$

Kerndaten: $A_e = 50\ \text{mm}^2$

$l_e = 50\ \text{mm}$

Nebenstehender Übertrager werde wie folgt idealisiert: Keine Sättigung, keine Streuung, kein Kupferwiderstand.

a) Wie groß ist das Übersetzungsverhältnis $ü = N_1/N_2$?

b) Zeichnen Sie zur gegebenen Schaltung ein Ersatzbild für eine Belastung mit einem Widerstand R_2.

c) Bestimmen Sie u_1, i_1, u_2 und i_2 für $R_2 = \infty$, wenn Schalter S zum Zeitpunkt t = 0 schließt.

d) Wie c) mit der Änderung $R_2 = 1\ \Omega$.

e) Bestimmen Sie zu d) den weiteren Zeitverlauf der Spannungen u_1, u_2 und des Stromes i_2, wenn nach Ablauf von 1 ms Schalter S wieder öffnet.

B 30

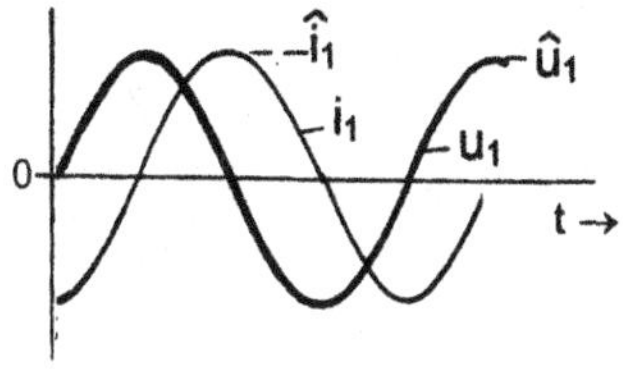

$\hat{u}_1 = 1\text{V},\ \hat{i}_1 = 1\text{A}$

An dem obigen Ringkernübertrager wird bei Leerlauf ($R_2 = \infty$) das nebenstehende Oszillogramm aufgenommen (Stationärer Betrieb an Sinusspannung).

a) Mit welcher Frequenz wird der Übertrager betrieben ?

b) Beschreiben Sie den Zeitverlauf des Stromes i_1,wenn bei unveränderter Primärspannung $R_2 = 1\Omega$ wird.

c) Welchen Effektivwert I_1 hat der Primärstrom nach b) ?

d) Welche Windungszahl ist erforderlich, damit die Flussdichte höchstens 1 T erreicht ?

e) Welche Permeabilitätszahl μ_r muss das Kernmaterial haben ?

B 31

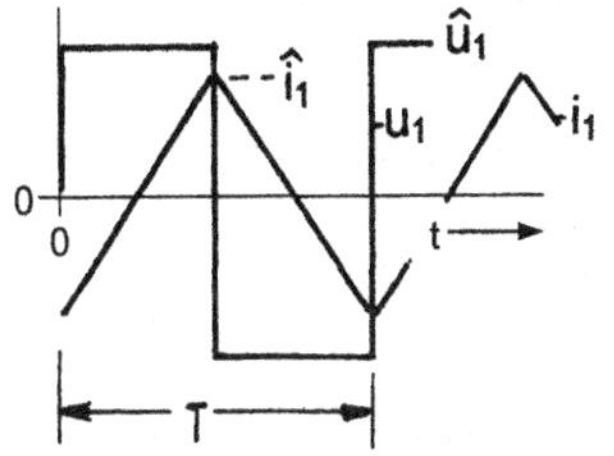

$\hat{u}_1 = 1\text{V},\ \hat{i}_1 = 1\text{A}$

An dem obigen Ringkernübertrager mit $N_1 = N_2 = 20$ wird bei Leerlauf ($R_2 = \infty$) das nebenstehende Oszillogramm aufgenommen.
(Stationärer Betrieb an Rechteckspannung).

a) Mit welcher Frequenz wird der Übertrager betrieben ?

b) Zeichnen Sie den Zeitverlauf des Stromes i_1,wenn bei unveränderter Primärspannung $R_2 = 1\Omega$ wird.

c) Welchen Effektivwert I_1 hat der Primärstrom nach b) ?

d) Welchen Scheitelwert $\hat{B}$ erreicht die Flussdichte bei Leerlauf und unter Last ?

e) Beschreiben Sie den Zeitverlauf der Flussdichte B.

B 32

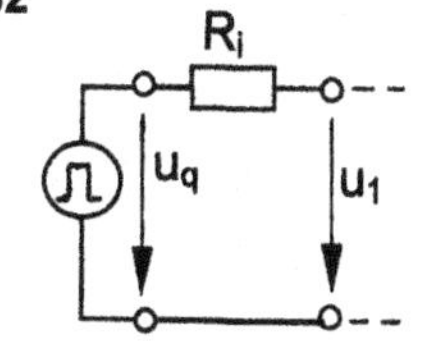

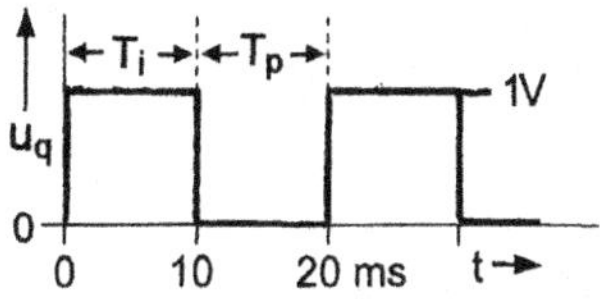

Der obige Ringkernübertrager mit $N_1 = N_2 = 20$ wird an einem Impulsgenerator mit der Quellenspannung u_q und dem Innenwiderstand $R_i = 1\Omega$ betrieben.

a) Zeichnen Sie das zugehörige Ersatzbild mit Generator und Lastwiderstand .

b) Skizzieren Sie den Zeitverlauf von i_1, u_1 und u_2 für Leerlauf ($R_2 = \infty$).

c) Skizzieren Sie den Zeitverlauf von i_1 und u_1 sowie von u_2 und i_2 für $R_2 = 1\ \Omega$.

d) Bis zu welcher Flussdichte wird der Kern in den Fällen b) und c) magnetisiert ?

B 33

I_{DSS} = 10 mA , U_p = -5V

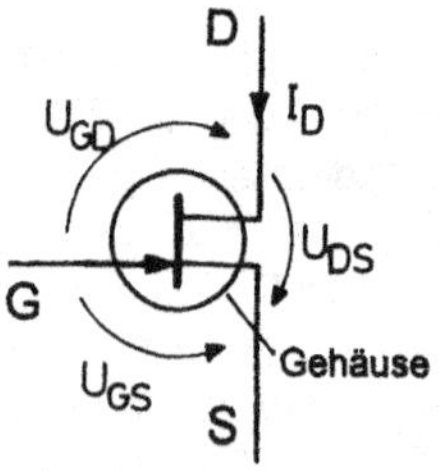

$$I_D \approx I_{DSS} \cdot \left(1 - \frac{U_{GS}}{U_P}\right)^2$$

Ein n-Kanal - JFET werde durch die nebenstehenden Daten näherungsweise beschrieben.

a) Zeichnen Sie ein einfaches Dioden - Widerstands-modell für den FET.
b) Welchen Gatestrom I_G erwarten Sie für $U_{GS} < 0$ und $U_{DS} > 0$?
c) Skizzieren Sie die Kennlinie $I_D = f(U_{DS})$ für $U_{GS} = 0$.
d) Skizzieren Sie die Kennlinie $I_D = f(U_{GS})$ für $U_{DS} > |U_p|$.
e) Welche der beiden Kennlinien beschreibt die angegebene Gleichung ?
f) Was bedeutet das zweite " s " im Index von I_{DSS} ?
g) Welche Steilheit s ergibt sich für $U_{GS} = 0$?

B 34

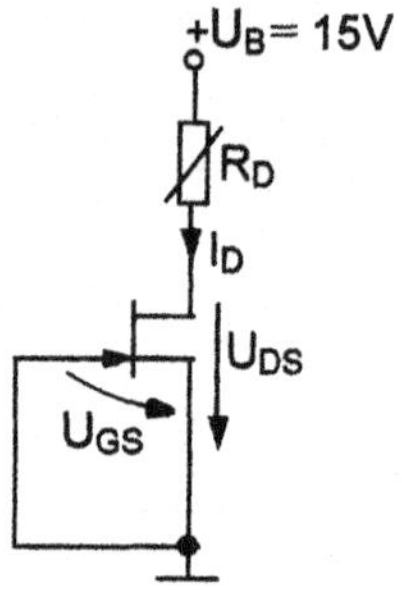

Gegeben sei die nebenstehende Konstantstromschaltung mit dem oben beschriebenen JFET.

a) Bestimmen Sie die Größen U_{GS}, U_{DS} und I_D für $R_D = 0$.
b) Bis zu welchem Wert darf R_D ansteigen, ohne dass sich der Strom I_D ändert ?
c) Welche Idealisierung liegt der Frage b) zugrunde ?
d) Bei welchem Wert für R_D wird die Verlustleistung P_{DS} im FET maximal ?
e) Berechnen Sie die Verlustleistung P_{DSmax} und die damit verursachte Übertemperatur bei einem Wärmewiderstand R_{thU} = 0,5 K/mW.

B 35

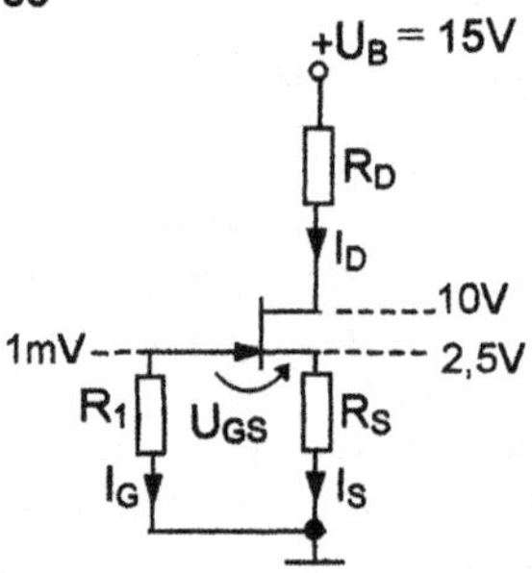

R_1 = 1MΩ, R_S = 1kΩ

In der nebenstehenden Schaltung mit dem oben beschriebenen JFET sind die gemessenen Potentialwerte eingetragen.

a) Berechnen Sie daraus die Ströme I_G, I_S und I_D *).
b) Bestimmen Sie den Widerstand R_D.
c) Berechnen Sie die Spannungen U_{DS} und U_{GS}.
d) Welche Wirkung hat eine Kurzschlussbrücke über dem Widerstand R_1 ?
e) Welche Wirkung hat eine Unterbrechung der Gateleitung ?

*) Alle Strompfeile zeigen hier in die konventionelle Stromrichtung. Daher positive Werte!

B 36

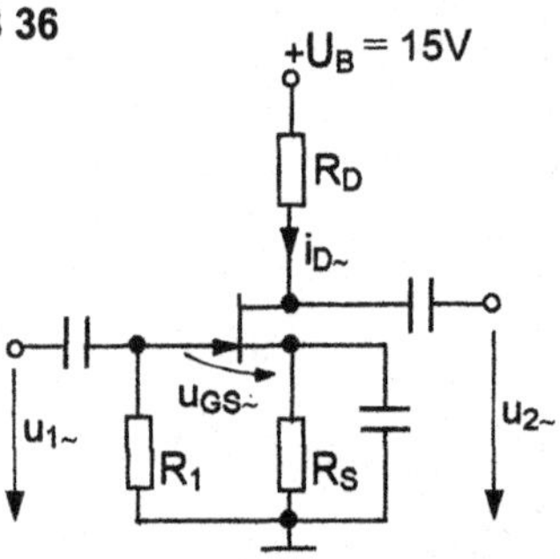

R_1 = 1MΩ, R_S = 1kΩ, R_D = 2kΩ

Die Schaltung nach **B35** wird mit 3 Kondensatoren beschaltet und dient als Kleinsignalverstärker in "Sourceschaltung".

a) Welche Steilheit s hat der FET im Arbeitspunkt mit U_{GS} = -2,5 V und I_D = 2,5 mA ?
b) Welcher Zusammenhang besteht allgemein zwischen den Kleinsignalgrößen $u_{GS\sim}$ und $i_{D\sim}$?
c) Zeichnen Sie ein Kleinsignalersatzbild in der Annahme, dass alle Kondensatoren und auch die Betriebsspannungsquelle Wechselstromkurzschlüsse sind.
d) Berechnen Sie mit dem Ersatzbild die Spannungsverstärkung.
e) Welche Wirkung hätte ein Kurzschluss über R_1 ?

B 37

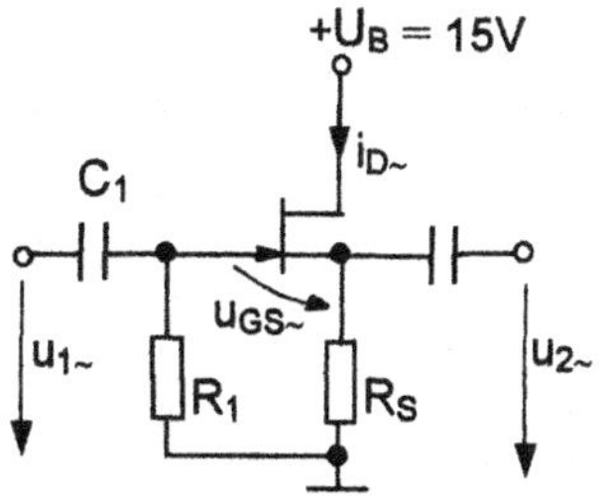

$R_1 = 1M\Omega$, $R_S = 1k\Omega$

Der nebenstehende Sourcefolger sei durch eine Abwandlung aus der Schaltung nach **B 36** hervorgegangen.

a) Inwieweit hat sich der Arbeitspunkt geändert ?
b) Welche Maschengleichung ergibt sich mit den Spannungen $u_{1\sim}$, $u_{GS\sim}$ und $u_{2\sim}$?
c) Bestimmen Sie aus b) die Funktion $i_{D\sim} = f(u_{1\sim})$.
d) Interpretieren Sie die gefundene Funktion durch ein Kleinsignalersatzbild.
e) Welche Spannungsverstärkung ergibt sich ?
f) Wie beeinflusst der Widerstand R_1 die Spannungsverstärkung ?

(Die Kondensatoren seien Wechselstromkurzschlüsse)

B 38

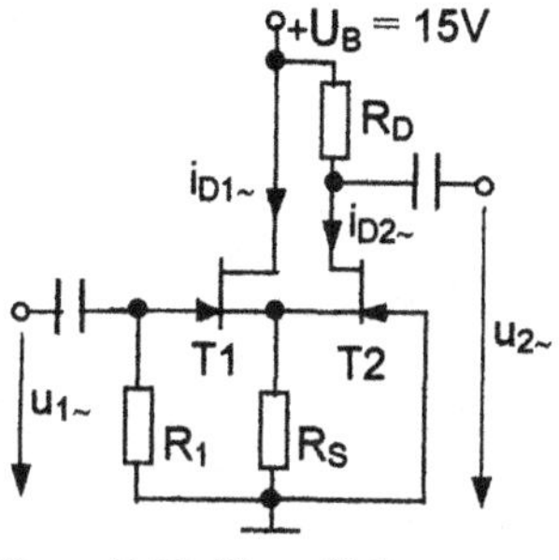

$R_1 = 1M\Omega$, $R_D = 2k\Omega$

Der bekannte Transistor T1 steuert als Sourcefolger einen Transistor T2 in Gateschaltung.

a) Welchen gemeinsamen Widerstand R_S benötigt man für gleiche Drainströme $I_{D1} = I_{D2} = 2{,}5mA$?
b) Welche Steilheiten s_1 und s_2 ergeben sich ?
c) Entwickeln Sie ein Kleinsignalersatzbild.
d) Bestimmen Sie die Ströme $i_{D1\sim}$ und $i_{D2\sim}$ als Funktion der Spannung $u_{1\sim}$.
e) Welche Spannungsverstärkung ergibt sich ?

(Die Kondensatoren seien Wechselstromkurzschlüsse)

B 39

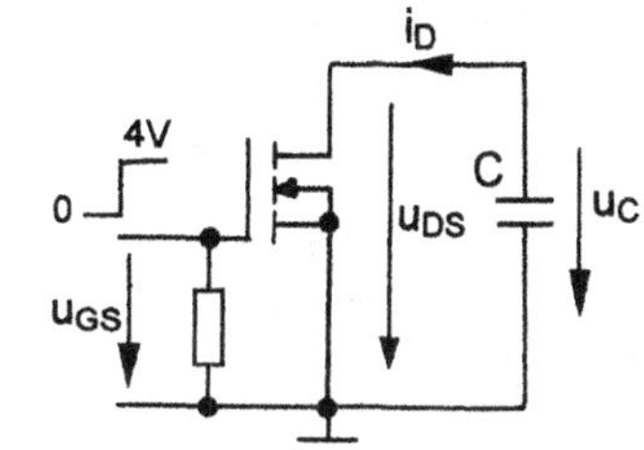

$C = 1000\ \mu F$, $U_{C0} = 5V$
Anfangsspannung

Ein mit $U_{GS} = 4V$ aufsteuerbarer selbstsperrender n-Kanal-MOSFET soll den Kondensator C entladen. Die I_D-U_{DS} - Kennlinie des FETs werde durch einen geknickten Geradenzug angenähert.

a) Zeichnen Sie die I_D-U_{DS} - Kennlinie mit den Parametern $r_{DS(ON)} = 1\Omega$ für den "ohmschen Bereich" und $I_D = 1A$ für den "Abschnürbereich".
b) Konstruieren Sie den Zeitverlauf der Spannung u_C, wenn zum Zeitpunkt t = 0 der FET aufgesteuert wird.
c) Beschreiben Sie den Zeitverlauf der Spannung u_C analytisch.
d) Wie lange dauert die Entladung über den gesperrten FET bei einem Leckstrom $I_{DSS} = 1\mu A = const.$?

B 40

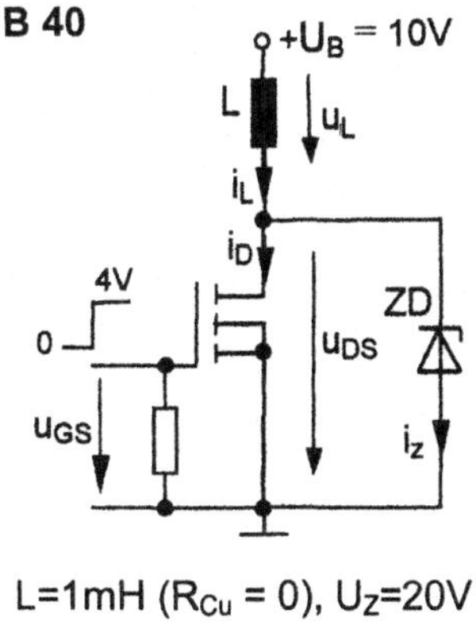

$L=1mH$ ($R_{Cu} = 0$), $U_Z=20V$

Ein mit $U_{GS} = 4V$ aufsteuerbarer selbstsperrender n-Kanal-MOSFET soll eine induktive Last schalten. Als Überspannungsschutz wird eine Z-Diode eingesetzt.

a) Zeichnen Sie die vereinfachte I_D-U_{DS} - Kennlinie mit den Parametern $r_{DS(ON)} = 0\ \Omega$ für den "ohmschen Bereich" und $I_D = 1A$ für den "Abschnürbereich".
b) Konstruieren Sie den Zeitverlauf des Stromes i_D und der Spannung u_{DS} zum Einschaltvorgang (t = 0).
c) Wie verlaufen der Strom i_D und die Spannung u_{DS}, wenn nach 1ms der FET wieder gesperrt wird?
d) Welche Verlustarbeit nimmt die Z-Diode beim Abschalten auf?

B41

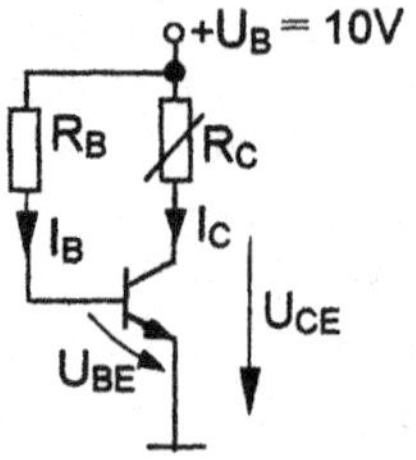

$R_B = 1M\Omega$, $B = 100 = const.$
$R_{thU} = 1\ K/mW$

Ein Bipolartransistor mit der Stromverstärkung $B = 100$ werde in nebenstehender Schaltung betrieben.

a) Bestimmen Sie in grober Näherung den Basisstrom I_B und den Kollektorstrom I_C für $R_C = 0$.
b) Wie verhält sich der Strom I_B, wenn R_C beliebig erhöht wird ?
c) Welche Ströme I_B und I_C ergeben sich, wenn die Basisleitung unterbrochen wird ?
d) Wie ändern sich U_{CE} und I_C in Abhängigkeit von R_C ?
e) Bestimmen Sie zu d) die größte auftretende Verlustleistung P_{CEmax}.
f) Welche Übertemperatur ΔT_{max} ist möglich ?

B42

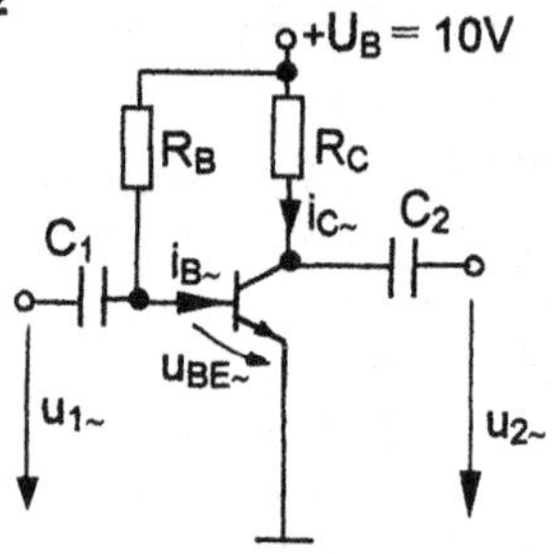

$R_B = 1M\Omega$, $R_C = 5k\Omega$

Die Schaltung nach **B41** werde als Kleinsignalverstärker genutzt. Die eingesetzten Koppelkondensatoren und auch die Betriebsspannungsquelle seien zunächst Wechselstromkurzschlüsse.

a) Bestimmen Sie angenähert die dynamischen Kenngrößen r_{BE}, s und ß.
b) Geben Sie ein Kleinsignalersatzbild an.
c) Welche Spannungsverstärkung ergibt sich ?
d) Bestimmen Sie die untere Grenzfrequenz für den Eingang mit $C_1 = 0{,}4\mu F$.
e) Welche untere Grenzfrequenz ergibt sich für den offenen Ausgang ?

B 43

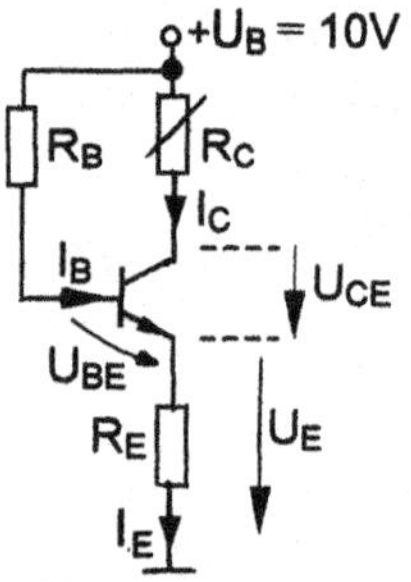

$R_E = 2{,}4\ k\Omega$

Der Bipolartransistor von **B 41** werde mit $I_C = 1mA$ und $I_B = 10\mu A$ in nebenstehender Schaltung betrieben.

a) Bestimmen Sie den Emitterstrom I_E und die Spannung U_E.
b) Wie groß muss der Widerstand R_B sein für den angegebenen Betrieb ?
c) Bis zu welchem Wert kann man den Widerstand R_C erhöhen, ohne dass sich I_C nennenswert ändert ?
d) Wie groß kann die Verlustleistung P_{CE} werden ?
e) Welche Übertemperatur kann maximal auftreten ?

B 44

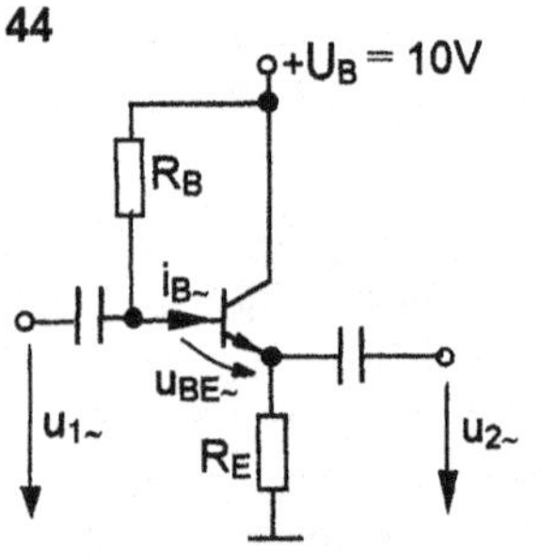

$R_E = 2{,}4\ k\Omega$

Die Schaltung nach **B43** soll als Kleinsignalverstärker in der Funktion eines Emitterfolgers ($R_C = 0$) betrieben werden. Die Koppelkondensatoren und auch die Betriebsspannungsquelle seien Wechselstromkurzschlüsse.

a) Wie ändern sich die dynamischen Kenngrößen r_{BE}, s und ß gegenüber **B 42** ?
b) Welcher Zusammenhang besteht zwischen der Ausgangsspannung $u_{2\sim}$ und dem Basisstrom $i_{B\sim}$?
c) Welcher Zusammenhang besteht zwischen der Eingangsspannung $u_{1\sim}$ und dem Basisstrom $i_{B\sim}$?
d) Welche Spannungsverstärkung ergibt sich ?
e) Formulieren Sie $u_{2\sim} = f(u_{1\sim}, R_E, 1/s)$ und zeichnen Sie dazu ein Ersatzbild.

B 45

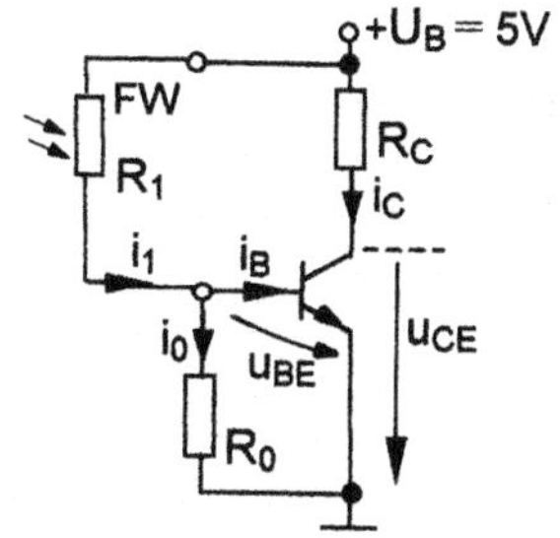

$R_0 = 10k\Omega$, $R_C = 500\Omega$

Ein Bipolartransistor mit der konstanten Stromverstärkung B = 100 werde in nebenstehender Schaltung mit dem Fotowiderstand R_1 gesteuert.

a) Geben Sie ein möglichst einfaches Ersatzbild zu der Schaltung an mit der Annahme $U_{BE} = 0{,}6V$, $r_{BE} = 0$.
b) Welcher Kollektorstrom kann maximal auftreten unter der Annahme $U_{CEsat} = 0{,}5V$?
c) Bei welchem Widerstand R_1 wird der Transistor voll durchgesteuert ?
d) Was geschieht, wenn sich R_1 weiter verringert ?
e) Wie weit muss sich R_1 erhöhen, damit der Transistor sperrt ?

B 46

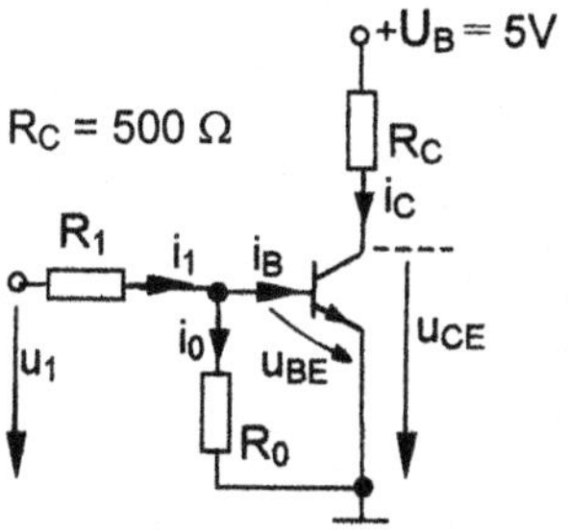

$R_0 = 10\ k\Omega$, $R_1 = 3{,}3\ k\Omega$

Der Bipolartransistor nach **B 45** werde bei unverändertem Lastwiderstand R_C über einen Spannungsteiler gesteuert.

a) Zeichnen Sie in Anlehnung an **B 45** ein Ersatzbild, das auch für den Sperrbereich gilt.
b) In welchem Bereich kann sich die Spannung u_1 ändern, ohne dass der Transistor leitend wird ?
c) Welche Ströme i_B, i_0 und i_1 müssen fließen, damit der Transistor gerade voll durchgesteuert wird ?
d) Welche Spannung u_1 wird zur vollen Durchsteuerung benötigt ?
e) Bei welcher Spannung u_1 wird gerade dreifach übersteuert ?

B 47

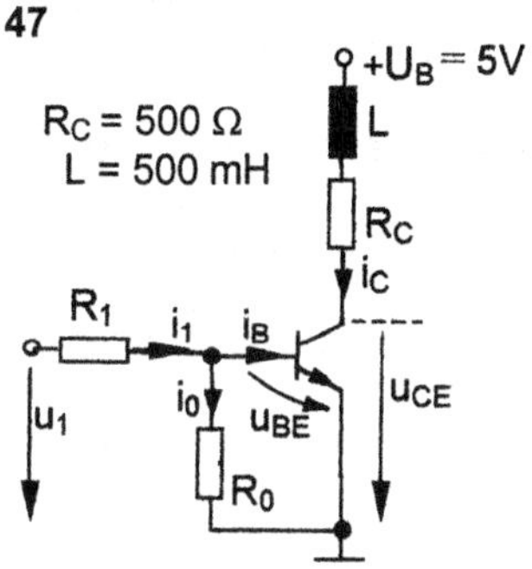

In der Schaltung nach **B 46** werde zu dem Widerstand R_C eine Induktivität L in Reihe geschaltet.

a) Welche Werte für u_{BE}, i_B, i_C und u_{CE} erwarten Sie im stationären Betrieb bei $u_1 = 0$?
b) Welche Werte für u_{BE}, i_B, i_C und u_{CE} erwarten Sie im stationären Betrieb bei $u_1 = -1V$?
c) Wie ändern sich die vorgenannten Größen, wenn die Spannung u_1 zum Zeitpunkt $t = 0$ auf $+1{,}1V$ springt ?
d) Wie ändert sich der Strom i_C gegenüber c), wenn die Spannung u_1 auf $+2V$ springt ?
e) Wie kann man den Transistor wieder sperren ?
f) Welche Gefahr besteht beim Sperren ?

B 48

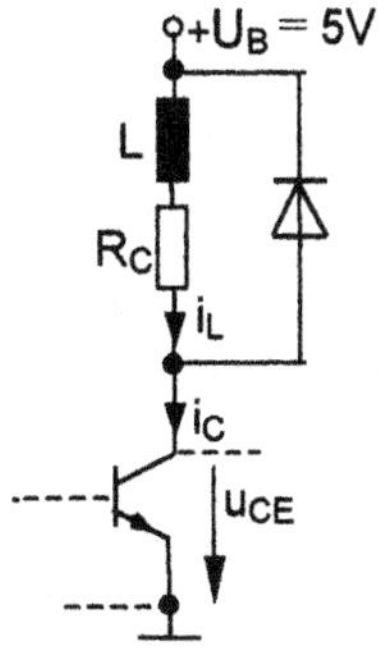

In der Schaltung nach **B 47** werde der ohmsch - induktiven Last eine Freilaufdiode parallel geschaltet, deren Flussspannung U_F konstant 0,7 V betrage.

a) Welchen Einfluss hat die Feilaufdiode auf den Einschaltvorgang ?
b) Welchem Zweck dient die Freilaufdiode ?
c) Zeichnen Sie ein Ersatzbild für den Fall, dass der Transistor plötzlich sperrt.
d) Skizzieren Sie den Zeitverlauf des Stromes i_L und der Spannung u_{CE}, wenn der Transistor mit dem Strom $i_C = i_{Cmax} = 9\ mA$ abgeschaltet wird.
e) Formulieren Sie analytisch den Zeitverlauf von i_L.

B 49

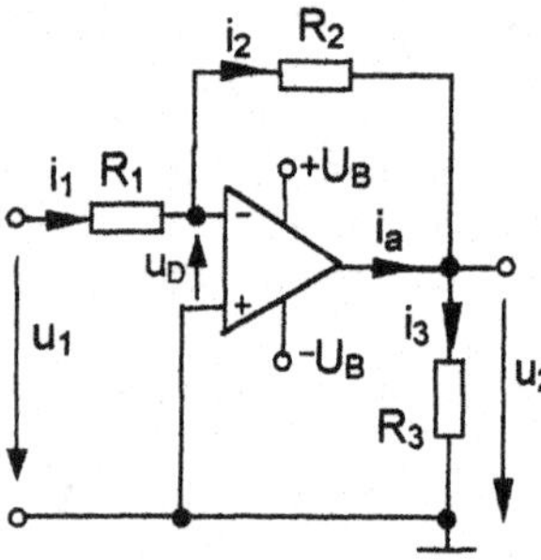

Ein idealer Operationsverstärker sei wie angegeben mit den Widerständen R_1, R_2 und R_3 beschaltet.

a) Berechnen Sie alle eingetragenen Ströme für den Fall $R_1 = R_2 = R_3 = 1\text{k}\Omega$ und $u_1 = 1\text{V}$.
b) Bestimmen Sie diese Ströme allgemein als Funktion der Spannung u_1.
c) Bestimmen Sie mit den gefundenen Beziehungen auch die Spannungsverstärkung $V_u = u_2/u_1$.
d) Wie verhält sich die Schaltung, wenn am Widerstand R_2 eine Leitungsunterbrechung auftritt ?
e) Wie verhält sich die Schaltung, wenn am Widerstand R_1 eine Leitungsunterbrechung auftritt ?

B 50

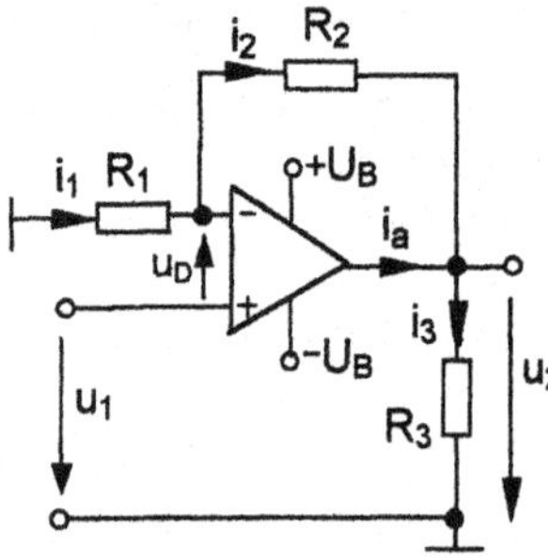

Ein idealer Operationsverstärker sei wie angegeben mit den Widerständen R_1, R_2 und R_3 beschaltet.

a) Berechnen Sie alle eingetragenen Ströme für den Fall $R_1 = R_2 = R_3 = 1\text{k}\Omega$ und $u_1 = 1\text{V}$.
b) Bestimmen Sie diese Ströme allgemein als Funktion der Spannung u_1.
c) Bestimmen Sie mit den gefundenen Beziehungen auch die Spannungsverstärkung $V_u = u_2/u_1$.
d) Wie verhält sich die Schaltung, wenn am Widerstand R_2 eine Leitungsunterbrechung auftritt ?
e) Wie verhält sich die Schaltung, wenn am Widerstand R_1 eine Leitungsunterbrechung auftritt ?

B 51

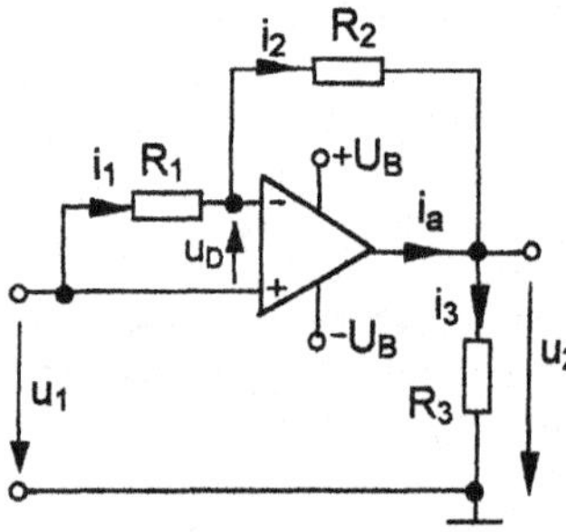

Ein idealer Operationsverstärker sei wie angegeben mit den Widerständen R_1, R_2 und R_3 beschaltet.

a) Berechnen Sie alle eingetragenen Ströme für den Fall $R_1 = R_2 = R_3 = 1\text{k}\Omega$ und $u_1 = 1\text{V}$.
b) Bestimmen Sie diese Ströme allgemein als Funktion der Spannung u_1.
c) Bestimmen Sie mit den gefundenen Beziehungen auch die Spannungsverstärkung $V_u = u_2/u_1$.
d) Wie verhält sich die Schaltung, wenn am Widerstand R_2 eine Leitungsunterbrechung auftritt ?
e) Wie verhält sich die Schaltung, wenn am Widerstand R_1 eine Leitungsunterbrechung auftritt ?

B 52

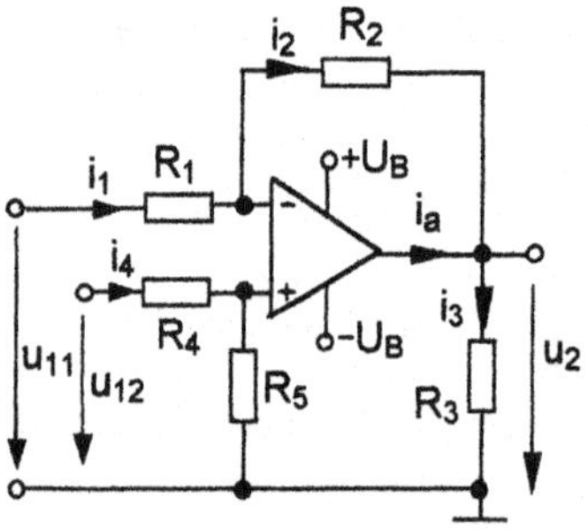

Ein idealer Operationsverstärker sei wie angegeben mit den Widerständen R_1, R_2, R_3, R_4 und R_5 beschaltet.

a) Berechnen Sie alle Ströme für den Fall $u_{11} = +1\text{V}$ und $u_{12} = -1\text{V}$ mit $R_1 = R_2 = R_3 = R_4 = R_5 = 1\text{k}\Omega$.
b) Bestimmen Sie die Ströme i_1, i_2, i_3 und i_4 allgemein als Funktion der Spannungen u_{11} und u_{12}.
c) Bestimmen Sie mit den gefundenen Beziehungen auch die Funktion $u_2 = f(u_{11}, u_{12})$.
d) Wie verhält sich die Schaltung, wenn am Widerstand R_2 eine Leitungsunterbrechung auftritt ?
e) Wie verhält sich die Schaltung, wenn am Widerstand R_1 eine Leitungsunterbrechung auftritt ?

B 53

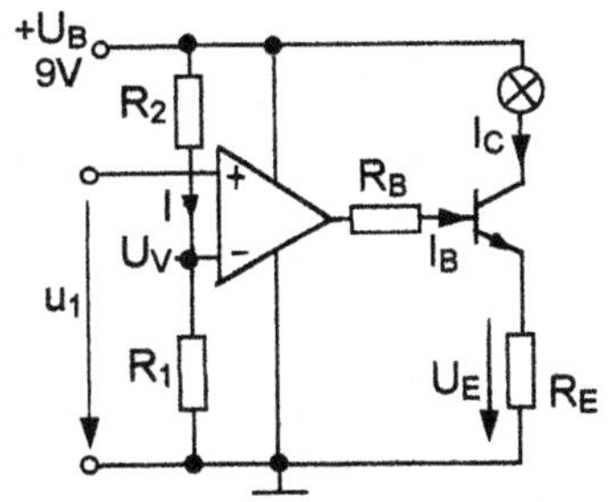

Lampe ein: $u_1 > U_V$
Lampe aus: $u_1 < U_V$

Ein idealer Operationsverstärker soll in Verbindung mit einem Bipolartransistor (B = 100) als Schwellwertschalter für eine Glühlampe (6V / 0,1A) dienen.

a) Bestimmen Sie zu der nebenstehenden Schaltung das Verhältnis R_1/R_2 für einen Schwellwert $U_V = 3V$.
b) Bestimmen Sie die Widerstände R_1 und R_2, wenn diese einen Strom I = 10µA führen sollen.
c) Welchen Widerstand R_E benötigt man, wenn die Lampe mit Nennleistung betrieben werden soll ?
d) Welchen Widerstand R_B benötigt man für eine dreifache Übersteuerung des Transistors ?
e) Was geschieht, wenn Widerstand R_1 abgetrennt wird ?

B 54

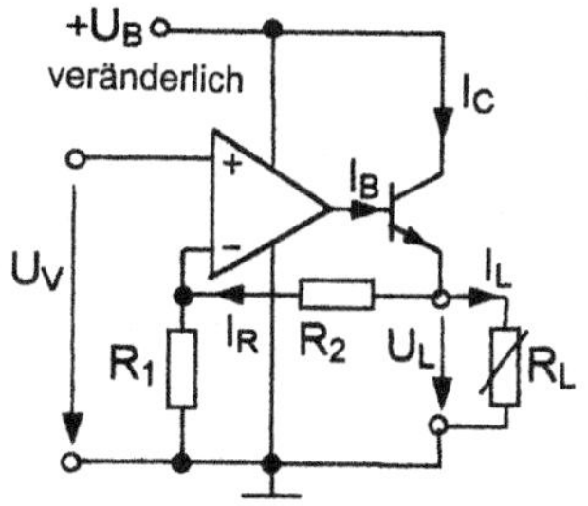

$U_V = 3V = const.$

Ein idealer Operationsverstärker soll in Verbindung mit einem Bipolartransistor eine konstante Spannung $U_L = 6V$ für die variable Last R_L bereitstellen.

a) Bestimmen Sie die Rückkopplungswiderstände R_1 und R_2, wenn der Strom $I_R = 1mA$ sein soll.
b) Welchen Wert muss die Betriebsspannung U_B mindestens haben ?
c) Berechnen Sie näherungsweise den Maximalwert des Stromes I_C für den Lastbereich $6\,\Omega < R_L < 60\,\Omega$.
d) Wie ändert sich die Verlustleistung des Transistors im vorgenannten Lastbereich bei $U_B = 12V$?
e) Was geschieht beim Auftrennen der Kollektorleitung ?

B 55

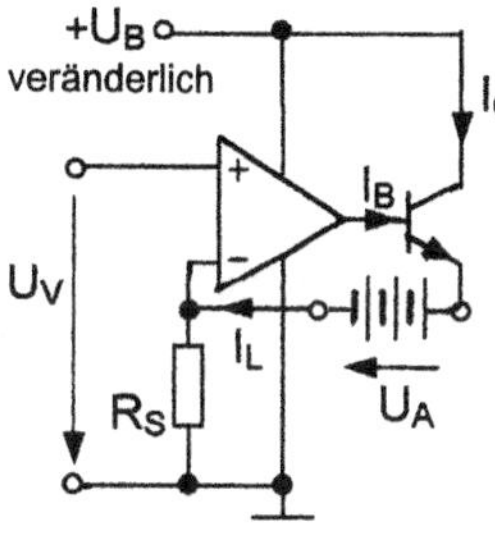

Ein idealer Operationsverstärker soll in Verbindung mit einem Bipolartransistor den Ladestrom $I_L = 1A$ für einen Akku ($U_A = 6V$) konstant halten.

a) Welche Vergleichsspannung U_V benötigt man bei einem Stromsensor $R_S = 1\Omega$ in der Schaltung ?
b) Welche Betriebsspannung U_{Bmin} muss für einen Konstantstrombetrieb mit $I_L = 1A$ mindestens anliegen ?
c) Wie verhält sich der Ladestrom I_L in Abhängigkeit von der Betriebsspannung im Bereich $U_B < U_{Bmin}$?
d) Zeichnen Sie die Funktion $I_L = f(U_B)$.
e) Wie groß sind die Verlustleistungen im Widerstand R_S und im Transistor bei $U_B = 12V$?

B 56

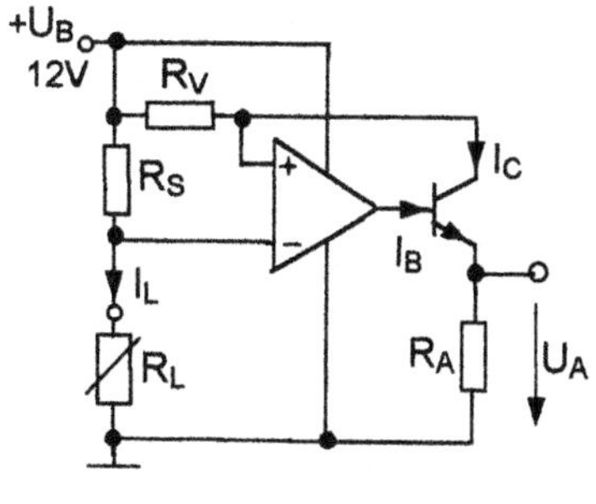

In nebenstehender Anzeigeschaltung soll zu dem großen Laststrom I_L eine proportionale Spannung U_A gebildet werden. Der OP sei ideal, der Transistor habe die Stromverstärkung B = 100.

a) Leiten Sie allgemein die Funktion $U_A = f(I_L)$ ab.
b) Bestimmen Sie diese Funktion für $R_S = 0{,}1\Omega$, $R_V = 100\,\Omega$ und $R_A = 1000\,\Omega$.
c) Bestimmen Sie mit den angegebenen Werten die Anzeigeempfindlichkeit $E = dU_A/dI_L$.
d) Welchen Widerstand R_P muss man zu R_A parallel schalten, damit E = 1 V/A wird ?
e) Bis zu welchem Wert I_{Lmax} reicht der lineare Arbeitsbereich der Schaltung ?

Lösungen zum Teil B (Testaufgaben)

B1

a) $\Delta R = \pm\frac{5}{100}\cdot 10000\ \Omega = \underline{\pm 500\ \Omega}$.

b) $U = \sqrt{P\cdot R} = \sqrt{1\,W\cdot 10000\ \Omega} = \underline{100\ V}$, $I = \frac{U}{R} = \frac{100\ V}{10\ k\Omega} = \underline{10\ mA}$.

c) $\Delta T = P\cdot R_{th} = 1\,W\cdot 50\ K/W = \underline{50\ K}$.

$\Delta R = R\cdot TK\cdot \Delta T = +10^4\Omega\ \cdot\ 10^{-4}K^{-1}\cdot 50\ K = \underline{+50\ \Omega}$.

d) $T = T_U + \Delta T = 20°C + 50K = \underline{70°C}$.

B2

a) $0{,}98\cdot R_0 = \frac{R_0\cdot R_p}{R_0+R_p} \rightarrow 0{,}98 = \frac{R_p}{R_0+R_p} \rightarrow 0{,}98\ R_0 + 0{,}98\ R_p = R_p$

$0{,}02\ R_p = 0{,}98\cdot 4\ \Omega = \underline{3{,}92\ \Omega} = R_{ges}$, $R_p = \underline{196\ \Omega}$.

b) $U = I\cdot R_{ges} = 0{,}1\ A\cdot 3{,}92\ \Omega = \underline{0{,}392\ V}$.

c) $I_0 = I\cdot\frac{R_p}{R_0+R_p} = 100\ mA\cdot 0{,}98 = \underline{98\ mA}$. $I_p = I - I_0 = \underline{2\ mA}$.

d) $R_{ges} = \frac{R_0\cdot R_p\cdot(1\pm 0{,}02)}{R_0+R_p\cdot(1\pm 0{,}02)} = \frac{R_0\cdot R_p}{R_0+R_p}\cdot\frac{1\pm 0{,}02}{1\pm\frac{0{,}02\cdot R_p}{R_0+R_p}} = 3{,}92\ \Omega\cdot\frac{1\pm 0{,}02}{1\pm 0{,}0196}$

$\approx 3{,}92\ \Omega\cdot(1\pm 0{,}02)\cdot(1\mp 0{,}0196) \approx 3{,}92\ \Omega\cdot(1\mp 0{,}0196\pm 0{,}02)$

$\approx 3{,}92\ \Omega\cdot(1\pm 0{,}0004) = \underline{3{,}92\ \Omega \pm 0{,}4‰}$. (siehe Funktionentafel, **Anhang B**)

B3

a) $\Delta R_1 = \pm 0{,}1\cdot 180\ \Omega = \pm\underline{18\ \Omega}$, $\Delta R_2 = \pm 0{,}1\cdot 820\ \Omega = \pm\underline{82\ \Omega}$.

b) $U_2 = U_1\cdot\frac{R_2}{R_1+R_2} = 10\ V\cdot\frac{820\ \Omega}{1000\ \Omega} = \underline{8{,}2\ V}$.

c) $U_2 = U_1\cdot\frac{R_2}{R_1+\Delta R_1+R_2} = U_1\cdot\frac{R_2}{R_1+R_2}\cdot\frac{1}{1+\frac{\Delta R_1}{R_1+R_2}}$

$= 8{,}2\ V\cdot\frac{1}{1+0{,}018} \approx 8{,}2\ V\cdot(1-0{,}018) = \underline{8{,}2\ V - 1{,}8\ \%}$.

d) $U_2 = U_1\cdot\frac{R_2 - 0{,}1\,R_2}{R_1+0{,}1\,R_1+R_2-0{,}1\,R_2} = 10\ V\cdot\frac{820\ \Omega - 82\ \Omega}{180\ \Omega + 18\ \Omega + 820\ \Omega - 82\ \Omega}$

$= 10\ V\cdot\frac{820\ \Omega\cdot(1-0{,}1)}{1000\ \Omega\cdot(1-0{,}064)} \approx 8{,}2\ V\cdot(1-0{,}1)\cdot(1+0{,}064)$

$\approx 8{,}2\ V\cdot(1-0{,}1+0{,}064) = 8{,}2\ V\cdot(1-0{,}036) = \underline{8{,}2\ V - 3{,}6\ \%}$.

B4

a) $U_{2max} = 10\text{ V} = 12\text{ V} \cdot \frac{R_0 \| R_L}{R_1 + (R_0 \| R_L)} = 12\text{ V} \cdot \frac{1\text{ k}\Omega}{R_1 + 1\text{ k}\Omega} \rightarrow R_1 = \underline{200\ \Omega}$.

b) $R_{ges0} = R_1 + R_0 = 0{,}2\text{ k}\Omega + 2\text{ k}\Omega = \underline{2{,}2\text{ k}\Omega}$.

$R_{ges1} = R_1 + (R_0 \| R_L) = 0{,}2\text{ k}\Omega + 1\text{ k}\Omega = \underline{1{,}2\text{ k}\Omega}$.

c) $I_{1max} = \frac{U_1}{R_{ges1}} = \frac{12\text{ V}}{1{,}2\text{ k}\Omega} = \underline{10\text{ mA}}$.

d) $P_{V1} = I_{1max}^2 \cdot R_1 = 10^{-4}\text{A}^2 \cdot 0{,}2 \cdot 10^3\Omega = 0{,}02\text{ W} = \underline{20\text{ mW}}$.

$P_{Vp} = I_{1max}^2 \cdot R_0 = 10^{-4}\text{A}^2 \cdot 2 \cdot 10^3\Omega = 0{,}2\text{ W} = \underline{200\text{ mW}}$.

B5

a) $R_{Fmax} = 10\text{ M}\Omega >> 10\text{ k}\Omega$: $U_{Fmax} \approx U_1 \cdot \frac{R_2}{R_1 + R_2} = \underline{10\text{ V}}$.

b) $R_{Fmin} = 10\ \Omega << 10\text{ k}\Omega$: $I_{Fmax} \approx \frac{U_1}{R_1} = \frac{20\text{ V}}{10\text{ k}\Omega} = \underline{2\text{ mA}}$.

c) Ersatzbild: $U_q = U_1 \cdot \frac{R_2}{R_1 + R_2} = 10\text{ V}$, $R_i = R_1 \| R_2 = 5\text{ k}\Omega$. Vgl. Aufg. **A 1.1** .

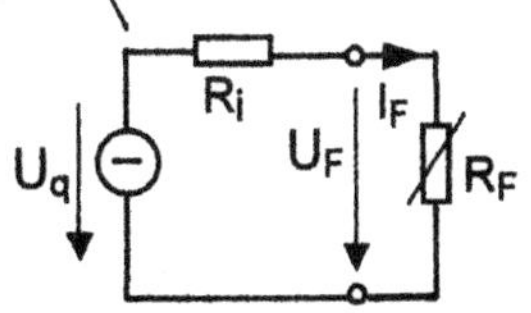

Leistungsanpassung bei $R_F = R_i$

$\rightarrow P_{Vmax} = \frac{(5\text{ V})^2}{5\text{ k}\Omega} = \underline{5\text{ mW}}$.

d) $\Delta T_{max} = P_{Vmax} \cdot \frac{1}{G_{th}} = 5\text{ mW} \cdot \frac{1}{1\text{ mW/K}} = \underline{5\text{ K}}$.

B6

a) $I_1 = \frac{U_B}{R_p} = \frac{10\text{V}}{100\text{ k}\Omega} = \underline{0{,}1\text{ mA}}$, $I_2 = -I_0 = \frac{U_B}{R_1} = \frac{10\text{ V}}{10\text{ k}\Omega} = \underline{1\text{ mA}}$, $I_B = I_1 + I_2 = \underline{1{,}1\text{ mA}}$.

b) Brückenabgleich: $I_0 = \underline{0}$, $I_1 = \frac{U_B}{R_p} = \underline{0{,}1\text{ mA}}$, $I_2 = \frac{U_B}{R_1 + R_2} = \underline{0{,}5\text{ mA}}$, $I_B = I_1 + I_2 = \underline{0{,}6\text{ mA}}$.

c) $I_0 = \frac{U_B}{R_2} = \frac{10\text{V}}{10\text{ k}\Omega} = \underline{1\text{ mA}}$, $I_2 = \underline{0}$, $I_1 = I_B = \frac{U_B}{R_p} + I_0 = 0{,}1\text{ mA} + 1\text{ mA} = \underline{1{,}1\text{ mA}}$.

B7

a) $I_2 = \underline{0}$, $I_1 = I_3 = \frac{U_{B1}}{R_1 + R_3} = \frac{6\text{ V}}{3\text{k}\Omega} = \underline{2\text{mA}}$, $U_3 = I_3 \cdot R_3 = 2\text{mA} \cdot 1\text{k}\Omega = \underline{2\text{ V}}$.

b) $I_3 = \underline{0}$, $I_1 = I_2 = \frac{U_{B1} + |U_{B2}|}{R_1 + R_2} = \frac{10\text{ V}}{4\text{ k}\Omega} = \underline{2{,}5\text{ mA}}$,

$U_3 = U_{B1} - I_1 \cdot R_1 = 6\text{ V} - 2{,}5\text{ mA} \cdot 2\text{k}\Omega = 6\text{ V} - 5\text{ V} = \underline{1\text{V}}$.

c) $U_3 = \underline{0}$, $I_1 = \frac{U_{B1}}{R_1} = \frac{6\text{ V}}{2\text{ k}\Omega} = \underline{3\text{ mA}}$, $I_2 = \frac{|U_{B2}|}{R_2} = \frac{4\text{ V}}{2\text{ k}\Omega} = \underline{2\text{ mA}}$.

$I_3 = I_1 - I_2 = 3\text{ mA} - 2\text{ mA} = \underline{1\text{mA}}$.

d) Ersatzbild: $U_q = 1\,V = U_3$ nach b), $R_i = R_1 \| R_2 = 1\,k\Omega$.

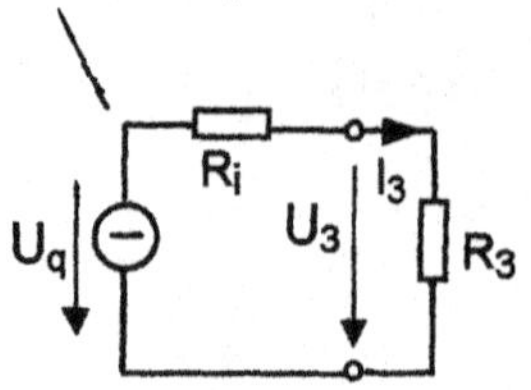

$$I_3 = \frac{U_q}{R_i + R_3} = \frac{1\,V}{2\,k\Omega} = \underline{0{,}5\,mA}, \quad U_3 = I_3 \cdot R_3 = \underline{0{,}5\,V}.$$

$$I_1 = \frac{U_{B1} - U_3}{R_1} = \frac{5{,}5\,V}{2\,k\Omega} = \underline{2{,}75\,mA},$$

$$I_2 = \frac{U_3 + |U_{B2}|}{R_2} = \frac{4{,}5\,V}{2\,k\Omega} = \underline{2{,}25\,mA}.$$

B8

a)

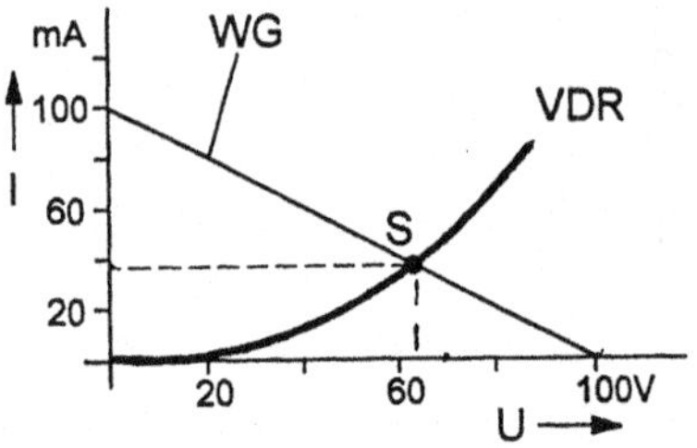

b) $-u_{ges} + i \cdot R + u = 0$

$u = u_{ges} - i \cdot R$

$= 100\,V - i \cdot 1000\,\Omega$.

c) Die Funktion u = f (i) ergibt die „Widerstandsgerade“ WG wie nebenstehend dargestellt.

d) Der Schnittpunkt S stellt ein Wertepaar für u und i dar, das sowohl der VDR-Kennlinie als auch der Maschengleichung genügt → Arbeitspunkt.

e) $i \approx \underline{35\,mA}$, $u \approx \underline{65\,V}$.

B9

a) Katode auf höherem Potential als Anode → Diode gesperrt.

$$U_M = 10\,V \cdot \frac{R_2}{R_1 + R_2} = 10\,V \cdot \frac{9\,k\Omega}{10\,k\Omega} = \underline{9\,V}.$$

b) $I = \frac{10\,V}{R_1 + R_2} = \frac{10\,V}{10\,k\Omega} = \underline{1\,mA}$, Maschenumlauf: $-U_M + U_D + 20\,V = 0$

$\rightarrow U_D = U_M - 20\,V = 9\,V - 20\,V = \underline{-11\,V}$.

c) Diode leitend: $U_D = \underline{0}$, $U_M = 10\,V \rightarrow I = \frac{20\,V - 10\,V}{1\,k\Omega} = \underline{10\,mA}$.

d) $U_M = 10{,}7\,V \rightarrow I = \frac{20\,V - 10{,}7\,V}{R_1} = \frac{9{,}3\,V}{1\,k\Omega} = \underline{9{,}3\,mA}$.

B10

a) $i_1 = \frac{10\,V}{1\,k\Omega} = \underline{10\,mA}$, $u_a = 10\,mA \cdot 1\,k\Omega = \underline{10\,V}$, $i_2 = \underline{0}$.

b) $i_1 = \underline{0}$, $i_2 = \frac{10\,V}{1\,k\Omega} = \underline{10\,mA}$, $u_a = \underline{10\,V}$. c) $i_1 = i_2 = 0$. d) $u_a = 10\,V$.

e) $i_1 = \frac{10\,V - 0{,}7\,V}{1\,k\Omega} = \underline{9{,}3\,mA}$, $u_a = \underline{9{,}3\,V}$. $i_2 = 0$ (Sperrstrom vernachlässigt).

B11

a) $u_1 = 0 : i = 0$, $u_2 = 0$, $u_D = -1\,V$.

$u_1 = 1\,V : i = 0$, $u_2 = 1\,V$, $u_D = 0$.

$u_1 = 2\,V : i = 1\,mA$, $u_2 = 1\,V$, $u_D = 0$.

b)

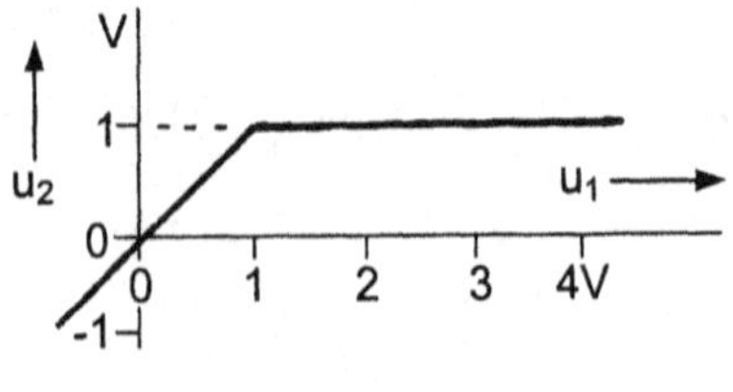

c) $u_1 = 0 : i = 0,\ \ u_2 = 0,\ \ u_D = 0$.

$u_1 = 1V : i = 1mA,\ \ u_2 = 0,\ \ u_D = 0$.

$u_1 = 2V : i = 2\,mA,\ \ u_2 = 0,\ \ u_D = 0$.

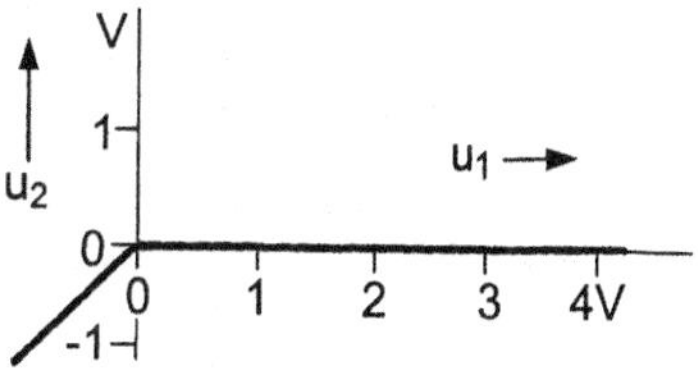

B12

a) $u_1 = 0$: D gesperrt $\rightarrow i_D = 0$, $u_2 = 0$, Umlauf:

$$-u_1 + i \cdot (R+R) - 1V = 0 \rightarrow i = \frac{1V}{2\,k\Omega} = \underline{0{,}5\,mA}\,.$$

$$u_1 = 1V : u_D = 0,\ i_D = 0,\ u_2 = 0,\ i = \frac{2\,V}{2\,k\Omega} = \underline{1mA}\,.$$

b) $u_2 = 1V : i_D = 1mA,\ u_D = 0,\ i = \dfrac{2\,V}{1k\Omega} = \underline{2\,mA}$.

$$u_1 = u_2 + (i + i_D) \cdot R = 1V + 3\,mA \cdot 1k\Omega = \underline{4\,V}\,.$$

c)

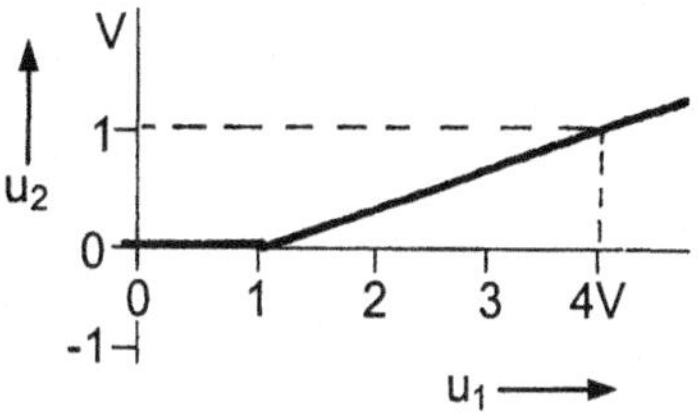

B13

a) $u_1 = 0 : u_2 = \underline{0}$; $u_1 = 10\,V : u_2 = \underline{10\,V}$; $u_1 = 20\,V : u_2 = \underline{10\,V}$.

b) $u_1 = -10\,V : u_2 = \underline{-10\,V}$; $u_1 = -20\,V : u_2 = \underline{-10\,V}$.

c)

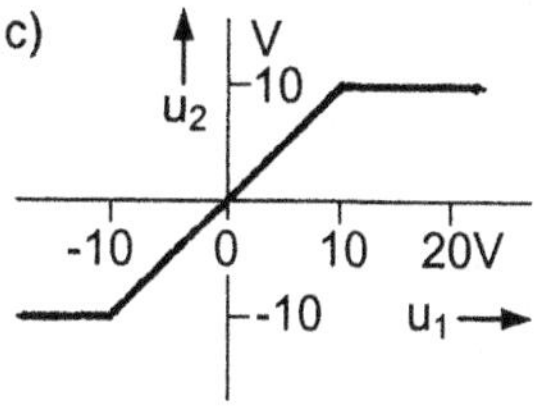

d)

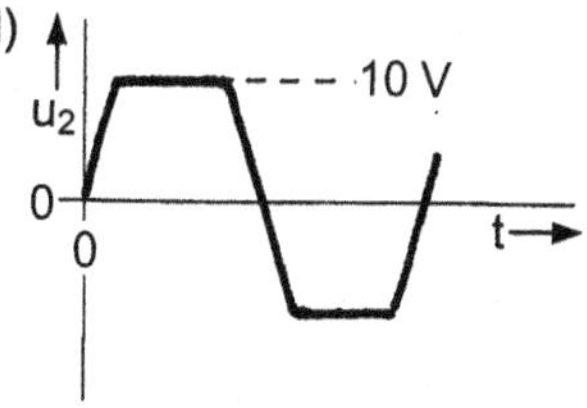

e)

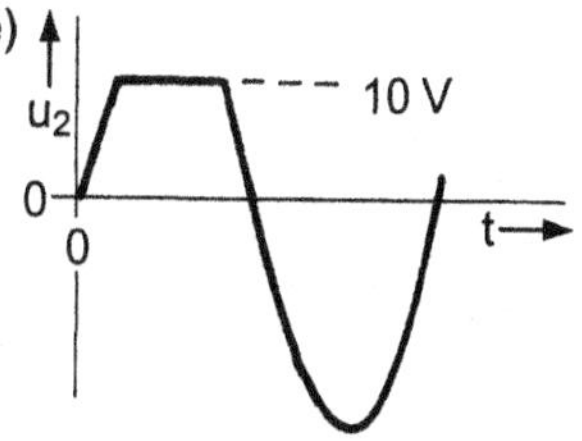

B14

a) $u_1 = 0 : u_2 = \underline{0}$; $u_1 = 10\,V : u_2 = \underline{0}$; $u_1 = 20\,V : u_2 = \underline{10\,V}$.

b) $u_1 = -10V : u_2 = \underline{0}$; $u_1 = -20V : u_2 = \underline{-10\,V}$.

c)

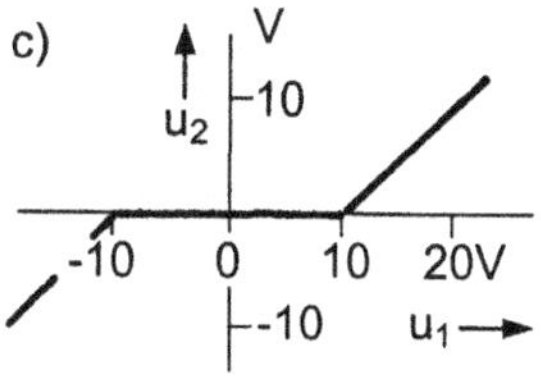

d)

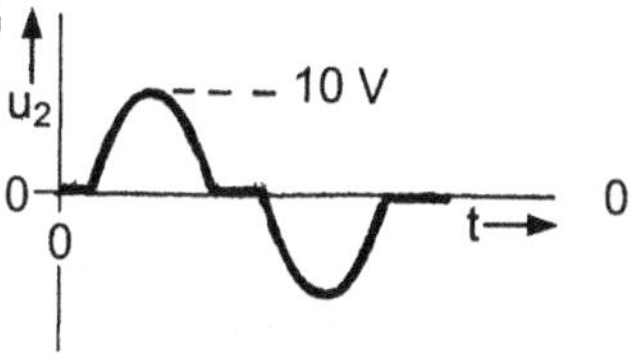

e)

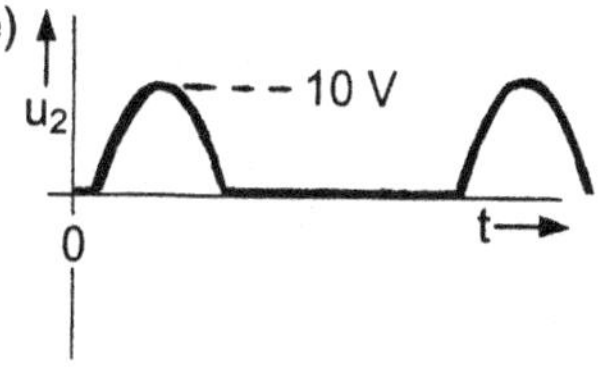

B15

a) $\hat{i} = \dfrac{\hat{u}_q - u_F}{R} = \dfrac{11{,}5\,V - 1{,}5\,V}{R} = 20\,mA \rightarrow R = \dfrac{10\,V}{20\,mA} = \underline{500\,\Omega}$.

b) $\bar{i} = \dfrac{1}{T}\displaystyle\int_0^T i\,dt = \dfrac{1}{20\,ms} \cdot 20\,mA \cdot 10\,ms = \underline{10\,mA}$.

$$I = \sqrt{\frac{1}{T}\int_0^T i^2 dt} = \sqrt{\frac{1}{20\,ms} \cdot 400\,(mA)^2 \cdot 10\,ms} = \frac{20\,mA}{\sqrt{2}} = \underline{14{,}1mA}\,.$$

c) $P_D = \bar{i} \cdot U_F = 10\,mA \cdot 1{,}5\,V = \underline{15\,mW}$, $P_R = I^2 \cdot R = 200\,(mA)^2 \cdot 0{,}5\,k\Omega = \underline{100\,mW}$.

B16

a) $\hat{i} = \dfrac{\hat{u}_q - u_A}{R} = \dfrac{11{,}5\,V - 1{,}5\,V}{100\,\Omega} = \underline{100\,mA}$.

b) $\bar{i} = \dfrac{1}{T}\int_0^T i\,dt = \dfrac{1}{20\,ms} \cdot 100\,mA \cdot 10\,ms = \underline{50\,mA}$.

c) $Q = 1\,Ah = \bar{i} \cdot t = 0{,}05\,A \cdot t \rightarrow \dfrac{1\,h}{0{,}05} = t = \underline{20\,h}$; d) $W = Q \cdot U = 1\,Ah \cdot 1{,}5\,V = \underline{1{,}5\,Wh}$.

e) $\bar{i} = \dfrac{1}{20\,ms} \cdot (100\,mA - 15\,mA) \cdot 10\,ms = \underline{42{,}5\,mA}$. Rückstrom -i = 15 mA.

B17

a) $u_c(0) = 10\,V : i_1 = \underline{0}$, $i_2 = \dfrac{10\,V}{R_2} = \dfrac{10\,V}{1\,k\Omega} = \underline{10\,mA}$, $i_c = i_1 - i_2 = \underline{-10\,mA}$.

b) $i_1 = i_2 = \dfrac{10\,V}{R_1 + R_2} = \underline{5\,mA}$, $i_c = \underline{0}$; c) $\tau = (R_1 \| R_2) \cdot C = 0{,}5\,k\Omega \cdot 1\,\mu F = \underline{0{,}5\,ms}$.

d)

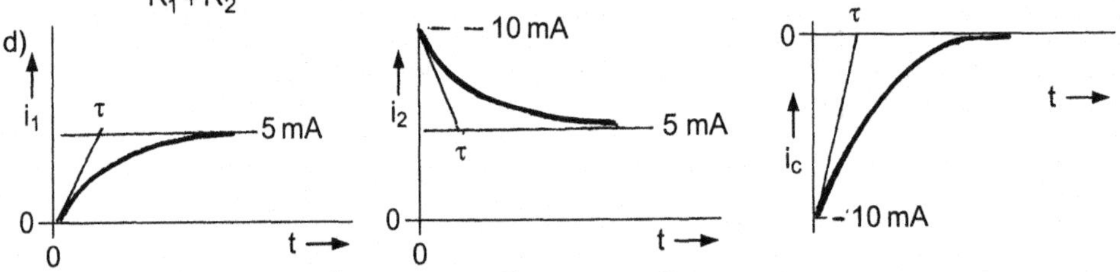

e) $i_1 = 5\,mA \cdot \left[1 - \exp\left(-\dfrac{t}{\tau}\right)\right]$, $i_2 = 5\,mA \cdot \left[1 + \exp\left(-\dfrac{t}{\tau}\right)\right]$, $i_c = -10\,mA \cdot \exp\left(-\dfrac{t}{\tau}\right)$.

B18

a) $i_c = \underline{0}$, $u_c = \dfrac{R_2}{R_1 + R_2} \cdot U_B = \underline{5\,V}$. b) $i_c = \dfrac{U_B - u_c}{R_1} = \underline{5\,mA}$.

c)

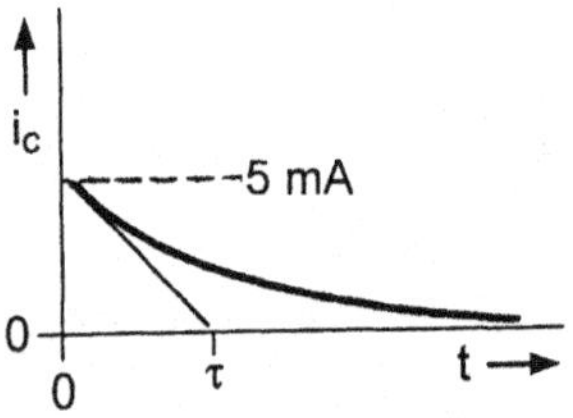

$\tau = R_1 \cdot C$
$= 1\,ms$

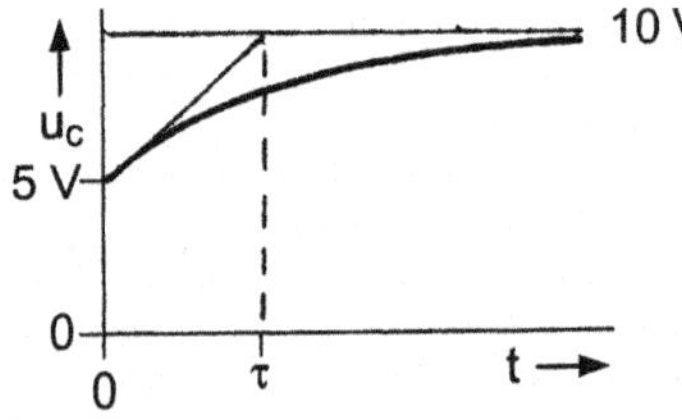

d) $i_c = 5\,mA \cdot \exp\left(-\dfrac{t}{\tau}\right)$, $u_c = 10\,V - 5\,V \cdot \exp\left(-\dfrac{t}{\tau}\right)$.

B19

$\tau = R \cdot C = 1\,k\Omega \cdot 1\,\mu F = 1\,ms$.

a)

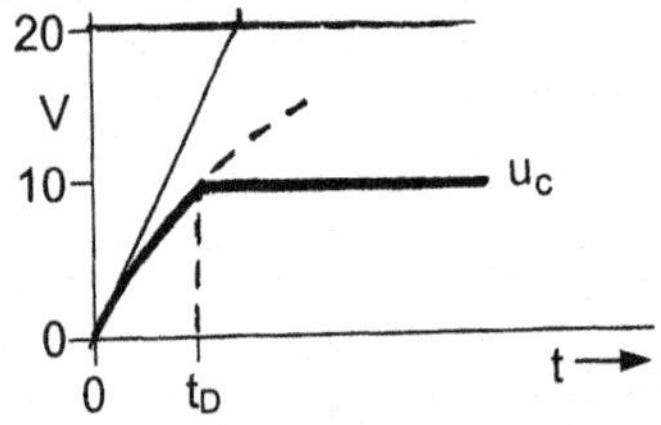

b) $0 < t \le t_D : u_c = 20\,V \cdot \left[1 - \exp\left(-\dfrac{t}{\tau}\right)\right]$

$t > t_D : u_c = 10\,V = \text{const.}$

Diode leitend

c) $t_D \approx 0{,}7 \cdot \tau = 0{,}7\,ms$ (Halbwertszeit) .

d)

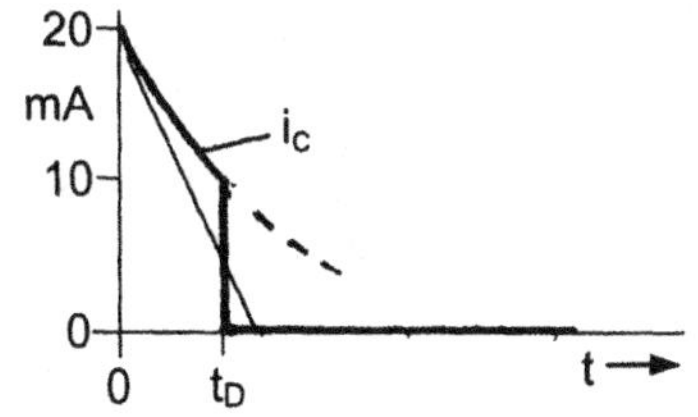

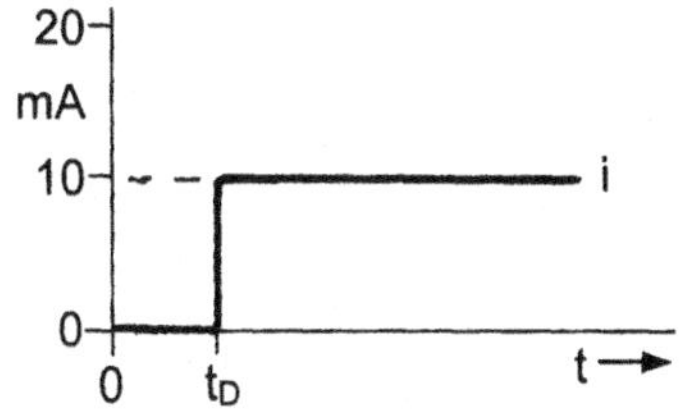

B20

a)

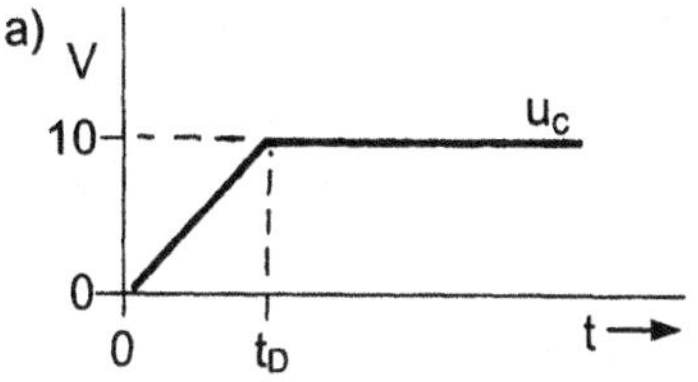

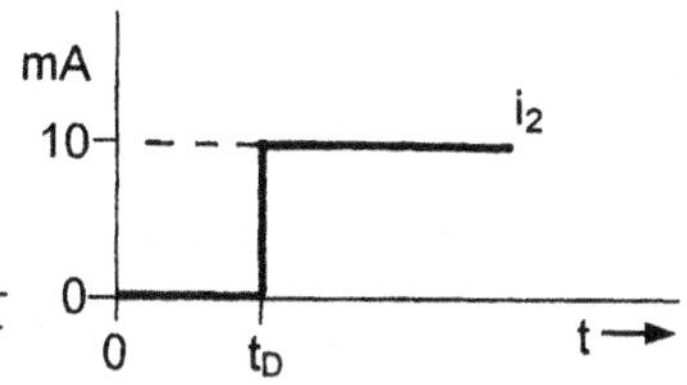

b) $\frac{du_c}{dt} = \frac{i_1}{C} = \frac{10\,\text{mA}}{1\,\mu\text{F}} = \underline{10\frac{\text{V}}{\text{ms}}}$.

c) $t_D = \underline{1\,\text{ms}}$. d) $W_c = \int_0^{t_D} 10\,\text{mA} \cdot 10\frac{\text{V}}{\text{ms}} \cdot t\,dt = 100\frac{\text{W}}{\text{s}} \cdot \frac{t^2}{2}\Big|_0^{1\,\text{ms}} = \underline{50\,\mu\text{Ws}}$. e) $W_c = \frac{1}{2}CU^2 = \underline{50\,\mu\text{Ws}}$.

B21

a) $\tau = R \cdot C = 100\,\text{k}\Omega \cdot 10\,\mu\text{F} = 10^5\,\Omega \cdot 10^{-5}\frac{\text{s}}{\Omega} = \underline{1\,\text{s}}$. $\omega_g = \frac{1}{\tau} = 1\,\text{s}^{-1}$, $f_g = \frac{\omega_g}{2\pi} = \underline{0{,}159\,\text{Hz}}$.

b) $u_c = \frac{1\,\text{V}}{2} = \underline{0{,}5\,\text{V}}$, da T_i, $T_p \ll \tau$.

Geringfügige Welligkeit vernachlässigt

c)

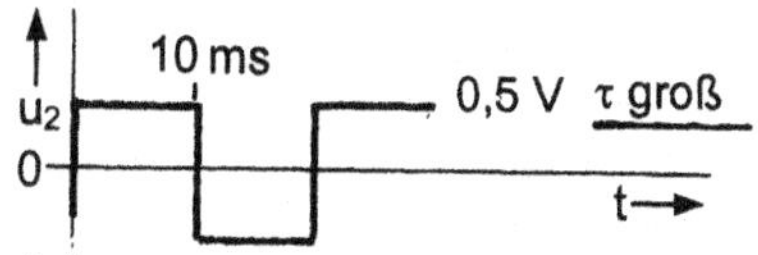

d) $\tau = 100\,\text{k}\Omega \cdot 10\,\text{nF} = 10^5\,\Omega \cdot 10^{-8}\,\text{s}/\Omega = 1\,\text{ms}$ →

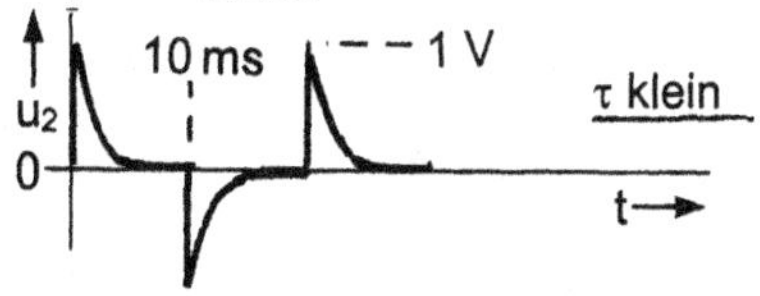

B22

a) Der Strom i über C-D wird bei ungeladenem Kondensator C extrem hoch: $i = C \cdot du_1/dt$. C wird entsprechend schnell geladen.

b)

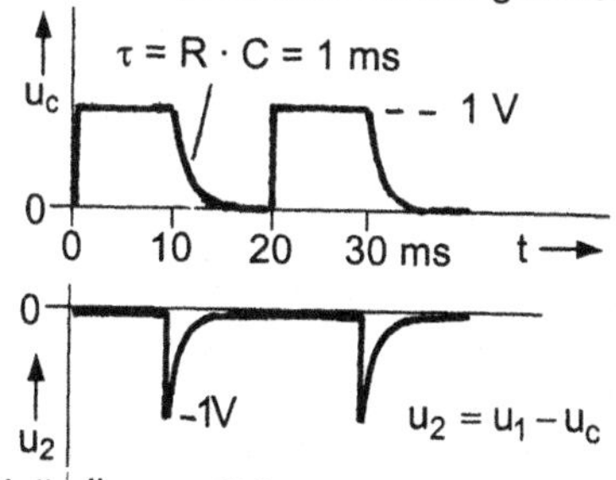

c)

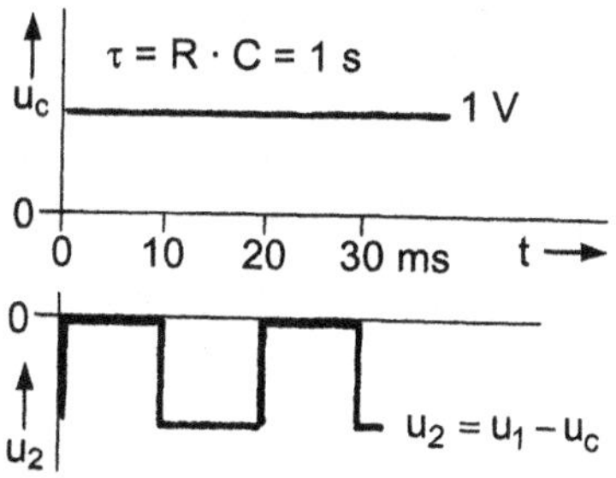

d) Weil die gewählte Impulsamplitude mit 1 V nur wenig größer ist als die Flussspannung einer realen Diode.

B23

a)

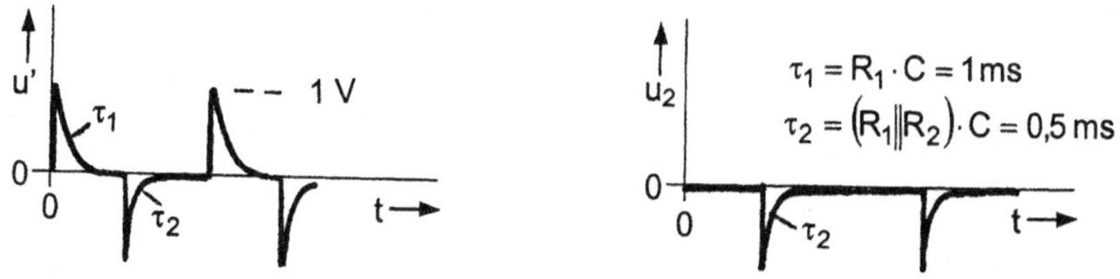

b)

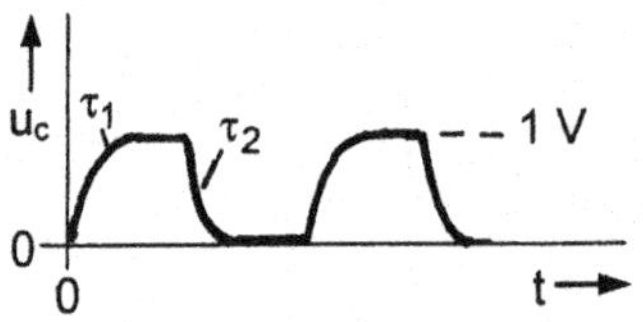

c) C kann nicht aufgeladen werden:

$u_c = 0,\ u' = u_1,\ u_2 = 0$.

d) Es erscheinen nur positive Impulse an den positiven Flanken der Eingangsspannung.

B24

a)

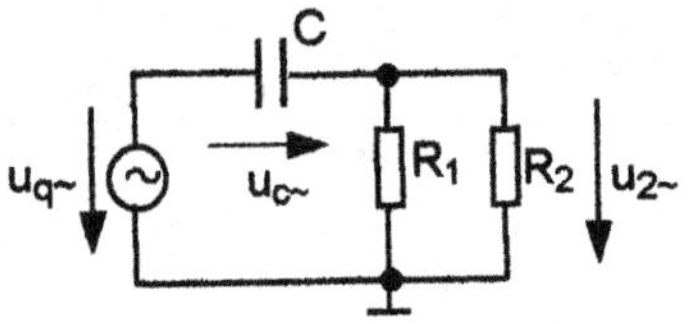

b) $X_c = \frac{1}{\omega C} = \frac{1}{2\pi \cdot 10^4 s^{-1} \cdot 10^{-6}\, s/\Omega} = \underline{15{,}9\,\Omega}$.

c) $X_c << R_1 \| R_2$. Also: $u_{2\sim} \approx u_q,\ u_{c\sim} \approx 0$. Wechselstromkurzschluss

d) $f_g = \frac{1}{2\pi \cdot 10^4 \Omega \cdot 10^{-6}\, s/\Omega} \approx \underline{15{,}9\,\text{Hz}}$. $(X_c = R_1 \| R_2)$

e) $u_{2-} = U_B \cdot \frac{R_1}{R_1 + R_2} = \underline{5\,V}$, $u_{c-} = \underline{-5\,V}$.

B25

a) $L = A_L \cdot N^2 \rightarrow A_L = \frac{L}{N^2} = \frac{100 \cdot 10^{-6} \Omega s}{100} = \underline{1\,\mu H}$.

b) $A_L = \mu_0 \cdot \mu_r \cdot \frac{A_e}{\ell_e}$. $\mu_r = \frac{A_L \cdot \ell_e}{\mu_0 \cdot A_e} = \frac{10^{-6} \Omega s \cdot 50 \cdot 10^{-3} m}{1{,}25 \cdot 10^{-6}\, \Omega s/m \cdot 50 \cdot 10^{-6} m^2} = \underline{800}$.

c) $N = \sqrt{\frac{L}{A_L}} = \sqrt{\frac{1000\,\mu H}{1\,\mu H}} \approx \underline{32}$.

d) $B = \mu_0 \mu_r \cdot \frac{i \cdot N}{\ell_e} \rightarrow i = \frac{B \cdot \ell_e}{\mu_0 \mu_r N} = \frac{320 \cdot 10^{-3}\, Vs/m^2 \cdot 50 \cdot 10^{-3} m}{1{,}25 \cdot 10^{-6}\, \Omega s/m \cdot 800 \cdot 32} = \underline{0{,}5\,A}$.

B26

a)

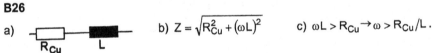

b) $Z = \sqrt{R_{Cu}^2 + (\omega L)^2}$

c) $\omega L > R_{Cu} \rightarrow \omega > R_{Cu}/L$.

d) $\omega_g = \frac{R_{Cu}}{L} = \frac{100\, m\Omega}{1\, m\Omega s} = 100\, s^{-1}$, $f_g = \frac{\omega_g}{2\pi} \approx \underline{15{,}9\,\text{Hz}}$. An der Grenzfrequenz: $\omega L = R_{Cu}$.

e) $Q_L = \frac{\omega L}{R_{Cu}} = \frac{2\pi \cdot 10^4 s^{-1} \cdot 10^{-3} \Omega s}{100 \cdot 10^{-3} \Omega} = \underline{628}$.

B27

a) $f = 0 : Z = R_{Cu} = 1\Omega$. $f \rightarrow \infty : Z = 0$. Kapazität C schließt kurz!

b) $f_r \approx f_o = \frac{1}{2\pi \cdot \sqrt{LC}} = \frac{1}{2\pi \cdot \sqrt{10^{-3} \Omega s \cdot 10^{-9}\, s/\Omega}} \approx \underline{159\,\text{kHz}}$, $\omega_r \approx \omega_o = \underline{10^6 s^{-1}}$.

c) $f_r' = \frac{1}{2\pi \cdot \sqrt{(L + 0{,}01 L) \cdot C}} = \frac{1}{2\pi \cdot \sqrt{LC \cdot (1 + 0{,}01)}} = \frac{f_o}{\sqrt{1 + 0{,}01}} \approx f_o \cdot (1 - 0{,}005) \rightarrow \underline{-0{,}5\,\%}$.

d) $Q_L = \frac{\omega_r \cdot L}{R_{Cu}} = \frac{10^6 s^{-1} \cdot 10^{-3} \Omega s}{1\Omega} = \underline{1000}$, $R_p = \omega_r L \cdot Q_L = 10^3 \Omega \cdot 10^3 = \underline{1 M\Omega}$. e) $Z_r = \underline{R_p}$.

B28

a) $f \rightarrow 0 : A \approx R_{Cu}/R_v = 10^{-5} \approx \underline{0}$. $f \rightarrow \infty : A \approx \underline{0}$, Kurzschluss durch C.

b) $A_r = \frac{R_p}{R_p + R_v} = \frac{1 M\Omega}{(1 + 0{,}1) M\Omega} \approx 1 - 0{,}1 = \underline{0{,}9}$.

c) $Q_B = \frac{R_p \| R_v}{Z_o}$ mit $Z_o = \sqrt{\frac{L}{C}} = \sqrt{\frac{10^{-3}\,\Omega s}{10^{-9}\,s/\Omega}} = 1000\,\Omega \rightarrow Q_B \approx \frac{90\,k\Omega}{1k\Omega} = \underline{90}$ [3].

d) $\frac{\Delta f}{f_r} = \frac{1}{Q_B} = \frac{1}{90}$. e) $\Delta f = \frac{1}{90} \cdot 159\,kHz \approx \frac{160\,kHz}{100(1-0{,}1)} \approx 1{,}6\,kHz \cdot (1+0{,}1) \approx \underline{1{,}76\,kHz}$.

B29

a) $\ddot{u} = N_1/N_2$, $N_1 = \sqrt{L_1/A_L}$, $N_2 = \sqrt{L_2/A_L} \rightarrow \ddot{u} = \underline{1}$

b)

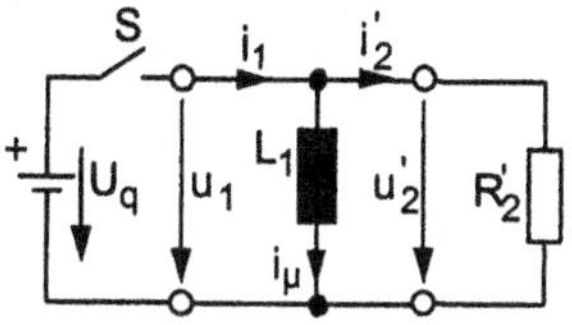

$R_2' = \ddot{u}^2 \cdot R_2$

c) $U_q = u_1 = 1\,V = L_1 \cdot \frac{di_1}{dt}$

$\frac{di_1}{dt} = \frac{U_q}{L_1} = \frac{1\,V}{1\,mH} = 10^3\,\frac{A}{s}$

$i_1 = i_\mu = 1\frac{A}{ms} \cdot t,$

$u_2 = \frac{u_1}{\ddot{u}} = 1\,V,\ i_2 = 0$

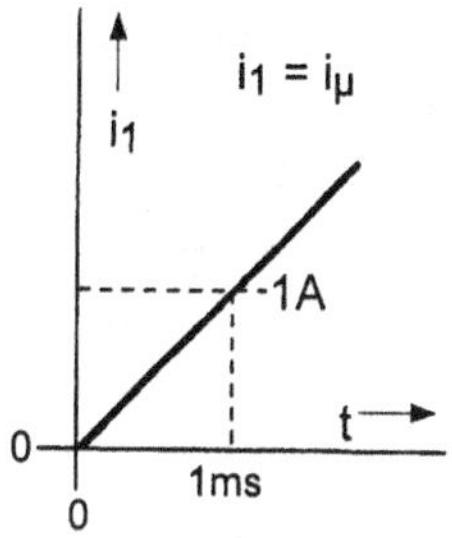

d) $u_1 = u_2 = 1\,V$ unverändert

$i_2 = \frac{u_2}{R_2} = \frac{1\,V}{1\,\Omega} = 1\,A,$

$i_1 = i_\mu + i_2'$ mit $i_2' = \frac{i_2}{\ddot{u}} = 1\,A$

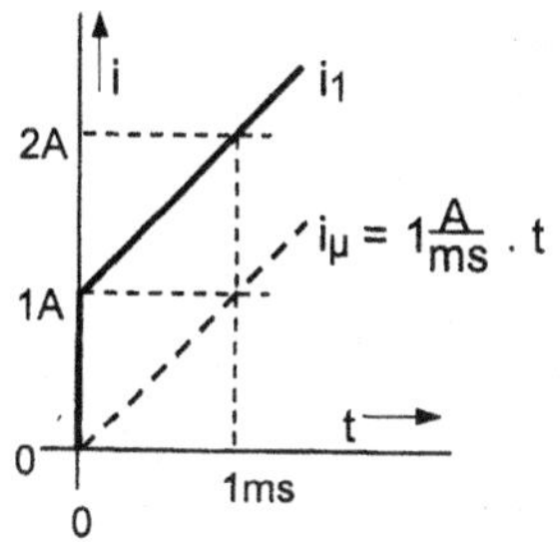

e)

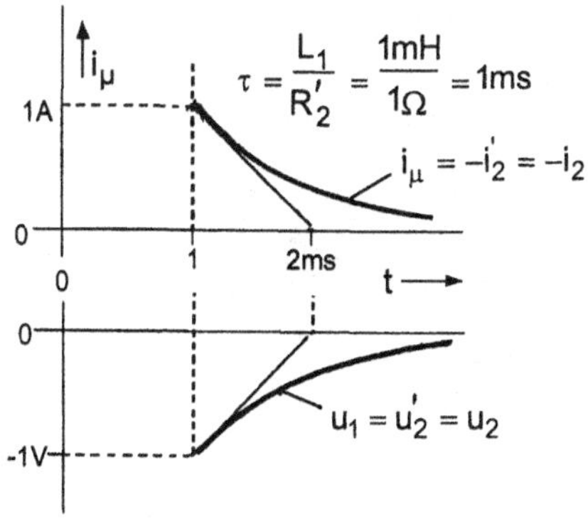

$u_2' = \ddot{u} \cdot u_2 = 1 \cdot u_2 = -i_\mu \cdot R_2' = u_1$

mit $R_2' = \ddot{u}^2 \cdot R_2 = 1 \cdot 1\,\Omega$

B30

a) $\hat{i}_1 = \frac{\hat{u}_1}{\omega L_1} \rightarrow \omega = \frac{\hat{u}_1}{\hat{i}_1 \cdot L_1} = \frac{1\,V}{1\,A \cdot 10^{-3}\,\Omega s} = 1000\,\frac{1}{s} \rightarrow f = \frac{\omega}{2\pi} = \underline{159\,Hz}$.

b) Ersatzbild wie oben mit Sinusquelle ständig angeschaltet:

$i_1 = i_\mu + i_2' = -1\,A \cdot \cos\omega t + 1\,A \cdot \sin\omega t$.

c) $\hat{i}_1 = \sqrt{2} \cdot 1\,A$, $I_1 = \hat{i}_1/\sqrt{2} = \underline{1\,A}$.

d) $L_1 \cdot \hat{i}_\mu = \hat{\varnothing} \cdot N_1 = \hat{B} \cdot N_1 \cdot A_e \rightarrow N_1 = \frac{L_1 \cdot \hat{i}_\mu}{\hat{B} \cdot A_e} = \frac{10^{-3}\,\Omega s \cdot 1\,A}{1\,Vs/m^2 \cdot 50 \cdot 10^{-6}\,m^2} = \underline{20}$.

e) $L_1 = A_L \cdot N_1^2 \rightarrow A_L = \frac{10^{-3}\,\Omega s}{400} \approx 2{,}5 \cdot 10^{-6}\,\Omega s$

$\mu_r = \frac{A_L}{\mu_o} \cdot \frac{l_e}{A_e} = \frac{2{,}5 \cdot 10^{-6}\,\Omega s \cdot 50 \cdot 10^{-3}\,m}{1{,}25 \cdot 10^{-6}\,\Omega s/m \cdot 50 \cdot 10^{-6}\,m^2} = \underline{2000}$.

B31

a) $u_1 = L_1 \cdot \frac{di_1}{dt} \rightarrow \frac{u_1}{L_1} = \frac{di_1}{dt} \rightarrow \frac{\hat{u}_1}{L_1} = \frac{\hat{i}_1}{T/4} \rightarrow T = \frac{4 \cdot \hat{i}_1 \cdot L_1}{\hat{u}_1} = \frac{4\,\text{mVs}}{1\,\text{V}} = 4\,\text{ms} \rightarrow f = \underline{250\,\text{Hz}}$.

b) Ersatzbild wie oben mit Rechteckquelle

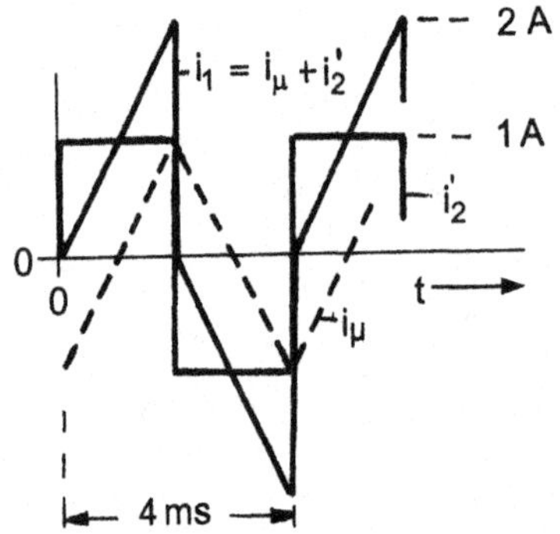

c) $I_1^2 = \frac{1}{2\,\text{ms}} \cdot \int_0^{2\,\text{ms}} \left(1\frac{\text{A}}{\text{ms}} \cdot t\right)^2 dt$

$= \frac{1}{2\,\text{ms}} \cdot \frac{1\text{A}^2}{\text{ms}^2} \cdot \frac{t^3}{3}\Big|_0^{2\,\text{ms}} = \frac{8}{6}\text{A}^2$

$I_1 = \sqrt{\frac{4}{3}}\,\text{A} = \sqrt{1{,}33}\,\text{A} \approx \underline{1{,}15\,\text{A}}$.

d) In beiden Fällen $\hat{B} = 1\,\text{T}$,
da jeweils $\hat{i}_\mu = 1\,\text{A}$ wie in **B30**.

e) Dreieckförmig wie i_μ und phasengleich.

B32

a)

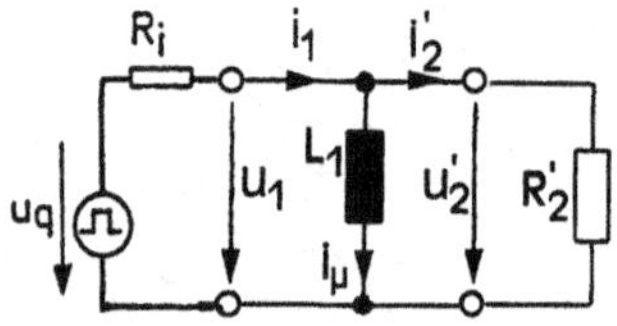

b) $\tau = \frac{L_1}{R_i} = \frac{1\,\text{m}\Omega\text{s}}{1\,\Omega} = 1\,\text{ms}$ $\quad i_1 = \frac{u_q}{R_i} = i_\mu$

c) $\tau = \frac{L_1}{R_i \| R_2'} = \frac{1\,\text{m}\Omega\text{s}}{0{,}5\,\Omega} = \underline{2\,\text{ms}}$

$i_1(0) = \frac{u_q}{R_i + R_2'} = 0{,}5\,\text{A}$

$u_1(0) = u_q \frac{R_2'}{R_i + R_2'} = 0{,}5\,\text{V}$

$u_2 = u_2' = u_1$ wegen ü = 1.

$i_2 = \frac{u_2}{R_2} = i_2'$, $i_\mu = i_1 - i_2'$.

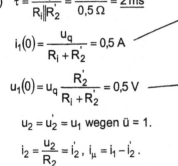

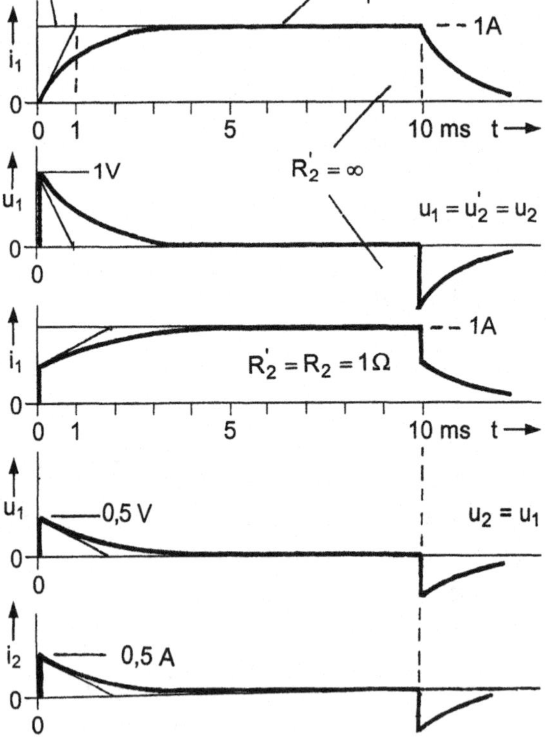

d) $\hat{B} = 1\,\text{T}$, da in beiden Fällen der Scheitelwert des Magnetisierungsstromes 1 A beträgt wie unter **B30** und **B31**.

B33

a) 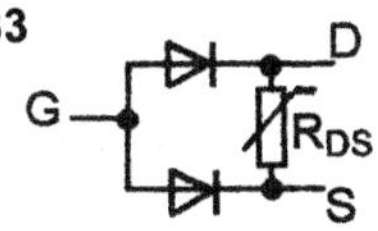

b) $I_G \approx 0$, da beide Dioden sperren. Je nach Typ liegt I_G im Nano- oder Mikroamperebereich.

c) 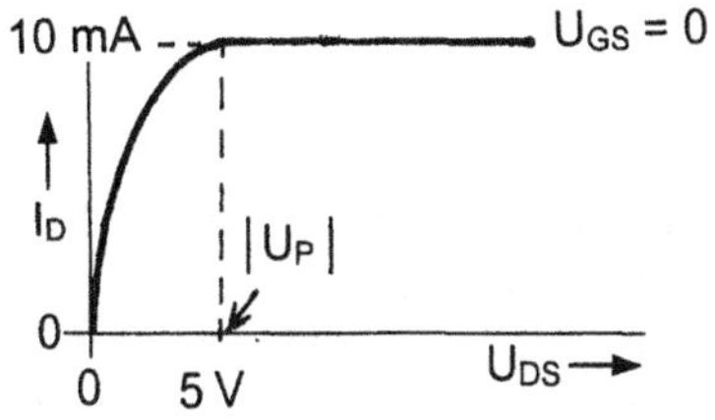

d) 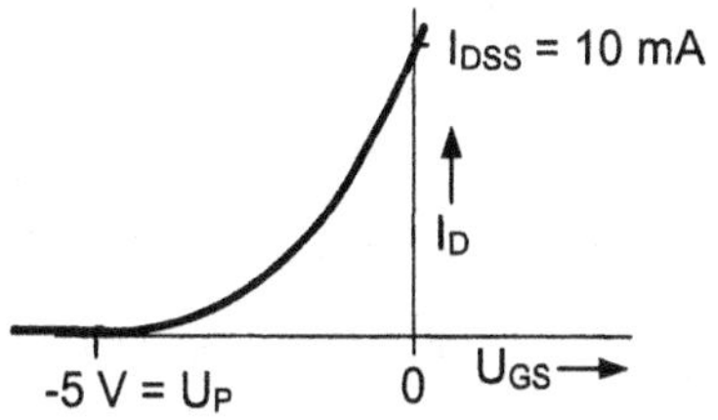

e) Die Kennlinie $I_D = f(U_{GS})$.

f) Short circuit von G nach S ($U_{GS} = 0$).

g) $s = \left.\frac{dI_D}{dU_{GS}}\right|_{U_{GS}=0} = \frac{2\,I_{DSS}}{-U_P} = 4\,\frac{mA}{V} = \underline{4\,mS}.$

B34

a) $U_{GS} = 0, \quad U_{DS} = 15\,V$

$I_D = I_{DSS} = \underline{10\,mA}$.

b) $U_{DS} = U_B - I_D \cdot R_D \geq |U_P| = 5\,V$

$R_D = \frac{U_B - 5\,V}{I_D} = \frac{10\,V}{10\,mA} = \underline{1\,k\Omega}$.

c) Die Annahme, dass der Strom I_D im Abschnürbereich unabhängig ist von der Spannung U_{DS} (horizontaler Kennlinienverlauf wie oben gezeichnet, $r_{DS} = \infty$).

d) $P_{DS} = U_{DS} \cdot I_D$ wird maximal bei $R_D = 0$ mit $U_{DSmax} = 15$ V.

e) $P_{DSmax} = U_{DSmax} \cdot I_D = 15\,V \cdot 10\,mA = 150\,mW$.

$\Delta T = P_{DSmax} \cdot R_{thU} = 150\,mW \cdot 0{,}5\,K/mW = \underline{75\,K}$.

B35

a) $I_G = \frac{1\,mV}{1\,M\Omega} = \underline{1\,nA}, \quad I_S = \frac{2{,}5\,V}{1\,k\Omega} = \underline{2{,}5\,mA}, \quad I_D = I_S + I_G \approx \underline{2{,}5\,mA}$. I_G ist vernachlässigbar.

b) $R_D = \frac{U_B - 10\,V}{I_D} = \frac{5\,V}{2{,}5\,mA} = \underline{2\,k\Omega}$.

c) $U_{DS} = U_B - I_D \cdot (R_D + R_S) = 15\,V - 2{,}5\,mA \cdot 3\,k\Omega = 15\,V - 7{,}5\,V = \underline{7{,}5\,V}$.

$U_{GS} + I_D \cdot R_S - I_G \cdot R_1 = 0 \rightarrow U_{GS} \approx -I_D \cdot R_S = -2{,}5\,mA \cdot 1\,k\Omega = \underline{-2{,}5\,V}$,

alternativ: $U_{GS} = U_P \cdot \left(1 - \sqrt{\frac{I_D}{I_{DSS}}}\right) = -5\,V \cdot \left(1 - \sqrt{0{,}25}\right) = \underline{-2{,}5\,V}$.

d) Das Gatepotential wird exakt 0 V anstatt 1 mV ≈ 0 V. Praktisch keine Wirkung.

e) Das Gatepotential „schwimmt". Negative Spannung U_{GS} kann sich nicht bilden →

Kanal wird nicht eingeschnürt → $I_D \approx \frac{U_B}{R_D + R_S} = \underline{5\,mA}$. (grob)

B36

a) $s = \frac{dI_D}{dU_{GS}} = 2\,I_{DSS} \cdot \left(1 - \frac{U_{GS}}{U_P}\right) \cdot \left(-\frac{1}{U_P}\right) = 20\,mA \cdot (1 - 0{,}5) \cdot \frac{1}{5V} = \underline{2\,mS}$.

b) $dI_D = s \cdot dU_{GS} \rightarrow i_{D\sim} = s \cdot u_{GS\sim}$ (bei $r_{DS} \rightarrow \infty$).

c)

$u_{GS\sim} = u_{1\sim}$

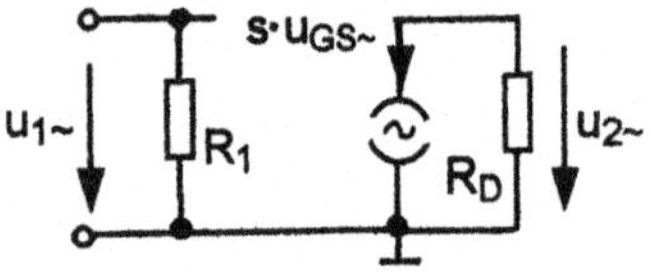

d) $s \cdot u_{GS\sim} \cdot R_D = s \cdot u_{1\sim} \cdot R_D = -u_{2\sim}$

$$V_u = \frac{u_{2\sim}}{u_{1\sim}} = -s \cdot R_D = -2\frac{mA}{V} \cdot 2\,k\Omega = \underline{-4}\,.$$

Phasenumkehr

e) $u_{GS\sim} = 0, \quad u_{2\sim} = 0\,.$

B37

a) I_D und U_{GS} bleiben unverändert. $U_{DS} = U_B - I_D \cdot R_S = 15\,V - 2{,}5\,mA \cdot 1\,k\Omega = \underline{12{,}5\,V}\,.$

b) $-u_{1\sim} + u_{GS\sim} + u_{2\sim} = 0$ bzw. $u_{1\sim} = u_{GS\sim} + u_{2\sim}$ bei hinreichend großen Kondensatoren.

c) $u_{GS\sim} = \frac{i_{D\sim}}{s}, \quad u_{2\sim} = i_{D\sim} \cdot R_S \rightarrow u_{1\sim} = i_{D\sim} \cdot \left(\frac{1}{s} + R_S\right) \rightarrow i_{D\sim} = \frac{u_{1\sim}}{\frac{1}{s} + R_S}$ mit s = 2 mS nach **B36**.

d)

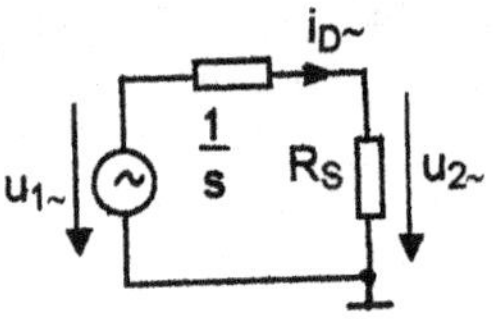

e) $V_u = \frac{u_{2\sim}}{u_{1\sim}} = \frac{R_S}{\frac{1}{s} + R_S} = \frac{1\,k\Omega}{0{,}5\,k\Omega + 1\,k\Omega} = \underline{0{,}66}\,.$

f) Überhaupt nicht, solange $\frac{1}{\omega C_1} << R_1$ und $R_1 > 0$ ist.

B38

a) $U_{GS1} = U_{GS2} = -(I_{D1} + I_{D2}) \cdot R_S = \underline{-2{,}5\,V} \rightarrow 5\,mA \cdot R_S = 2{,}5\,V \rightarrow R_S = \underline{0{,}5\,k\Omega}\,.$

b) $s_1 = s_2 = s = 2\,mS$ wie bisher.

c)

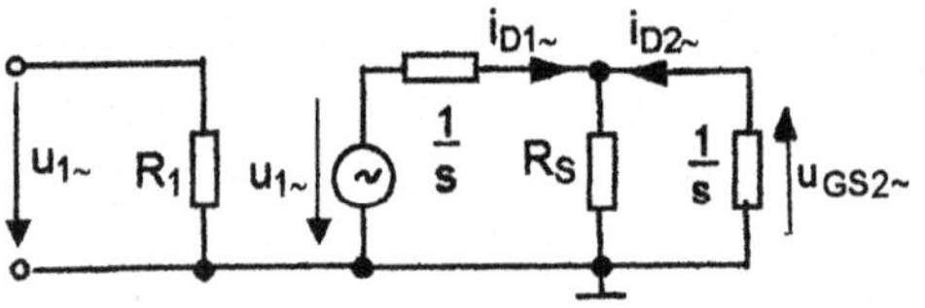

d) $i_{D1\sim} = \frac{u_{1\sim}}{\frac{1}{s} + \left(R_S \| \frac{1}{s}\right)} = \underline{\frac{u_{1\sim}}{750\,\Omega}}$

$$-i_{D2\sim} = i_{D1\sim} \cdot \frac{R_S}{\frac{1}{s} + R_S} = \frac{i_{D1\sim}}{2}$$

$$i_{D2\sim} = \underline{-\frac{u_{1\sim}}{1500\,\Omega}}\,.$$

e) $i_{D2\sim} \cdot R_D + u_{2\sim} = 0 \rightarrow -\frac{u_{1\sim}}{1{,}5\,k\Omega} \cdot 2\,k\Omega = -u_{2\sim} \rightarrow V_u = \frac{u_{2\sim}}{u_{1\sim}} = \frac{2}{1{,}5} = \underline{1{,}33}$ Phasengleichheit.
(Maschengleichung)

B39

a)

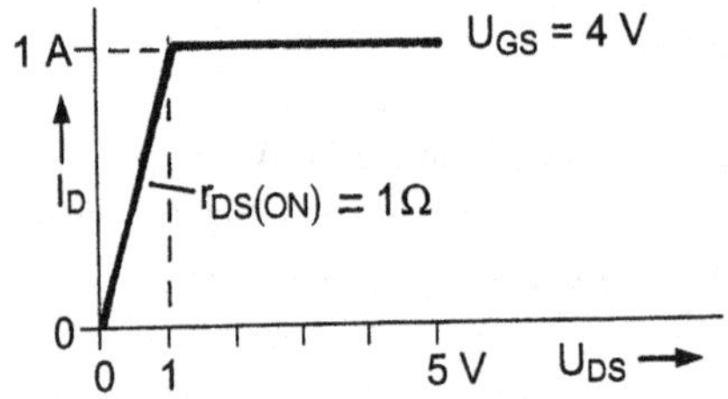

b)

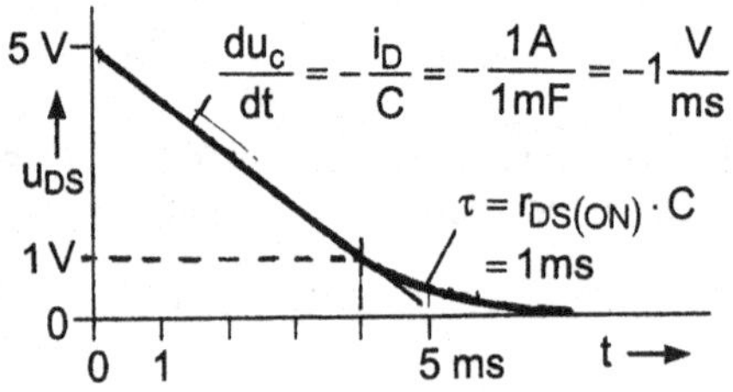

c) $0 < t \leq 4\,ms: \; u_c = 5\,V \cdot \left(1 - \frac{t}{5ms}\right), \quad t > 4\,ms: \; u_c = 1\,V \cdot \exp\left(-\frac{t - 4\,ms}{\tau}\right).$

d) $Q = U_{CO} \cdot C = 5\,V \cdot 1000\,\mu F = 5 \cdot 10^{-3}\,As = I_{DSS} \cdot t \rightarrow t = \frac{5 \cdot 10^{-3}\,As}{10^{-6}\,A} = \underline{5000\,s}\,.$

B40

a)

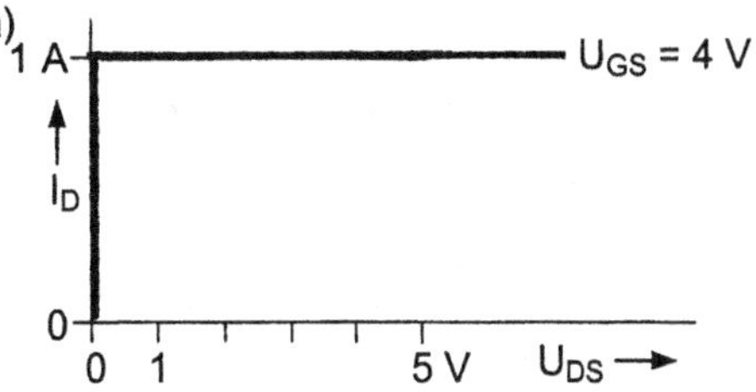

b) $\frac{di_L}{dt} = \frac{U_B}{L} = \frac{10\text{ V}}{1\text{mH}} = 10\frac{\text{A}}{\text{ms}}$

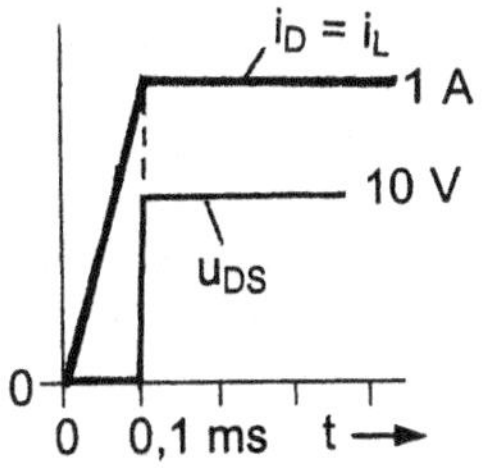

c) $u_{DS} = U_Z = 20\text{ V}$,

$u_L = U_B - u_{DS} = -10\text{ V}$,

$\frac{di_L}{dt} = \frac{u_L}{L} = \frac{-10\text{ V}}{1\text{mH}} = -10\frac{\text{A}}{\text{ms}}$.

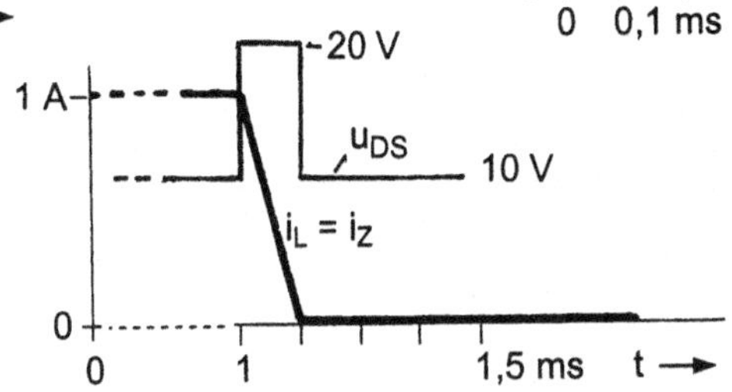

d) $W = \int_{1\text{ms}}^{1{,}1\text{ms}} U_Z \cdot i_Z dt = U_Z \cdot \int_{1\text{ms}}^{1{,}1\text{ms}} i_Z dt = 20\text{ V} \cdot \frac{1\text{ A} \cdot 0{,}1\text{ms}}{2} = \underline{1\text{mWs}}$ aus Flächenbetrachtung.

B41

a) $I_B = \frac{U_B - U_{BE}}{R_B} \approx \frac{10\text{ V} - 0{,}6\text{ V}}{1\text{M}\Omega} = 9{,}4\ \mu\text{A} \approx 10\ \mu\text{A}$,

$I_C = B \cdot I_B \approx 100 \cdot 10\ \mu\text{A} = \underline{1\text{mA}}$.

b) I_B bleibt nahezu unverändert.

c) $I_B = 0$, $I_C = I_{CEO}$
(Reststrom, Größenordnung µA).

e) $P_{CE\max} = 10\text{ V} \cdot 1\text{mA} = \underline{10\text{ mW}}$.

f) $\Delta T_{\max} = 10\text{ mW} \cdot 1\text{K/mW} = \underline{10\text{ K}}$.

d)

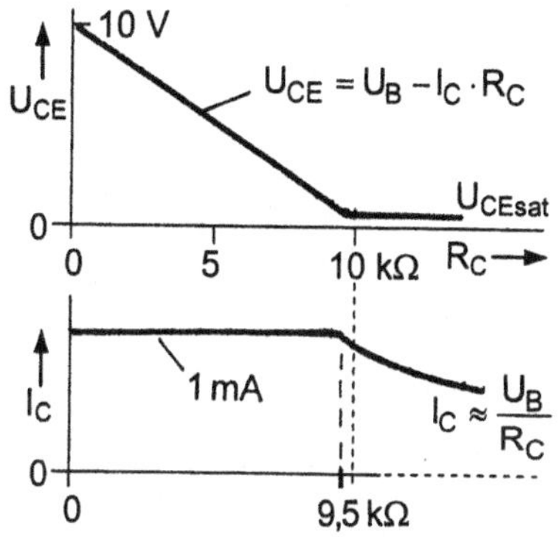

B42

a) $r_{BE} = \frac{U_T}{I_B} \approx \frac{26\text{ mV}}{10\ \mu\text{A}} \approx \underline{2{,}5\text{ k}\Omega}$, $s = \frac{I_C}{U_T} \approx \frac{1\text{mA}}{26\text{ mV}} \approx \underline{40\text{ mS}}$, $\beta = s \cdot r_{BE} \approx \underline{100}$.

b)

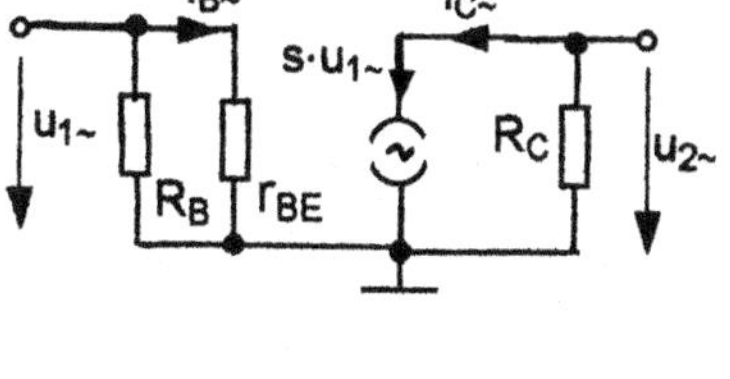

c) $s \cdot u_{1\sim} \cdot R_C = -u_{2\sim}$

$V_u = \frac{u_{2\sim}}{u_{1\sim}} = -s \cdot R_C$

$\approx -40\text{ mS} \cdot 5\text{ k}\Omega$

$\approx \underline{-200}$.

$u_{2\sim}$ und $u_{1\sim}$ in Gegenphase.

d) $\frac{1}{\omega C_1} = r_{BE} \| R_B \approx r_{BE} \to f_g \approx \frac{1}{2\pi \cdot C_1 \cdot r_{BE}} = \frac{1}{2\pi \cdot 0{,}4 \cdot 10^{-6}\text{ s}/\Omega \cdot 2{,}5 \cdot 10^3\ \Omega} = \underline{159\text{ Hz}}$.

e) $f_g \approx \underline{0}$, da Abschlusswiderstand unendlich, Zeitkonstante $\tau \to \infty$.

B43

a) $I_E = I_B + I_C$ (konventionelle Ströme)

$= I_B \cdot (1+B) \approx I_B \cdot B = I_C = \underline{1\,mA}$,

$U_E = I_E \cdot R_E \approx 1\,mA \cdot 2{,}4\,k\Omega = \underline{2{,}4\,V}$.

b) $R_B = \frac{U_B - U_E - U_{BE}}{I_B}$

$\approx \frac{10\,V - 2{,}4\,V - 0{,}6\,V}{10\,\mu A} = \underline{700\,k\Omega}$

c) $I_C \cdot R_C = U_B - U_E - U_{CEsat}$

$\approx 10\,V - 2{,}4\,V - 0{,}5\,V \approx 7\,V$

$R_C \approx \frac{7\,V}{1\,mA} = \underline{7\,k\Omega}$.

d) $R_C = 0$: $U_{CE\,max} = U_B - U_E = 7{,}6\,V$.

$P_{CE\,max} = 7{,}6\,V \cdot 1\,mA = \underline{7{,}6\,mW}$.

e) $\Delta T_{max} = P_{CE\,max} \cdot R_{thU} = 7{,}6\,mW \cdot 1\,K/mW$

$= \underline{7{,}6\,K}$.

B44

a) Praktisch nicht, da I_B und I_C bleiben.

b) $u_{2\sim} = (i_{B\sim} + i_{C\sim}) \cdot R_E = i_{B\sim} \cdot (1+\beta) \cdot R_E$

c) $u_{1\sim} = i_{B\sim} \cdot r_{BE} + i_{B\sim} \cdot (1+\beta) \cdot R_E$

$= i_{B\sim} \cdot [r_{BE} + (1+\beta) \cdot R_E]$

d) $V_u = \frac{u_{2\sim}}{u_{1\sim}} = \frac{(1+\beta) \cdot R_E}{r_{BE} + (1+\beta) \cdot R_E} \approx \frac{\beta R_E}{r_{BE} + \beta R_E}$

$\approx \frac{100 \cdot 2{,}4\,k\Omega}{2{,}5\,k\Omega + 100 \cdot 2{,}4\,k\Omega}$

$\approx \frac{240}{240 \cdot (1 + 0{,}01)} \approx 1 - 0{,}01 = \underline{0{,}99}$.

(Phasengleichheit)

e) $u_{2\sim} \approx u_{1\sim} \cdot \frac{\beta R_E}{r_{BE} + \beta R_E}$

$\approx u_{1\sim} \cdot \frac{R_E}{\frac{1}{s} + R_E}$

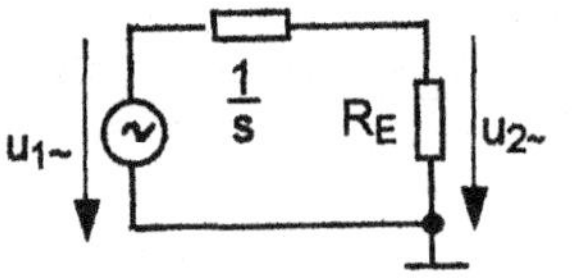

B45

a)

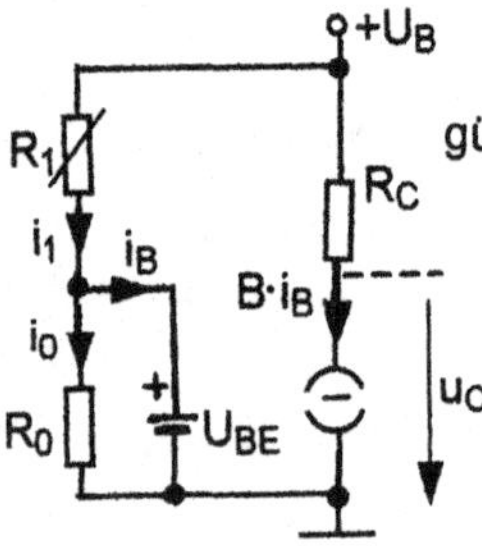

gültig für $i_B \geq 0$

b) $i_{Cmax} = \frac{U_B - U_{CEsat}}{R_C} \approx \frac{4{,}5\,V}{500\,\Omega} = \underline{9\,mA}$.

c) $i_B = I_{BÜ} = \frac{i_{Cmax}}{B} = \frac{9\,mA}{100} = \underline{90\,\mu A}$.

$i_1 = i_B + i_0 \approx 90\,\mu A + \frac{0{,}6\,V}{10\,k\Omega} = 150\,\mu A$,

$R_1 = \frac{U_B - U_{BE}}{i_1} \approx \frac{4{,}4\,V}{0{,}15\,mA} \approx \underline{30\,k\Omega}$.

d) Es wird $i_B > I_{BÜ}$. Der Transistor wird übersteuert. (gesättigt). Es bleibt $i_C = i_{Cmax} = 9\,mA$

e) Bedingung $i_B = 0$: $U_B \cdot \frac{R_0}{R_1 + R_0} = U_{BE} \rightarrow 5\,V \cdot \frac{10\,k\Omega}{R_1 + 10\,k\Omega} \approx 0{,}6\,V \rightarrow R_1 \approx \underline{73\,k\Omega}$.

B46

a)

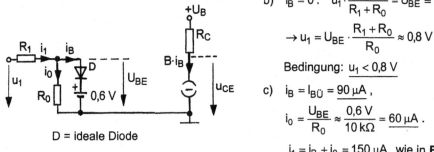

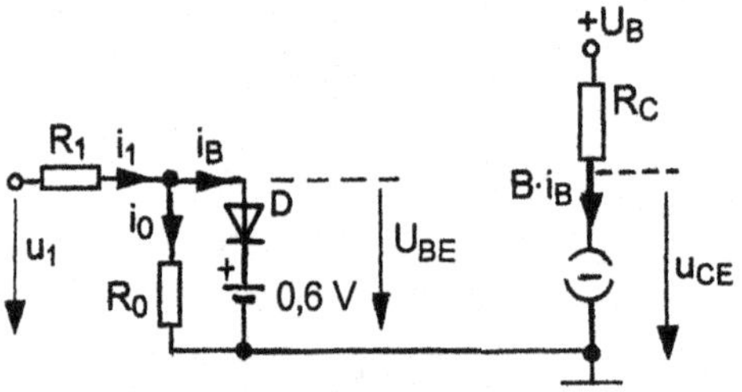

D = ideale Diode

b) $i_B = 0$: $u_1 \cdot \frac{R_0}{R_1 + R_0} = U_{BE} = 0{,}6\,V$

$\rightarrow u_1 = U_{BE} \cdot \frac{R_1 + R_0}{R_0} \approx 0{,}8\,V$

Bedingung: $\underline{u_1 < 0{,}8\,V}$

c) $i_B = I_{BÜ} = \underline{90\,\mu A}$,

$i_0 = \frac{U_{BE}}{R_0} \approx \frac{0{,}6\,V}{10\,k\Omega} = \underline{60\,\mu A}$.

$i_1 = i_B + i_0 = \underline{150\,\mu A}$ wie in **B45**.

d) $u_1 = i_1 \cdot R_1 + U_{BE} \approx 0{,}15\,mA \cdot 3{,}3\,k\Omega + 0{,}6\,V \approx \underline{1{,}1\,V}$.

e) $i_B = 3 \cdot I_{BÜ} = 270\,\mu A$, $i_0 = 60\,\mu A \rightarrow i_1 = 330\,\mu A \rightarrow u_1 = i_1 \cdot R_1 + U_{BE} \approx \underline{1{,}7\,V}$.

B47

a) $u_{BE} = \underline{0}$, $\quad i_B = \underline{0}$, $\quad i_C = \underline{0}$, $\quad u_{CE} = U_B = \underline{5\,V}$.

b) $u_{BE} = u_1 \cdot \dfrac{R_0}{R_1 + R_0} = -1\,V \cdot \dfrac{10\,k\Omega}{13{,}3\,k\Omega} \approx \underline{-0{,}75\,V}$, $\quad i_B = \underline{0}$, $\quad i_C = \underline{0}$, $\quad u_{CE} = U_B = \underline{5\,V}$.

c) Nach **B46** wird $u_{BE} \approx 0{,}6\,V$, $i_B = 90\,\mu A$, u_{CE} fällt auf U_{CEsat}, i_C steigt exponentiell an bis zum Wert $i_{Cmax} = 9\,mA$ (s. **B45**):

$$i_C = 9\,mA \cdot \left[1 - \exp\left(-\frac{t}{\tau}\right)\right] \quad \text{mit} \quad \tau = \frac{L}{R_C} = \frac{500\,mH}{500\,\Omega} = 1\,ms \;\rightarrow$$

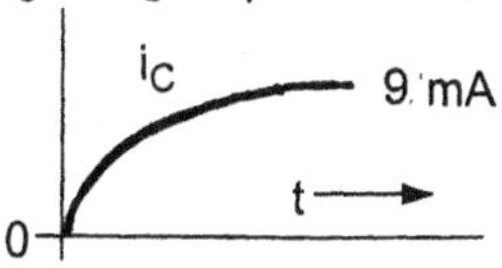

d) Praktisch nicht, der Transistor wird nur übersteuert (stark gesättigt).

e) Man muss u_1 auf Werte unter 0,8 V absenken (s. **B46**).

f) Bei schnellem Sperren kann die in der Induktivität induzierte Spannung den Transistor durchschlagen.

B48

a) Praktisch keinen, wenn die Diode trägheitsfrei sperrt.

b) Sie stellt beim Abschalten dem dann abklingenden Strom i_L einen niederohmigen Pfad zur Verfügung und begrenzt die Spannung u_{CE}.

c)

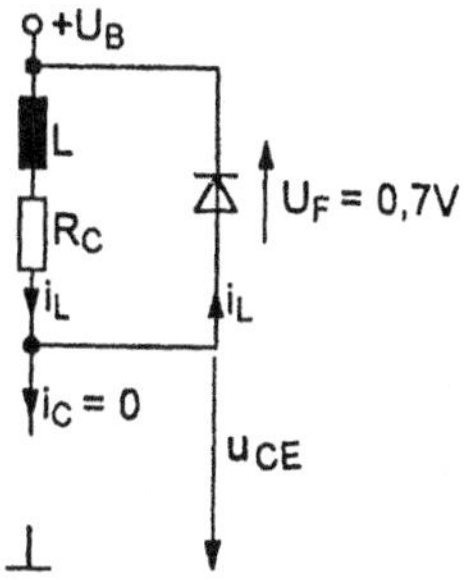

d)

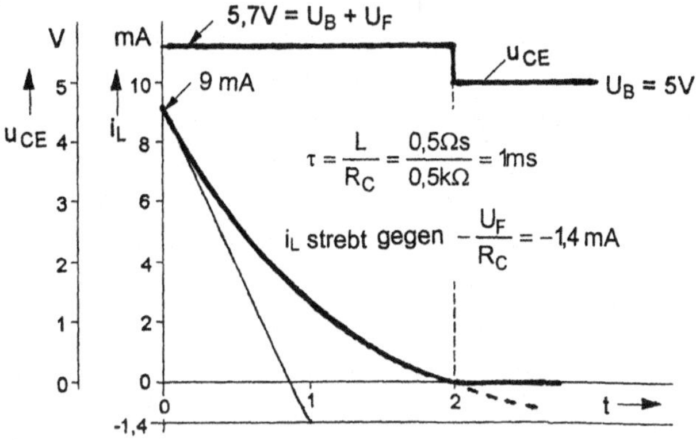

e) $i_L = -1{,}4\,mA + 10{,}4\,mA \cdot \exp\left(-\dfrac{t}{\tau}\right)$, gültig für $i_L \geq 0$ (Zeitachse verschoben).

B49

a) Dank der unendlich hohen inneren Verstärkung V_0 und der Gegenkopplung bleibt u_D im aktiven Bereich ($-U_B < u_2 < +U_B$) praktisch Null. Man setzt $u_D = 0$.

$$i_1 = \frac{u_1}{R_1} = \frac{1V}{1k\Omega} = \underline{1mA} = i_2, \qquad i_2 \cdot R_2 + i_3 \cdot R_3 = 0 \rightarrow i_3 = \underline{-1mA}, \qquad i_a = i_3 - i_2 = \underline{-2\,mA}.$$

b) $i_1 = i_2 = \dfrac{u_1}{R_1}$, $\quad i_3 = -\dfrac{u_1}{R_1} \cdot \dfrac{R_2}{R_3}$, $\quad i_a = i_3 - i_2 = -\dfrac{u_1}{R_1} \cdot \dfrac{R_2}{R_3} - \dfrac{u_1}{R_1} = -\dfrac{u_1}{R_1} \cdot \left(\dfrac{R_2}{R_3} + 1\right)$.

c) $V_u = \dfrac{u_2}{u_1} = \dfrac{i_3 \cdot R_3}{u_1} = -\dfrac{R_2}{R_1}$.

d) Bei $u_1 > 0$ wird $u_2 = -U_B$. Bei $u_1 < 0$ wird $u_2 = +U_B$ (Übersteuerung, keine Gegenkopplung).

e) Nicht steuerbar: $u_2 = 0 = \text{const.}$, Gegenkopplung wirksam.

(Bei realem OP mit vernachlässigbaren Eingangsströmen wird $u_2 = -U_{0S}$).

B50

a) $i_1 \cdot R_1 + u_1 = 0\ (u_D = 0!) \rightarrow i_1 = -\frac{u_1}{R_1} = \underline{-1\,\text{mA}} = i_2$,

$i_1 \cdot R_1 + i_2 \cdot R_2 + i_3 \cdot R_3 = 0 \rightarrow i_3 = -(i_1 + i_2) = \underline{2\,\text{mA}}$, $i_a = i_3 - i_2 = \underline{3\,\text{mA}}$.

b) $i_1 = i_2 = -\frac{u_1}{R_1}$, $\quad -u_1 + i_2 \cdot R_2 + i_3 \cdot R_3 = 0 \rightarrow i_3 = \frac{u_1}{R_3} - i_2 \cdot \frac{R_2}{R_3} = \frac{u_1}{R_3} \cdot \left(1 + \frac{R_2}{R_1}\right)$,

$i_a = i_3 - i_2 = \frac{u_1}{R_3} \cdot \left(1 + \frac{R_2}{R_1} + \frac{R_3}{R_1}\right)$. $\qquad$ c) $V_u = \frac{u_2}{u_1} = \frac{i_3 \cdot R_3}{u_1} = 1 + \frac{R_2}{R_1}$.

d) Bei $u_1 > 0 : u_2 = +U_B$, bei $u_1 < 0 :\ u_2 = -U_B$. $\qquad$ e) $u_2 = u_1$ ($V_u = 1$, Spannungsfolger).

B51

a) $i_1 = 0\ (u_D = 0!)$, $\quad i_2 = 0 \rightarrow u_2 = u_1 = 1\,\text{V}$, $\quad i_3 = \frac{u_2}{R_3} = \frac{1\,\text{V}}{1\,\text{k}\Omega} = 1\,\text{mA}$, $\quad i_a = i_3 - i_2 = \underline{1\,\text{mA}}$.

b) $i_1 = i_2 = 0 \neq f(u_1)$, Maschenumlauf: $-u_1 + i_2 \cdot R_2 + i_3 \cdot R_3 = 0 \rightarrow i_3 = \frac{u_1}{R_3}$, $\quad i_a = i_3 = \frac{u_1}{R_3}$.
$(u_D = 0!)$

c) $V_u = \frac{u_2}{u_1} = \frac{i_3 \cdot R_3}{u_1} = \underline{1}$ (Spannungsfolger).

d) Reine Gleichtaktsteuerung. Bei idealem OP mit $G \rightarrow \infty : u_2 = 0$.

e) $V_u = 1$, Spannungsfolger.

B52

a) $i_4 = \frac{u_{12}}{R_4 + R_5} = \underline{-0{,}5\,\text{mA}}$, Maschenumlauf: $-u_{11} + i_1 \cdot R_1 - i_4 \cdot R_4 + u_{12} = 0\ (u_D = 0!)$,

$\rightarrow i_1 = \frac{u_{11}}{R_1} + i_4 \cdot \frac{R_4}{R_1} - \frac{u_{12}}{R_1} = 1\,\text{mA} - 0{,}5\,\text{mA} + 1\,\text{mA} = \underline{1{,}5\,\text{mA}}$, $\quad i_2 = i_1 = \underline{1{,}5\,\text{mA}}$,

$i_3 \cdot R_3 - i_4 \cdot R_5 + i_2 \cdot R_2 = 0 \rightarrow i_3 = i_4 \cdot \frac{R_5}{R_3} - i_2 \cdot \frac{R_2}{R_3} = \underline{-2\,\text{mA}}$, $\quad i_a = i_3 - i_2 = \underline{-3{,}5\,\text{mA}}$.

b) $i_4 = \frac{u_{12}}{R_4 + R_5}$, $i_1 = \frac{u_{11}}{R_1} - u_{12} \cdot \frac{R_5}{R_1 \cdot (R_4 + R_5)} = i_2$, $i_3 = \frac{u_{12}}{R_4 + R_5} \cdot \frac{R_5}{R_3} \cdot \left(1 + \frac{R_2}{R_1}\right) - \frac{u_{11}}{R_1} \cdot \frac{R_2}{R_3}$.

c) $u_2 = i_3 \cdot R_3 = \frac{u_{12} \cdot R_5}{R_4 + R_5} \cdot \left(1 + \frac{R_2}{R_1}\right) - u_{11} \cdot \frac{R_2}{R_1}$.

d) Bei $u_{11} > u_{12} \cdot \frac{R_5}{R_4 + R_5}$: $u_2 = -U_B$. $\qquad$ Bei $u_{11} < u_{12} \cdot \frac{R_5}{R_4 + R_5}$: $u_2 = +U_B$.

e) $u_2 = u_{12} \cdot \frac{R_5}{R_4 + R_5}$. Spannungsfolger in Bezug auf P-Eingang, u_{11} unwirksam.

B53

a) $\frac{U_V}{U_B - U_V} = \frac{3\,\text{V}}{6\,\text{V}} = \frac{R_1}{R_2} = \frac{1}{2}$ $\qquad$ b) $R_1 = \frac{U_V}{I} = \frac{3\,\text{V}}{10\,\mu\text{A}} = \underline{300\,\text{k}\Omega}$, $\quad R_2 = 2 \cdot R_1 = \underline{600\,\text{k}\Omega}$

c) $R_E \approx \frac{U_E}{I_C} = \frac{U_B - 6\,\text{V} - U_{CEsat}}{I_C} \approx \frac{2{,}5\,\text{V}}{0{,}1\,\text{A}} = \underline{25\,\Omega}$. $\qquad (U_{CEsat} \approx 0{,}5\,\text{V})$

d) $I_{BÜ} = \frac{I_C}{B} = \frac{0{,}1\,\text{A}}{100} = 1\,\text{mA}$ $\qquad \rightarrow R_B = \frac{U_B - (U_E + U_{BE})}{3 \cdot I_{BÜ}} = \frac{U_B - (2{,}5\,\text{V} + 0{,}6\,\text{V})}{3\,\text{mA}} \approx \underline{2\,\text{k}\Omega}$

e) Es wird $U_V = 9\,\text{V}$. Der Transistor bleibt gesperrt im Bereich $0 < u_1 < 9\,\text{V}$.

B54

a) $U_V = I_R \cdot R_1 \rightarrow R_1 = \frac{U_V}{I_R} = \frac{3\,V}{1\,mA} = \underline{3\,k\Omega}$, $R_2 = \frac{U_L - U_V}{I_R} = \frac{6\,V - 3\,V}{1\,mA} = \underline{3\,k\Omega}$.

b) $U_{B\,min} = U_L + U_{BE} \approx 6\,V + 0{,}6\,V = \underline{6{,}6\,V}$.

c) $I_{C\,max} \approx \frac{U_L}{R_{L\,min}} = \frac{6\,V}{6\,\Omega} = \underline{1\,A}$.

d) $U_{CE} = U_B - U_L = 12\,V - 6\,V = 6\,V = \text{const}$.

$R_L = 6\,\Omega$: $P_{CE} = P_{CE\,max} = U_{CE} \cdot 1\,A = \underline{6\,W}$, $R_L = 60\,\Omega$: $P_{CE} = U_{CE} \cdot 0{,}1\,A = \underline{0{,}6\,W}$.

e) Die Stromverstärkung des Transistors entfällt. Es wird $I_B \approx I_L$, was reale Operationsverstärker im betrachteten Strombereich in der Regel überfordert, ebenso den Transistor.

B55

a) $U_V = I_L \cdot R_S = 1\,A \cdot 1\,\Omega = \underline{1\,V}$. b) $U_{B\,min} = I_L \cdot R_S + U_A + U_{BE} \approx 1\,V + 6\,V + 0{,}6\,V = \underline{7{,}6\,V}$.

c) $U_B = I_L \cdot R_S + U_A + U_{BE}$

$I_L = 0{,}5\,A$: $U_B = 0{,}5\,V + U_A + U_{BE} \approx 7{,}1\,V$

$I_L = 0$: $U_B = 0 + U_A + U_{BE} \approx 6{,}6\,V$.

d)

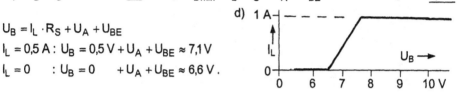

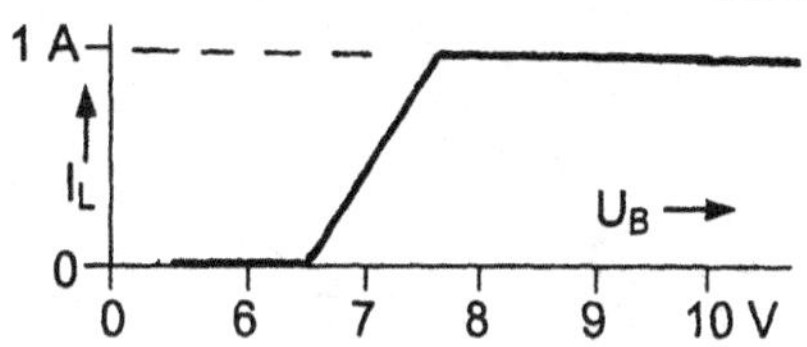

e) $P_R = I_L^2 \cdot R_S = 1\,A^2 \cdot 1\,\Omega = \underline{1\,W}$, $P_T \approx U_{CE} \cdot I_C = (U_B - I_L \cdot R_S - U_A) \cdot I_C = 5\,V \cdot 1\,A = \underline{5\,W}$.

B56

a) $I_L \cdot R_S = I_C \cdot R_V$, $U_A = (I_C + I_B) \cdot R_A = I_C \cdot \left(1 + \frac{1}{B}\right) \cdot R_A \rightarrow U_A = \underline{I_L \cdot \frac{R_S}{R_V} \cdot R_A \cdot \left(1 + \frac{1}{B}\right)}$.

b) $U_A = I_L \cdot \frac{0{,}1\,\Omega}{100\,\Omega} \cdot 1000\,\Omega \cdot 1{,}01 = \underline{I_L \cdot 1{,}01\,\Omega}$.

c) $E = dU_A / dI_L = 1{,}01\,\Omega = \underline{1{,}01\,V/A}$.

d) $\frac{R_A \cdot R_P}{R_A + R_P} = \frac{R_A}{1{,}01} \rightarrow R_P \cdot 1{,}01 = R_A + R_P \rightarrow R_P = \frac{R_A}{0{,}01} = \underline{100\,k\Omega}$.

e) $I_C \cdot R_A + U_{CEsat} < U_B - I_L \cdot R_S \rightarrow I_L \cdot R_S \cdot \left(\frac{R_A}{R_V} + 1\right) < U_B - U_{CEsat} \rightarrow I_L \cdot 1{,}1\,\Omega < 11{,}5\,V$,

$\rightarrow I_{L\,max} \approx \frac{11{,}5\,V}{1{,}1\,\Omega} \approx \underline{10\,A}$.

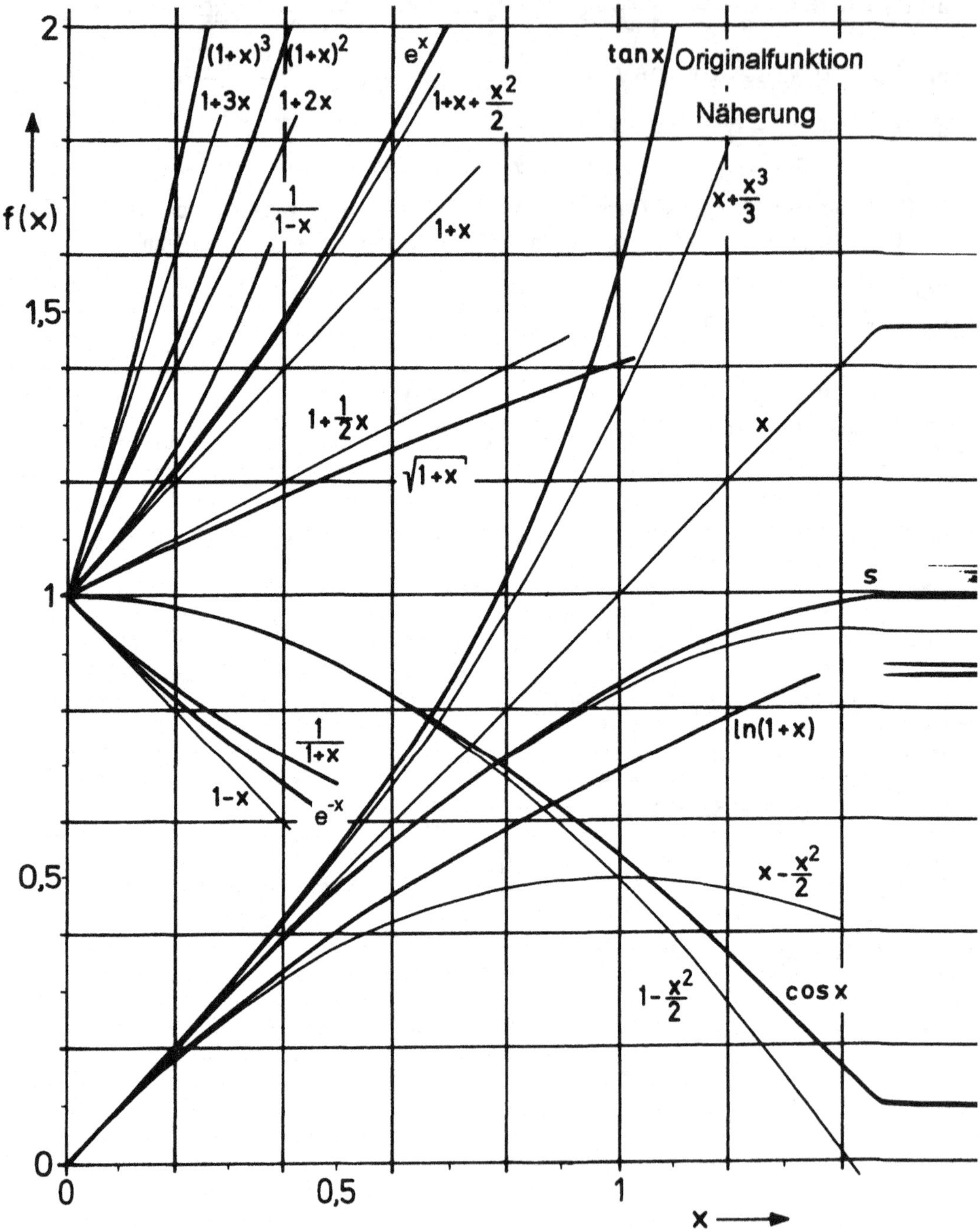

Merke besonders:

$$\frac{1}{1 \pm x} \approx 1 \mp x, \qquad \sqrt{1 \pm x} \approx 1 \pm \frac{1}{2}x, \qquad e^{\pm x} \approx \quad 1$$

Teil C Klausuraufgaben

Mit einer Reihe von erprobten Klausuraufgaben wird Übungsmaterial zur Vorbereitung auf die schriftliche Prüfung zur Verfügung gestellt. Ausführliche Lösungen folgen am Schluss des Kapitels.

Anhang C bietet eine Widerstands - Frequenz - Tafel an, die zuweilen nützlich ist beim überschlägigen Rechnen mit Induktivitäten und Kapazitäten.

(Da jeder Prüfer erfahrungsgemäß eigene Schwerpunkte setzt, sollte man auch "alte" Klausuren von ihm anschauen.)

C1 RC- Spannungsteiler

Gegeben sei der nebenstehende RC-Spannungsteiler mit unbelastetem Ausgang.

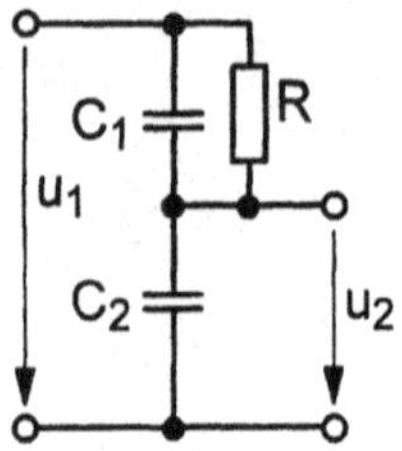

$C_1 = 1\ \text{nF},\ C_2 = 9\ \text{nF},\ R = 10\ \text{k}\Omega$

$$\underline{A} = \frac{\underline{U}_2}{\underline{U}_1} = f(j\omega, C_1, C_2, R)$$

a) Man bestimme allgemein den komplexen Spannungs-Übertragungsfaktor $\underline{A}$ sowie dessen Betrag A und Phasenwinkel φ.

b) Man skizziere mit doppeltlogarithmischer Achsenteilung den Frequenzgang des Betrages A.

c) Für eine Frequenz $f = 5$ kHz berechne man den Phasenwinkel φ .

d) Man skizziere den Frequenzgang des Phasenwinkels φ.

C2 Kapazitiv belastete Brückenschaltung

Gegeben sei nebenstehende Brückenschaltung mit zunächst offenem Schalter S. Die Spannung u_1 beträgt 3 V (konstant). Kondensator C sei ungeladen.

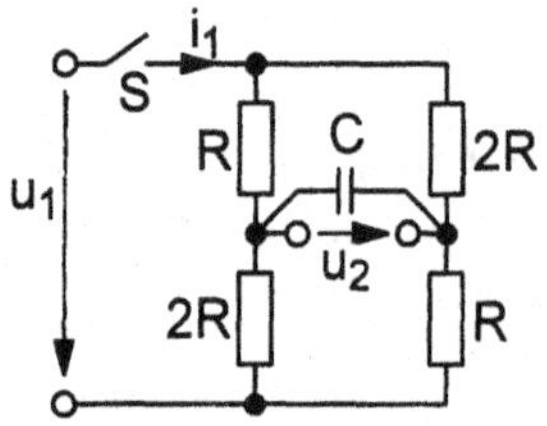

$R = 1\text{k}\Omega$
$C = 1\mu\text{F}$

a) Man bestimme den Strom i_1 zum Schaltaugenblick $t = 0$, wenn Schalter S schließt.

b) Welche Werte erreichen der Strom i_1 und die Spannung u_2, wenn Schalter S beliebig lang geschlossen bleibt?

c) Mit welcher Zeitkonstante τ ändern sich der Strom i_1 und die Spannung u_2 nach dem Schließen des Schalters?

d) Man skizziere maßstäblich den Zeitverlauf $i_1(t)$ und $u_2(t)$ für $t \geq 0$.

e) Man formuliere die Zeitfunktionen zu d) mathematisch.

Im Folgenden soll die Brückenschaltung mit einer sinusförmigen Wechselspannung $u_1 = \hat{u} \cdot \sin\omega t$ gespeist werden. Schalter S sei geschlossen.

f) Man berechne den komplexen Übertragungsfaktor $\underline{A} = \underline{U}_2/\underline{U}_1$.

g) Man bestimme den Amplitudenfaktor $A = |\underline{A}| = f(\omega)$ und die zugehörige Eckfrequenz.

h) Man zeichne den Frequenzgang des Amplitudenfaktors A doppeltlogarithmisch auf.

C3 Ohmsch - induktiver Spannungsteiler I

Ein Spannungsteiler sei aufgebaut mit dem induktionsfreien Schichtwiderstand R_1 und einem induktionsbehafteten Drahtwiderstand R_2 mit der Eigeninduktivität L.

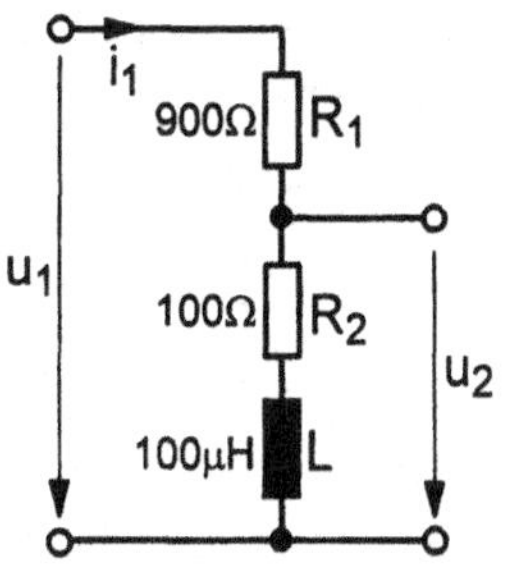

a) Man skizziere maßstäblich den Zeitverlauf des Stromes i_1 und der Spannung u_2 für den Fall, dass die Eingangsspannung u_1 sprunghaft von Null auf 10 V ansteigt.

b) Man bestimme allgemein den komplexen Eingangswiderstand $\underline{Z}_1 = \underline{U}_1/\underline{I}_1$ und seinen Betrag Z_1.

c) Man stelle den Frequenzgang des Scheinwiderstandes Z_1 für die angegebenen Werte doppeltlogarithmisch graphisch dar.

d) Man bestimme allgemein den komplexen Spannungsübertragungsfaktor $\underline{A} = f(j\omega, R_1, R_2, L)$ sowie dessen Betrag A.

e) Man skizziere mit doppeltlogarithmischer Achsenteilung den Frequenzgang des Betrages A .

C4 Ohmsch - induktiver Spannungsteiler II

Ein Spannungsteiler sei aufgebaut mit dem induktionsbehafteten Drahtwiderstand R_1 mit der Eigeninduktivität L und dem induktionsfreien Schichtwiderstand R_2.

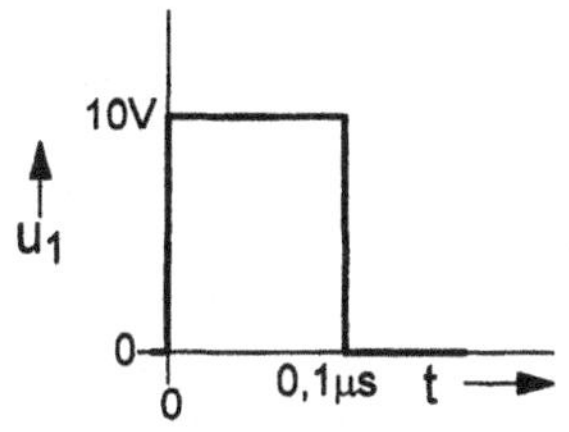

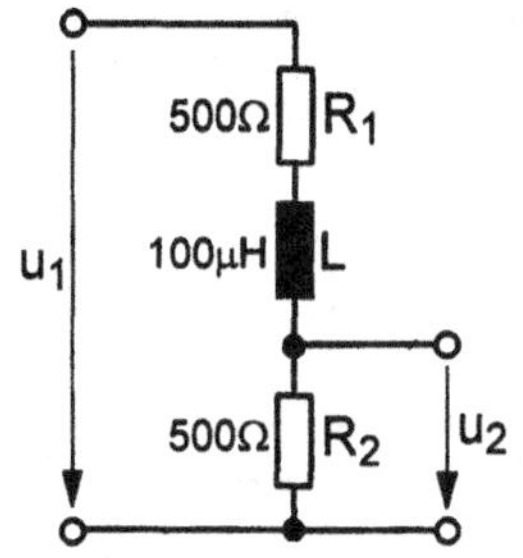

a) Man skizziere maßstäblich den Zeitverlauf der Spannung u_2 für den Fall, dass die Eingangsspannung u_1 in der Form des angegebenen Rechteckimpulses auftritt.

b) Man formuliere zu a) die Zeitfunktion für u_2 analytisch.

c) Man bestimme allgemein den komplexen Spannungs-Übertragungsfaktor $\underline{A} = f(j\omega, R_1, R_2, L)$ sowie dessen Betrag A.

d) Man skizziere mit doppeltlogarithmischer Achsenteilung den Frequenzgang des Betrages A für die angegebenen Werte.

e) Man ermittle allgemein den Phasenwinkel φ zwischen den Spannungen u_2 und u_1.

C5 Ringkernübertrager I

Gegeben sei ein Ringkern-Übertrager. Die Windungszahlen seien $N_1 = 20$ und $N_2 = 10$, hergestellt mit Kupferlackdraht CuL von 0,5 mm ∅. ($R' = 0{,}09\ \Omega/\text{m}$).

Kernmaterial: $\mu_r = 2500$

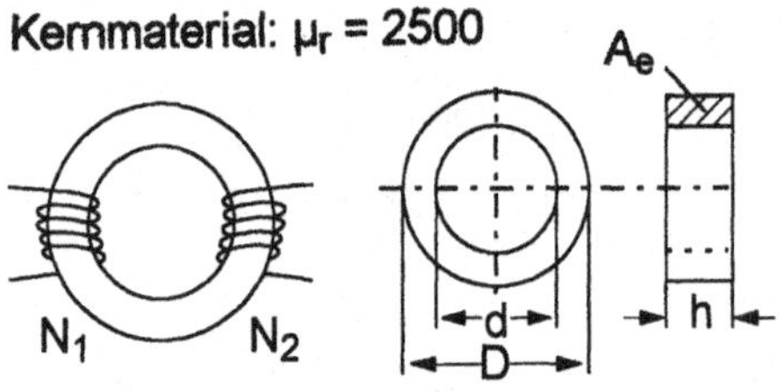

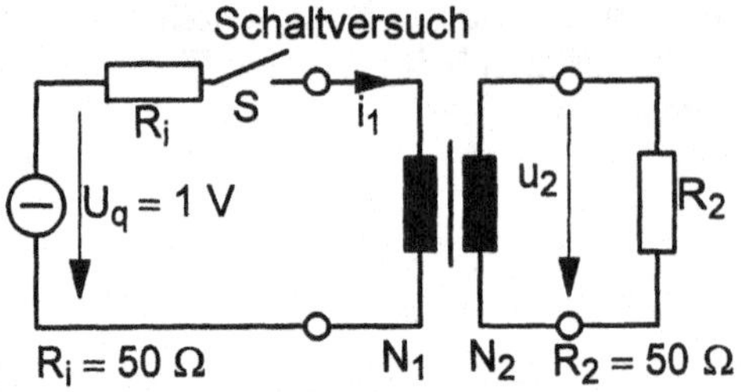

D = 16 mm, d = 10 mm, h = 6,5 mm

a) Man bestimme die Induktivitäten L_1 und L_2 der beiden Wicklungen.

b) Man bestimme näherungsweise die beiden Kupferwiderstände R_{Cu1} und R_{Cu2}.

c) Man zeichne ein Ersatzbild zum Einschaltvorgang und bestimme dazu die Zeitkonstante. (Kupferwiderstände und Streuung vernachlässigen)

d) Man zeichne maßstäblich den Zeitverlauf des Stromes i_1 sowie der Spannung u_2, wenn Schalter S geschlossen wird.

e) Bis zu welcher Induktion (Flussdichte) B wird der Kern magnetisiert?

C6 Ringkernübertrager II

Gegeben sei ein streuungsfreier und praktisch verlustfreier Ringkernübertrager.

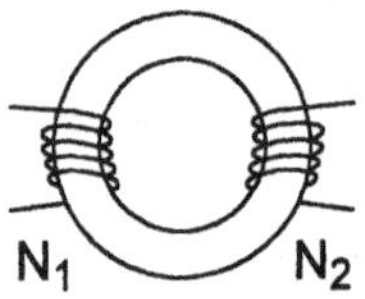

Daten:
$N_1 = 20$
$N_2 = 10$
$L_1 = 0{,}64$ mH
$L_2 = 0{,}16$ mH
$ü = N_1/N_2 = 2$

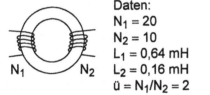

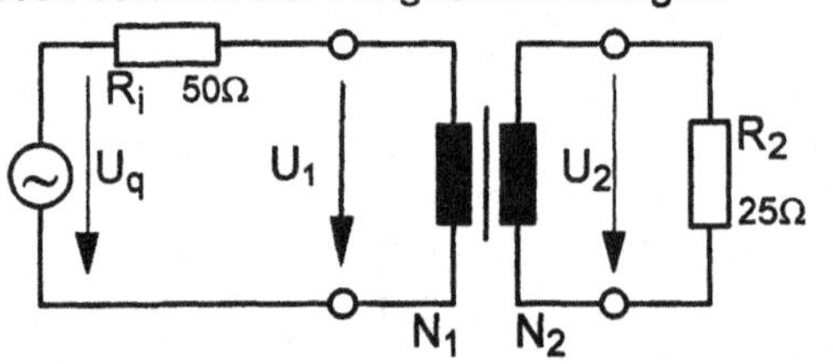

Der Übertrager werde entsprechend der angegebenen Schaltung aus einem Generator mit Innenwiderstand $R_i = 50\ \Omega$ gespeist und belastet mit $R_2 = 25\ \Omega$.

a) Man zeichne ein Ersatzbild für tiefe Frequenzen.

b) Man bestimme die untere Grenzfrequenz f_{gu}.

c) Man entwickle für tiefe Frequenzen die Funktion $A = \dfrac{U_2}{U_q} = f(\omega)$.

d) Man skizziere maßstäblich die unter c) entwickelte Funktion mit Hilfe einer asymptotischen Näherung bei doppeltlogarithmischer Achsenteilung.

e) Welche Leistung P_2 empfängt der Widerstand R_2 im mittleren Frequenzbereich bei einer Quellenspannung $U_q = 2$ V (Effektivwert).

C7 Diode als Schalter

Ein Generator G mit einer trapezförmig schwankenden Quellenspannung u_q speist über eine zunächst als ideal angenommene Diode D und den Vorwiderstand R_D einen Verbraucher $R_L = 1000\Omega$. Zur Vermeidung von Spannungseinbrüchen am Verbraucher ist ein Akku als Puffer parallel geschaltet. Dessen Innenwiderstand sei $R_A = 10\Omega$.

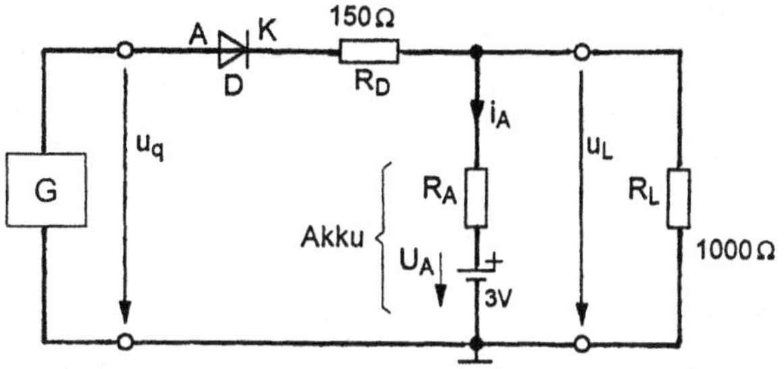

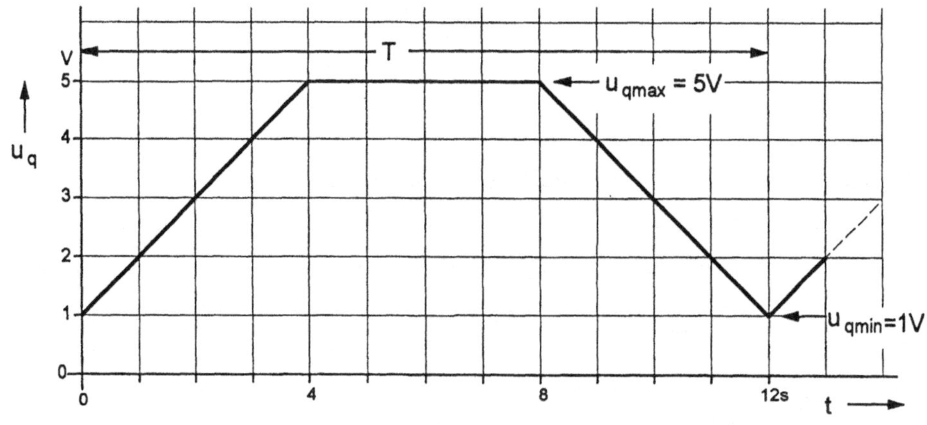

a) Auf welchen Wert u_{Lmin} sinkt die Lastspannung schlimmstenfalls ab?

b) In welchem Bereich der Spannung u_q leitet bzw. sperrt Diode D?

c) Zu welchen Zeitpunkten t_1 und t_2 schaltet die Diode?

d) Welche Spannung u_{Lmax} wird erreicht bei $u_q = u_{qmax}$?

e) Man bestimme den Strom i_A für $u_L = u_{Lmax}$ sowie für $u_L = 3V$ und $u_L = u_{Lmin}$.

f) Man zeichne den Zeitverlauf der Spannung u_L und des Stromes i_A.

g) Man beschreibe den Verlauf des Katodenpotentials φ_K der Diode mit Bezug auf den Schaltungsnullpunkt (Masse).

h) Man bestimme die Lösungen zu a) bis e) für eine nichtideale Diode mit den Parametern $U_S = 0{,}6V$ und $r_F = 0$ (Idealisierung).

C8 Begrenzerschaltung an pulsierender Gleichspannung

Die folgende Begrenzerschaltung mit einer Z-Diode (U_{ZO} = 10V) werde mit einer dreieckförmig pulsierenden Eingangsspannung betrieben.

a) Man gebe zu dem linearen Schaltungsteil (R - R_L) eine Ersatzspannungsquelle an, die von der Z-Diode belastet wird.

b) Man zeichne maßstäblich den Zeitverlauf der Spannung u_z für $R_L \to \infty$ mit der Annahme einer idealen Z-Diode ($r_z = 0$) bzw. einer realen Z-Diode ($r_z = 100\Omega$).

c) Man zeichne den Zeitverlauf der Spannung u_z unter der Annahme einer idealen Z-Diode für $R_L = 4k\Omega$.

d) Wie verhält sich die Schaltung, wenn R_L < 2 kΩ bleibt?

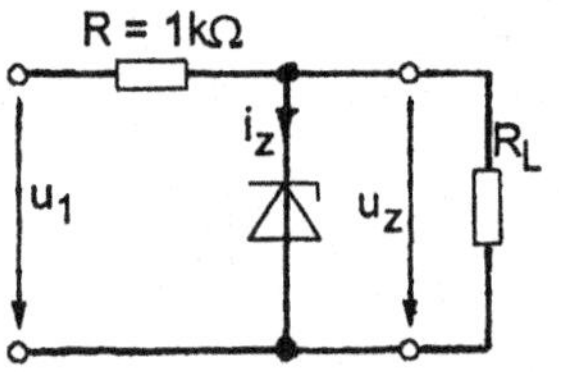

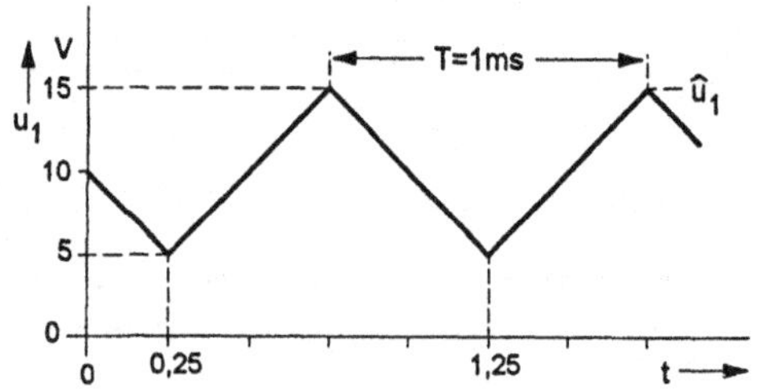

C9 Begrenzerschaltung an Wechselspannung

Die folgende Begrenzerschaltung mit einer idealen Z-Diode (U_{ZO} = 5V) werde mit einer sägezahnförmigen Eingangsspannung betrieben.

a) Welchen Zeitverlauf haben die Spannung u_z und der Strom i_z im Leerlaufbetrieb ($R_L \to \infty$)?

b) Welche (mittlere) Verlustleistung nimmt die Z-Diode im Leerlaufbetrieb auf?

c) Welche Übertemperatur stellt sich im Leerlaufbetrieb ein bei einem thermischen Widerstand R_{thU} = 300K/W?

d) Man beantworte die Fragen a) bis c) für die mit $R_L = 500\Omega$ belastete Schaltung.

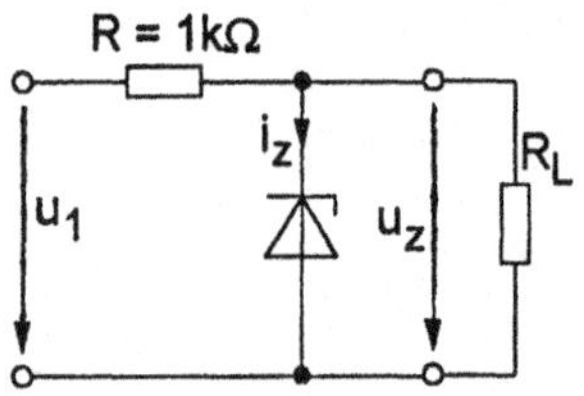

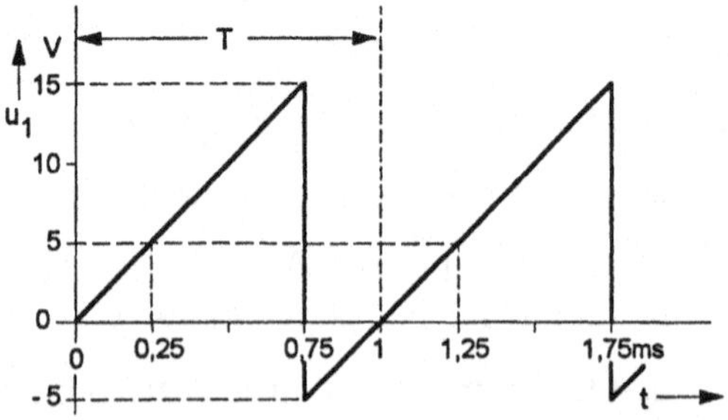

C10 Einweggleichrichter mit Ladekondensator

Gegeben sei folgende Gleichrichterschaltung mit Lastwiderstand R = 1 kΩ und Glättungskondensator C. Die Diode D sei ideal, ebenso der Übertrager mit dem Übersetzungsverhältnis $ü = N_1 / N_2 = 1$. Zu der angegebenen Spannung $u_1(t)$ werde unter diesen Voraussetzungen die dargestellte Ausgangsspannung $u_g(t)$ gemessen.

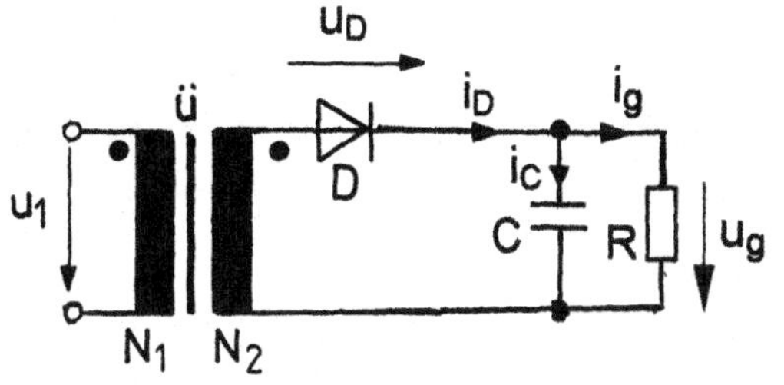

$$u_1 = \hat{u} \cdot \sin\omega t$$
$$\hat{u} = 10\ \text{V}$$
$$\omega = \frac{2\pi}{T} \quad \text{mit } T = 12\ \text{ms}$$

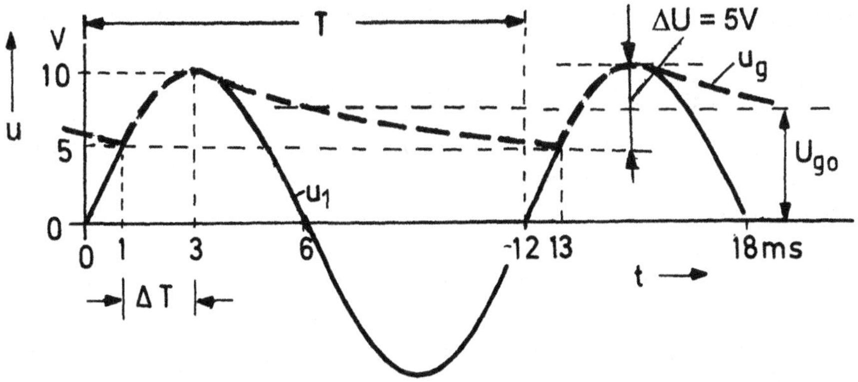

a) Mit welcher Frequenz wird die Schaltung betrieben?

b) Man berechne die Lastzeitkonstante $\tau = R \cdot C$ und die Kapazität C.

c) Man berechne angenähert und exakt den arithmetischen Mittelwert U_{go}.

d) Man skizziere den Zeitverlauf der Spannung u_D und bestimme näherungsweise die maximale Sperrspannung.

e) Entwickeln Sie die Zeitfunktion für den Strom i_D im Intervall ΔT.

f) Welchen Wert erreicht der Strom i_D zum Zeitpunkt t = 1 ms?

g) Welche Ladung ΔQ_{zu} wird im Intervall ΔT dem Kondensator C zugeführt?

h) Welche Ladung ΔQ_{ab} wird im stationären Betrieb innerhalb der Periode wieder abgeführt?

i) Begründen Sie mit ΔQ die Faustformel $\Delta U \approx \frac{I_{go} \cdot T}{C}$.

j) Stellen Sie die Faustformel am Beispiel auf die Probe.

C11 Kondensatorladung mit Konstantstrom-FET

Gegeben sei die folgende Schaltung mit einem JFET T in Konstantstromschaltung. Bei zunächst offenem Schalter S soll Kondensator C nach dem Einschalten der Betriebsspannung U_B mit dem Strom i_C = 1 mA = const. geladen werden.

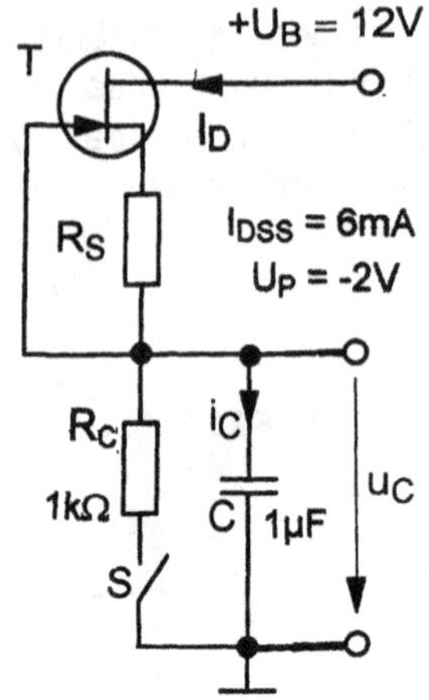

a) Man bestimme den notwendigen Widerstand R_S.

b) Welche Zeit t_a wird benötigt, bis der Kondensator C auf die Spannung u_C = 5 V aufgeladen ist?

c) Welche Verlustarbeiten treten im Widerstand R_S und im Transistor T während der Ladezeit t_a auf?

d) Auf welchen Wert sinkt die Spannung u_C ab, wenn Schalter S nach Ablauf der Zeit t_a geschlossen wird?

e) Man zeichne maßstäblich den gesamten Zeitverlauf der Spannung u_C. und formuliere diesen analytisch.

C12 Konstantstromschaltung mit Bipolartransistor

Gegeben sei folgende Transistorschaltung zur Einstellung eines konstanten Stromes I_L für den variablen Lastwiderstand R_L. Die Z-Diode sei ideal mit U_Z = 6 V = const.

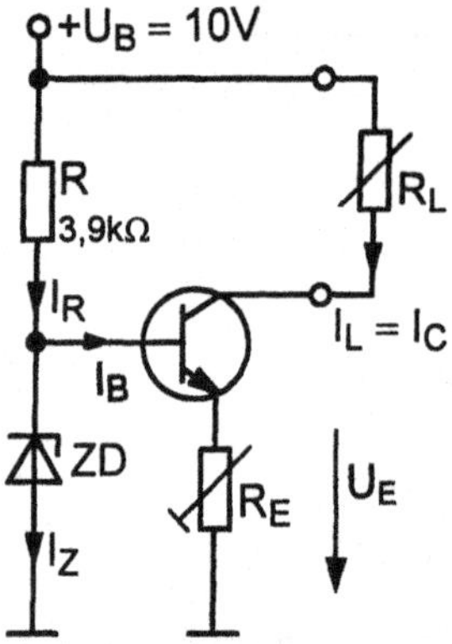

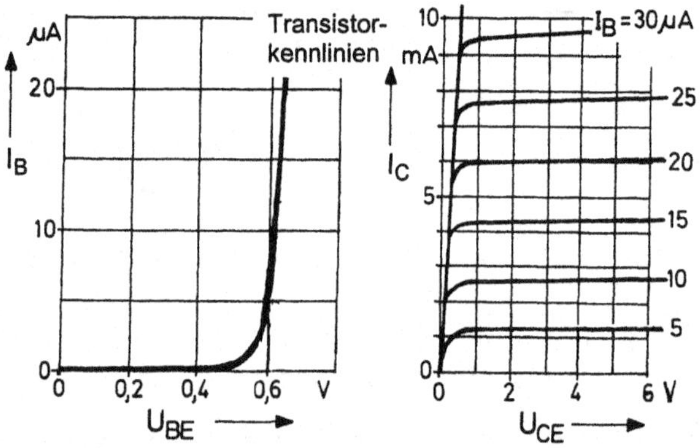

a) Welcher Widerstand R_E ist einzustellen für einen Strom I_L = 6 mA?

b) Man bestimme zu a) die Ströme I_R und I_Z.

c) In welchem Bereich darf sich der Widerstand R_L ändern, ohne dass sich der Strom I_L ändert?

d) Bei welchem Widerstand R_L tritt im Transistor ein Maximum der Verlustleistung auf?

e) Welche Sperrschichttemperatur ergibt sich zu d) im Transistor bei einem thermischen Widerstand R_{thJU} = 500 K/W und einer Umgebungstemperatur T_U = 30°C?

f) Wie wirkt sich eine (mäßige) Erhöhung der Betriebsspannung U_B aus?

C13 Transistor mit Fotowiderstand

Gegeben sei eine Emitterschaltung mit dem Lastwiderstand R_C (z.B. Relais), die von einem Fotowiderstand R_F gesteuert wird. Die Stromverstärkung des Transistors sei $B = 200$. Seine Eingangskennlinie ist nachstehend abgebildet.

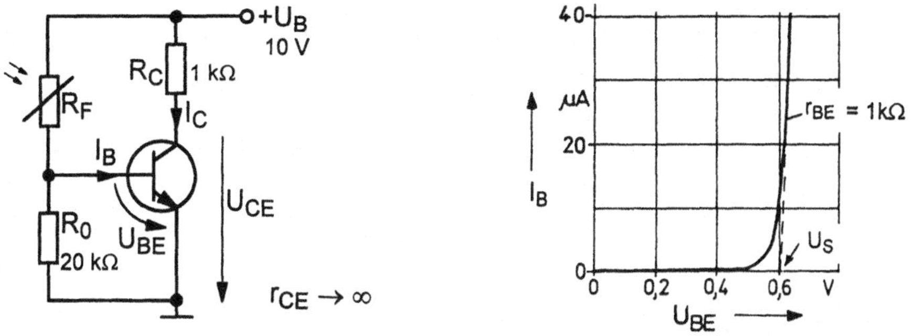

a) Man entwickle ein lineares Ersatzbild der Schaltung mit den Transistorparametern U_s, r_{BE} und B, gültig für den aktiven Bereich des Transistors.

b) Man bestimme anhand des Ersatzbildes allgemein die Funktion $I_B = f(R_F)$.

c) In welchem Bereich des Widerstandes R_F ist der Transistor gesperrt ($I_B = 0$)?

d) Bei welchem Widerstand R_F geht der Transistor in die Sättigung ?

e) Skizzieren Sie die Funktion $I_C = f(R_F)$ im Bereich von 10 kΩ bis 1 MΩ.

C14 Transistor als Schalter

Ein Bipolartransistor soll im Schaltbetrieb das Laden und Entladen des Kondensators C in nebenstehender Schaltung bewirken. Dazu wird angenommen, dass der Transistor jeweils gesättigt leitend wird bzw. vollständig sperrt. Für den Sättigungszustand soll gelten:

$u_{BE} = U_{BEsat} \approx 0{,}7$ V, $u_{CE} = U_{CEsat} \approx 0$.

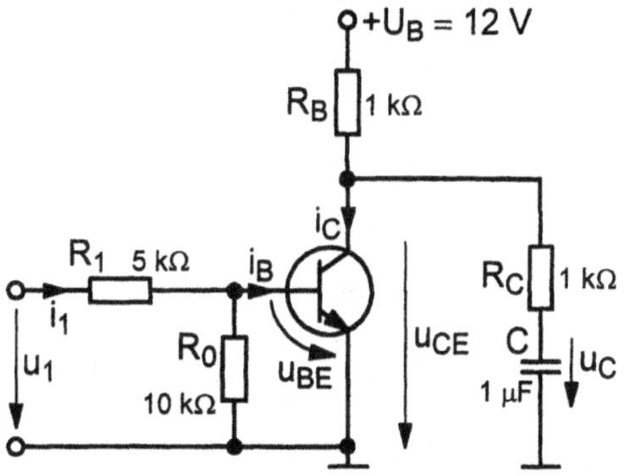

a) Welche Spannungen u_C und u_{CE} stellen sich ein, wenn der Transistor sperrt?

b) Welcher Kollektorstrom i_C tritt im Schaltaugenblick auf, wenn der Transistor zum Zeitpunkt $t = 0$ bis zur Sättigung ($u_{CE} \approx 0$) durchgeschaltet wird?

c) Man zeichne maßstäblich den Zeitverlauf des Stromes i_C für die Zeit $t \geq 0$ bei gesättigt leitendem Transistor.

d) Mit welcher Spannung u_1 muß mindestens angesteuert werden, damit die Sättigung des Transistors auch sicher erreicht wird? Die Stromverstärkung sei B=50.

e) Man skizziere maßstäblich den Zeitverlauf der Spannungen u_C und u_{CE}, wenn der Transistor bei $t = t_1 = 10$ ms wieder sperrt.

C15 Selektiver Verstärker

Gegeben sei ein Transistor in Emitterschaltung mit Stromgegenkopplung und einem Parallelschwingkreis als Last in der Kollektorleitung.

Betriebswerte:

$U_{BE} = 0{,}6$ V, $I_B = 20$ μA, $I_C = 2$ mA

Dynamische Kennwerte:

$r_{BE} \approx 1{,}3$ kΩ, $\beta \approx 100$, $r_{CE} \to \infty$

Schwingkreis:

$C = 1$ nF, $L = 1$ mH mit $Q_L = 100$

C verlustfrei

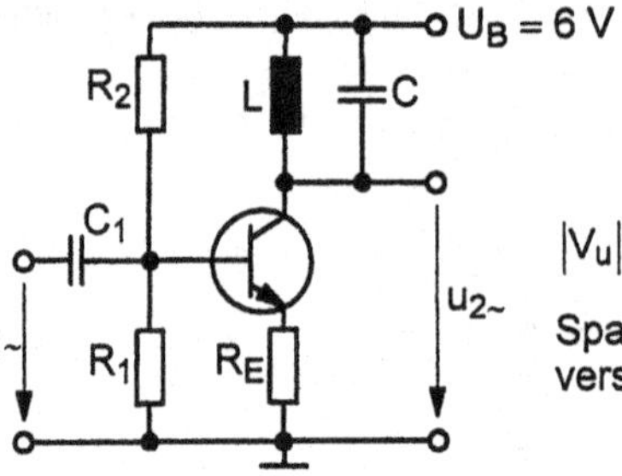

$|V_u| = \frac{U_2}{U_1}$ Spannungsverstärkung

a) Man bestimme den Widerstand R_E mit der Maßgabe, dass über R_E ein Spannungsabfall von 1 V auftreten soll.

b) Man bestimme die Widerstände R_1 und R_2 mit der Maßgabe, dass der Strom über R_1 gleich dem Fünffachen des Basistromes sein soll.

c) Man entwickle ein Kleinsignal-Ersatzbild für $C_1 \to \infty$.

d) Man bestimme die Resonanzfrequenz f_r des Schwingkreises und die zugehörige Spannungsverstärkung V_{ur} sowie die Übertragungsbandbreite Δf.

C16 Emitterfolger mit symmetrischer Betriebsspannung

Gegeben sei die Schaltung eines Emitterfolgers mit Spannungssteuerung an symmetrischer positiver und negativer Betriebsspannung. Zu $u_1 = 0$ (Ruhezustand) werde gemessen: $I_{B+} = I_{B-} = 25$ mA, $U_{CE} = 12{,}7$ V, $U_{BE} = 0{,}7$ V, $i_1 = 0$.

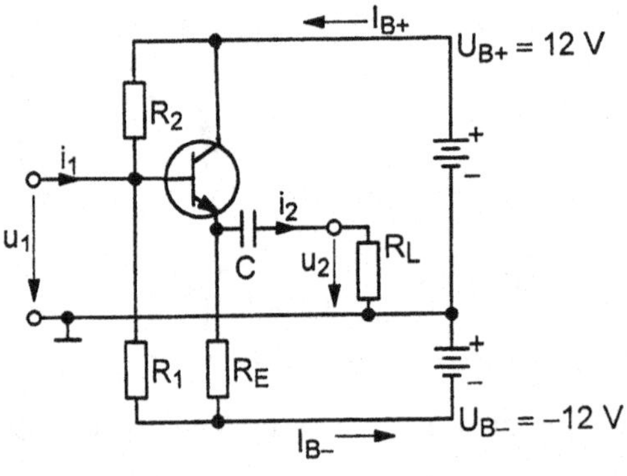

Spannungsverstärkung $V_u = u_2/u_1$

Betriebsspannungsquellen sind Wechselstromkurzschlüsse !

$R_1 = 15\,\text{k}\Omega$, $R_2 = 10\,\text{k}\Omega$, $R_L = 500\,\Omega$

a) Bestimmen Sie die Ruheströme I_C, I_E und I_B des Transistors sowie die statische Stromverstärkung B.

b) Welchen Wert hat der Widerstand R_E?

c) Man bestimme näherungsweise die dynamischen Kenngrößen s, r_{BE} und β.

d) Man zeichne ein Niederfrequenz-Ersatzbild zum Schaltungsausgang.

e) Bestimmen Sie die Kapazität C für eine untere Grenzfrequenz $f_{gu} = 50$ Hz und skizzieren Sie maßstäblich den Frequenzgang der Spannungsverstärkung.

C17 Operationsverstärker mit frequenzabhängigem Vorteiler

Gegeben sei die nebenstehende Verstärkerschaltung mit Operationsverstärker. Der OP sei ideal.

Werte: $R = 1k\Omega$, $C = 2\mu F$

Spannungsverstärkung $\underline{V}_u = \frac{\underline{U}_2}{\underline{U}_1}$
(komplex)

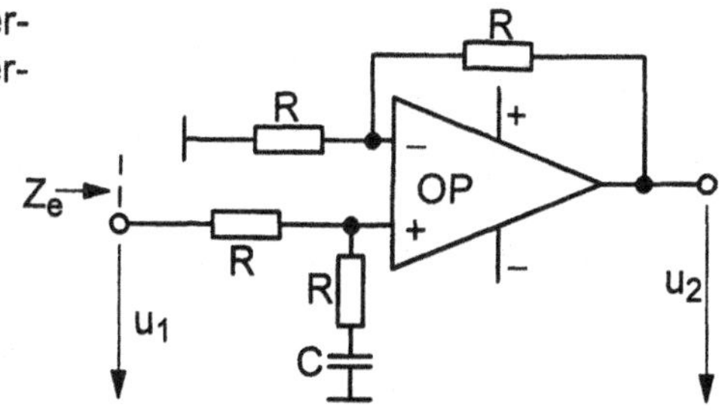

a) Welche Ausgangsspannung u_2 stellt sich ein als Folge einer Eingangsgleichspannung $u_1 = 1$ V?

b) Man zeichne maßstäblich den Zeitverlauf der Aussgangsspannung u_2, wenn die angegebene Eingangsspannung sprunghaft zur Zeit t = 0 aufgeschaltet wird.

c) Man formuliere die Zeitfunktion der Ausgangsspannung mathematisch.

d) Man ermittle den komplexen Übertragungsfaktor $\underline{V}_u$ zu einer Eingangswechselspannung $u_{1\sim}$ und spalte auf nach Betrag und Phase.

e) Man bestimme die Eckfrequenzen und zeichne den Frequenzgang der Spannungsverstärkung V_u (Betrag) doppeltlogarithmisch auf.

f) Welche Phasenverschiebung ergibt sich zwischen Eingangs- und Ausgangsspannung bei einer Frequenz f = 100 Hz?

g) Man berechne den Eingangswiderstand Z_e (Scheinwiderstand) für 100 Hz.

C18 Operationsverstärker mit frequenzabhängiger Rückkopplung

Gegeben sei ein nichtinvertierender Verstärker mit zunächst idealem Operationsverstärker.

Werte:

$C_N = 1\,\mu F$, $R_p = 2{,}7\,k\Omega$

$R_N = 3\,k\Omega$, $R_f = 33\,k\Omega$

$|\underline{V}_u| = \frac{U_2}{U_1} = \frac{\hat{u}_2}{\hat{u}_1} = V_u$

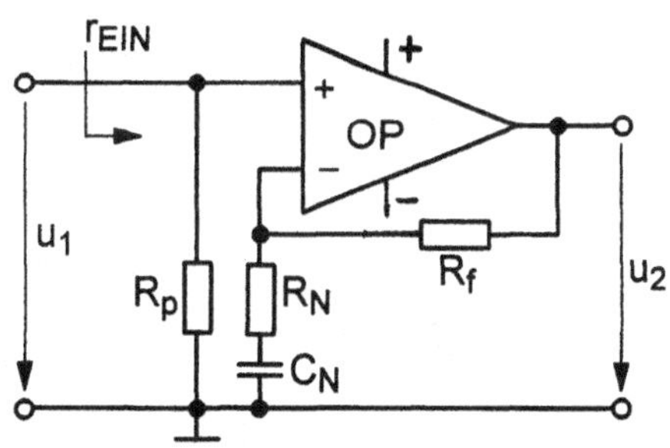

a) Welche Spannungsverstärkung V_u ergibt sich bei "mittleren" Frequenzen?

b) Welchen Eingangswiderstand r_{EIN} hat die Schaltung?

c) Man bestimme den Frequenzgang der Spannungsverstärkung und zeichne diesen maßstäblich auf.

d) Man bestimme allgemein den Phasenwinkel φ zwischen der Ausgangs- und Eingangsspannung und beschreibe dessen Frequenzabhängigkeit qualitativ.

e) Zusatzfrage für nichtidealen OP:
Welche Fehlerspannung U_{2F} bildet sich am Ausgang als Folge einer Eingangsoffsetspannung $U_{OS} = 2$ mV?

C19 NF - Verstärker mit einfacher Betriebsspannung

Gegeben sei folgende Schaltung mit idealem OP.

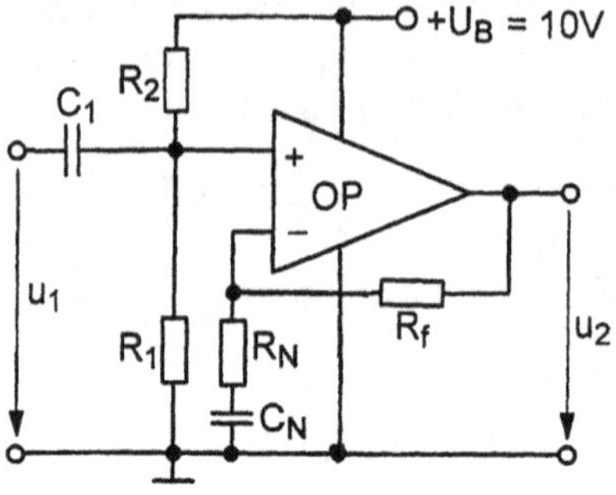

$R_1 = R_2 = 1\ \text{M}\Omega$

$C_1 = C_N = 1\ \mu\text{F}$

$R_N = 3\ \text{k}\Omega,\ R_f = 33\ \text{k}\Omega$

a) Bestimmen Sie die Spannung u_2 zum Ruhebetrieb mit $u_1 = 0$.

b) Welche Spannungsverstärkung V_u ergibt sich für mittlere Frequenzen (C_1 und C_N sind Wechselstromkurzschlüsse)?

c) Schreiben Sie zu b) die Zeitfunktion $u_2(t)$ für $u_1 = 10\ \text{mV} \cdot \sin\omega t$.

d) Bestimmen Sie die komplexe Spannungsverstärkung $\underline{V}_u$ und skizzieren Sie asymptotisch den Verlauf von V_u über der Frequenz.

e) Welche Folge für den Verstärker hätte ein Kurzschluss über Kondensator C_N?

C20 Messverstärker mt einfacher Betriebsspannung

Die Temperaturmesszelle TM liefert eine über der Temperatur linear ansteigende Spannung U_T (1 V bei 10°C und 2 V bei 100°C). Der angegebene Messverstärker soll dazu eine analoge Spannung U_a erzeugen, die im genannten Temperaturintervall von 1 V auf 10 V ansteigt.

OP mit FET-Eingang:

$V_0 = 10^5$

$|U_{os}| = 10\ \text{mV}$

$r_a = 100\ \Omega$

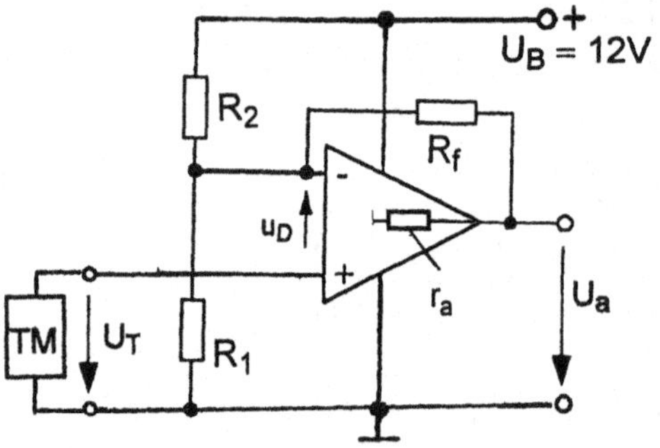

a) Entwickeln Sie allgemein die Übertragungsfunktion $U_a = f(U_T)$ für idealen OP.

b) Bestimmen Sie die erforderlichen Widerstände R_1 und R_2, wenn $R_f = 100\ \text{k}\Omega$ vorgegeben wird.

Schaltung mit realem OP (V_0, U_{os}, r_a wie angegeben):

c) Untersuchen Sie den Einfluss der endlichen Leerlaufverstärkung V_0 und der Eingangsoffsetspannung U_{os}.

d) Bestimmen Sie den Betriebsausgangswiderstand r_a der Schaltung.

e) Warum kann man auf eine negative Betriebsspannung verzichten?

C21 Spannungsregler

In der folgenden Schaltung soll ein fast idealer Operationsverstärker mit Transistor T als Stromsteller für eine konstante Spannung U_L = 10 V am variablen Lastwiderstand R_L sorgen.

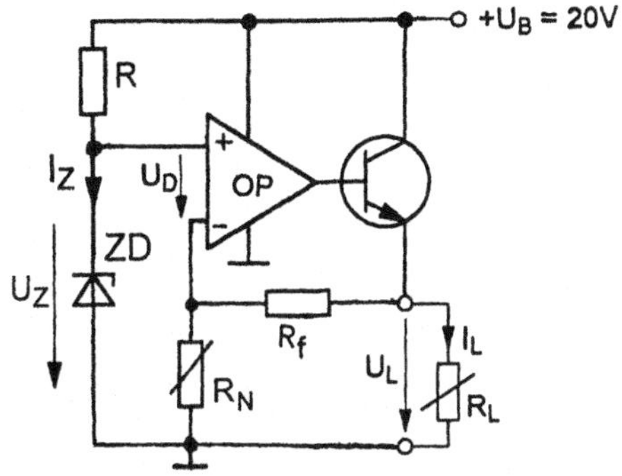

Daten

OP
$V_o \to \infty$
U_{os} = +10mV

Z-Diode
U_{ZO} = 4,7V
r_z = 20Ω

Widerstände
R = 2,2 kΩ, R_f = 100 kΩ

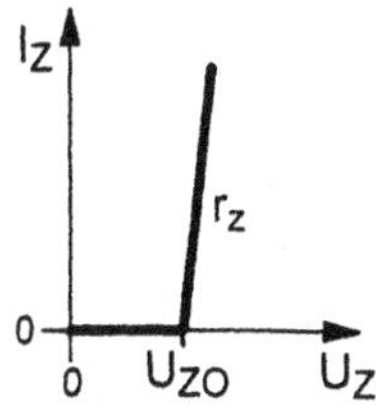

a) Welche Spannung U_Z stellt sich ein ?

b) Welchen Widerstandswert R_N muss man einstellen?

c) Entwickeln Sie allgemein die Funktion $U_L = f(U_B, U_{Z0}, R, r_z, R_N, R_f, U_{os})$.

d) Wie ändert sich die Lastspannung mit der Betriebsspannung?

e) Welcher Strom I_{Lmax} ist gerade noch zulässig bei P_{CEmax} = 1 W im Transistor?

C22 Stromregler

In der folgenden Schaltung soll ein idealer Operationsverstärker mit Transistor T als Stromsteller für einen konstanten Strom I_L = 0,2 A im variablen Lastwiderstand R_L sorgen.

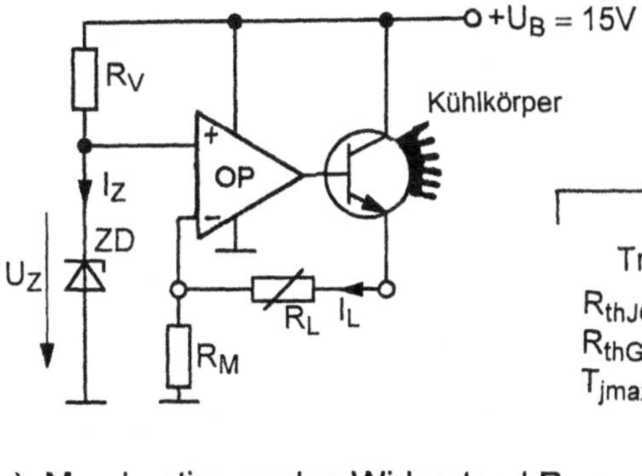

Daten

Transistor
R_{thJG} = 30 K/W
R_{thGK} = 1 K/W
T_{jmax} = 175°C

Z- Diode
U_{ZO} = 4,7 V
r_z = 20Ω

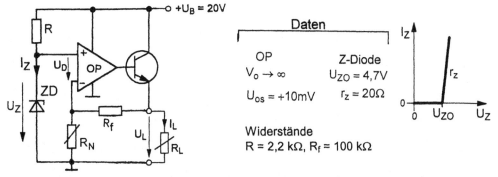

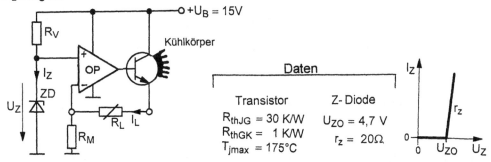

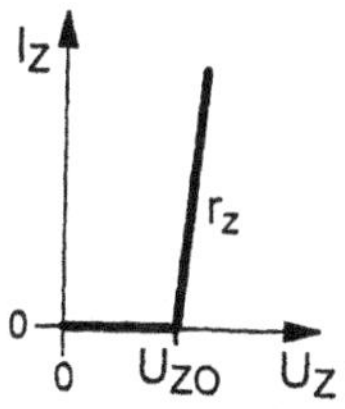

a) Man bestimme den Widerstand R_V so, dass die Spannung U_Z = 5 V wird.

b) Man bestimme den Widerstand R_M nach Widerstandswert und Verlustleistung

c) In welchem Bereich kann sich der Widerstand R_L bei konstantem Strom I_L verändern?

d) Welche Verlustleistung P_{CE} tritt im Transistor maximal auf ?

e) Man berechne den notwendigen Kühlkörper (R_{thK}) für den Transistor zu einer Umgebungstemperatur T_U = 40°C.

Lösungen zum Teil C (Klausuraufgaben)

C1

a) $\underline{A} = \dfrac{1 + j\omega C_1 R}{1 + j\omega \cdot (C_1 + C_2) \cdot R}$,

$$A = \frac{\sqrt{1 + (\omega C_1 R)^2}}{\sqrt{1 + [\omega (C_1 + C_2) \cdot R]^2}}$$

$$\varphi = \arctan \omega C_1 R - \arctan \omega (C_1 + C_2) \cdot R$$

b) Eckfrequenzen:

$$f_1 = \frac{1}{2\pi (C_1 + C_2) \cdot R} = 1{,}59\ \text{kHz}$$

$$f_2 = \frac{1}{2\pi C_1 R} = 15{,}9\ \text{kHz}$$

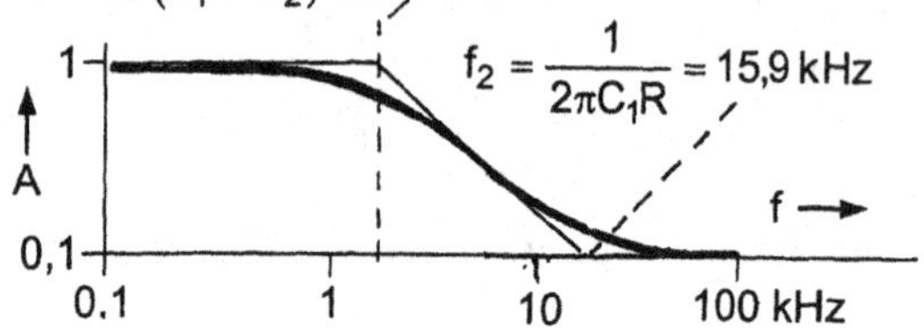

c) $\varphi = \arctan 2\pi \cdot 5 \cdot 10^3 \frac{1}{s} \cdot 10^{-9} \frac{s}{\Omega} \cdot 10^4 \Omega - \arctan 2\pi \cdot 5 \cdot 10^3 \frac{1}{s} \cdot 10^{-8} \frac{s}{\Omega} \cdot 10^4 \Omega$

$= \arctan 0{,}314 - \arctan 3{,}14 = 17{,}4° - 72{,}3° \approx \underline{-55°}$.

d) Grobe Skizze →
Eigentlich mehr Zwischenwerte erforderlich.

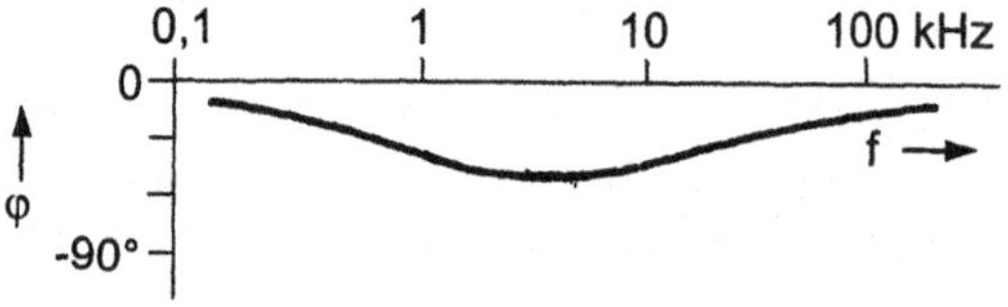

C2

a) C wirkt als Kurzschluss → $\dfrac{u_1}{i_1} = \dfrac{R \cdot 2R}{3R} \cdot 2 = \dfrac{4}{3} R \rightarrow i_1 = \dfrac{3 u_1}{4R} = \dfrac{9\ \text{V}}{4\ \text{k}\Omega} = \underline{2{,}25\ \text{mA}}$.

b) $i_1 = 2 \cdot \dfrac{u_1}{3R} = \dfrac{6\ \text{V}}{3\ \text{k}\Omega} = \underline{2\ \text{mA}}$, $\quad u_2 = \dfrac{2}{3} u_1 - \dfrac{1}{3} u_1 = \dfrac{1}{3} u_1 = \underline{1\ \text{V}}$.

c) Ersatzbild ausführlich

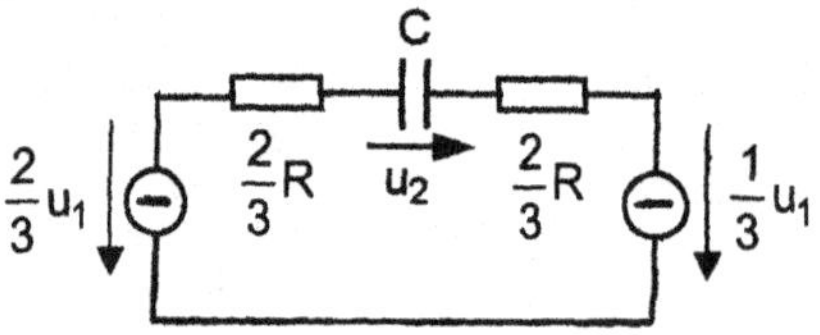

reduziert

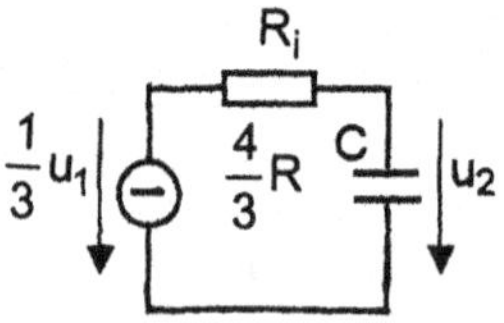

$$\tau = \frac{4}{3} R \cdot C = 1{,}33\ \text{k}\Omega \cdot 1\ \mu\text{F} = \underline{1{,}33\ \text{ms}}$$

d)

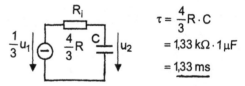

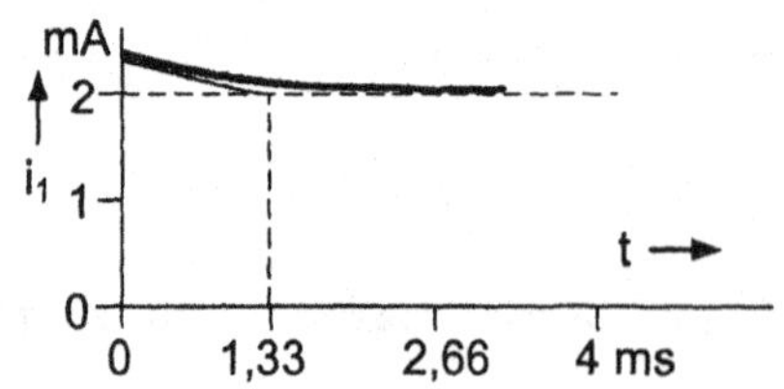

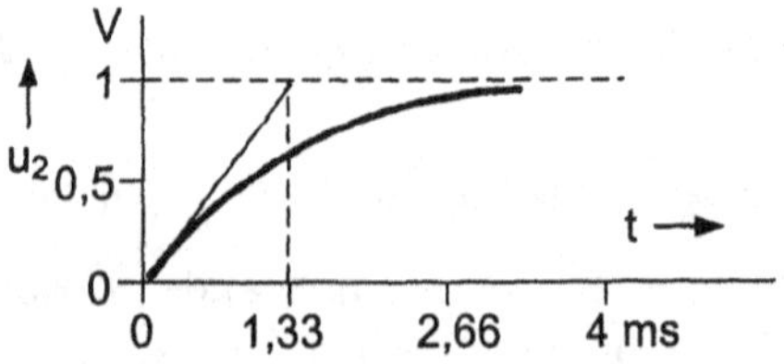

e) $i_1 = 2\,\text{mA} + 0{,}25\,\text{mA} \cdot \exp\left(-\frac{t}{\tau}\right)$, $\quad u_2 = 1\,\text{V} \cdot \left[1 - \exp\left(-\frac{t}{\tau}\right)\right]$.

f) $\frac{\underline{U}_2}{\frac{1}{3}\underline{U}_1} = \frac{1/j\omega C}{R_i + 1/j\omega C} \quad \rightarrow \quad \underline{A} = \frac{\underline{U}_2}{\underline{U}_1} = \frac{1}{3} \cdot \frac{1}{1 + j\omega C R_i}$. (s. Ersatzbild).

g) $A = \frac{1}{3} \cdot \frac{1}{\sqrt{1 + (\omega C R_i)^2}}$, $\quad \omega_1 = \frac{1}{C \cdot R_i} = \frac{3}{1\,\mu\text{F} \cdot 4\,\text{k}\Omega} = \frac{3}{4} \cdot 10^3\,\frac{1}{\text{s}} \rightarrow f_1 = \frac{\omega_1}{2\pi} \approx \underline{120\,\text{Hz}}$.

h)

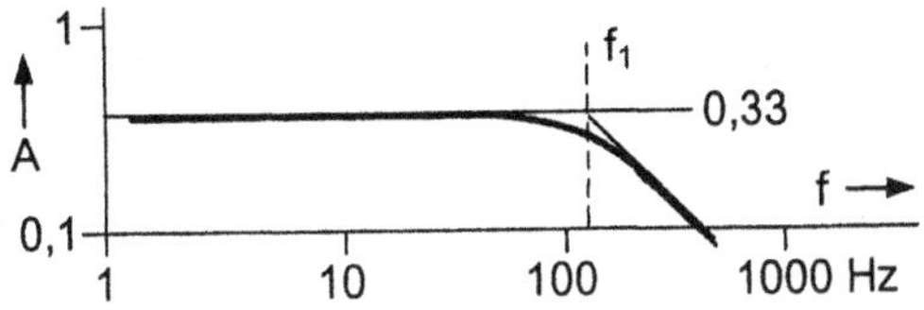

C3

a)

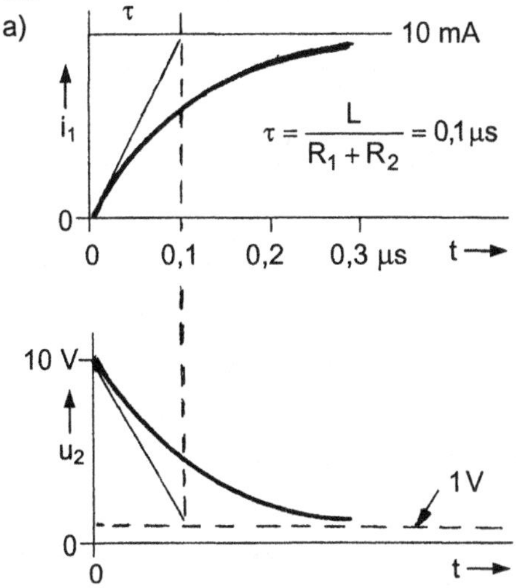

b) $\underline{Z}_1 = R_1 + R_2 + j\omega L$

$Z_1 = \sqrt{(R_1 + R_2)^2 + (\omega L)^2}$

c) Eckfrequenz f_E: $\omega L = R_1 + R_2$

$\rightarrow \omega_E = \frac{R_1 + R_2}{L} = 10^7\,\frac{1}{\text{s}}$, $f_E = 1{,}59$ MHz

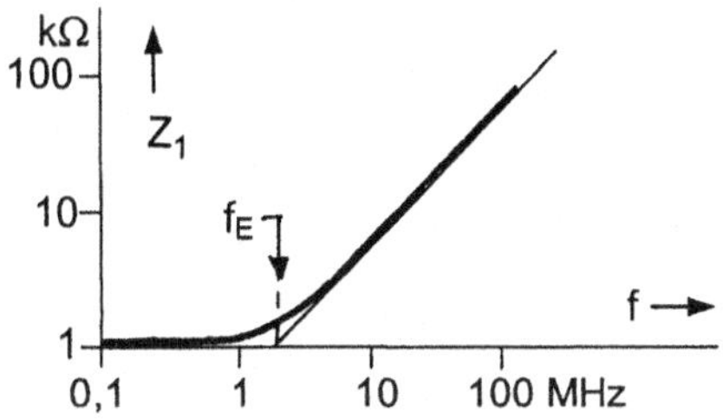

d) $\underline{A} = \frac{R_2 + j\omega L}{R_1 + R_2 + j\omega L}$

$$A = \frac{\sqrt{R_2^2 + (\omega L)^2}}{\sqrt{(R_1 + R_2)^2 + (\omega L)^2}}$$

e) Eckfrequenzen:

$f_1 = \frac{1}{2\pi} \cdot \frac{R_2}{L} = 0{,}159\,\text{MHz}$, $f_2 = f_E$ (s.o.)

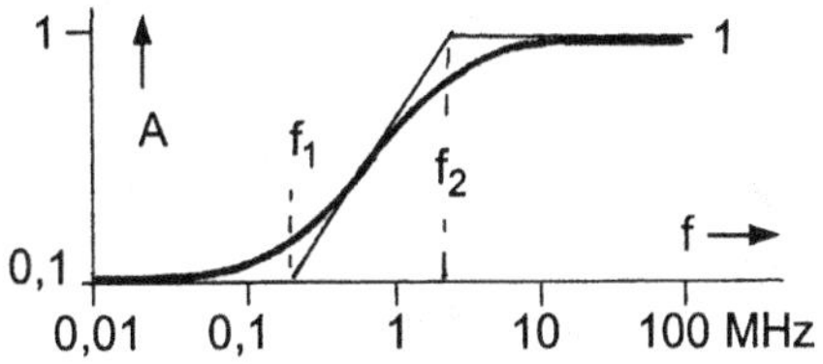

C4

a)

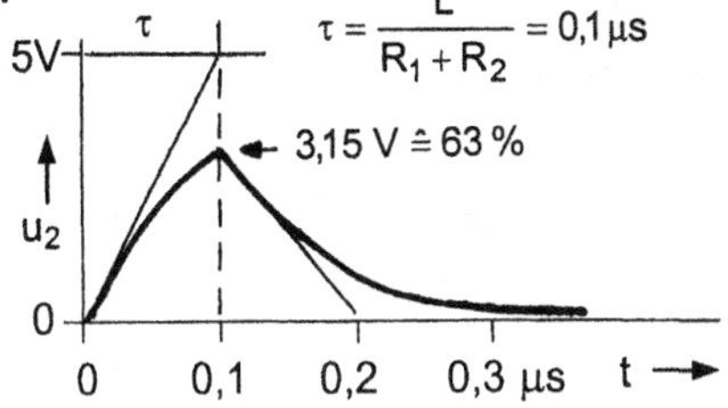

b) $0 \le t \le 0{,}1\,\mu\text{s}$:

$u_2 = 5\,\text{V} \cdot \left[1 - \exp\left(-\frac{t}{\tau}\right)\right]$,

$0{,}1\,\mu\text{s} \le t \le \infty$:

$u_2 = 3{,}15\,\text{V} \cdot \exp\left(-\frac{t - 0{,}1\,\mu\text{s}}{\tau}\right)$.

c) $\underline{A} = \dfrac{R_2}{R_1 + R_2 + j\omega L}$

$A = \dfrac{R_2}{\sqrt{(R_1 + R_2)^2 + (\omega L)^2}}$

e) $\varphi = -\arctan \dfrac{\omega L}{R_1 + R_2}$

d)

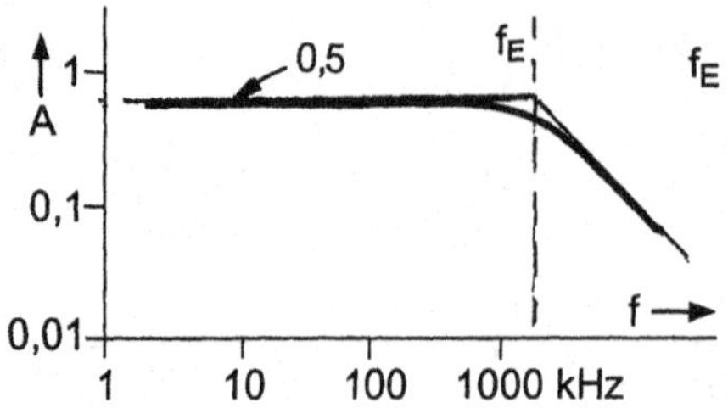

$f_E = \dfrac{1}{2\pi} \cdot \dfrac{R_1 + R_2}{L}$
$= 1{,}59\ \text{MHz}$

C5

a) $A_L = \mu_0 \cdot \mu_r \cdot \dfrac{A_e}{\ell_e} \approx 1{,}25 \cdot 10^{-6} \dfrac{\Omega s}{m} \cdot 2500 \cdot \dfrac{20 \cdot 10^{-6} m^2}{40 \cdot 10^{-3} m} \approx 1{,}6\ \mu H$,

$L_1 = A_L \cdot N_1^2 \approx \underline{640\ \mu H}$, $\quad L_2 = A_L \cdot N_2^2 \approx \underline{160\ \mu H}$.

b) $R_{Cu1} = N_1 \cdot \ell_m \cdot R' \approx 20 \cdot 0{,}020\ m \cdot 0{,}09 \dfrac{\Omega}{m} = \underline{36\ m\Omega}$,

$R_{Cu2} = N_2 \cdot \ell_m \cdot R' \approx 10 \cdot 0{,}020\ m \cdot 0{,}09 \dfrac{\Omega}{m} = \underline{18\ m\Omega}$.

c)

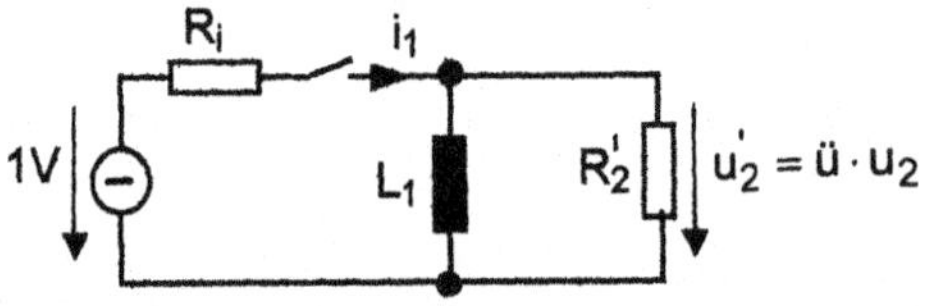

$\tau = \dfrac{L_1}{R_i \| R_2'} = \dfrac{640 \cdot 10^{-6}\ \Omega s}{40\ \Omega}$
$= \underline{16\ \mu s}$.

$R_2' = ü^2 \cdot R_2 = 200\Omega$, $\quad ü = N_1/N_2 = 2$

d)

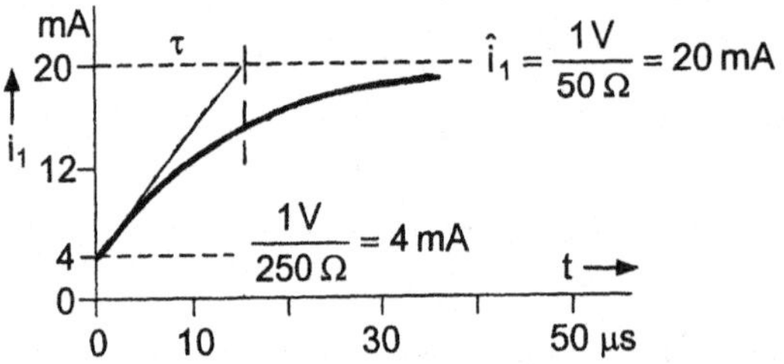

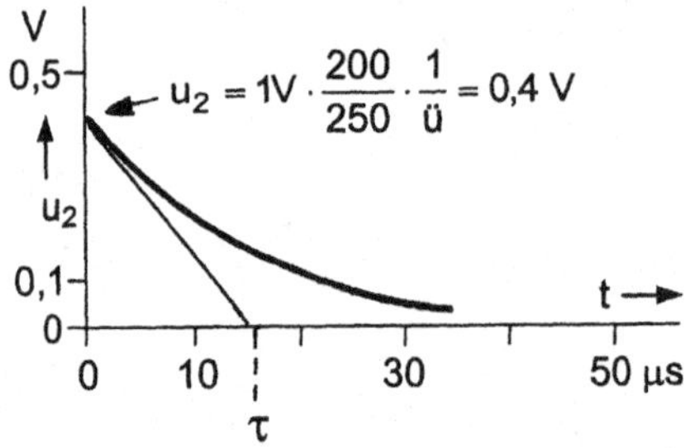

e) $B = \dfrac{\phi}{A_e} = \dfrac{\hat{i}_1 \cdot N_1 \cdot A_L}{A_e} \approx \dfrac{20 mA \cdot 20 \cdot 1{,}6 \cdot 10^{-6}\ \Omega s}{20 \cdot 10^{-6} m^2} = \underline{0{,}032\ T}$.

C6

a)

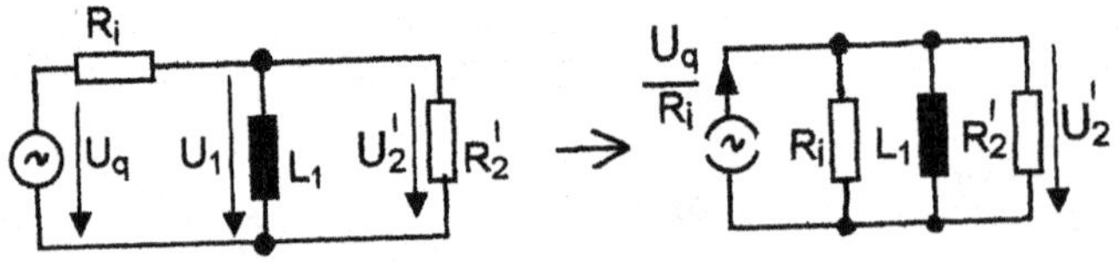

$R_2' = ü^2 \cdot R_2 = 100\ \Omega$

$U_2' = ü \cdot U_2$

b) $\omega L_1 = R_i \| R_2' \rightarrow f_{gu} = \dfrac{R_i \cdot R_2'}{2\pi \cdot (R_i + R_2') \cdot L_1} \approx \underline{8{,}3\ \text{kHz}}$

c) $\underline{A}' = \frac{\underline{U}_2'}{\underline{U}_q} = \frac{R_2' \cdot j\omega L_1}{R_i \cdot R_2' + j\omega L_1 \cdot \left(R_i + R_2'\right)} \rightarrow A = \frac{U_2}{U_q} = \frac{1}{\ddot{u}R_i} \cdot \frac{\omega L_1}{\sqrt{1 + \left(\omega L_1 \cdot \frac{R_i + R_2'}{R_i \cdot R_2'}\right)^2}}$

d)

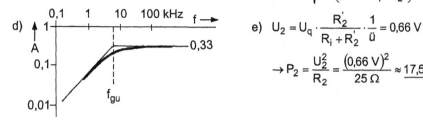

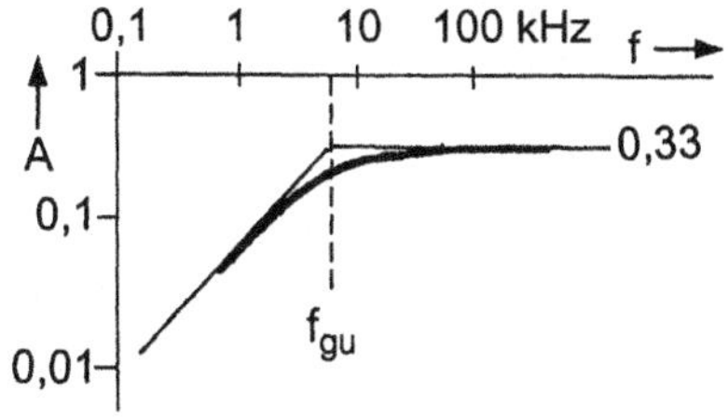

e) $U_2 = U_q \cdot \frac{R_2'}{R_i + R_2'} \cdot \frac{1}{\ddot{u}} = 0{,}66\ \text{V}$

$\rightarrow P_2 = \frac{U_2^2}{R_2} = \frac{(0{,}66\ \text{V})^2}{25\ \Omega} \approx \underline{17{,}5\ \text{mW}}$

C7

a) Wenn die Diode sperrt, bleibt $u_L = U_A \cdot \frac{R_L}{R_A + R_L} \approx 2{,}97\ \text{V} = u_{Lmin}$.

b) D leitet bei $u_q > 2{,}97$ V und sperrt bei $u_q < 2{,}97$ V.

c) $1\ \text{V} + 1\frac{\text{V}}{\text{s}} \cdot t_1 = 2{,}97\ \text{V} \rightarrow t_1 = \underline{1{,}97\ \text{s}},\ t_2 = 12\ \text{s} - t_1 = \underline{10{,}03\ \text{s}}$.

d) Nach Überlagerungsgesetz:

$u_{Lmax} = 5\ \text{V} \cdot \frac{R_A \| R_L}{R_D + (R_A \| R_L)} + 3\ \text{V} \cdot \frac{R_D \| R_L}{R_A + (R_D \| R_L)} = \underline{3{,}096\ \text{V}}.$

e) $i_A = \frac{u_L - U_A}{R_A} \rightarrow i_A = \frac{u_{Lmax} - U_A}{R_A} = \underline{9{,}6\ \text{mA}}$ bei $u_L = u_{Lmax}$.

$i_A = \underline{0}$ bei $u_L = 3\ \text{V} = U_A$ und $i_A = \frac{u_{Lmin} - U_A}{R_A} = -\frac{U_A}{R_A + R_L} \approx \underline{-2{,}97\ \text{mA}}$ bei $u_L = u_{Lmin}$.

f)

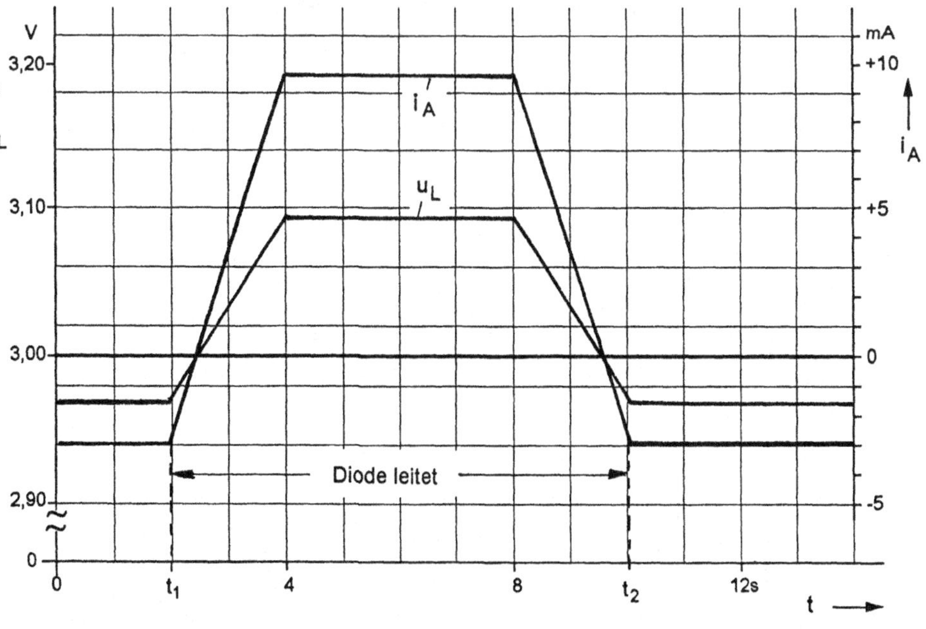

g) Bei leitender Diode gilt: $\varphi_K = u_q$. Bei sperrender Diode gilt: $\varphi_K = u_L$.

h) $u_{Lmin} = \underline{2{,}97\ \text{V}}$. D leitet bei $u_q > 2{,}97\ \text{V} + 0{,}6\ \text{V} = \underline{3{,}57\ \text{V}}$ und sperrt bei $u_q < \underline{3{,}57\ \text{V}}$.

$$1\ \text{V} + 1\frac{\text{V}}{\text{s}} \cdot t_1 = 3{,}57\ \text{V} \rightarrow t_1 = \underline{2{,}57\ \text{s}},\ t_2 = 12\ \text{s} - t_1 = \underline{9{,}43\ \text{s}}.$$

$$u_{Lmax} = 4{,}4\ \text{V} \cdot \frac{R_A \| R_L}{R_D + (R_A \| R_L)} + 3\ \text{V} \cdot \frac{R_D \| R_L}{R_A + (R_D \| R_L)} = \underline{3{,}06\ \text{V}}.$$

$i_A = \underline{6\ \text{mA}}$ bei u_{Lmax}, $i_A = \underline{0}$ bei $u_L = 3\ \text{V}$, $i_A = \underline{-2{,}97\ \text{mA}}$ bei u_{Lmin}.

Mit einer realen Diode schwankt also die Lastspannung u_L offenbar weniger als mit der zuvor angenommenen idealen Diode.

C8

a)

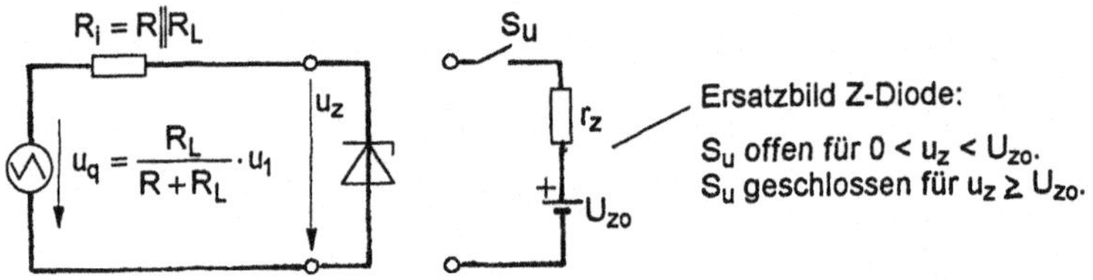

b)

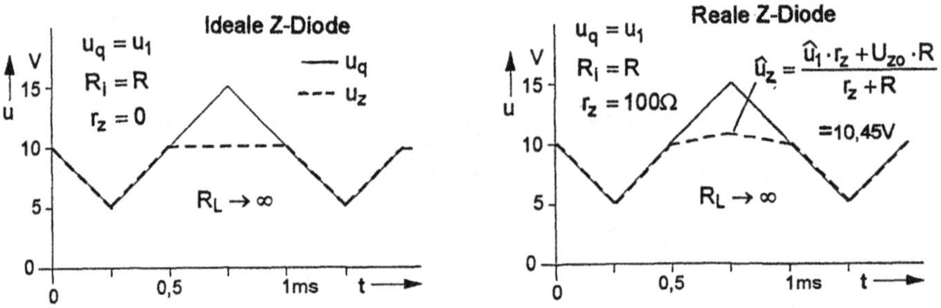

c)

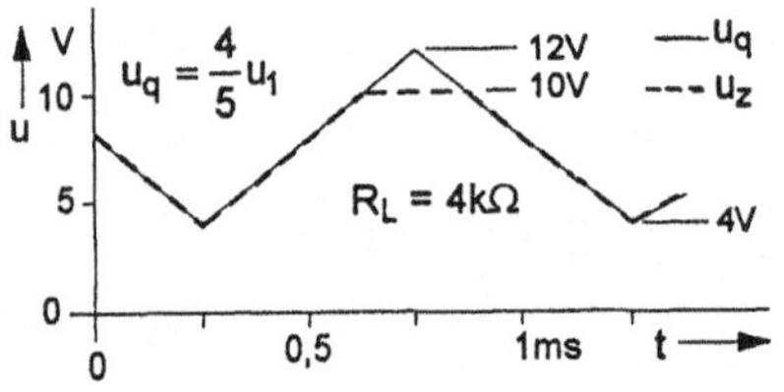

d) Bei Belastung mit $R_L < 2\text{k}\Omega$ greift die Z-Diode nicht ein, da $u_Z < 10\text{V}$ bleibt (dreieckförmig).

C9

a)

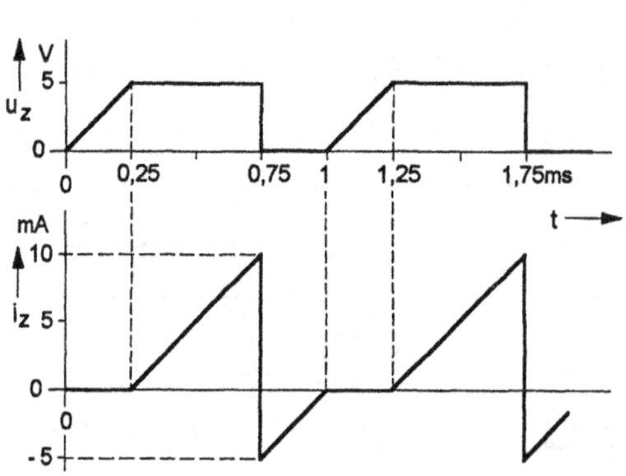

b)
$$\overline{P}_Z = \frac{1}{T} \cdot \int_0^T u_Z \cdot i_Z dt$$
$$= 5\ \text{V} \cdot \frac{1}{T} \cdot \int_{0{,}25\ \text{ms}}^{0{,}75\ \text{ms}} i_Z dt$$
$$= 5\ \text{V} \cdot \frac{1}{1\ \text{ms}} \cdot \frac{10\ \text{mA} \cdot 0{,}5\ \text{ms}}{2}$$
$$= \underline{12{,}5\ \text{mW}}.$$

c)
$$\Delta T = \overline{P}_Z \cdot R_{thU}$$
$$= 12{,}5\ \text{mW} \cdot 300\ \text{K/W} = \underline{3{,}75\ \text{K}}.$$

d)
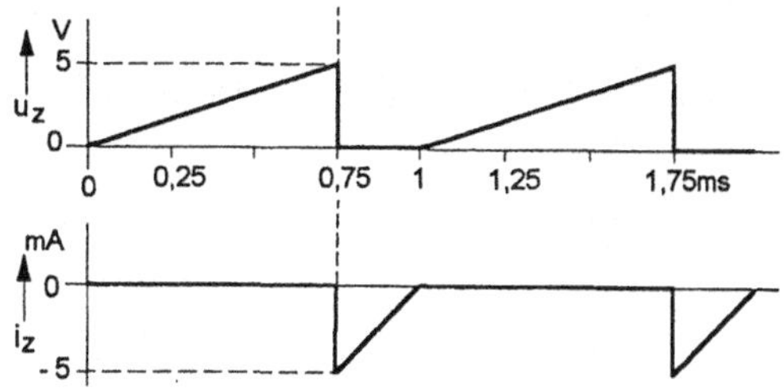

$\bar{P}_Z = 0 \rightarrow \Delta T = 0$.

Bei einer realen Z-Diode wäre im Intervall 0,75 ms < t < 1 ms die Spannung $u_Z \approx -0{,}6$ V. Das bedeutet auch eine Verlustleistung in Verbindung mit dem negativen Strom i_Z.

C10

a) $f = \frac{1}{T} = \frac{1}{12 \cdot 10^{-3}\,\text{s}} = \underline{83{,}33\,\text{Hz}}, \qquad \omega = 2\pi \cdot f = \underline{523{,}6\,\frac{1}{\text{s}}}.$

b) $5\,\text{V} = 10\,\text{V} \cdot \exp\left(-\frac{10\,\text{ms}}{\tau}\right) \rightarrow \ln 0{,}5 = -\frac{10\,\text{ms}}{\tau} \rightarrow \tau = -\frac{10\,\text{ms}}{\ln 0{,}5} = \underline{14{,}4\,\text{ms}}.$

$C = \frac{\tau}{R} = \frac{14{,}4 \cdot 10^{-3}\,\text{s}}{10^3\,\Omega} = \underline{14{,}4\,\mu\text{F}}.$

c) $U_{go} \approx \frac{10\,\text{V} + 5\,\text{V}}{2} = \underline{7{,}5\,\text{V}}$

exakt: $U_{go} = \frac{10\text{V}}{T} \cdot \left[\int_{1\,\text{ms}}^{3\,\text{ms}} \sin\omega t\,dt + \int_{0}^{10\,\text{ms}} \exp\left(-\frac{t}{\tau}\right) dt\right] = \underline{7{,}39\,\text{V}}.$

d)
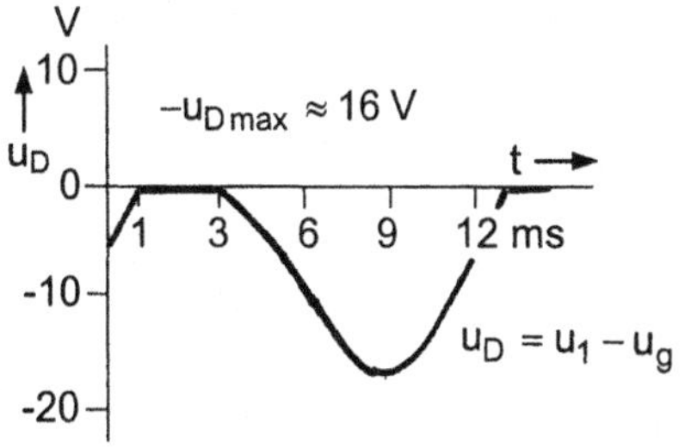

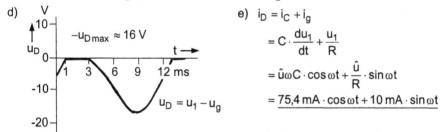

e) $i_D = i_C + i_g$

$= C \cdot \frac{du_1}{dt} + \frac{u_1}{R}$

$= \hat{u}\omega C \cdot \cos\omega t + \frac{\hat{u}}{R} \cdot \sin\omega t$

$= \underline{75{,}4\,\text{mA} \cdot \cos\omega t + 10\,\text{mA} \cdot \sin\omega t}$

f) $i_D = 75{,}4\,\text{mA} \cdot \cos 30° + 10\,\text{mA} \cdot \sin 30° = 75{,}4\,\text{mA} \cdot 0{,}866 + 10\,\text{mA} \cdot 0{,}5 \approx \underline{70\,\text{mA}}.$

g) $\Delta Q_{zu} = C \cdot \Delta U = 14{,}4 \cdot 10^{-6}\,\frac{\text{s}}{\Omega} \cdot 5\,\text{V} = \underline{72\,\mu\text{As}}.$ h) $\Delta Q_{zu} = \Delta Q_{ab}$.

i) $\Delta Q = C \cdot \Delta U \approx I_{go} \cdot (T - \Delta T)$. Für $\Delta T \ll T$ wird: $\Delta U \approx \frac{I_{go} \cdot T}{C}$.

j) $I_{go} \approx \frac{7{,}5\,\text{V}}{1\,\text{k}\Omega} = 7{,}5\,\text{mA} \rightarrow \Delta U \approx \frac{7{,}5\,\text{mA} \cdot 12\,\text{ms}}{14{,}4 \cdot 10^{-6}\,\text{s}/\Omega} = \underline{6{,}25\,\text{V}}.$

Das Ergebnis ist erwartungsgemäß etwas zu hoch.

C11

a) $U_{GS} \approx U_P \cdot \left(1 - \sqrt{\frac{I_D}{I_{DSS}}}\right) = -2\,\text{V} \cdot \left(1 - \sqrt{\frac{1\,\text{mA}}{6\,\text{mA}}}\right) = -2\,\text{V} \cdot (1 - 0{,}41) = -1{,}18\,\text{V}.$

$\rightarrow U_{GS} = -I_D \cdot R_S \quad \rightarrow R_S = \frac{1{,}18\,\text{V}}{1\text{mA}} = \underline{1{,}18\,\text{k}\Omega} \approx 1{,}2\,\text{k}\Omega$ (Normwert gewählt).

b) $i_C = I_D, \quad i_C = C \cdot \frac{du_C}{dt} \rightarrow \frac{du_C}{dt} = \frac{i_C}{C} = \frac{1\,\text{mA}}{10^{-6}\,\text{s}/\Omega} = 10^3\,\frac{\text{V}}{\text{s}} = 1\frac{\text{V}}{\text{ms}} \rightarrow \underline{t_a = 5\,\text{ms}}.$

c) $W_R = I_D^2 \cdot R \cdot t \approx 10^{-6}\,A^2 \cdot 1{,}2\,k\Omega \cdot 5\,ms = \underline{6\,\mu Ws}$.

$u_{DS} = U_B - i_C \cdot R_S - u_C = 12\,V - 1{,}2\,V - 1\frac{V}{ms} \cdot t = 10{,}8\,V - 1\frac{V}{ms} \cdot t$

$W_T = \int_0^{5\,ms} u_{DS} \cdot i_C dt = 1\,mA \cdot \int_0^{5\,ms} \left(10{,}8\,V - 1\frac{V}{ms} \cdot t\right) dt = \underline{41{,}5\,\mu Ws}$.

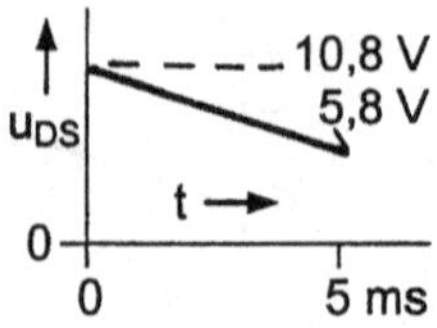

d) $U_{C\infty} = R_C \cdot I_D = 1\,k\Omega \cdot 1\,mA = \underline{1\,V}$.

e)

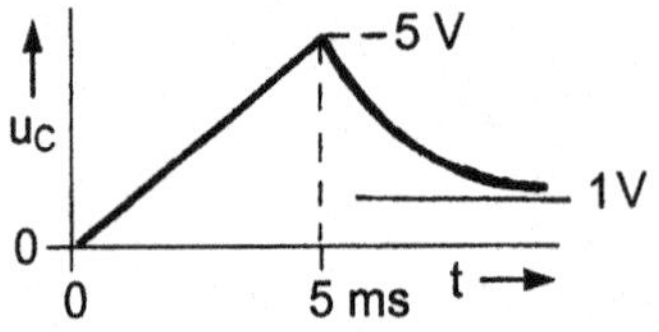

$0 < t \le 5\,ms: \quad u_C = 1\frac{V}{ms} \cdot t$

$t > 5\,ms: \quad u_C = 1\,V + 4\,V \cdot \exp\left(-\frac{t - 5\,ms}{\tau}\right)$

mit $\tau = R_C \cdot C = 1\,k\Omega \cdot 1\,\mu F = 1\,ms$.

C12

a) Laut Kennlinien: $I_C = 6\,mA$ bei $I_B = 20\,\mu A$ und $U_{BE} \approx 0{,}63\,V$.

$U_E = U_Z - U_{BE} = 6\,V - 0{,}63\,V = 5{,}37\,V, \quad I_E = I_C + I_B = 6\,mA + 20\,\mu A = 6{,}02\,mA$,

$\rightarrow R_E = \frac{U_E}{I_E} = \frac{5{,}37\,V}{6{,}02\,mA} = \underline{892\,\Omega}$.

b) $I_R = \frac{U_B - U_Z}{R} = \frac{10\,V - 6\,V}{3{,}9\,k\Omega} \approx \underline{1{,}03\,mA}, \quad I_Z = I_R - I_B = 1{,}03\,mA - 0{,}02\,mA = 1{,}01\,mA$.

c) Laut Kennlinie muss $U_{CE} > 1\,V$ bleiben:

$U_E + U_{CErest} + I_L \cdot R_L = U_B \rightarrow R_L = \frac{U_B - U_E - U_{CErest}}{I_L} = \frac{10\,V - 5{,}37\,V - 1\,V}{6\,mA}$

$= \frac{3{,}63\,V}{6\,mA} = \underline{605\,\Omega}, \qquad \rightarrow \underline{0\,\Omega \le R_L \le 605\,\Omega}$.

d) Bei $R_L = 0$ mit $U_{CEmax} = U_B - U_E = 10\,V - 5{,}37\,V = 4{,}63\,V$.

e) $P_{CEmax} = U_{CEmax} \cdot I_L = 4{,}63\,V \cdot 6\,mA \approx 28\,mW$.

$\rightarrow T_j = T_U + P_{CE} \cdot R_{thJU} = 30°C + 28\,mW \cdot 0{,}5\,K/mW = \underline{44°C}$.

f) Bei idealer Z-Diode und $r_{CE} \rightarrow \infty$ ohne Einfluss auf I_L. U_{CE} und P_{CE} werden größer.

C13

a)

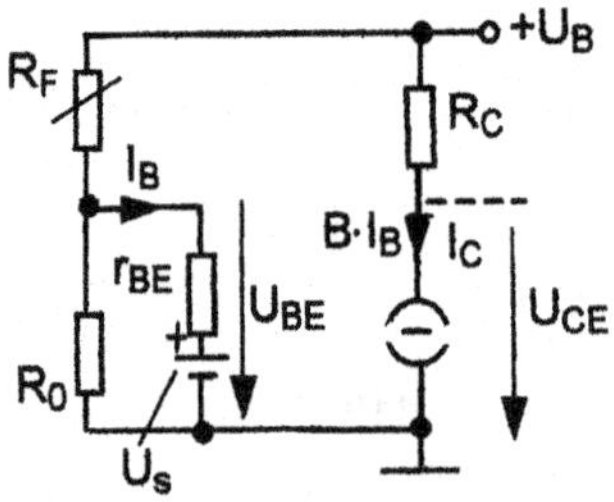

b) Mit Ersatzquellen-Methode:

$$I_B = \frac{U_B \cdot \frac{R_0}{R_0 + R_F} - U_S}{\frac{R_0 \cdot R_F}{R_0 + R_F} + r_{BE}} = \frac{(U_B - U_S) \cdot R_0 - U_S \cdot R_F}{R_0 R_F + R_0 r_{BE} + R_F r_{BE}}$$

c) $I_B = 0: (U_B - U_S) \cdot R_0 = U_S \cdot R_F \rightarrow R_F = \frac{U_B - U_S}{U_S} \cdot R_0 = \underline{313\,k\Omega}$.

Transistor gesperrt im Bereich $R_F > \underline{313\,k\Omega}$.

d) $I_C = \dfrac{U_B - U_{CEsat}}{R_C} \approx \dfrac{9{,}5\,\text{V}}{1\,\text{k}\Omega} = 9{,}5\,\text{mA} \rightarrow I_B = \dfrac{9{,}5\,\text{mA}}{200} = \underline{47{,}5\,\mu\text{A}}$. $\quad (U_{CEsat} \approx 0{,}5\,\text{V})$

$$R_F = \frac{(U_B - U_S)\cdot R_0 - I_B \cdot R_0 \cdot r_{BE}}{I_B \cdot (R_0 + r_{BE}) + U_S} = \frac{9{,}4\,\text{V}\cdot 20\,\text{k}\Omega - 0{,}0475\,\text{mA}\cdot 20\,\text{k}\Omega \cdot 1\,\text{k}\Omega}{0{,}047\,\text{mA}\cdot 21\,\text{k}\Omega + 0{,}6\,\text{V}} \approx \underline{117\,\text{k}\Omega}.$$

e)

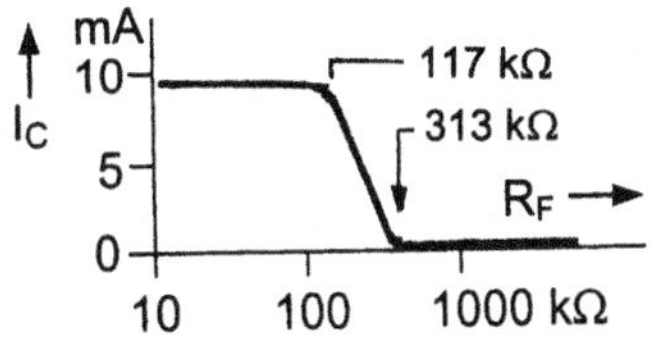

Transistor gesättigt leitend im Bereich $R_F < 117\,\text{k}\Omega$.

C14

a) $u_C = u_{CE} = \underline{12\,\text{V}}$.

b) $i_C = \dfrac{U_B}{R_B} + \dfrac{u_C}{R_C} = 12\,\text{mA} + 12\,\text{mA} = \underline{24\,\text{mA}}$

c)

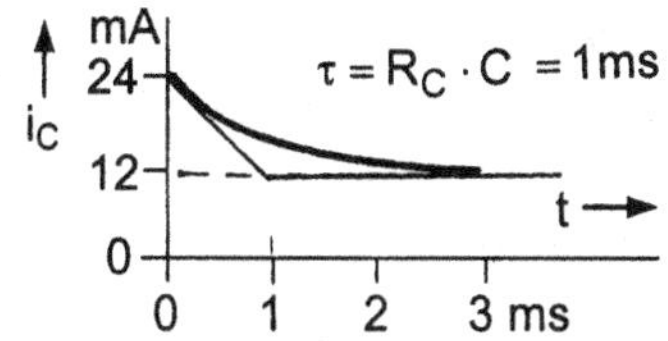

d) $i_{B\,min} = \dfrac{i_{C\,max}}{B} = \dfrac{24\,\text{mA}}{50} = 0{,}48\,\text{mA}$,

$i_1 = 0{,}48\,\text{mA} + \dfrac{0{,}7\,\text{V}}{10\,\text{k}\Omega} = 0{,}55\,\text{mA}$

$\rightarrow u_1 = U_{BEsat} + i_1 \cdot R_1 = 0{,}7\,\text{V} + 2{,}75\,\text{V} = \underline{3{,}45\,\text{V}}$.

e)

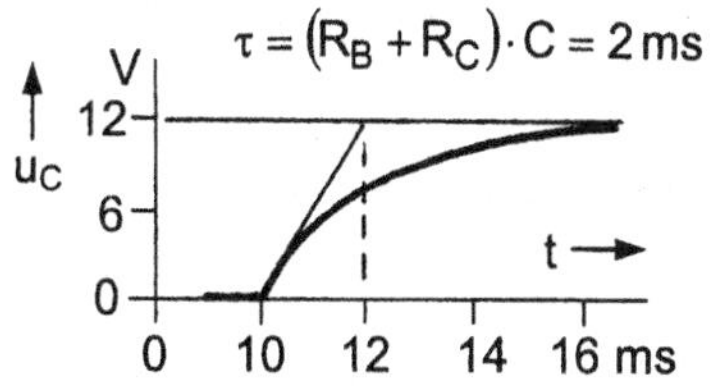

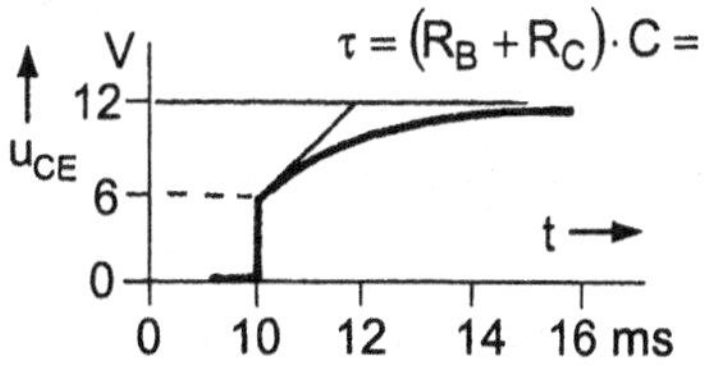

C15

a) $R_E = \dfrac{U_E}{I_E} = \dfrac{U_E}{I_C + I_B} = \dfrac{1\,\text{V}}{2{,}02\,\text{mA}} \approx \underline{500\,\Omega}$.

b) $R_1 = \dfrac{U_E + U_{BE}}{5 \cdot I_B} = \dfrac{1{,}6\,\text{V}}{0{,}1\,\text{mA}} = \underline{16\,\text{k}\Omega}$, $\quad R_2 = \dfrac{U_B - U_E - U_{BE}}{6 \cdot I_B} = \dfrac{4{,}4\,\text{V}}{0{,}12\,\text{mA}} \approx \underline{37\,\text{k}\Omega}$.

c)

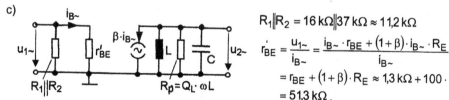

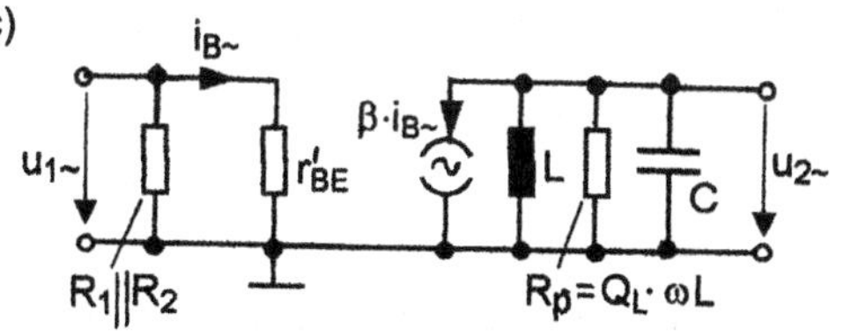

$R_1 \| R_2 = 16\,\text{k}\Omega \| 37\,\text{k}\Omega \approx 11{,}2\,\text{k}\Omega$

$r'_{BE} = \dfrac{u_{1\sim}}{i_{B\sim}} = \dfrac{i_{B\sim}\cdot r_{BE} + (1+\beta)\cdot i_{B\sim}\cdot R_E}{i_{B\sim}}$

$= r_{BE} + (1+\beta)\cdot R_E \approx 1{,}3\,\text{k}\Omega + 100 \cdot 0{,}5\,\text{k}\Omega$

$= \underline{51{,}3\,\text{k}\Omega}$.

d) $\omega_r = \dfrac{1}{\sqrt{L\cdot C}} = \dfrac{1}{\sqrt{10^{-3}\,\Omega\text{s}\cdot 10^{-9}\,\text{s}/\Omega}} = 10^6\,\dfrac{1}{\text{s}} \rightarrow f_r = \dfrac{10^6}{2\pi}\dfrac{1}{\text{s}} \approx \underline{159\,\text{kHz}}$.

Resonanzwiderstand: $Z_r = R_P = Q_L \cdot \omega_r L = 100 \cdot 10^6\,\dfrac{1}{\text{s}} \cdot 10^{-3}\,\Omega\text{s} = 100\,\text{k}\Omega$.

$\beta \cdot i_{B\sim} \cdot R_P = \beta \cdot \dfrac{u_{1\sim}}{r'_{BE}} \cdot R_P = -u_{2\sim} \rightarrow V_{ur} = \dfrac{u_{2\sim}}{u_{1\sim}} = -\dfrac{\beta}{r'_{BE}} \cdot R_P = -\dfrac{100}{51{,}3\,\text{k}\Omega} \cdot 100\,\text{k}\Omega = \underline{194}$.

$\Delta f = f_r \cdot \dfrac{1}{Q_L} = \dfrac{159\,\text{kHz}}{100} = 1{,}59\,\text{kHz}$. $\quad Q_L = Q_B$ (Betriebsgüte), da sonst keine Verluste.

C16

a) $I_C = I_{B+} - I_{R_2} = 25\,\text{mA} - \dfrac{U_{B+}}{R_2} = 25\,\text{mA} - \dfrac{12\,\text{V}}{10\,\text{k}\Omega} = \underline{23{,}8\,\text{mA}}$.

$I_E = I_{B-} - I_{R_1} = 25\,\text{mA} - \dfrac{|U_{B-}|}{R_1} = 25\,\text{mA} - \dfrac{12\,\text{V}}{15\,\text{k}\Omega} = \underline{24{,}2\,\text{mA}}$.

$I_B = I_E - I_C = 24{,}2\,\text{mA} - 23{,}8\,\text{mA} = \underline{0{,}4\,\text{mA}}$, $\quad B = I_C/I_B = 59{,}5 \approx \underline{60}$.

b) $R_E = \dfrac{|U_{B-}| - U_{BE}}{I_E} = \dfrac{12\,\text{V} - 0{,}7\,\text{V}}{24{,}2\,\text{mA}} = \underline{467\,\Omega}$.

c) $s = \dfrac{I_C}{mU_T} \approx \dfrac{23{,}8\,\text{mA}}{30\,\text{mV}} \approx \underline{790\dfrac{\text{mA}}{\text{V}}}$, $\quad r_{BE} \approx \dfrac{mU_T}{I_B} \approx \dfrac{30\,\text{mV}}{0{,}4\,\text{mA}} = \underline{75\,\Omega}$, $\quad \beta = s \cdot r_{BE} \approx \underline{60}$.

d)

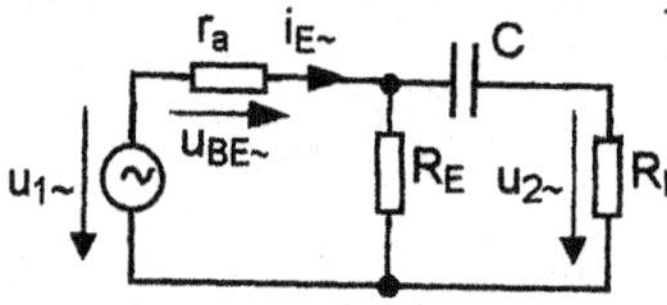

$r_a = \dfrac{u_{BE\sim}}{i_{E\sim}} \approx \dfrac{1}{s}$ wegen $i_{E\sim} \approx i_{C\sim} \approx s \cdot u_{BE\sim}$.

$\approx \dfrac{1}{790\,\text{mA/V}} = \underline{1{,}26\,\Omega}$.

e) $r_a \| R_E + R_L = \dfrac{1}{\omega C} \rightarrow C = \dfrac{1}{\omega \cdot \left[\left(\dfrac{1}{s} \| R_E\right) + R_L\right]} \approx \dfrac{1}{2\pi \cdot 50 \dfrac{1}{s} \cdot [1{,}25\,\Omega + 500\,\Omega]}$

$= 6{,}3 \cdot 10^{-6} \dfrac{\text{s}}{\Omega} = \underline{6{,}3\,\mu\text{F}}$.

$f >> 50\,\text{Hz}: V_u = \dfrac{R_E \| R_L}{\dfrac{1}{s} + R_E \| R_L} \approx \dfrac{241{,}5\,\Omega}{242{,}8\,\Omega} \approx \underline{0{,}99}$.

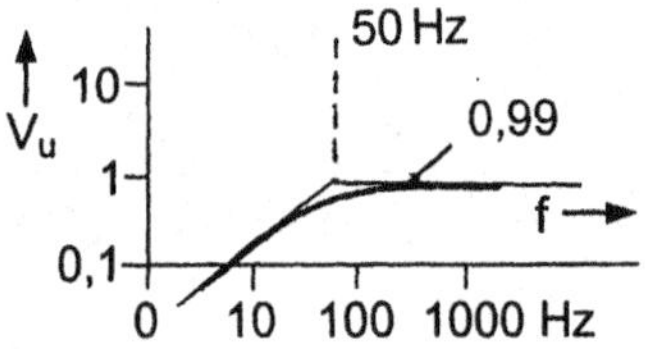

C17

a) $u_2 = \left(1 + \dfrac{R}{R}\right) \cdot u_1 = 2u_1 = \underline{2\,\text{V}}$.

b)

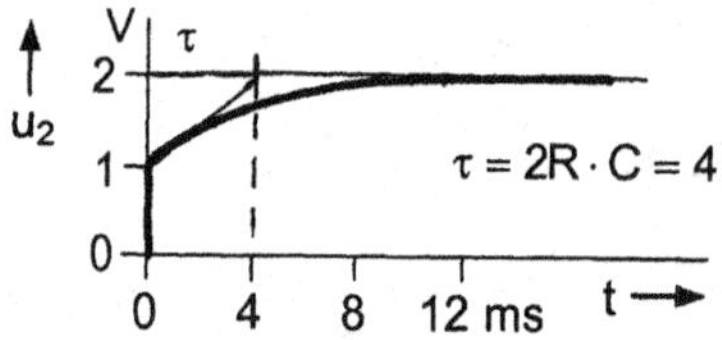

c) $u_2 = 1\,\text{V} + 1\,\text{V} \cdot \left[1 - \exp\left(-\dfrac{t}{\tau}\right)\right]$

$= 2\,\text{V} - 1\,\text{V} \cdot \exp\left(-\dfrac{t}{\tau}\right)$.

d) $\underline{V}_u = \dfrac{R + \dfrac{1}{j\omega C}}{2R + \dfrac{1}{j\omega C}} \cdot \left(1 + \dfrac{R}{R}\right) = 2 \cdot \dfrac{1 + j\omega CR}{1 + j\omega 2CR}$, $\quad V_u = 2 \cdot \dfrac{\sqrt{1 + (\omega CR)^2}}{\sqrt{1 + (2\omega CR)^2}}$,

$\varphi = \arctan \omega CR - \arctan 2\omega CR$.

e) $f_1 = \dfrac{1}{2\pi \cdot 2CR} = \dfrac{1}{8\pi \cdot 10^{-6}\,\text{s}/\Omega \cdot 10^3\,\Omega}$

$\approx \underline{40\,\text{Hz}}$, $\quad f_2 = \dfrac{1}{2\pi \cdot CR} \approx \underline{80\,\text{Hz}}$.

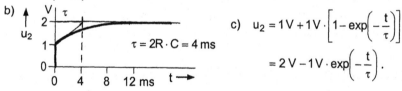

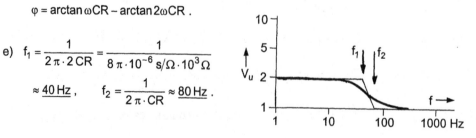

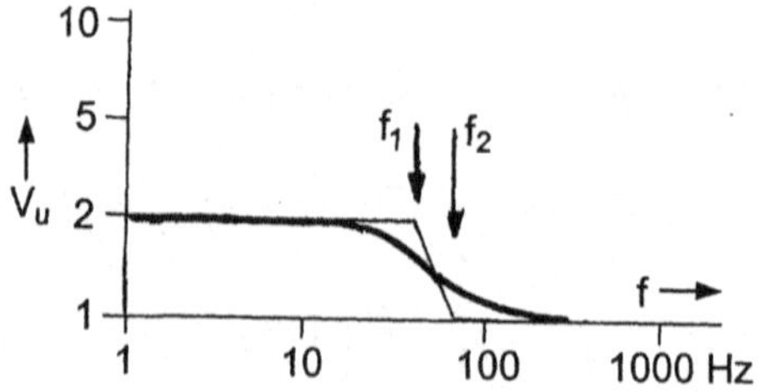

f) $\varphi = \arctan 2\pi \cdot 100\frac{1}{s} \cdot 2 \cdot 10^{-6}\ \mathrm{s}/\Omega \cdot 10^{3}\,\Omega - \arctan 2\pi \cdot 100\frac{1}{s} \cdot 4 \cdot 10^{-6}\ \mathrm{s}/\Omega \cdot 10^{3}\,\Omega$

$\approx \arctan 1{,}256 - \arctan 2{,}5 \approx 51{,}5° - 68° = \underline{-16{,}5°}$ (Nacheilung).

g) $Z_e = \sqrt{(2R)^2 + \left(\frac{1}{\omega C}\right)^2} \approx \sqrt{4 \cdot 10^{6}\,\Omega^2 + 63{,}36 \cdot 10^4\,\Omega^2} \approx \underline{2{,}15\,\mathrm{k\Omega}}$.

C18

a) $\frac{1}{\omega C_N} \to 0$ (Kurzschluss): $V_u = \frac{u_2}{u_1} = 1 + \frac{R_f}{R_N} = 1 + \frac{33\,\mathrm{k\Omega}}{3\,\mathrm{k\Omega}} = \underline{12}$

b) $r_{EIN} = R_P = 2{,}7\,\mathrm{k\Omega}$.

c) $\underline{V}_u = \frac{\underline{U}_2}{\underline{U}_1} = 1 + \frac{R_f}{R_N + \frac{1}{j\omega C_N}} = \frac{1 + j\omega C_N \cdot (R_N + R_f)}{1 + j\omega C_N R_N}$.

Eckfrequenzen:

$f_1 = \frac{1}{2\pi C_N \cdot (R_N + R_f)} \approx \underline{4{,}4\,\mathrm{Hz}}$,

$f_2 = \frac{1}{2\pi C_N \cdot R_N} \approx \underline{53\,\mathrm{Hz}}$.

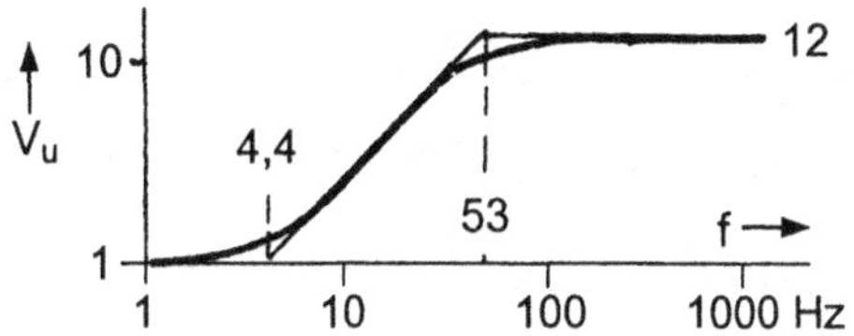

d) $\varphi = \arctan \omega C_N \cdot (R_N + R_f) - \arctan \omega C_N R_N$

$\varphi \approx 0$ für $f >> f_2$ und $f << f_1$, im Bereich $f_1 < f < f_2$: $\varphi < 90°$ (Phasenvoreilung).

e) $U_{2F} = -U_{os} \cdot \left(1 + \frac{R_f}{R_N}\right) = -2\,\mathrm{mV} \cdot \left(1 + \frac{1\,\mathrm{k\Omega}}{\infty}\right) = \underline{-2\,\mathrm{mV}}$ (s. Übersichtsblatt).

Für R_N ist der Gleichstromwiderstand des betreffenden Zweiges einzusetzen.

C19

a) $u_2 = U_B \cdot \frac{R_1}{R_1 + R_2} \cdot \left(1 + \frac{R_f}{\infty}\right) = \underline{5\,\mathrm{V}}$.

b) $V_u = \frac{u_{2\sim}}{u_{1\sim}} = 1 + \frac{R_f}{R_N} = 1 + 11 = \underline{12}$.

c) $u_{2\sim} = 120\,\mathrm{mV} \cdot \sin\omega t \to u_2 = 5\,\mathrm{V} + 120\,\mathrm{mV} \cdot \sin\omega t$.

d) $R_p = R_1 \| R_2 : \underline{V}_u = \frac{R_p}{1/j\omega C_1 + R_p} \cdot \left(1 + \frac{R_f}{1/j\omega C_N + R_N}\right) = \frac{j\omega C_1 R_p}{1 + j\omega C_1 R_p} \cdot \frac{1 + j\omega C_N \cdot (R_N + R_f)}{1 + j\omega C_N \cdot R_N}$

Eckfrequenzen:

$f_0 = \frac{1}{2\pi \cdot C_1 R_p}$

$= \frac{1}{2\pi \cdot 10^{-6}\ \mathrm{s}/\Omega \cdot 0{,}5 \cdot 10^{6}\,\Omega} \approx \underline{0{,}32\,\mathrm{Hz}}$,

$f_1 \approx 4{,}4\,\mathrm{Hz}$, $f_2 \approx 53\,\mathrm{Hz}$

nach Aufgabe **C18**.

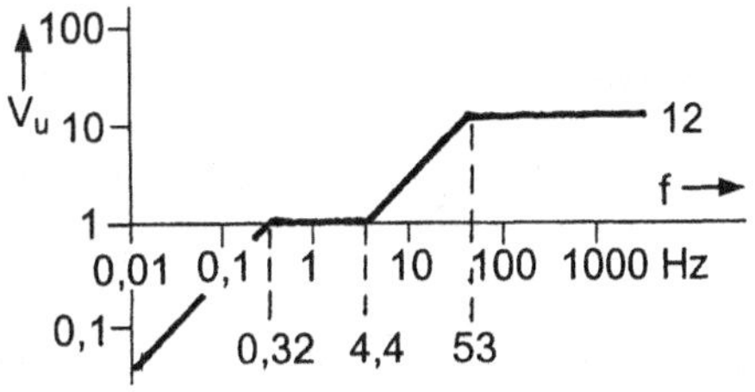

e) Der OP ginge in die positive Sättigung mit $u_2 = U_B = 10\,\mathrm{V}$, nicht mehr steuerbar.

C20

a) $U_a = -\frac{R_f}{R_2} \cdot U_B + U_T \cdot \left(1 + \frac{R_f}{R_1 \| R_2}\right) = -U_B \cdot \frac{R_f}{R_2} + U_T \cdot \left(1 + \frac{R_f}{R_1} + \frac{R_f}{R_2}\right)$.

(Überlagerungssatz)

b) $1\,\text{V} = -12\,\text{V} \cdot \frac{100\,\text{k}\Omega}{R_2} + 1\,\text{V} \cdot \left(1 + \frac{100\,\text{k}\Omega}{R_1} + \frac{100\,\text{k}\Omega}{R_2}\right),$

$$10\,\text{V} = -12\,\text{V} \cdot \frac{100\,\text{k}\Omega}{R_2} + 2\,\text{V} \cdot \left(1 + \frac{100\,\text{k}\Omega}{R_1} + \frac{100\,\text{k}\Omega}{R_2}\right).$$

$\rightarrow R_2 = \underline{150\,\text{k}\Omega}, \quad R_1 = \underline{13{,}64\,\text{k}\Omega}.$

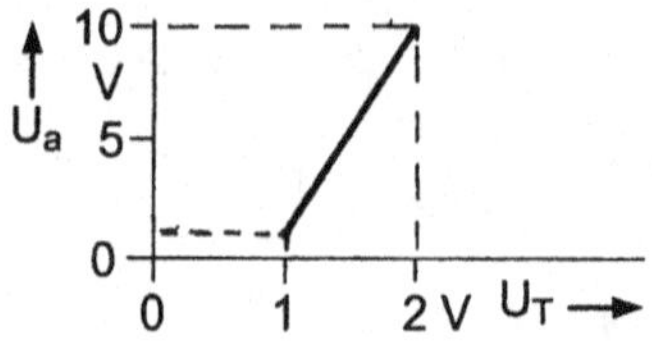

c) Schleifenverstärkung $V_s = -V_0 \cdot \frac{R_1 \| R_2}{R_1 \| R_2 + R_f}$ s. Übersichtsblatt und Aufg. **A 7.3.**

$V_s = -10^5 \cdot \frac{12{,}5\,\text{k}\Omega}{112{,}5\,\text{k}\Omega} \approx -10^4$, Korrekturfaktor $C \approx \frac{1}{1+10^{-4}} \approx \underline{1-0{,}0001}$.

Endliche Leerlaufverstärkung bedeutet Ungenauigkeit von lediglich 0,1 ‰.

Ausgangsoffsetspannung $|U_{aF}| = \left(1 + \frac{R_f}{R_1 \| R_2}\right) \cdot U_{os} = \left(1 + \frac{100\,\text{k}\Omega}{12{,}5\,\text{k}\Omega}\right) \cdot 10\,\text{mV} = 90\,\text{mV}$.

Dies entspricht im Anfangsbereich einem Fehler von 9 %!

d) $r_a' \approx \frac{r_a}{|V_s|} = \frac{100\,\Omega}{10^4} = 10^{-2}\,\Omega = \underline{10\,\text{m}\Omega}$.

e) Weil im vorgesehenen Betrieb die Eingangsklemmen und der Ausgang stets positiv sind gegenüber Masse.

C21

a)

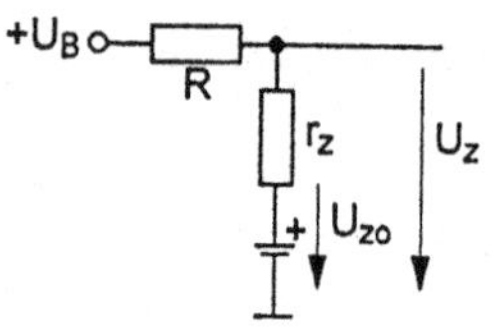

Nach Überlagerungsgesetz gilt:

$$U_Z = U_B \cdot \frac{r_z}{R+r_z} + U_{ZO} \cdot \frac{R}{R+r_z} = 0{,}180\,\text{V} + 4{,}658\,\text{V} = \underline{4{,}838\,\text{V}}$$

b) $U_Z - U_D = U_L \cdot \frac{R_N}{R_N + R_f}$. Mit $U_D = U_{os}$ wird:

$$R_N = \frac{(U_Z - U_{os}) \cdot R_f}{U_L - U_Z + U_{os}} \approx \frac{(4{,}84\,\text{V} - 10\,\text{mV}) \cdot 100\,\text{k}\Omega}{10\,\text{V} - 4{,}84\,\text{V} + 10\,\text{mV}} \approx \underline{93{,}4\,\text{k}\Omega}.$$

c) $U_Z - U_{os} = U_L \cdot \frac{R_N}{R_N + R_f} \rightarrow U_L = \left(U_B \cdot \frac{r_z}{R+r_z} + U_{Z0} \cdot \frac{R}{R+r_z} - U_{os}\right) \cdot \frac{R_N + R_f}{R_N}$.

d) $\frac{dU_L}{dU_B} = \frac{r_z}{R+r_z} \cdot \frac{R_N + R_f}{R_N} = \frac{20\,\Omega}{2220\,\Omega} \cdot \frac{193{,}4\,\text{k}\Omega}{93{,}4\,\text{k}\Omega} = \underline{0{,}0186 = 18{,}6\,\frac{\text{mV}}{\text{V}}}$.

e) $P_{CE\,max} = (U_B - U_L) \cdot I_{L\,max} \rightarrow I_{L\,max} = \frac{P_{CE\,max}}{U_B - U_L} = \frac{1\,\text{W}}{10\,\text{V}} = \underline{0{,}1\text{A}}$.

Unter Umständen ist ein Kühlkörper erforderlich (s. folgende Aufgabe)

C22

a) $U_Z = 5\,\text{V} = U_{Z0} + I_Z \cdot r_z \rightarrow I_Z = \frac{U_Z - U_{Z0}}{r_z} = \frac{0{,}3\,\text{V}}{20\,\Omega} = 15\,\text{mA}$,

$$R_V = \frac{U_B - U_Z}{I_Z} = \frac{10\,\text{V}}{15\,\text{mA}} \approx \underline{666\,\Omega}.$$

b) $U_Z = I_L \cdot R_M \rightarrow R_M = \frac{U_Z}{I_L} = \frac{5\,V}{0{,}2\,A} = \underline{25\,\Omega}$. $P_V = I_L^2 \cdot R_M = (0{,}2A)^2 \cdot 25\,\Omega = \underline{1\,W}$.

c) $I_L \cdot R_M + I_L \cdot R_L + U_{CE} = U_B \rightarrow R_L = \frac{U_B - U_{CE} - I_L \cdot R_M}{I_L}$

$$R_{L\,max} = \frac{U_B - U_{CEsat} - I_L \cdot R_M}{I_L} = \frac{15\,V - 0{,}5\,V - 5\,V}{0{,}2\,A} = 47{,}5\,\Omega \rightarrow \underline{0 < R_L < 47{,}5\,\Omega}.$$

d) $P_{CE\,max} = I_L \cdot U_{CE\,max} = I_L \cdot (U_B - I_L \cdot R_M) = 0{,}2\,A \cdot 10\,V = \underline{2\,W}$ bei $R_L = 0$.

e) Thermisches Ersatzbild:

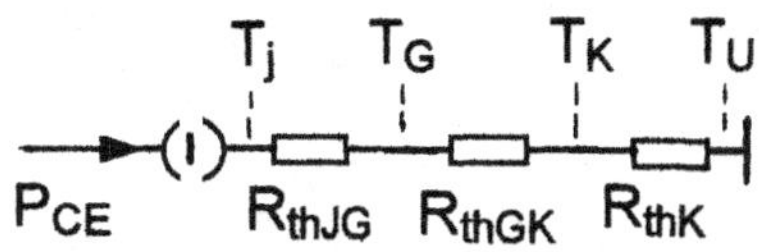

$$T_j = P_{CE} \cdot (R_{thJG} + R_{thGK} + R_{thK}) + T_U$$

$$R_{thK} = \frac{T_j - T_U}{P_{CE}} - R_{thJG} - R_{thGK}$$

$$R_{thK} \le \frac{T_{jmax} - T_U}{P_{CE\,max}} - R_{thJG} - R_{thGK}$$

$$= \frac{135\,K}{2\,W} - 30\frac{K}{W} - 1\frac{K}{W} = \underline{36{,}5\frac{K}{W}}.$$

Anhang C – Widerstands - Frequenz - Tafel

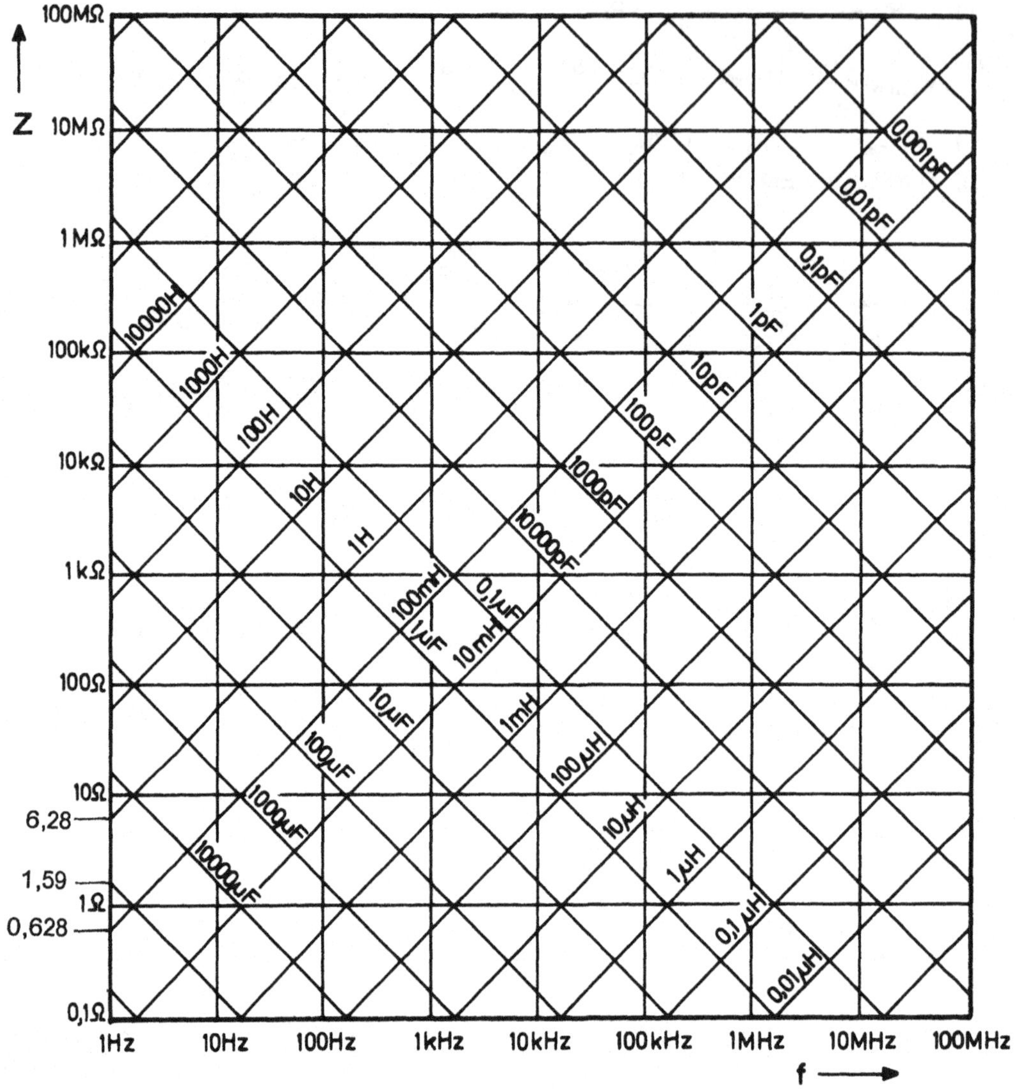

Funktionen

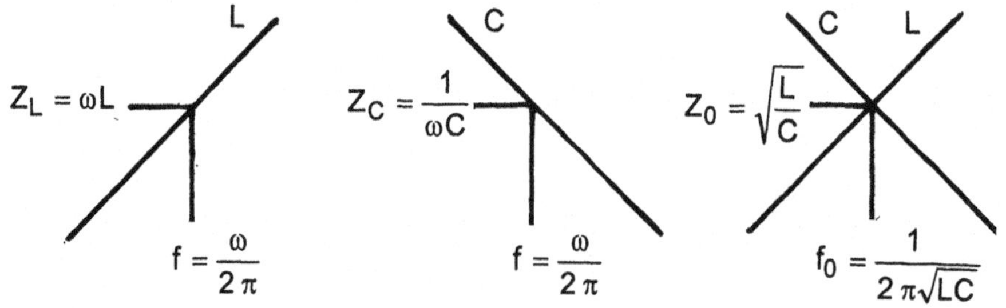

Literaturverzeichnis

[1] *Frohne, Löcherer u. Müller:* Moeller Grundlagen der Elektrotechnik; 19. Aufl.; B. G. Teubner, Wiesbaden 2002.

Bewährtes Standardwerk zu den klassischen Grundlagen. Es enthält auch Abhandlungen über die elektrische Leitung im Vakuum, in Gasen, in Flüssigkeiten und in Festkörpern sowie ein einführendes Kapitel über Halbleiterbauelemente.

[2] *Vömel, M. u. Zastrow, D.:* Aufgabensammlung Elektrotechnik 1 und 2; 2. Aufl.; Vieweg Verlag, Wiesbaden 2001/2002.

Zweibändiges Werk mit vielen Rechenbeispielen zu den Grundlagen der Elektrotechnik.
Band 1: Gleichstrom und elektrisches Feld
Mit strukturiertem Kernwissen, Lösungsstrategien und -methoden.

Band 2: Magnetisches Feld und Wechselstrom
Mit strukturiertem Kernwissen, Lösungsstrategien und -methoden.

[3] *Böhmer, E.:* Elemente der angewandten Elektronik; 15. Aufl.; Vieweg Verlag, Wiesbaden 2007.

Kompendium für Ausbildung und Beruf. Ein praxisnahes Lehrbuch über Bauelemente und Schaltungstechnik mit vielen Beispielen und einem umfangreichen Bauteilekatalog.